内蒙古主要针茅属植物
生态适应性研究

◎ 韩 冰 田青松 著

中国农业科学技术出版社

图书在版编目（CIP）数据

内蒙古主要针茅属植物生态适应性研究／韩冰，田青松著．—北京：中国农业科学技术出版社，2016.5

ISBN 978－7－5116－2474－1

Ⅰ.①内… Ⅱ.①韩…②田… Ⅲ.①禾本科牧草－植物生态学－研究－内蒙古 Ⅳ.①S543

中国版本图书馆 CIP 数据核字（2015）第 302124 号

责任编辑 闫庆健 张敏洁
责任校对 李向荣

出 版 者 中国农业科学技术出版社
北京市中关村南大街 12 号 邮编：100081
电　　话 (010)82106632(编辑室) (010)82109704(发行部)
(010)82109709(读者服务部)
传　　真 (010)82106625
网　　址 http://www.castp.cn
经 销 者 各地新华书店
印 刷 者 北京富泰印刷有限责任公司
开　　本 710mm×1 000mm 1/16
印　　张 18.5 彩插 4 面
字　　数 313 千字
版　　次 2016 年 5 月第 1 版 2016 年 5 月第 1 次印刷
定　　价 50.00 元

《内蒙古主要针茅属植物生态适应性研究》

著作委员会

主　著： 韩　冰（内蒙古农业大学；中国农业科学院草原研究所）

田青松（中国农业科学院草原研究所）

参　著：（以姓氏笔画为序）

王照兰（中国农业科学院草原研究所）

田青松（中国农业科学院草原研究所）

任卫波（中国农业科学院草原研究所）

杜建材（中国农业科学院草原研究所）

赵萌莉（内蒙古农业大学）

武志娟（内蒙古农业大学）

韩　冰（内蒙古农业大学；中国农业科学院草原研究所）

序

针茅属植物是亚欧大陆草原的主要建群植物和特征植物，是高度适应草原自然环境的植物。据植物学家多年研究，内蒙古自治区（以下简称内蒙古）各类草原有针茅属植物 15 种，分别成为草甸草原、典型草原、荒漠草原及山地草原的建群种。这些针茅属植物，对于气候条件、环境改变，特别对人类干扰的反应十分敏感。在过去的几十年里，内蒙古草原大面积退化，草原生态系统功能严重受损，针茅属植物也发生退化、改变，严重影响着针茅草原的可持续利用。我国学者在针茅属植物分类、分布；生态生物学特性；生态系统功能评价；草原管理及放牧利用；种群或群落的变化等方面做了大量的研究工作，获得了许多有价值的成果。也为本项研究提供了重要的基础。

植物的生态适应性是植物学家历来关注并潜心研究的一个重要课题和持续不衰的热点问题之一。适应是植物经受自然选择的结果，通过选择，具有新性状（新基因型）的适应种在特定生境中获得更多的生存机会，并把此性能延续到后代。该书对内蒙古境内广泛分布的针茅属植物进行适应性分子机制探讨，从水分适应性、放牧适应性分子基础进行了总结介绍。作者在野外群落调查与个体形态差异分析的基础上，利用 DNA 分子标记、基因克隆、基因定量表达、转录组测序分析、内共生菌群的特性等分子生态学的基本原理和方法，对内蒙古草原最有代表性的大针茅、克氏针茅放牧退化种群的遗传结构、羊啃食处理下基因表达差异及不同种类针茅水通道蛋白基因的变异与不同种的干旱适应进行了探索性研究。

针茅属植物的生态适应性具有复杂的生物学机制。韩冰博士从 2000 年攻读博士学位开始就一直专注于野生牧草的抗逆性及针茅属植物分子生态学研究。先后对克氏针茅的不同地理种群、放牧退化种群的遗传分化进行了开创性的分子机制研究，在后续的研究中获得了宝贵的基础数据。寻求到既不引起针茅植物和针茅草原退化，又能合理利用草原的节点是目前对放牧利用草原迫切需要解决的一个问题，韩冰博士在微观水平寻找这个变化发生的“分子节点”。虽然基因组测序研究已经取得了突破性进展，但成功破译基因组序列的物种或种群仍寥寥无几，生物与环境相互作用的分子机制研究期待着对每一个物种及种群基因组序列的了解，显然，这还要经历一个较长的发展历程，尽管如此，作者在无参考基因组的情况下，在微观的、更直接的分子水平上揭示针茅属植物与环境的互作规律，将这些内容梳理成书，展示给我们一个微观的生态基础数据以期为各方业内学者提供参考和依据无疑是有着十分重要的学术意义和实践价值的。

本项创新研究成果和本书的出版必将为推动针茅草原植物分子生态学及针茅植物在未来生态环境变化的适应进化机制的研究和针茅草原的可持续利用发挥重要作用。

刘钟龄

2016 年 1 月 20 日

前　言

针茅类草原是亚洲中部草原区特有的中温型草原代表类型之一。据统计，中国有20种针茅属植物是天然草地的优势种，并组成各种类型的针茅草原，在内蒙古自治区（以下简称内蒙古）的草原区有大面积分布。因受东南季风的影响，内蒙古高原由东至西形成了热量和水分状况的差异，使针茅属植物呈水平地带性分布，如内蒙古东部地区分布有贝加尔针茅（*Stipa baicalensis*）和大针茅（*Stipa grandis*）；中部地区分布有克氏针茅（*Stipa krylovii*）、本氏针茅（*Stipa bungeana*）；西部地区分布有石生针茅（*Stipa klemenzii*）、短花针茅（*Stipa breviflora*）、戈壁针茅（*Stipa gobica*）和沙生针茅（*Stipa glareosa*）。在特定的生境条件下，针茅属植物成了不同草地植物群落的建群种或优势种，所形成的针茅草原成为一类不容忽视的、重要的草地类型。针茅类植物不仅是草原畜牧业可持续发展的物质基础，同时在保持草地生态平衡、维持良好生态环境等方面都具有重要作用。

针茅属植物的生态适应性机制较为复杂。笔者利用DNA分子标记、基因克隆、基因定量表达、转录组测序分析、内共生菌群特性等分子生态学的基本原理和方法，对分布于内蒙古的大针茅、克氏针茅草原放牧退化种群的遗传结构、羊啃食处理下的基因表达差异，以及不同种类针茅的水通道蛋白基因变异和对干旱适应性，进行了探索性研究。获得主要结果如下：

（1）开展7种针茅属植物PIP1基因DNA序列克隆分析，共1 100bp，检测到多态位点163个。得知核苷酸序列的组成、外显子的大小、内含子的位置，都有很高的保守性。推测针茅属植物PIP1基因所编码的蛋白质中，20种氨基酸的含量变化大，极不均衡，甘氨酸（G）含量最高，达12.67%；半胱氨酸（C）最低，为1.39%。且极性氨基酸含量高于非极性氨基酸，带正电荷的氨基酸含量高于带负电荷的氨基酸。经种内PCR-SSCP分析，7种针茅植物PIP1基因的外显子1，具有3种基因型（AA、BB、CC），内含子1则有4种基因型（DD、EE、FF、GG）。在该基因种内个体间内含子和外显子区段均未发现基因多态性。根据研究推测，PIP1 基因在针茅植物种内是高度保守的，即同一植物种内该基因不随生境变化而变异，而该基因序列的变化只与种间差异有关。分子进化树构建表明，针茅属植物 PIP1 基因的变化与其分布生境具有一致性。

（2）根据 *SgPIP*1-1，*SgPIP*1-2，*SgPIP*1-3，*SgPIP*1-5，*SgPIP*2-1 的 cDNA 序列推导其氨基酸序列表明：它们为疏水性蛋白，不但具有 MIP 家族的信号序列 SGXHXNPAVT，而且具有质膜水通道蛋白的特征信号序列 GGGANXXXXGY 和 TGI/TNPARSI/FGAAI/VI/VF/YN。对蛋白的三级结构预测，表明该蛋白具有水通道蛋白典型的 6 个跨膜 α-螺旋和 5 个亲水 Loop 环连接，在其结构中有两个嵌入但不贯穿膜的短 α-螺旋，几乎顶对顶放置。而这两个短 α-螺旋相对的顶端，各有 1 个在所有水通道蛋白家族中都呈保守性的 Asn-Pro-Ala（NPA）氨基酸组单元，在第一跨膜区和第四跨膜区均具有与水通道形成有关的高度保守的 EXXXTXXF/L 序列。与禾本科植物的序列构建系统进化树相比较，表明，克隆的 5 个基因均为 PIP 基因亚家族成员。

在干旱胁迫下，*PIP*2-1 基因和 *PIP*2-2 基因家族在大针茅植物根部的表达要高于在叶片中的表达，并随干旱胁迫加深 *PIP*2-1 基因和 *PIP*2-2 基因在其根部的表达会升高。*PIP*2-1 和 *PIP*2-2 基因是大针茅植物响应干旱胁迫的相关基因。

（3）对 4 个放牧梯度的克氏针茅植物种群研究显示，放牧压力可使种群在等位酶的基因表达与全基因组序列方面变异模式不同，即放牧使种群在形态、等位酶和基因组水平上发生了变化。在长期的适应过程中，放牧和未放牧样地大针茅植物种群均形成并保持较高的遗传变异水平，其遗传多样性大部分存在于种群内（比率为 81.7%），种群间的比率仅占 18.3%。4 个放牧梯度大针茅植物种群内的遗传多样性，其大小排列顺序为：轻度放牧样地 > 未放牧样地 > 中度放牧样地 > 重度放牧样地。轻度放牧可使大针茅植物种群有较高的遗传多样性；随着放牧压力增大，大针茅植物种群内的遗传多样性有逐渐减弱的趋势。在分子层面上，适度放牧对克氏针茅和大针茅植物的遗传多样性是有益的。

（4）以羊啃食后的大针茅植物为材料，提取总 RNA，进行 Illumina 平台的转录组测序，共得到 147 561 个 reads（读数），组装成 64 738 条 Unigenes（Uni 基因），并构建转录组数据库。DS（啃食处理）与 DD（对照组）共有 64 199 个基因表达，其中 DS 与 DD 有 49 844 个基因共同表达，占所有基因的 77.62%；只在 DS 中表达的基因有 3 273个，占所有基因的 5.1%；只在 DD 中表达的基因有 11 093个，占所有基因的 17.28%。转录组数据库中能满足 $p \leq 0.01$ && （$ratio \geq 2$ or $ratio \leq 0.5$）的差异表达的基因共有 17 513个，其中上调的基因有 3 019个，下调的有 14 494个。

羊啃食后大针茅植物中类黄酮的含量与对照组相比，有所下降。表明大针茅植物响应羊啃食其次生代谢物质含量下降，与昆虫啃食植物后的应激反应不同。类黄酮代谢通路中的 5 个基因 *C4H*、*CHI*、*F3′*，*5′H*、*C4L* 和 *TC4H*，在 24 小时内均表现为羊啃食处理后的植物其基因表达量下调。对类黄酮含量相关性的分析表明，*F3′5′H* 和 4*CL* 为黄酮类化合物代谢通路中的关键调节酶。

（5）利用嵌套 PCR 技术研究了大针茅根系总 DNA 中扩增真菌的 SSU 序列，并利用 AM 真菌的特异引物 VANS1、VAGLO、VAACAU 和 VAGTGA，鉴定出侵染大针茅植物根系中的 AM 真菌属于球囊霉属。放牧对大针茅植物根系中 AM 真菌的侵染有一定的影响，除了丛枝结构外，总侵染率和形成的其他菌根结构，都是在轻度放牧条件下最高；且不同的菌根结构其在不同的放牧强度下，都存在显著差异。轻度放牧有利于该植物根系的内生真菌的生长和定殖。

（6）用 PDA 培养基从大针茅植物根系中分离纯化内生真菌的研究表明，从菌落形态特征可以分出 17 株内生真菌，经分子鉴定分别属于子囊菌纲真菌、镰刀菌属、爪哇正青霉属、微结节菌属真菌，以及 2 种与引起植物炭疽病的 *Microdochium bolleyi* 病原真菌（GU566298.1）有 99% 同源性的序列、2 种与内生真菌 *Embellisia* sp. （AY345356.1）同源性高达 99% 的序列的未分类真菌；还有 1 种未定真菌种属。

（7）用分离到的内生真菌 H-1、H-2、H-3、H-6、H-9、H-10 及“根际土与根系的混合物”作为真菌的接种剂，分别对无菌大针茅植物种苗进行侵染。结果显示：除了 H-2 菌株处理的叶数低于对照组，其余处理则对大针茅植物的株高、叶数、干重、鲜重都有所增加，其中 H-6 菌株对大针茅植物叶数、干重、鲜重的提高有极显著作用（$P < 0.01$），而 AM 真菌（根际土与根系的混合物）只对大针茅植物的株高有极显著提高（$P < 0.01$）。

此项研究受到国家自然科学基金（31060057）、内蒙古自然科学基金（20080404MS0508、2015MS0305）项目的资助，同时对野外群落调查采样工作受到锡林郭勒盟草原站、陈巴尔虎旗、苏尼特右旗、苏尼特左旗、多伦县、正蓝旗等各旗县草原站等协作单位的大力支持。

衷心感谢中国农业科学院草原研究所和内蒙古农业大学对本书出版给予的鼓励和帮助。

本书是集体劳动和智慧的结晶。感谢导师许志信先生的引领和帮助，感谢导师杨劼教授、赵萌莉教授、韩国栋教授对本研究的具体指导。参加本书编写和野外工作及实验室工作人员还有珊丹、王艳芳、曹路、李春瑞、田文坦、于涛、郝晓红、张佳佳、海丽丽、李晓全、李婷婷等同志，在此说明并衷心感谢！

虽然笔者在本书撰写过程中做到了认真而严谨，但水平有限，在很多方面尚有不足与欠缺，难免有错漏之处，敬请专家和读者指正。

韩冰　田青松

2016 年 3 月

内容简介

本书对分布于内蒙古草原的针茅属植物生态生物学特性、地理分布进行了概述。并将内蒙古自治区草原针茅属主要植物的水分适应性、放牧适应性、增温适应性的分子基础进行了总结介绍。在野外群落调查与个体形态差异分析的基础上，利用 DNA 分子标记、基因克隆、基因定量表达、转录组测序分析、内共生菌对放牧响应变化的特性等分子生态学的基本原理和方法，对分布于内蒙古自治区的大针茅、克氏针茅的放牧退化种群的遗传结构、种群遗传分化、羊啃食处理下基因表达差异、不同种类水通道蛋白基因的变异与不同种的干旱适应进行较系统的研究，并对质膜水孔蛋白基因进行克隆与生物信息学分析。

本书可供从事草业科学、植物生态学、草地资源管理、保护生物学、植物分子行为生态学、植物保护遗传学、分子进化和系统地理学等专业领域的研究、教学及相关科技人员和相关专业的研究生参考。

目　录

第一章　针茅属植物简介

第一节　针茅属植物的生态生物学特性

植物的生物学特性一般是指植物从种子萌发到死亡的整个个体的发育过程或形态发生过程及有关性状，主要内容有：种子特征和特性，包括种子形态特征、发芽能力及发芽过程、种子休眠、贮藏物质成分和种子处理技术等，茎、叶等形成过程，根系特征及发育过程，物候节律，植物生活期限及寿命，同化面积和吸收面积的增长过程，生物学产量和经济产量的形成过程，传粉生物学及种子生产力，种子散播能力及过程，营养繁殖能力和再生性能力等。生态学特性是植物物种在长期进化过程中，逐渐形成的对外界环境某些物理条件或化学成分，如光照、水分、热量、气候状况、无机盐类等的特殊需要，各个植物种所需要的物质、能量及其所适应的理化条件各不相同。

一、种子萌发

在天然放牧场和割草地，多年生草本植物的繁殖主要以营养繁殖为主，种子繁殖所占比重较小，这是因为牧草由于家畜采食和践踏或者刈割没有机会形成种子，导致无法进行种子繁殖，尤其是随着放牧利用强度的增强，种子繁殖的可能性更小。虽然种子更新在天然植被中所占比例较小，但是，种子特性和种子繁殖是植物物种繁殖更新的基础，天然植被中种子繁殖是维持植物物种的生活力和初级生产力的主要方式，具有十分重要的生物学意义。

针茅属（*stipa* L.）植物种子成熟后从生殖枝上脱落进入土壤，只要种子的生命力没有完全丧失，一旦有了发芽的机会种子便会萌发生长。针茅属植物的种子主要靠本身具有的尖锐基盘和芒的扭转力以及借助风力的作用入土。据统计，9月下旬内蒙古主要针茅植物种子成熟并脱落后，$1m^2$ 样方内针茅种子的贮藏量为 508 粒，其中，40% 的种子在 0.5cm 土层内，0.5 ~ 2.0cm 的土层有 60% 的种子。入土种子受损程度以及种子活力与土壤紧实度呈正相关关系，一般来说，0 ~0.5cm 土层土壤较疏松，受损伤种子较少，受损伤种子占该层种子总数的 17.2%；0.5cm 以下的土层坚实度较大，受损种子能占到种子数的 59.6%，因此，0.5cm 以下的土层中的针茅种子能保存下来，但具有生命力的种子不多（陈世璜等，1997）。

不同利用方式对土壤中针茅种子的保存会产生不同程度的影响，其中，最主要的因素是放牧利用，不同放牧强度对成熟种子埋藏量的影响比较明显，种子出苗率基本上随放牧强度的增加而降低。短花针茅（*S. breviflora*）种群在围封禁牧区的成熟种子现存数量为 1 562.4粒/m^2，轻度放牧区为 1 075.6粒/m^2，中度放牧区 1 552.6粒/m^2，重度放牧区 1 066.8粒/m^2，相应的种子出苗率分别为：10.3%、11.2%、9.9%、1.7%；大针茅种群中，秋季不放牧样地的落地种子数量为 325.6 粒/m^2，而在过度放牧引起的退化样地内，大针茅种子数量仅为 8.3 粒/m^2（陈世璜等，1997）。

针茅种子的发芽率由种子本身特性决定，同时地理分布引起的地域性差异导致的气候条件、土壤状况等环境因素也影响各种针茅种子的发芽率和最适温度，同时人为因素，如不同载畜率也会引起种子萌发最适温度改变，但是，各种针茅种子萌发的最适温度一般都高于 15℃（徐丽君等，2006）。一般来说，随着温度升高，针茅种子发芽加快。如克氏针茅（*S. krylovii*）种子萌发的最佳温度是 20℃，温度偏低时，发芽速度减慢，发芽数量也受到影响。光照或黑暗处理并不会影响克氏针茅种子萌发，在发芽检验时，可以不必考虑光照条件。大针茅（*S. grandis*）种子的最适发芽温度为 15℃，发芽率达到 95.8%，这一温度低于一般农作物和其他牧草。变温贮藏有利于增强大针茅种子的发芽能力。在内蒙古西乌珠穆沁旗大针茅 + 羊草 + 糙隐子草典型草原植被上，从对照、围封三年和轻度退化 3 个样地内第二年秋季取出的大针茅种群，室外土壤中保存的大针茅种子，种子萌发率高达 98.4%，甚至高于当年收获的种子（95.8%），而室温下同时贮藏的种子发芽率为 80.6%，因此贮藏大针茅种子时，要注意保持低温、变温和干燥的条件。而随着贮存年限的延长，针茅种子发芽率会降低（陈世璜等，1997，李银鹏等，1996，李青丰等，1995）。

二、幼苗生长

针茅属植物种子休眠期一般为 7 天左右，成熟的种子种皮透性强，一天内便可吸水膨胀，在适宜温度下，2 ~ 3 天便开始萌发。种子萌发首先是胚芽鞘突破种皮，随后胚根生长，胚芽鞘长至 1.2 ~ 2.0cm 时停止生长，这时胚芽突破胚芽鞘继续生长露出地面形成第一片真叶，同时胚根突破胚根鞘迅速插入土壤中，发育形成主根。一般主根为 1 条，少数有 2 条。不定根出现于分蘖节上，发育时间一般比主根晚两周左右。不定根的数量多，速度快，最终会代替主根的作用。针茅属植物的中胚轴不伸长，其幼苗为种子留土型。如果真叶达到 4 ~ 5 片，不定根不出现，幼苗最终会死亡。这种现象在盆栽实验中较为常见（陈世璜等，1997）。

天然草地针茅植物返青时，返青枝条基部的少数休眠芽开始萌动，分蘖芽为长圆锥状，白色透明，突破芽鞘开始第 1 片真叶的发育，随后进入初生生长，形成 2 ~ 3 （6 ~ 8） 片叶的分蘖枝，并在基部有 2 ~ 4 个处于初生分化状态的分蘖芽。第 1 叶腋内的分蘖芽一般不能形成有效分蘖。分蘖枝比较弱小，数量占株丛枝条的 15% 。随后，针茅属植物进入一段分蘖间歇期，时间长短由生境的干旱程度所决定。针茅进入夏秋分蘖的时间比较长，一直能持续到低温来临。分蘖芽产生主要部位是成年枝条基部，此时外界水热条件适宜，土壤温度高，微生物分解条件好，提供的营养物质丰富。

室内盆栽、田间和野外观测相结合的试验研究表明，适宜的温度下，克氏针茅种子吸水膨胀开始萌发。种子根和不定根在前期生长较快，随后有一段生长缓慢期，不定根生长缓慢期为 4 周，种子根为 8 周，然后再继续生长，向深根方向发展。不定根在生长前期不及种子根，对幼苗的生长还起不到关键作用，当幼苗生长到 2 月龄时，不定根开始接替种子根，起到主要作用（孟君等，1997）。

克氏针茅在播种后的两周内分化出第一片真叶，以后每隔 1 周就有新叶片分化。当主茎上有 3 ~ 4 片叶时，也就是播后 1 个月，第一个分蘖枝在其上面叶完全伸长时长出。第二、第三……个分蘖枝以两周的间隔期长出，枝条数共达 10 ~ 40 个。

陈世璜等（1991）研究发现，短花针茅种子成熟后在适宜条件下均可发芽，并且以当年夏秋季节播种的实生苗发芽率最高。短花针茅的实生苗的中胚轴延伸极短，一般不超过 0.5mm。当年实生苗产生 1 ~ 2 条分蘖枝，翌年再分蘖出 1 ~ 6 条，成为具有 3 ~ 9 个枝条的幼小株丛。实生苗的第一苗叶为完全叶，叶鞘三脉，苗叶细长，成明显针状。

短花针茅成龄植株的分蘖芽一般在8月中旬开始形成，也可延长至土壤封冻前。最初是在母枝的第一返青叶片的叶腋内，形成白色透明的小突起，逐渐呈锥形鞘状结构，但不突破叶鞘，沿着叶鞘内壁向上生长，失水后变成粗老的膜质纤维鞘，分蘖芽的第一片真叶在纤维鞘内生长，纤维鞘起到引导、保护作用。通常在一个生长季内，一个母枝的基部分蘖节上产生一个分蘖枝，也有少数母枝可产生2～3个分蘖枝。如果是2个分蘖芽，生出先后相差7～10天。第一叶片生长接近最大长度时，第二叶生出，位置恰好与第一叶片相对称，第三叶片露出地面时由于外界环境不利于生长，因此其生长较为缓慢。3个叶片中，以第二叶片最长。分蘖枝也可进行分蘖，产生第二级分蘖，形成级数递增型分蘖模式，分蘖属于夏秋分蘖，主要时期在秋冬季节，春季分蘖所占比例极少。

三、分蘖特性

大针茅的母枝、分蘖特性与根的生长之间表现出明显的相关性。在幼苗阶段表现为同期性和同伸性。茎上1个节的叶，在其生长后期把养分输送到节上，使这一节上的分蘖和它以上第三节的叶同时伸长，在母枝的基部形成分蘖（李扬汉 1979）。第四叶和第一节上的不定根同时伸长。1个分蘖枝产生1条不定根，少数为2条。由于生境条件的限制，第一叶腋内的分蘖芽一般不形成有效分蘖，第二叶腋内的分蘖芽一般可形成有效分蘖。1个生长季节的枝条可伸出6～8个叶片，在其基部形成3～5个分蘖。在栽培条件下，可观察到在此基础上，产生二级分蘖，形成10多个枝条的株丛。

大针茅的分蘖芽呈白色，长圆锥状。从横切面看，为3片卷为圆筒状的未完全发育的叶片。分蘖芽被紧密包于叶鞘之间，先出叶明显，位于母枝和分蘖芽之间，长3～5cm，对芽具有保护作用。

草原群落中，大针茅一般4月中旬返青，6月初进入拔节期。春季不形成分蘖芽，在枝条的分蘖节上有呈白色突起状的分蘖芽的原始体，与克氏针茅和短花针茅有明显的春季分蘖不同（陈世璜，1993，王明玖等，1993）。秋季果实成熟之前，大针茅开始形成分蘖芽，短营养枝分蘖节部位可形成2～4个分蘖芽。由于个体发育时间不同，以第一或第二返青叶腋内产生的最大，而第三、第四叶腋内的分蘖芽依次变小。分蘖芽在叶鞘的保护下，一般可以越冬，于第二年春季成为分蘖枝条。有时秋季的分蘖芽在果后形成具有1～2个叶片的分蘖枝条。也可以说大针茅春季枝条的增加，来源于前一年的短营养枝返青和前一年的分蘖芽形成分蘖枝条，但分蘖节部位分蘖芽的原始体存在表明，大针茅可能具有春季分蘖的潜能，只是由于环境不利而不能分蘖。

分蘖是大针茅的营养繁殖方式。草地退化后，分蘖也会受到影响（表 1－1）。枝条分蘖率及每个枝条的分蘖芽在对照样地、围封三年和轻度退化样地之间没有显著差异（$P>0.05$），表明大针茅的营养繁殖比种子繁殖有更强的抵御不良环境的能力。但由于草地不断受到干扰，已使大针茅种群密度大大降低，如轻度退化样地大针茅分蘖芽的密度下降为 190.9 个/m^2，是对照样地的 40%（480.7 个/m^2）；围封三年样地为 372.6 个/m^2，是对照样地的 78%。在退化样地分蘖芽埋藏较浅，生境温度较高，果后营养期出现大量分蘖芽（71.2%），并展出 1～2 个叶片的分蘖，而在对照样地，分蘖芽埋藏较深，由于株丛盖度大，土壤温度相对低，不存在这种现象。10 月中旬分蘖芽和短营养枝进入休眠状态，生殖枝和长营养枝均枯死。

根据观察，大针茅有“分株”的现象，较大株丛的分蘖节部位每 8 个左右的枝条形成相对紧密联结的小株丛，小株丛之间联结则很容易被破坏。而分蘖和生根主要在株丛外侧，这样随着株丛增大，株丛中心部分为枯死枝叶所占据。当联结小株丛部分腐烂或受外力作用，如放牧践踏等，1 个大的株丛就可能形成多个小的株丛，而多个小株丛改善了分蘖节周围的小环境，从而扩大了对资源利用的空间。大针茅利用分蘖繁殖的方式相对稳定地占据一定的草地面积。

表 1－1　大针茅分蘖特性（李银鹏，陈世璜 1996）

	枝条分蘖比例（%）	分蘖芽密度（个/m^2）	每枝分蘖芽（个/枝）	芽埋藏深度（cm）	果后展叶（%）
对照样地	89.2[a]	480.7[a]	3.2[a]	4.3[a]	0[a]
围封 3 年样地	90.8[a]	372.6[b]	3.9[a]	3.5[b]	30.8[b]
轻度退化样地	85.2[a]	190.9[c]	3.0[a]	2.7[c]	71.2[c]

注：* 同一相同字母表示在 $\alpha=0.05$ 水平上差异不显著，不同字母表示差异显著。

分蘖也是克氏针茅繁殖与更新的主要方式。克氏针茅的分蘖芽为乳白色，长圆锥形，长约 2.5cm。分蘖芽突破芽鞘从叶腋内伸出第一片叶，然后继续生长形成 2～3 片叶的分蘖枝，这一过程大约需要 1 个月时间。

克氏针茅返青后，少数休眠芽在返青枝条基部萌动，开始春季分蘖。6 月份出现分蘖间歇期，即仅有枝条营养生长，没有分蘖芽的分化和发育。7

月进入拔节期，这也是夏秋分蘖的开始，此次分蘖时间一直持续到低温来临。产生分蘖芽的主要部位是成年枝条的基部。在此期间内，水热条件较好，分蘖数量多，枝条强壮，是整个生长季内分蘖的主要时期。

克氏针茅分蘖具有两个高峰期，均在夏秋季节。第一个峰值在拔节期（7 月），44.8% 的枝条具有分蘖芽。8 月份进入开花结实期，分蘖出现低谷，到果后营养期（9 月），63.9% 的枝条具有分蘖芽，是分蘖的第二峰值。当克氏针茅进入拔节期时，气温和降水量上升到最大，这时的土壤含水量是一年内的最高水平，0 ~ 60cm 土层总含水量平均能达到 45.9%，充足的水分促进了分蘖。到开花期，降水减少，土壤含水量降至 30.9%，分蘖芽生长受阻，导致分蘖减弱。9 月（果后营养期）随着光照时间的缩短，气温下降，株丛外围表现出旺盛的分蘖能力。

四、枝条生长

分蘖芽生长发育与枝条形成呈正相关关系，同时也受其他因素影响。芽是最娇嫩的部分，对环境敏感，特别是早春冻化时芽会出现冻烂，或由于土壤养分和水分不足，芽的发育受阻，另外，某些幼虫专门啃食幼芽也影响枝条形成。从生境条件变化来看，如果 7—8 月份土壤水分充足、光照时间长、热量高，可以明显降低枝条的减少率，提高分蘖率，从而使营养枝的产量明显地提高；若 5—6 月份土壤水分充足，可显著增加生殖枝的百分率，同时提高植株高度和产量。一般在正常年份（表 1 – 2），生殖枝数量比营养枝少，生殖枝最多的是克氏针茅，比较少的是本氏针茅（*S. bungeana*）和短花针茅。而在特定条件下，生殖枝会超过营养枝数量，如生境条件较好时，一丛克氏针茅生殖枝可达 48 个，营养枝为 16 个。

当放牧利用强度增强时，针茅属植物生殖枝比重会降低，营养枝的比重提高。但适度放牧可加速草丛的清理和更新，有利于针茅的生长发育。

表 1 – 2　几种针茅属植物的营养枝和生殖枝比较（陈世璜等，1997）

植物名称	枝条总数	营养枝（丛）	生殖枝（丛）	生殖枝/营养枝
贝加尔针茅（*S. baicalensis*）	64.3	50.8	13.5	0.3
大针茅（*S. grandis*）	71.2	55.4	15.8	0.3
克氏针茅（*S. krylovii*）	203.0	181.0	22.0	0.1
戈壁针茅（*S. gobica*）	58.0	48.0	10.0	0.2

（续表）

植物名称	枝条总数	营养枝（丛）	生殖枝（丛）	生殖枝/营养枝
短花针茅（*S. breviflora*）	31.0	21.7	9.3	0.4
本氏针茅（*S. bungeana*）	63.0	57.0	6.0	0.1

大针茅的生长锥①分化是在果后营养期进行的，并在入冬前完成花序的初步分化，大针茅植株第二年春季进入拔节期后生长锥的小隆起再次发育，逐渐形成圆锥花序的分枝，随后节间伸长，花序逐渐分化完整。7 月中旬进入孕穗期，7 月下旬抽穗、开花。开花是从花序顶端的小花开始，8 月中旬花序上部的种子开始成熟。大针茅的有性生殖明显受草地退化的抑制，生殖枝分化比例在对照样地为 10.9，与其他牧草相比，大针茅生殖枝分化比例较低，但在轻度退化样地，大针茅生殖枝分化比例仅为 0.6，围封以后生殖枝分化比例上升到 4.8；在对照样地，生殖枝占全部地上生物量（干重）比例（即繁殖分配）为 15.3，轻度退化样地则下降到 3.5，另外，退化样地内大针茅的生殖枝高度和每个枝条上的种子数量都明显降低，说明草地退化严重干扰了大针茅正常的生长繁殖（表 1 –3）。

表 1 –3　大针茅有性繁殖特性（李银鹏，陈世璜 1996）

	生殖枝分化比例（%）	繁殖分配（%）	生殖枝高度（cm）	每枝条种子数（粒/枝）
对照样地	10.9	15.3	115.7	23.6
围封 3 年样地	4.8	8.9	108.1	21.3
轻度退化样地	0.6	3.5	98.8	17.5

秋季气温下降，短花针茅生长锥上出现小突状隆起，此时地上叶片已大部分枯黄，生长锥停止发育，植株以这一状态进入冬季。翌年 4 月上旬，气温升高进入返青期，生长锥小隆起再次发育形成圆锥花序。但当年分蘖枝一般不分化成为花序，枝条分化占总枝条数的 24.8% ~34.9%。短花针茅株丛的二次开花现象是短花针茅株丛由不同个体组成，不同个体发育时间不同的结果。

返青期短花针茅的枝条数为全年最多，在繁殖期枝条消长较为明显，到

① 注：植物根和茎的顶端相当于顶端分生组织的部分，等于生长点，茎的生长点往往呈锥形，故又称生长锥。

果后营养期，营养枝以一定速度死亡，数量相对较少。在此期间，新的分蘖枝开始逐渐增加，总枝条数的消长呈偏“V”字形趋势。短花针茅以无性繁殖为主，当年实生苗在群落中数量较大，但生长两三年后逐渐出现死亡现象。根据草场实测资料，2～3 年的短花针茅其根系入土深 5～7cm，遇到干旱季节死亡率特别高，短花针茅生长环境内的年平均降雨量为 150～300mm，时常遇到干旱年份，所以草群中的小株丛较多，中等株丛很少，生长 5 年以上的株丛更稀少。

短花针茅株丛的死亡数目一般是随着放牧强度增强而增加。过度放牧使短花针茅株丛生长速度减慢，消耗过多的贮藏养分使营养更新速度能力减弱，而生境条件的恶化，土壤结构破坏，根系裸露等原因更加速了株丛死亡。一般重度放牧的草地短花针茅株丛死亡数量最多，其次是轻度和中度放牧利用，禁牧和轮牧最低。

五、根系发育

针茅属植物根系一般是返青之前开始生长。新生分枝根和根毛呈白色透明状，进入拔节期前后不定根开始生长。首先是在叶腋内形成一个白色的半圆形突起，进而形成根芽。根芽为钝头，透明的根尖结构，突破叶鞘后迅速形成不定根。不定根产生于短营养枝基部的第一、第二节上。不定根受水分条件制约，干旱时不产生不定根，即使拔节期后降水量较好，也不会再产生不定根，此时根向土壤深层延伸，产生分枝根。秋季来临，根系生长变慢，当气温急剧下降时，根系停止生长。不定根寿命一般能保持两年的吸收能力。

根系的发生发育与分蘖枝条是密切相关的。在天然草地，克氏针茅 6 月初返青，枝条开始长出第四片真叶，这时基部产生不定根，首先在营养枝基部膨大，呈现白色、透明、钝头的根芽，突破叶鞘迅速生长，形成不定根。一般营养枝基部的第一、第二节上产生 1～2 条不定根，不定根产生将对夏秋分蘖起到关键作用。在拔节期，枝条基部根芽继续生成，不定根最长的可达 5cm。在低凹地段，老根根尖继续生长，呈现白色，长可达 3.5cm，分支根的数量较多，每条老根上有 10～20 条长短不等的 1 级根，3～6 条 2 级根，最长可达 10～20cm，从而使克氏针茅植株具有了发达的根系，有利于分蘖和枝条的发育。开花结实期，新的不定根开始分支，可形成 3～6 条支根。

总的来说，天然草地上，克氏针茅当年分蘖枝条不产生不定根，依赖母枝的营养物质越冬。第二年枝条返青，出现 3 ~ 4 片叶时产生不定根，脱离母株形成独立个体。

短花针茅为密丛型根系，种子产生一条胚根，中胚轴不生成不定根，鞘节上的不定根一般为一条。成龄株丛当年枝条一般不产生根芽，待第二年越冬的叶片进一步得到生长后根芽才产生，根芽钝头、透明，位于枝条基部。在生殖枝粗壮的条件下，营养枝发育较好，新生根发达。老根如果死亡较早，可促使新根提前生长。另外，营养枝在分蘖节上较多时，也可能促进新根的出现。短花针茅的根量在土壤中的分布呈倒金字塔形，粗、中、细三类根系均随着深度增加而减少，细根在根量中的比例较高，一般占到总根量的 90% 以上，总根量随着季节变化有明显的波动。

第二节　针茅属植物分布

针茅属植物广泛分布于温带、亚热带及热带地区的草原、荒漠草原和高寒草原，森林草原和山地草原也有一些种分布。针茅属植物属于旱生、中旱生的多年生密丛或疏丛禾草。我国境内，针茅属植物主要分布于平原或低山丘陵地带，在平原，主要分布在内蒙古自治区（以下简称内蒙古）、宁夏回族自治区（以下简称宁夏）、甘肃中部和北部、黄土高原及东北的黑土平原；在山地，主要分布在新疆的天山和阿尔泰山以及青藏高原的部分地区。针茅属植物在我国分布的北界为东北地区的额尔古纳左旗，约北纬 50° ~ 51°，分布最北的种是贝加尔针茅（*S. baicalensis*）和大针茅；分布区的南缘位于四川省盐泉县，约北纬 27°，分布最南的种是丝颖针茅（*Stipa capillacea* Keng），生于高山灌丛、草甸、丘陵顶部、山前平原或河谷阶地；分布海拔最低的种是本氏针茅，在海拔 50m 的江苏省南京市也有分布；分布海拔最高的种是座花针茅和狭穗针茅，生长在海拔 5 500m 的新疆叶城仙湾北坡及西藏的仲巴县，帕米尔高原东部和喜马拉雅山地区也有分布（卢生莲等，1996）。

从分布区来看，针茅属植物在我国是以无毛芒组、宽颖组、一膝曲芒组和全毛芒组占优势。无毛芒组适应于相对较温暖的半干旱生境，植物体通常高大，广泛分布于海拔 140 ~ 4 400m 的平原、丘陵或山地，其中，丝颖针茅是高寒草甸或高寒草原种，本氏针茅、甘青针茅、贝加尔针茅为草原——森林草原种，其余均为具有真旱生生态型的真草原种；宽颖组适应于严寒、少雨、大风以及辐射强的环境，一般分布于青藏高原海拔 4 000 ~ 5 000m 的范围内，以及天山南部亚高山带和阿尔泰山东南部，海拔 2 000 ~ 3 000m 的森林线以上，是高寒草原种；一膝曲芒组适宜较温暖而干燥的气候，多形成矮小的真旱生丛生禾草，分布于黄土丘陵地区及内蒙古南部和西北部海拔在920～2 050m 区域，同时，新疆北部、南部海拔在600～5 000m 地区也有分布；全毛芒组中的短花针茅、东方针茅属荒漠草原旱生生态型，而紫花针茅、大紫花针茅和昆仑针茅为高寒草原种，说明这个组是荒漠草原向高寒草原的过渡类型。针茅组（毛芒针组）在欧洲和中亚草原占优势，但在我国仅分布于新疆天山北部和阿尔泰山海拔 1 200～2 000m 的谷地和台地。从种的分布上来分析，针茅属植物在我国的内蒙古高原、新疆山地、黄土高原、青藏高原的分布密度较大，并且种类较多。

在《美国国家科学院院刊》上（http：//www. aweb. com. cn 2007. 4. 11，科学时报　马克平），德国和美国两位科学家根据全球植物分布的特点，将全球植物分布划分为大小不等的 1 032个地理区域，并通过一种新的模型，来解释全球目前植物分布格局形成的环境机制。研究结果认为，水热组合决定了植物分布规律，水热组合中的水指的就是年降水量，热就是温度。通过比较分析最终确定，水、能量动态模型在影响植物分布中起了主要作用，即降水量和气温的组合是决定植物分布的重要因素。在我国广袤的草原区，由于水热条件的分布及其组合程度的不同，使针茅属植物不同种之间形成了生理生态特征差异，组成广泛分布的不同草原群落，形成了针茅属植物的地带性分布特点，如在内蒙古草原区从草甸草原、典型草原到荒漠草原分布有中生、旱中生、旱生的针茅属植物。

一、水平地带分布

植物的水平地带性分布受纬度和经度影响，这是因为太阳辐射随地理纬度的高低而有所不同，从南向北形成各种热量带，同时，通过大气环流输送到陆地形成陆地降水主要来源的大量水汽一般是从沿海向内陆地区逐渐减少，因此，植被因热量和水分状况的差异相应的形成带状分布并依次更替。

我国是世界上草地资源较丰富的国家之一，拥有包括荒草地在内的各类天然草原近60 亿亩①，占国土面积的41. 7%。由东北的大兴安岭、松嫩平原和呼伦贝尔高原开始，经内蒙古高原、黄土高原，一直到青藏高原的南缘，我国草原区由东北向西南呈带状分布，绵延近4 500km。由于地处内

① 注：中国科学院内蒙古宁夏综合考察队，1980。
15 亩 = $1hm^2$，全书同。

陆，远离海洋，地势干燥等原因，我国的大部分草原具有明显的温带大陆性气候特征，水热状况沿经纬度由东北向西南的带状变化相应发育形成了草甸草原、典型草原、荒漠草原、草原化荒漠、温性（暖性）荒漠以及高寒草原，构成了我国草地的水平分布格局。对于针茅属植物来说，由于草地水平分布引起气候、植被、土壤等因素的差异，生长在不同草地类型上的针茅属不同植物种的形态特征各异，同时在分布上也表现出地带性更替。

1. 草甸草原

草甸草原主要分布在我国东北、华北地区的落叶阔叶林向典型草原过渡地带的半湿润地区，分布区多为温带半湿润气候，较湿润、寒冷。建群种为中旱生的多年生草本植物，常混生有大量中生或旱中生植被，主要是杂草类，其次为根茎禾草与丛生苔草，典型旱中生丛生禾草也起一定作用。在草甸草原上，主要生长和发育的针茅属植物是中旱生形态的贝加尔针茅（狼针草）。贝加尔针茅是多年生密丛型禾草，喜生于气候较温暖的环境。在降水较多的半干旱、半湿润草甸草原，贝加尔针茅除作为主要建群种外，还常常进入羊草草原等群系中成为亚优势种，另外还可进入山地森林带成为林缘草甸的伴生植物。另外，甘青针茅也是温带草甸草原的常见种。由于耐寒，甘青针茅也常为青藏高原草甸群落的常见伴生种，生长在海拔 4 600 ~ 5 000m区域。在青海西南，藏北高原及云南、甘肃的甘南也有零星分布，也见于冈底斯山南侧、阿里南部和青南高原西部海拔 4 000 ~ 4 400m 处。在黄土高原，甘青针茅多分布于半阴湿山地，构成山地草甸草原群落的优势物种，通常分别与白莲蒿（*Artemisia Sacrorum*）、本氏针茅、钝颖落芒草（*Oryzopsis obtusa*）等组成不同的群落。

2. 典型草原

典型草原主要分布在我国内蒙古高原和鄂尔多斯高原的大部分地区，以及东北平原西南部和黄土高原中西部，处于草甸草原和荒漠草原之间，是欧亚草原区面积最大的草地类型。典型草原为内陆半干旱气候，通常在春秋两季出现比较明显的相对干旱期。典型草原的建群层片主要由旱生多年生丛生禾草、根茎禾草及旱生半灌木、旱生灌木组成，中生杂类草极少见。在该草地类型生长的针茅属植物有大针茅、克氏针茅（西北针茅）、本氏针茅（长芒草）和针茅（*S. capillata* Linn.）（锥子草），由它们为建群种组成的草原群落是我国典型草原的代表群系，特别是以大针茅为建群种形成的大针茅草原，在我国典型草原植被中是最标准、最稳定和最具代表性的一个群系，在划分草地植被地带时具有标志作用。大针茅草原主要分布在内蒙古高原上，一般大面积出现于广阔、平坦而不受地下水影响的波状高平原的地带性生境上，有时可出现在森林草原亚带的边缘，与贝加尔针茅草原相接，但不进入荒漠草原带。当生境趋于湿润寒冷时，大针茅常常被较为中生的贝加尔针茅所代替，当生境趋于干旱时，大针茅又被更为旱生的克氏针茅所替代。克氏针茅草原可进入荒漠草原亚带和荒漠区的山地，形成山地草原垂直带的组成部分之一。在放牧利用较轻，保护较好的草原群落中，大针茅的作用大于克氏针茅。随着草原利用强度加大和人为活动的增强，克氏针茅种群数量往往有所增加，到典型草原的西部（比较接近荒漠草原亚带的区域），克氏针茅的数量和作用大大超过大针茅，在景观上占据优势。克氏针茅属于典型的草原旱生性植物，克氏针茅草原是典型草原的代表类型之一，又是我国西北山区的主要草原类型。在内蒙古高原地区，克氏针茅草原主要集中在典型草原地带以内，一般不进入森林草原带，在荒漠草原带内虽有少量渗入，但并不能成为草原的优势成分。克氏针茅草原由于草原生态地理条件和人为干扰的影响，形成了许多不同的群落类型。由于生境条件的连续性变化，克氏针茅草原和其他各群系具有密切的联系，克氏针茅不仅是该草原的建群种，同时又以优势种或伴生种的形式出现于大针茅群系（趋于潮湿）、戈壁针茅（*S. gobica*）群系（趋于干旱）、小针茅（*S. klemenzii*）群系（趋于干旱）、短花针茅群系（趋于干旱温暖）以及山地的羊茅（*Festuca ovina*）群系（海拔上升），还有低湿地上的羊草群系之中，并能进入冰草（*Agropyron cristatum*）群系（砂砾质土壤）、锦鸡儿灌丛（砂砾质土壤）和冷蒿（*Artemisia frigida*）群系中（放牧退化）。由此可以看出克氏针茅能够适应多种生活环境，在恶劣的环境中保持较强的生长势。

本氏针茅（长芒草）是一种喜暖旱生丛生禾草，草丛密集，生态幅度较广，为石质干燥坡地和黄土丘陵最为常见的草种。以本氏针茅为建群种形成的群落在我国集中分布于黄土高原、华北平原西北部的暖温带和温带地区，但由于这些地区的天然植被已逐渐被开垦成为农田，大面积的本氏针茅群系已不多见。而针茅是欧亚草原区西部分布最广的草原群系之一，但在我国境内，仅见于新疆阿尔泰草原地区以及天山北坡和准噶尔西部山地，成为山地草原的优势群系，新疆伊犁昭苏盆地春秋放牧场中，以针茅为建群种的草原具有较强的代表性。

3. 荒漠草原

荒漠草原处于温带草原区的西侧，以狭带状呈东北向西南分布，往西逐渐过渡到荒漠区，处于干旱区与半干旱区的边缘地带。荒漠草原的大陆性气候特点更强烈，常年受蒙古高压气团控制，海洋季风影响不强，降水量偏低，是生境条件最为严酷的草原地带。荒漠草原是旱生程度最强的一类草原群落，在这里生长的针茅属植物有戈壁针茅、短花针茅、石生针茅（小针茅、克里门茨针茅）、沙生针茅（*S. glareosa*）、东方针茅（*Stipa orientalis* Trin.）、镰芒针茅（*Stipa caucasica* Schmalh. 高加索针茅）。这几种针茅均为耐寒性极强的草原建群种植物，它们的植株都较矮小，须根发达，草丛密集紧实，表现出适应干旱、多风和寒冷的生境。戈壁针茅除作为荒漠草原的建群种，还广泛渗透到荒漠群落中，成为草原化荒漠植被的共建种之一。短花针茅是喜温暖的多年生旱生丛生禾草，除是荒漠草原主要建群种外，还可深入到典型草原地带，与克氏针茅草原呈复区出现，并在西部山地深入到荒漠区构成山地草原的主要类型。石生针茅也是荒漠草原植被的主要建群种之一，可组成中温型荒漠草原带的地带性群落。在草原化荒漠群落中石生针茅则是伴生植物。石生针茅在其分布区范围内，除了作为建群种在砾石性坡地和丘陵顶部形成草原群落外，还经常在其他山地草原及旱生灌丛中成为伴生成分。沙生针茅对荒漠草原地带的干旱气候具有很强的适应能力，它除了以建群种形成较大面积的群落外，还以共建种和亚优势种出现在其他荒漠草原中，在草原化荒漠群落中常常是重要的伴生成分。东方针茅是旱生密丛型下繁禾草，是山地草原及荒漠草原草场的优势种或亚优势种，多生于干旱山坡和丘陵。在准噶尔海拔 1 100 ~ 1 900m 的西部山地上，可以形成单优势种，也可成为优势种和亚优势种，与冷蒿、瑞士羊茅（*Festuca valesiaca*）、沙生针茅等组成不同的草地类型。镰芒针茅常生于海拔 1 400 ~ 2 620m 的石质山坡和沟坡崩塌处，接近沙生针茅，由于具有返青早、生长快、抗旱能力强等特性，极易被家畜过度采食，造成草地严重退化。

4. 高寒草原

高寒草原分布在海拔 4 000m 以上，高寒地带气候寒冷、潮湿，日照强烈，紫外线作用强，空气中 CO_2 含量较低，空气稀薄，温度变化剧烈，土层较薄、多为沙壤土，土壤含水量少、贫瘠。我国的高寒草原主要分布于青藏高原、帕米尔高原以及天山、昆仑山和祁连山等亚洲中部高山。为适应如此严酷的生境，高寒草原植物多低矮丛生，叶面积缩小，叶片内卷，气孔下陷，机械组织与保护组织发达，根系较浅，植株形成密丛，基部常为宿存的枯叶鞘所包围，起到保护更新芽越冬的作用。生长在高寒草原的针茅属植物有紫花针茅（*S. purpurea*）、座花针茅（*S. subsessililiora*）、羽柱针茅，它们具有较强的耐寒、耐旱特征，植株低矮，叶片内卷，机械组织和保护组织发达，以它们为建群种组成的草原群落是我国高寒草原的主要典型代表。紫花针茅草原是高寒草原中最重要、最有代表性的一个群系，在西藏自治区（以下简称西藏）广泛分布于阿里中部、羌塘高原、雅鲁藏布江中上游高山地带及藏南高原湖盆区，属寒冷半干旱的高寒草原。紫花针茅草原不仅在高山构成一定宽度的垂直带，而且形成了辽阔的水平地带性景观。座花针茅属寒中生密丛型下繁禾草，在高寒草原植被中，常以建群种和亚建群种与紫花针茅、寒生羊茅（*Festuca kryloviana*）、三穗薹草（*Carex tristachya*）、高山黄芪（*Astragalus alpinus*）等组成不同草场类型。座花针茅草原主要分布于天山西段南坡、帕米尔高原、昆仑山和祁连山，也是组成高寒草原的重要成分。羽柱针茅草原在羌塘高原分布比较普遍，常占据湖盆外缘、高原内流区一些山坡坡麓和平缓的洪积坡，分布区域地表常有细小砾块，以洪积、湖积和坡积物为主，土壤沙砾性强，它也是高寒草原的代表群系。

二、垂直地带分布

垂直地带性分布的形成是由于从山麓到山顶的水热状况随高度的升高而呈现有规律的变化，即自然带从山麓到山顶随高度的升高而发生垂直变化，垂直地带性分布呈现出与纬度地带性从赤道向两极相似的分布规律。从山麓到山顶的水热状况随高度的升高而变化，主要是因为对流层随着高度的升高，气温逐渐降低，热量随着高度的增加而减少，而迎风坡的降水量随着高度的升高而增加，到了一定高度（如果山脉足够高）即最大降水高度后，降水量随着高度的升高而逐渐减少。我国山地草地垂直带分布可划分为干旱区与湿润区两大类。

我国温带荒漠区内有一系列的高大山系，山体通常高达 4 000m 以上，山地草地发育旺盛，草地资源丰富。这些山地以荒漠群落为基带，随着山地海拔高度的升高，气温降低，降水量增多，逐渐出现草原群落。对于针茅属植物，由于不同种适应于不同的生境，因而呈现出山地垂直地带分布。

在荒漠区的山地草原带，荒漠草原占据了山地草原带的最下部，针茅属植物中较为适应荒漠草原环境的种一般分布在山地草原基带。以新疆准噶尔西部山地和博乐南部为例，以东方针茅为建群种形成的群落分布在海拔 1 450 ~ 2 000m 的范围内，同时，天山北坡西部的特克斯谷地、伊犁河谷，以及天山北坡东段的巴里库山的低山，海拔 1 000 ~ 1 500m 的地区也有东方针茅出现。当海拔升至 1 600 ~ 2 000m 时，以镰芒针茅为建群种的草原群落大面积分布。海拔约 3 800m 的草原化荒漠带内，如喜马拉雅东坡象泉河右岸的扎达县什布奇一带，被具有强旱生的拟长舌针茅（伊犁针茅、图尔盖针茅，*S. szowitsiana*）为建群种的群落所占据。沙生针茅草原占据了祁连山、天山及阿尔泰东部山麓海拔 1 200 ~ 1 800m 的区域，以及西藏阿里地区海拔 3 700 ~ 4 600m 的地区。

荒漠草原占据了荒漠山地草原带的最下部，而典型草原分布高度及分布区域的宽度随地区的不同而变化，一般来说生境越干旱，典型草原的分布界线越高。作为典型草原主要建群种、优势种的几种针茅属植物在山地草原带的分布范围也有所不同。阿尔泰草原地区，海拔 700 ~ 1 600m 以及天山北坡海拔 1 300 ~ 2 300m 和准格尔西部山地海拔 1 200 ~ 2 100m 的范围内，生长着广旱生密丛禾草——针茅，以针茅为建群种形成的针茅草原是该地区的优势群系。另外，克氏针茅草原可以进入荒漠区的山地，成为山地草原的一部分，出现在祁连山东段海拔 2 300 ~ 2 700m 的地区，在祁连山西段，海拔 2 900 ~ 3 200m 处也有分布。在同一山地，克氏针茅在阳坡分布面积比阴坡广，还可以沿山地往南进入青海湖以南地区，生态位置处于暖温性的本氏针茅草原之上、寒温性的紫花针茅草原之下，在天山仅见于阳坡。

草甸草原并不出现在所有的山地垂直带。在我国新疆荒漠地区，草甸草原多出现在天山分水岭以北的山地，草甸草原处于山地典型草原带与山地针叶林或山地草甸带之间，仅占 100 ~ 200m 的幅度。在天山北坡西段伊犁谷地，海拔 1 600 ~ 1 800m 及天山北坡东部海拔 1 800 ~ 2 000m 的范围分布着以长羽针茅为建群种形成的草原群落。

第三节　内蒙古针茅草原及其分布

针茅草原通常指各种针茅属植物占优势的天然草原。据统计，我国有 20 种针茅属植物在天然草地上占优势，组成各种不同类型的针茅草原。针茅类草原是亚洲中部草原区特有的中温型草原代表类型之一，在我国内蒙古草原区有大面积的分布。由于受东南季风的影响，内蒙古高原由东至西热量和水分状况的差异使针茅属植物呈现出水平地带性分布规律，如：内蒙古东部地区分布有贝加尔针茅和大针茅；中部地区分布有克氏针茅、本氏针茅；西部地区分布有石生针茅、短花针茅、戈壁针茅和沙生针茅。在特定的生境条件下，针茅属植物成为不同草地植物群落的建群种或优势种，形成的针茅类草原成为一类不容忽视的、重要的草地类型。针茅草原不仅是草原畜牧业可持续发展的物质基础，同时在保持草地生态系统平衡、维持良好生态环境等方面都具有重要作用（吴征镒 1980）。

一、贝加尔针茅草原

1. 贝加尔针茅草原分布

贝加尔针茅草原是欧亚大陆草原区、亚洲中部草原亚区东部特有的一种原生草原类型，主要分布在我国东北地区松辽平原、内蒙古草原东部和蒙古草原东北部地区，俄罗斯外贝加尔草原地区也有分布。分布于森林草原亚带上的贝加尔针茅草原经我国大兴安岭西麓进入内蒙古高原后，由呼伦贝尔盟沿山前的波状丘陵向南分布，从锡林郭勒盟的乌珠穆沁东部向西南一直延伸到锡林郭勒盟多伦县和太仆寺旗的宝昌地区，形成连续的分布带。从植被类型划分上，我国多数学者倾向于将贝加尔针茅草原归为草甸草原类，但是，有些学者认为贝加尔针茅草原属于真草原（典型草原）（祝廷成 1959），而内蒙古大学刘钟龄教授（1963）则认为贝加尔针茅草原应属于草甸草原和典型草原两部分，其中多杂类草的贝加尔针茅草原属草甸草原类，少杂类草的贝加尔针茅草原属典型草原类。在草地分类系统中，按全国草地类型的划分标准，以贝加尔针茅为优势种的草地类型都被划分为温性草甸草原类，包括内蒙古东北半湿润、半干旱森林草原亚区，内蒙古高原东部黑钙土、暗栗钙土草甸草原地段，并根据区域差异划分为不同的地段。与大针茅或克氏针茅为建群种的草原相比，贝加尔针茅草原所处生境条件更为湿润，土壤有机质积累较丰富，组成植物群落的物种多样性程度更高，植被成分中以杂类草层片最为发达，因而，贝加尔针茅草原具有较高的生物产量，是内蒙古东部地区重要的放牧场和割草场。

2. 气候特征

贝加尔针茅草原属于半干旱半湿润、低温类型气候。冬季严寒，夏季温凉。年均气候温度较低，为 -2.3 ~ 5.0℃，≥10℃ 的年积温在 1 500 ~ 2 700℃之间，年降水量 350 ~ 500mm，多集中在 7—9 月，这期间的降水量占到全年的 70% 左右，其中 7 月份降水量最高，一般可达 100mm，湿润系数为 0.4 ~ 0.7，每年约有 1 ~ 2 个月的半干旱期，无绝对干旱期，冬春覆雪日数一般在 70 天以上，最多可达 140 天。初霜期一般在 9 月上、中旬，5 月下旬到 6 月中旬为终霜期。无霜期 90 ~ 130 天。

3. 土壤特性

贝加尔针茅草原的地带性土壤主要是黑钙土和暗栗钙土，土壤肥力较高。通常在大兴安岭南部山区以暗栗钙土为主；呼伦贝尔高平原和锡林郭勒高平原则主要以黑钙土、淡黑钙土和暗栗钙土为主；在赤峰市的克什克腾旗西端，海拔高达 1 400 ~ 1 700m 的玄武岩台地，贝加尔针茅草原还能分布在淋溶黑钙土上。贝加尔针茅草原能适应各种基质的土壤，但是以肥沃而深厚的壤质土发育的最好，在干燥、多砾石的山坡和沙质土壤上，群落组成明显减少，植被盖度大大降低，生物产量下降，一般在盐渍化和碱化土壤上不能发育，常被羊草草原所代替。

4. 主要群落组成

贝加尔针茅草原的植物种类组成丰富，物种饱和度较高，每平方米内一般有植物种 15 ~ 20 个，最多可达 30 多种。贝加尔针茅草原共有高等植物 152 种，分属 99 属，34 科，其中，菊科（Compositae）、豆科（Leguminosae）、禾本科的植物有 20 种以上，蔷薇科（Rosaceae）有 16 种；5 种以上的属有委陵菜属（*Potentilla* Linn.）、蒿属（*Artemisia* Linn.）、针茅属、葱属、黄芪属（黄耆属 *Astragalus* Linn.）和鸢尾属（*Iris* Linn.）。贝加尔针茅草原中的杂类草相当丰富，有多年生杂类草 104 种，占总数的 68.4%，其次是禾本科植物，占总数的 12.6%，再次为半灌木占 6.0%，灌木占 5.3%，苔草最少只占 2.0%。就生态类群而言，草甸（森林草甸）中生植物类群 54 种，占总数的 35.5%，草原旱生植物 97 种，占 63.8%（表 1－4）。

表 1－4　贝加尔针茅草原种类组成的科属分析（中国科学院内蒙古、宁夏综合考察队 1985）

科名	属	种	科名	属	种	科名	属	种
菊科 Compositae	14	23	莎草科 Cyperaceae	1	3	牻牛儿苗科 Geraniaceae	1	1
豆科 Leguminosae	10	23	十字花科 Cruciferae	2	2	亚麻科 Linaceae	1	1
禾本科 Gramineae	17	20	伞形科 Umbelliferae	2	2	芸香科 Rutaceae	1	1
蔷薇科 Rosaceae	4	16	茜草科 Rubiaceae	2	2	远志科 Polygalaceae	1	1
百合科 Liliaceae	5	8	败酱科 Valerianaceae	2	2	金丝桃科 Clusiaceae	1	1
毛茛科 Ranunculaceae	4	6	桔梗科 Campanulaceae	2	2	瑞香科 Thymelaeaceae	1	1
石竹科 Caryophyllaceae	4	5	龙胆科 Gentianaceae	1	2	报春花科 Primulaceae	1	1
玄参科 Scrophulariaceae	4	5	山萝卜科 Dipsacaceae	1	2	萝藦科 Asclepiadaceae	1	1

（续表）

科名	属	种	科名	属	种	科名	属	种
鸢尾科 Iridaceae	1	5	麻黄科 Ephedraceae	1	1	旋花科 Convolvulaceae	1	1
唇形科 Labiatae	4	4	桦木科 Betulaceae	1	1	紫草科 Boraginaceae	1	1
大戟科 Euphorbiaceae	3	3	榆科 Ulmaceae	1	1			
蓼科 Polygonaceae	2	3	景天科 Crassulaceae	1	1	总计 34	99	152

贝加尔针茅草原的种类组成中的建群种和亚建群种以及优势种大都以典型旱生和广旱生为主，中旱生植物次之。而中生和旱中生植物类群的物种虽然很多，但它们在群落中常作为常见种出现，这些特征也说明了贝加尔针茅草原的旱生性特性。

按照比较群落——生态学的原则，根据群落组成和生境条件的一致性，贝加尔针茅群系可划分为 6 个群丛组，包括 11 个群丛（表 1 –5）。按群落发展趋向的共同特点，这 6 个群丛组分属于 5 个生态系列：

典型的：贝加尔针茅 – 羊草群丛组

中生化的：贝加尔针茅 – 中生杂类草群丛组

旱生化的：贝加尔针茅 – 大针茅群丛组、贝加尔针茅 – 多叶隐子草（*Cleistogenes polyphylla*）群丛组

寒生化的：贝加尔针茅 – 线叶菊（*Filifolium sibiricum*）群丛组

石砾质化的：西伯利亚杏（山杏 *Armeniaca sibirica*） – 贝加尔针茅群丛组。

表 1 –5　贝加尔针茅草原群系分类系统（中国科学院内蒙古、宁夏综合考察队 1985）

群丛纲	群丛组	群丛
贝加尔针茅 – 根茎禾草	贝加尔针茅 – 羊草	贝加尔针茅 – 羊草 + 线叶菊
		贝加尔针茅 – 羊草 + 羊茅（*Festuca ovina*）
		贝加尔针茅 – 羊草 + 日阴菅（*Carex pediformis*）
		贝加尔针茅 – 羊草
		贝加尔针茅 – 羊草 + 糙隐子草 + 达乌里胡枝子

（续表）

群丛纲	群丛组	群丛
贝加尔针茅－杂类草	贝加尔针茅－中生杂类草	贝加尔针茅＋扁蓿豆（*Medicago ruthenica*）＋紫花棘豆（*Oxytropis subfalcata*）
	贝加尔针茅－线叶菊	贝加尔针茅－线叶菊＋羊茅
		贝加尔针茅－线叶菊＋扁蓿豆
贝加尔针茅－丛生禾草	贝加尔针茅－大针茅	贝加尔针茅－大针茅
	贝加尔针茅－多叶隐子草	贝加尔针茅－多叶隐子草＋达乌里胡枝子＋白莲蒿（*Artemisia Sacrorum*）
贝加尔针茅－灌木	西伯利亚杏－贝加尔针茅	西伯利亚杏－贝加尔针茅＋多叶隐子草＋线叶菊

二、大针茅草原

1. 大针茅草原分布

大针茅草原也是欧亚大陆草原区亚洲中部亚区特有的一种草原类型，分布中心为蒙古高原的草原带。大针茅草原在我国中温型草原地区分布比较广泛，是占有面积较大的一类典型的禾草草原。在我国，地带性的大针茅草原主要分布于大兴安岭以西，内蒙古锡林郭勒高原中部和东部以及呼伦贝尔高原中部的干草原地区，是我国温带草原类典型的地带性代表型。同时，大针茅草原的分布范围还涉及前苏联西伯利亚高原的南部和东部、蒙古东部和北部，我国的松嫩平原中部和黄土高原也有分布。作为亚洲中部草原区特有的一种丛生禾草草原，大针茅草原一般大面积出现于广阔、平坦而不受地下水影响的波状高平原的地带型生境上，有时大针茅草原也可出现在森林草原亚带的边缘，与贝加尔针茅草原相连，但不进入荒漠草原带。当生境趋于湿润寒冷时，大针茅草原常常被较为中生的贝加尔针茅所代替；当生境趋于干旱时，大针茅草原又被克氏针茅草原所代替，并且在轻度退化地段上，大针茅草原常常演替为克氏针茅草原。因此，大针茅草原可以作为区分中温型森林草原亚带和典型草原亚带的重要标志（中国科学院内蒙古、宁夏综合考察队 1985）。

2. 气候特征

大针茅草原属于寒冷、半干旱的大陆性气候，春季大气活动频繁，夏季温和短促，秋季气温骤降，冬季时间较长。年均气温 1～4℃，≥10℃的年积温在 1 800～2 000℃，年降水量 300～400mm，主要集中在温度最高的夏季，70%的降雨集中在7—9月份，夏季最高月降水量多数可超过100mm，湿润系数为0.3～0.45，一般每年有1～3个月的半干旱期，有时可达4～5个月，干旱期一般不超过一个月，冬春覆雪日数一般在70天以上，最多可达140天，无霜期为80～150天。

3. 土壤特性

大针茅草原的地带性土壤主要是壤质或沙壤质的典型栗钙土或暗栗钙土，土壤表层腐殖层厚度一般在15～50cm之间，土壤肥力条件较好，但存在明显的钙积层，钙积层厚度平均为40cm。分布于大兴安岭西侧呼伦贝尔高原的大针茅草原的土壤类型主要以暗栗钙土为主，腐殖质层厚度约为30～50cm，在沙带及其外围的沙质平原上分布有一些风沙土、黑沙土和栗沙土。此外，在河泛地及湖泊周围也出现了草甸土、碱土和盐土。分布于大兴安岭南部山地西麓的丘陵区以及锡林郭勒高平原中东部的大针茅草原土壤类型主要为栗钙土，土质疏松，常有较多石砾，甚至可形成砾石质土壤，并有部分暗栗钙土和风沙土散布。

4. 主要群落组成

大针茅草原植物种类组成也比较丰富，种的饱和度也较高，每平方米内一般有植物22种左右，最丰富者可达40种以上，少则有11～15种。大针茅草原共有高等植物162种，仅次于羊草草原、线叶菊草原，这些植物分属于34科95属，其中双子叶植物有30科76属123种，单子叶植物有4科19属39种。种数最多的是菊科、禾本科、豆科、蔷薇科和百合科（Liliaceae），种数均在10种以上，其次为唇形科（Labiatae）、藜科（Chenopodiaceae）、毛茛科（Ranunculaceae）等，种数在5种以上。在这些主要科中，重要的属有禾本科的针茅属、隐子草属（*Cleistogenes* Keng）、赖草属（*Leymus* Hochst.）、冰草属（*Agropyron* Gaertn.），菊科的蒿属，豆科的黄芪属，蔷薇科的委陵菜属，百合科的葱属等（表1－6）。上述种类组成反映了半干旱地区典型草原种类组成的一般特征。

表1－6　大针茅草原种类组成的科属分析（中国科学院内蒙古、宁夏综合考察队 1985）

科名	属	种	科名	属	种	科名	属	种
麻黄科	1	2	芸香科	1	1	玄参科	4	5
榆科 11	1	1	远志科	1	1	茜草科	1	1
蓼科	2	3	大戟科	2	4	山萝卜科	1	2

（续表）

科名	属	种	科名	属	种	科名	属	种
藜科	3	5	瑞香科	1	1	败酱科	1	1
石竹科	3	4	伞形科	2	2	桔梗科	2	3
毛茛科	3	5	报春花科	1	1	菊科	15	26
十字花科	2	5	蓝雪科 Plumbaginaceae	1	1	禾本科	13	21
景天科	2	3	龙胆科	1	2	莎草科	1	3
蔷薇科	3	11	萝藦科	1	1	百合科	4	12
豆科	10	17	旋花科	1	1	鸢尾科	1	3
亚麻科	1	3	紫草科	1	1			
牻牛儿苗科	2	2	唇形科	6	8	总计 34	95	162

大针茅草原与它所处的寒冷而干燥的半干旱的大陆性气候相适应，在群落生态类型组成方面，旱生植物占显著优势，草原旱生植物（包括草原中旱生、广幅旱生、典型旱生、寒旱生、荒漠草原旱生）有 108 种，占总数的 66.7%，在植物群落中起决定性作用。另外含有一定数量的草甸中生植物（54 种）可占总种数的 33.3%。在旱生植物中，草原中旱生植物有 66 种，占总种数的 40.7%，说明由于分布于典型草原带的东部，大针茅草原湿度条件相对较好。

根据群落的层片结构、共建种和优势种的差异以及生境的特点，大针茅草原群系可划分为五个群丛纲、8 个群丛组和 16 个群丛，这 8 个群丛组可以归纳为 5 个生态系列（表 1 – 7）：

典型的：大针茅 – 糙隐子草群丛组

中生化的：大针茅 – 羊草群丛组、大针茅 – 贝加尔针茅群丛组

旱生化的：大针茅 – 克氏针茅群丛组

寒生化的：大针茅 – 线叶菊群丛组、大针茅 – 羊茅群丛组

沙生化的：大针茅 – 光沙蒿（*Artemisia oxycephala*）群丛组、小叶锦鸡儿（*Caragana microphylla*） – 大针茅群丛组

表1－7 大针茅草原群系分类系统（中国科学院内蒙古、宁夏综合考察队 1985）

群丛纲	群丛组	群丛
大针茅－根茎禾草	大针茅－羊草	大针茅－羊草＋线叶菊
		大针茅－羊草＋洽草（*Koeleria cristata*）＋柴胡（*Bupleurum chinense*）
		大针茅－羊草＋贝加尔针茅
		大针茅－羊草＋糙隐子草＋洽草＋冰草（*Agropyron cristatum*）＋硬质早熟禾（*Poa sphondylodes*）
		大针茅－羊草＋糙隐子草
		大针茅－羊草＋冷蒿
大针茅－丛生禾草	大针茅－贝加尔针茅	大针茅－贝加尔针茅
	大针茅－糙隐子草	大针茅－糙隐子草＋洽草＋冰草＋硬质早熟禾
		大针茅－糙隐子草＋达乌里胡枝子
		大针茅－糙隐子草＋冷蒿
	大针茅－克氏针茅	大针茅－克氏针茅
	大针茅－羊茅	大针茅－羊茅＋羊草＋白头翁（*Pulsatilla chinensis*）
大针茅－杂类草	大针茅－线叶菊	大针茅－线叶菊＋羊草＋狭叶柴胡（*Bupleurum scorzonerifolium*）
大针茅－半灌木	大针茅－光沙蒿	大针茅－光沙蒿
大针茅－灌木	小叶锦鸡儿－大针茅	小叶锦鸡儿－大针茅＋糙隐子草＋洽草＋冰草＋硬质早熟禾
		小叶锦鸡儿－大针茅＋羊草＋冰草＋麻花头（*Serratula centauroides*）

三、克氏针茅草原

1. 克氏针茅草原

克氏针茅草原是亚洲中部草原亚区所特有的典型草原群系。主要分布于蒙古高原的典型草原带，往东往北一直扩及到森林草原地带的边界，往南可以分布到我国黄土高原的半干旱地区，往西，克氏针茅草原可以成为干旱区某些山地的草原类型，如阴山、贺兰山、祁连山、新疆天山、甚至在原苏联境内的中天山也有分布。在亚洲中部，克氏针茅草原是典型草原的代表类型之一，也是我国西北山区的主要草原类型。在内蒙古高原地区，这种植被类型形成大面积分布，集中分布于典型草原地带内，一般不进入森林草原带，在荒漠草原带内虽有少量渗入，但并不能成为荒漠草原的优势成分。因此，克氏针茅草原可作为区分中温型森林草原亚带和典型草原亚带以及典型草原亚带和荒漠草原亚带的重要标志。克氏针茅草原在其分布区域的东部与大针茅草原交错重叠分布，进入森林草原带则被贝加尔针茅所替代，往西往南向荒漠草原过渡的区域则被更为旱生的戈壁针茅荒漠草原和暖温型的短花针茅荒漠草原所代替，在阴山山脉以南被暖温型草原带的本氏针茅草原取代。

2. 气候特征

克氏针茅草原属于中温带半干旱气候。年均气温 0～5℃，≥10℃的年积温在 1 800～2 500℃，年降水量 300～400mm，个别年份月降水量的最高值可达 100mm，湿润系数为 0.25～0.50，一般每年有 1～4 个月的半干旱期和一个月的干旱期，冬春覆雪日数一般在 30～50 天，最高可达 90 天以上。

3. 土壤特性

以克氏针茅建群的草原主要分布在呼伦贝尔高平原和锡林郭勒高平原的中、西部及阴山山脉东段的丘陵地带。地形多以开阔的高平原和缓坡丘陵为主。土壤多为壤质、沙壤质或砂砾质的栗钙土或淡栗钙土为主，腐殖质层厚度为 30～50cm，有机质含量为 2.0%～3.5%。与大针茅草原分布的土壤相比，克氏针茅草原土壤钙积化作用增强而生草化作用减弱，腐殖质层厚度及含量均有所减少，钙积层上升至距离土壤表层 20～30cm 处。在干旱、大风等环境因素的作用下，克氏针茅草原地表常具碎小砾石层。克氏针茅对土壤盐分的适应状况与大针茅相似，即使在轻度盐化的土壤上也很难见其生长。

4. 主要群落组成

克氏针茅草原的种类组成上不及大针茅草原和贝加尔针茅草原。每平方米内种的饱和度平均为 15～20 种，在高平原上一般为 15 种左右，变化在 10～20 种之间，而发育在低山丘陵坡地上的群落，种的饱和度较高，大多在 20 种以上，有时可达 30 种左右。克氏针茅草原中的 103 种高等植物，分属于 28 科 69 属。其中，种数在 10 种以上的是禾本科、豆科、菊科，种数在 5 种以上的有藜科、蔷薇科、唇形科、百合科等。克氏针茅草原科属组成明显反映了典型草原的一般特征（表 1－8）。同时，在种类组成上，克氏针茅草原同大针茅草原是两类很接近的类型，在 28 科中两者共有的科有 26

个，占总数的93%。克氏针茅草原是以典型草原旱生植物为建群，以草原旱生植物为主的一类草原，从区系成分和生活型、生态类群分析表明克氏针茅草原是一类中温型的典型草原，在我国草原区具有一定的代表性。目前，克氏针茅草原利用过重，退化比较明显，很多地区渐渐被演替成为糙隐子草占有优势的次生小禾草草原群落。这种群落在强烈放牧过程中最后变成小半灌木、冷蒿及星毛委陵菜等植物占优势的次生半灌木群落。

表1－8　克氏针茅草原种类组成的科属分析

（中国科学院内蒙古、宁夏综合考察队1985）

科名	属	种	科名	属	种	科名	属	种
藜科	4	5	芸香科	1	1	马鞭草科 Verbenaceae	1	1
蓼科	1	1	远志科	1	1	唇形科	5	5
石竹科	3	3	大戟科	1	2	玄参科	1	1
毛茛科	1	1	瑞香科	1	1	菊科	10	16
十字花科	4	4	伞形科	2	2	禾本科	12	22
景天科	1	1	报春花科	1	1	莎草科	1	1
蔷薇科	1	8	蓝雪科	1	1	百合科	3	7
豆科	6	11	龙胆科	1	1	鸢尾科	1	1
亚麻科	1	1	旋花科	1	1			
蒺藜科 Zygophyllaceae	1	1	紫草科	2	2	总计28	69	103

克氏针茅草原是以典型草原旱生植物为建群，以草原旱生植物为主的一类草原，从区系成分和生活型、生态学类群分析，克氏针茅草原是中温型的典型草原，在我国草原区具有一定的代表性。

由于草原生态地理条件的不同，克氏针茅草原在分布区内形成了许多不同的群落类型，依据亚建群种或优势种的差异，可划分出10个群丛组和11个群丛（表1－9）。

表 1-9　克氏针茅草原群系分类系统（中国科学院内蒙古、宁夏综合考察队 1985）

群丛纲	群丛组	群丛
克氏针茅-旱生禾草	克氏针茅-糙隐子草	克氏针茅+糙隐子草
		克氏针茅+糙隐子草+冷蒿
	克氏针茅-大针茅	克氏针茅+大针茅+糙隐子草+冷蒿
	克氏针茅-戈壁针茅	克氏针茅+戈壁针茅+糙隐子草
	克氏针茅-小针茅	克氏针茅+小针茅+糙隐子草+冷蒿
	克氏针茅-短花针茅	克氏针茅+短花针茅+糙隐子草+冷蒿
	克氏针茅-羊茅	克氏针茅+羊茅+百里香（*Thymus mongolicus*）
	克氏针茅-沙生冰草	克氏针茅+沙生冰草+洽草+冷蒿
	克氏针茅-羊草	克氏针茅+羊草+冷蒿
克氏针茅-旱生小半灌木	克氏针茅-冷蒿	克氏针茅+冷蒿+星毛委陵菜（*Potentilla acaulis*）
克氏针茅-旱生灌木	｜锦鸡儿｜-克氏针茅	｜锦鸡儿｜-克氏针茅+糙隐子草+冷蒿

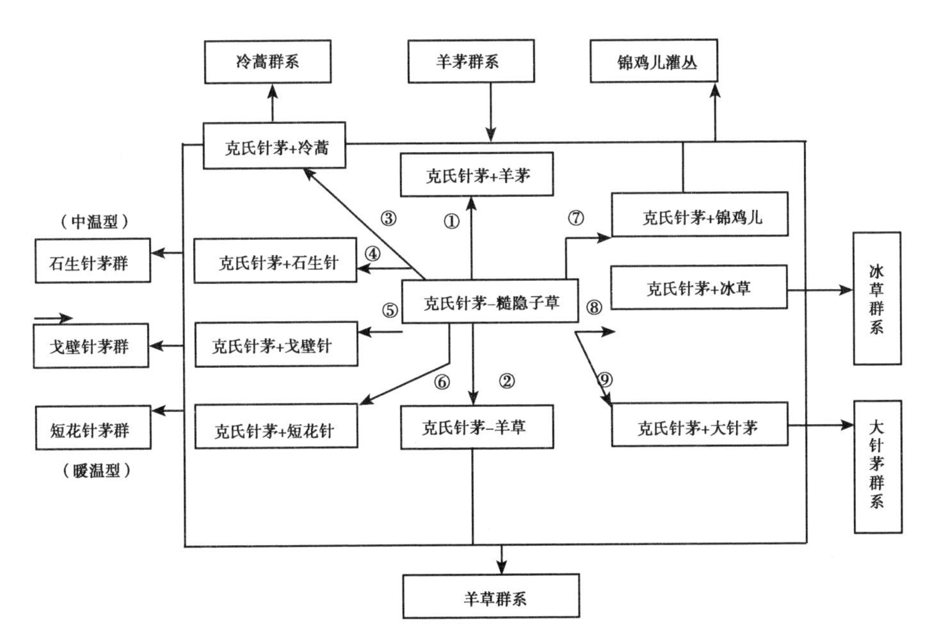

①海拔上升；②趋于低温；③放牧退化；④趋于干旱；⑤趋于干旱；⑥趋于干旱温暖；⑦砂砾质土壤；⑧土壤沙质化；⑨趋于潮湿

图 1-1　克氏针茅群系的群落生态系列图式

克氏针茅草原是和其他各群系具有密切联系的（图1－1）。图式中用虚线表示了各群丛组的发展趋向，由此可以看出，因此，克氏针茅不仅是该草原的建群种，同时又以优势种或伴生种的形式出现于大针茅群系、戈壁针茅群系、石生针茅群系、短花针茅群系以及山地的羊茅群系，还有低湿地上的羊草群系之中，并进入冰草群系、锦鸡儿灌丛和冷蒿群系中。从而可以看出克氏针茅具有强的耐牧性和广泛的适应性。

四、戈壁针茅草原

1. 戈壁针茅草原分布

戈壁针茅草原是亚洲中部荒漠草原地带的一类小型丛生禾草草原，是典型的亚洲中部戈壁荒漠草原种。在我国主要分布在阴山山脉以北的乌兰察布高平原和鄂尔多斯高原的中西部地区。往西在荒漠区的山地，如阿尔泰山、东天山、祁连山、贺兰山等也有出现。在蒙古的东戈壁荒漠草原地区占优势地位，并在戈壁阿尔泰和蒙古阿尔泰山脉的东部有广泛分布。戈壁针茅草原的分布与海拔高度的关系表现出自北向南、自东向西逐步升高的趋势。在乌兰察布高原北部和东部，戈壁针茅草原主要分布在海拔950～1 000m的层状高平原上，向南向西随着丘陵山地地势的升高和湿润度的降低，戈壁针茅草原多出现在海拔1 300～1 600m的山麓坡脚和丘间谷地。

2. 气候特征

戈壁针茅草原、石生针茅草原和沙生针茅草原是针茅草原中比较耐干旱的类型，气候特征也大体相似，均为温带干旱大陆性气候。年均气温4.5～8.0℃，≥10℃的年积温在2 000～3 100℃，年降水量平均低于250mm，变幅在130～245mm，湿润系数为0.11～0.26，植物生长期较长，可达180～240天，由于春秋两季，特别是春季，常常发生4～6个月的持续干旱，植物生长和生产力的稳定性受到严重影响。

3. 土壤特性

戈壁针茅草原下面发育的土壤为棕钙土，并以暗棕钙土为主。土体腐殖质层较浅薄，20～25cm以下普遍有一层坚实的钙积层。土壤肥力不高，腐殖质含量一般小于1.0%～1.8%，春季墒情较差，土壤含水量低于8.0%，不宜进行旱作农业生产。戈壁针茅草原地面十分粗糙，通常覆盖一层石砾和粗沙，属常态风蚀选留的结果。

4. 主要群落组成

由于受干旱气候长期影响，戈壁针茅草原植物种类组成十分贫乏而又比较分散，每平方米内种的饱和度仅为 10～12 种，但是种类组成比较稳定。在特定的群落内部，植物种数无明显波动。戈壁针茅草原中的高等植物有 74 种，分属 27 科 52 属，其中，含种属较多的科依次是禾本科、豆科、菊科、百合科、藜科。其次为蒺藜科、十字花科、鸢尾科。含种数较高的属有针茅属、蒿属、锦鸡儿属（*Caragana* Fabr.）（各含 4 种），冰草属、葱属、鸢尾属（各含 3 种）（表 1－10）。约 80% 的属仅包含一种。

低等植物在戈壁针茅草原中不甚发达，偶尔在砾石性较明显的生境条件下可遇到少量的叶状地衣和蓝绿藻。在草原带东部的贝加尔针茅、大针茅草原中广泛分布的多种可食真菌，在这里一般不常遇见。

表 1－10　戈壁针茅草原种类组成的科属分析
（中国科学院内蒙古、宁夏综合考察队 1985）

科名	属	种	科名	属	种	科名	属	种
麻黄科	1	1	远志科	1	1	车前科 Plantaginaceae	1	1
藜科	4	4	大戟科	2	2	菊科	5	9
石竹科	1	1	瑞香科	1	1	禾本科	7	13
十字花科	3	3	伞形科	1	2	莎草科	1	2
景天科	1	1	报春花科	1	1	百合科	3	5
蔷薇科	1	1	萝藦科	1	1	鸢尾科	1	3
豆科	6	10	旋花科	1	1	柽柳科 Tamaricaceae	1	2
亚麻科	1	1	马鞭草科	1	1			
蒺藜科	2	3	唇形科	2	2			
芸香科	1	1	玄参科	1	1	总计 27	52	74

根据群落中共建种生活型的一致性和种类组成优势度的差异性，戈壁针茅草原群系可区分为若干不同的群落类型（群丛组）：戈壁针茅－无芒隐子草群丛组、戈壁针茅－多根葱（碱韭、紫花韭 *Allium polyrhizum*）群丛组、戈壁针茅－冷蒿群丛组、戈壁针茅－女蒿（*Hippolytia trifida*）荒漠群丛组、戈壁针茅－蓍状亚菊（*Ajania achilloides*）群丛组、戈壁针茅－红砂（*Reaumuria songarica*）群丛组以及戈壁针茅－锦鸡儿群丛组。

五、小针茅草原

1. 小针茅草原分布

小针茅草原是以一种小型针茅——小针茅为建群种的一类草原。小针茅草原在我国主要分布在内蒙古高原草原和荒漠草原地带的山地（大青山、乌拉山、狼山、贺兰山）和丘陵顶部，向北沿着山地的阳坡一直延伸到原苏联境内的涅尔琴达乌里地区，在蒙古国，主要出现在东蒙古地区和杭爱山区，向西则只出现在戈壁区北部。因此，小针茅可以作为亚洲中部山地草原蒙古种。

2. 气候特征

在我国，内蒙古草原和荒漠草原地带的山地和丘陵地及往北地区的气候，适合小针茅生长，并形成山地草原。

3. 土壤特性

小针茅的形态外貌与戈壁针茅相近，但二者在生态习性上表现出明显差异。戈壁针茅是蒙古高原荒漠草原棕钙土的典型代表植物，而小针茅草原的出现总是和石质的原始粗骨性土壤保持密切的关系。

4. 主要群落组成

小针茅在分布区范围内除了作为建群种形成独立的小针茅草原外，在蒙古北部经常出现在禾草杂类草草原。在内蒙古西部，小针茅常出现在旱生小半灌蒿类、女蒿、蓍状亚菊等群落中，对山地生态条件的适应性比较广泛。受山体所处地带位置的影响，小针茅草原的群落组成也具有明显的地带性烙印。但由于山地生境条件的特异性，草群中适应岩隙砾质土环境的植物占多数，很多植物具有莲座状形态，丛生和匍生形态也很普遍。群落结构的不均匀性十分明显，而且一般情况下，小针茅草原并不占有很大面积，多以片段形式出现，并和其他的石生植物群落（各类地衣为主）。石隙植物群聚形成复杂的结合，植被结构极不协调。

小针茅草原的群落类型也比较复杂，主要的几个群丛包括小针茅＋线叶菊群丛、小针茅＋山蒿（*Artemisia brachyloba*）群丛、小针茅＋冷蒿群丛、小针茅＋女蒿群丛、小针茅＋蓍状亚菊群丛。

六、沙生针茅草原

1. 沙生针茅草原分布

沙生针茅草原是亚洲中部草原亚区荒漠草原带的一个重要的矮型禾草草

原。沙生针茅草原分布区域的北界和东界与戈壁针茅草原大体一致，但其西界和南界则比戈壁针茅草原分布广。在我国，沙生针茅草原主要分布在内蒙古高原西部和东阿拉善——西鄂尔多斯高原的砂砾质棕钙土地带上，此外，在荒漠地带沿着干燥山坡，沙生针茅草原可上升到海拔 3 700 ~ 3 900m 的高山，形成山地草原的组成部分，是山地草场资源的基本类型之一。沙生针茅草原的地理范围处于亚洲中部草原亚带的荒漠草原地带和荒漠区的山地，是亚洲中部一系列针茅草原群系中具有明显荒漠化特征的一个草原群系。

2. 气候特征

在内蒙古高原西部直至西鄂尔多斯高原，甚至在海拔 3 000m 以上的高山气候，均可适合沙生针茅的生长，并可形成草原群系。

3. 土壤特性

沙生针茅草原具有较高的适应干旱环境的能力，除了能在沙质、砂砾质棕钙土上形成大面积的荒漠草原群落外，还常常以共建种和亚优势种出现在一系列荒漠群落中，并成为荒漠“草原化”的重要标志。

4. 主要群落组成

沙生针茅草原的结构往往具有不同程度的灌丛化特点，灌木层片的主要代表植物为小叶锦鸡儿、矮锦鸡儿（*Caragana pygmaea*）和狭叶锦鸡儿（*Caragana stenophylla*）等。植丛分布均匀，长势旺盛，这显然与沙质土壤中生理有效水分含量较高有一定联系。生草丛禾草层片中除沙生针茅为建群种外，稳定的亚优势成分为戈壁针茅和无芒隐子草。半灌木层片也比较发达，常见的代表植物有女蒿、蓍状亚菊和冷蒿、内蒙古旱蒿（*Artemisia xerophytica*）等。杂类草的数量和种类都不太多，常见者有草芸香（北芸香 *Haplophyllum dauricum*）、戈壁天门冬（*Asparagus gobicus*）、叉枝鸦葱（拐轴鸦葱 *Scorzonera divaricata*）、兔唇花（*Lagochilus ilicifolius*）、燥原荠（*Ptilotricum canescens*）、乳白黄耆（*Astragalus galactites*）和大苞鸢尾（彭氏鸢尾 *Iris bungei*）等。一、二年生植物只见少数茵陈蒿（*Artemisia capillaris*）。

除了灌木型的沙生针茅草原以外，还有许多具有发达的小半灌木层片的沙生针茅草原群落。例如：沙生针茅 + 冷蒿草原、沙生针茅 + 旱蒿草原、沙生针茅 + 女蒿草原、沙生针茅 + 蓍状亚菊草原、沙生针茅 + 刺叶柄棘豆（猫头刺 *Oxytropis aciphylla*）草原和沙生针茅 + 木紫菀（*Asterothamnus fruticosus*）草原群落等。前四类在荒漠草原地带分布较普遍，并多于亚菊类和蒿类群落交替出现，形成禾草 - 蒿类群落复合体。

七、本氏针茅草原

1. 本氏针茅草原分布

本氏针茅草原广泛分布于亚洲大陆的温暖地带，其地理成分可定为亚洲中部暖温带草原种。在我国境内，本氏针茅主要分布在黄河流域；往东一直分布到华北平原，分布区的北界是西辽河以南的黄土丘陵以及阴山山脉的分水岭；往西可见于青海、祁连山，并远及四川西部和西藏拉萨地区，更西边可达中天山；南边可分布到河南的伏牛山区以及江苏南京和无锡一带。黄河中游的晋、陕、甘、宁及内蒙古南部处于我国中部暖温带的黄土高原地区，也是本氏针茅分布最多的区域。有本氏针茅建群的草原植被目前已经很难找到大面积连片的原生类型，只能在多年弃耕的撂荒地和放牧坡地上见到次生的本氏针茅草原群落片段。

2. 气候特征

本氏针茅对气候环境的适应性较强，本氏针茅草原主要分布区的年均气温4.5～11.8℃，≥10℃的年积温在2 370～4 000℃，年降水量392～476mm，湿润系数为0.3～0.6。

3. 土壤特性

本氏针茅草原的分布区基本上属于典型草原地区，分布区域的土壤以黑垆土为主，并有部分的钙酸盐褐土。多数情况下，本氏针茅草原与富钙质的黄土母质相联系，同时本氏针茅也可生长在土层较薄的石质山地上。本氏针茅有一定的抗侵蚀和耐践踏的能力，所以本氏针茅草原可以分布在黄土坡地，经常是羊道纵横，地表有明显片蚀，而且草丛基部由于固土和挂淤作用而呈现小丘状。

4. 主要群落组成

本氏针茅草原在内蒙古自治区分布面积不大，类型也不多，因此种类组成也不复杂。根据样地统计，本氏针茅草原共有植物80种，分属26个科65属，其中菊科占第一位，禾本科次之，豆科占第三位。蔷薇科和藜科也有一定作用。重要的属有禾本科的针茅属、冰草属、隐子草属，菊科的蒿属，蔷薇科的委陵菜属，豆科的黄芪属（表1－11）。

表1－11　本氏针茅草原种类组成的科属分析（中国科学院内蒙古、宁夏综合考察队1985）

科名	属	种	科名	属	种	科名	属	种
藜科	3	3	远志科	1	1	玄参科	1	1
石竹科	1	1	大戟科	1	1	紫葳科（Bignoniaceae）	1	1
毛茛科	1	1	瑞香科	1	1	车前科	1	1
十字花科	1	1	伞形科	1	1	菊科	14	20
蔷薇科	3	6	龙胆科	1	1	禾本科	12	16
豆科	10	12	萝藦科	1	1	莎草科	1	1
牻牛儿苗科	1	1	旋花科	1	1	百合科	3	3
亚麻科	1	1	紫草科	1	1	鸢尾科	1	1
蒺藜科	1	1	唇形科	1	1	总计26	65	80

本氏针茅草原种类组成中，以旱生植物为主，草原旱生、中旱生、广旱生和寒旱生植物有48种，占总种数的60.0%；荒漠草原旱生植物10种，占12.5%。旱生植物在群落中起到建群种和优势种的作用，如本氏针茅、短花针茅、糙隐子草、达乌里胡枝子（兴安胡枝子 *Lespedeza daurica*）、冷蒿、白莲蒿、百里香（银斑百里香 *Thymus mongolicus*）等。中生植物占总数的27.5%，这些植物种的作用处于次要地位，其中有两种个别出现的灌木，其余的除去几个山地种以外，如紫花野菊（*Dendranthema zawadskii*）、细叶百合（山丹 *Lilium pumilum*），绝大多数都是一年生和二年生的杂类草。另外，荒漠草原种类成分出现较多。本氏针茅草原生态类群组成的这种特点，可以认为与地处其分布区的干旱北缘有关系。

本氏针茅群系类型简单，分布面积较小，大体可划分出4个群丛，即本氏针茅＋糙隐子草＋达乌里胡枝子群丛、本氏针茅＋达乌里胡枝子＋白莲蒿群丛、本氏针茅＋短花针茅＋达乌里胡枝子群丛以及本氏针茅＋百里香群丛。

八、短花针茅草原

1. 短花针茅草原分布

短花针茅草原在亚洲中部草原亚区荒漠草原带气候偏暖区域分布较广，同时也能分布到荒漠区的一些山地。短花针茅草原分布于内蒙古高原的南部，西起乌梁素海以东的大佘太地区，经达茂旗、四子王旗至镶黄旗与化德一带，形成一条集中的分布区域，东西横贯于荒漠草原带的南部边缘，在典型草原与草原化荒漠的交界处，形成一条不宽的过渡带。短花针茅草原是典型草原带向西北过渡首先遇到的荒漠草原类型，再往西北将逐渐出现更为干旱的戈壁针茅草原和沙生针茅草原群落。

2. 气候特征

短花针茅草原地处欧亚大陆腹地，湿润的海洋气流难以深入，属于典型的中温带大陆性气候。年均气温为 2 ~ 7℃，≥10℃ 的年积温在 2 000 ~ 3 200℃，年降水量为 150 ~ 300mm，多集中于夏秋季节，湿润系数为 0. 2 ~ 0. 4，无霜期 110 ~ 170 天，季节温差和日温差均十分显著。

3. 土壤特性

短花针茅草原分布区的土壤类型主要为棕钙土、淡棕钙土、风沙土，部分地区有少量的灰钙土分布。由于南部边缘地带不断开荒种地，造成大面积沙化，形成覆沙梁地。沙、梁、滩相间分布，地表风力侵蚀严重，具有覆沙和砾石。

4. 主要群落组成

短花针茅草原有高等植物 51 种，低等植物 4 种（9 个样地统计资料），说明短花针茅草原植物种类组成比较贫乏。其中，作用最大的是豆科和禾本科，其次是菊科和藜科，百合科也有一定作用。这些种中，又以禾本科的针茅属、隐子草属，豆科的锦鸡儿属占优势。菊科蒿属的作用最大，常常构成群落的建群种和优势种，充分地反映出半干旱区草原群系特点（表 1 – 12）。

表 1 – 12　短花针茅草原种类组成的科属分析（中国科学院内蒙古、宁夏综合考察队 1985）

科名	属	种	科名	属	种	科名	属	种
藜科	4	4	远志科	1	1	莎草科	1	2
十字花科	2	2	大戟科	1	2	禾本科	4	8
蔷薇科	1	2	旋花科	1	1	百合科	2	3
豆科	8	11	唇形科	2	2	鸢尾科	1	2
牻牛儿苗科	1	1	玄参科	1	1	低等植物		4
亚麻科	1	1	车前科	1	1			
芸香科	1	1	菊科	3	6	总计 19	36	55

短花针茅群系大体可以分为两大类，一类是分布于发育在黄土母质淡黑垆土和灰钙土上的；另一类是分布于内蒙古波状高平原的暗棕钙土和淡栗钙土上的。这两类短花针茅草原的群落在重要组成上有明显区别。前者在性质上明显受华北区系的影响，而后者具有内蒙草原区系的一般特征。分布于黄土上的短花针茅草原，只有一个群丛，即短花针茅 + 糙隐子草 + 达乌里胡枝子群丛。分布于内蒙古波状高平原上的短花针茅草原根据亚建群种的不同，可划分为 4 个群丛：短花针茅 + 糙隐子草 + 无芒隐子草 + 冷蒿群丛、锦鸡儿 - 短花针茅 + 无芒隐子草 + 冷蒿群丛、短花针茅 + 克氏针茅 + 糙隐子草 + 冷蒿群丛、短花针茅 + 戈壁针茅 + 无芒隐子草 + 冷蒿群丛。

第四节　针茅属植物的重要性

一、针茅属植物的生态价值

针茅属植物广泛分布于温带、亚热带及热带地区的高寒草原、荒漠草原和草原，通常为旱生植物。国产针茅属植物主要分布于我国西部和东北部，个别种向东延伸可分布至江苏南京等地，大约位于北纬 27° ~ 51°，东经 76° ~ 128°（图 1 - 2）。分布区的北界为我国东北的额尔古纳左旗，北纬 50° ~ 51°，分布最北的种是 *S. grandis* 和 *S. baicalensis*。分布区的南缘位于我国四川盐源县，约北纬 27°，分布最南的种是 *S. capillacea*。分布海拔最低的种是 *S. bungeana*，可分布到海拔 50m 的江苏南京市。分布海拔最高的种 *S. subsessiliflora* 和 *S. regeliana* 可分布到海拔 5 500m 的新疆叶城仙湾北山坡及西藏仲巴县（卢生莲，吴珍兰. 1996）。

针茅草原通常指各种针茅属植物占优势的天然草原。据统计，我国有 20 种针茅属植物在天然草地上占优势，组成各种不同类型的针茅草原。针茅类草原是亚洲中部草原区特有的中温型草原代表类型之一，在我国内蒙古草原区有大面积的分布。由于受东南季风的影响，内蒙古高原由东至西热量和水分状况的差异使针茅属植物呈现出水平地带性分布规律，如内蒙古东部地区分布有贝加尔针茅和大针茅；中部地区分布有克氏针茅、本氏针茅；西部地区分布有石生针茅、短花针茅、戈壁针茅和沙生针茅。在特定的生境条件下，针茅属植物成为不同草地植物群落的建群种或优势种，形成的针茅类草原成为一类不容忽视的、重要的草地类型。针茅草原不仅是草原畜牧业可

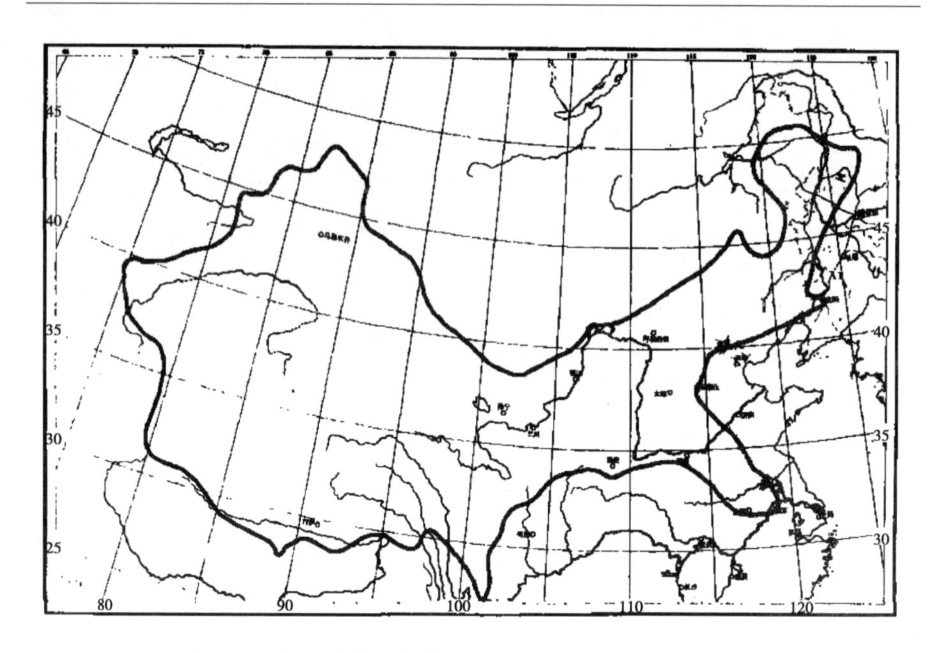

图 1－2　中国北方的针茅属植物分布（卢生莲等，1996）

持续发展的物质基础，同时在保持草地生态系统平衡、维持良好生态环境等方面都具有重要作用（吴征镒 1980）。

二、针茅属植物的饲用价值

针茅属植物为草原型放牧场的中质牧草。通常分布广，生产力高。是中等高度的多年生密丛型禾草，茎叶稍硬，后期粗糙。针茅植物的营养价值不低于一般禾草，特别是营养生长期粗蛋白含量较高。针茅属植物在春季萌发，秋季再生的嫩叶适口性良好。马最喜食，其次是羊和牛，骆驼不喜食。在针茅草场上放牧马时，马的体质很快恢复，而且马奶产量也得以提高。在临近抽穗时，适口性迅速下降，而在开花时就完全不采食。直到秋季，适口性又有所提高，冬季枯草保存良好，多数株丛较大，牲畜较易从雪下采食。幼嫩期的叶子和茎的顶端是家兔最喜食的饲草。

（一）针茅属植物的营养成分

在内蒙古自治区针茅草场的分布比较广，大型针茅有 1 467 万 hm^2。从东到西均有针茅种类的分布。由于地带的不同，针茅种类也有所不同。如东部地区分布有大针茅和贝加尔针茅，在生长旺季干草产量约 982.5 kg/hm^2；中部地区分布有克氏针茅和本氏针茅；西部地区分布有短花针茅和戈壁针茅及其他牧草。因此，针茅属植物在草原畜牧业中起到一定的饲草供给作用，针茅类草场是不可忽视的草场。

在内蒙古高原，针茅类草一般于4月下旬开始返青，7月中旬进入拔节期，7月底至8月初开始抽穗，8月中旬为盛花期，成熟并脱落，地上部分进入干枯阶段。

在几个草地型中，大针茅+羊草草地约占内蒙古大针茅草地总面积的50%左右，其分布又多处于典型草原带的东部，自然条件比较优越，草群生长高，群落盖度一般在50%以上，不仅可以作为放牧地，也是较好的天然打草地。大针茅+糙隐子草草地，占内蒙古大针茅草地总面积的25%左右，多分布于典型草原带的中西部，气候较大针茅+羊草草地更干旱些，草群高度较低，群落盖度一般为30%~40%，多作为放牧地利用，适宜各种家畜放牧，特别是大畜中的马群利用。大针茅具有较高的营养价值（表1-13），分蘖及拔节期的粗蛋白含量在12%~13%。

表1-13　大针茅营养成分

生育期	水分（%）	粗蛋白	粗脂肪	粗纤维	无氮浸出物	粗灰分	钙	磷	胡萝卜素 mg/kg
分蘖期	15.61	13.88	2.97	22.81	39.14	5.33	0.44	0.14	73.80
拔节期	19.20	12.00	3.05	21.70	53.33	8.20	0.77	0.34	84.10
花果期	15.32	14.34	3.64	28.37	37.69	6.08	0.64	0.31	82.29
果期	11.2	2.3	2.56	40.49	26.31	5.01	1.31	0.21	81.27
干枯期	10.03	2.23	4.15	36.83	40.24	5.62	0.62	0.41	—

注：引自《内蒙古自治区及其东西部毗邻地区天然草场》一书

大针茅草地是相对比较稳定的地带性植被。但是，随着放牧利用强度的增强和人为活动的加剧，大针茅常被克氏针茅所取代，这种情况在内蒙古高原已相当普遍。所以，采用合理的放牧制度，严格控制载畜量，乃是保护大针茅草地资源永续利用的一项重要措施。针茅草场是亚洲中部草原区特有的中温型草原代表类型之一。

克氏针茅草原又常被认为是大针茅草原弃耕地和过度放牧地段上的次生植被。克氏针茅草原在内蒙古分布面积较大，克氏针茅往往和其他针茅混生，不仅是内蒙古中、西部地区重要的放牧场，也是京津地区的主要绿色屏障，具有不可忽视的生态和经济意义。克氏针茅蛋白质含量较高，其营养成分见表1－14，在不同月份各种营养成分出现波动。克氏针茅分蘖期、抽穗期的粗蛋白占干物质的13.14%和15.50%，而果熟期的粗蛋白占干物质的3.60%。可根据饲草各生育期的养分含量变化及其结实特性合理安排放牧利用时间（表1－15）。

表1－14　克氏针茅草原营养物质含量的周年变化（干物质:%）

化学成分	5月	6月	7月	8月	9月	10月	1月
粗蛋白	11.74	10.89	10.44	9.87	9.94	7.15	5.31
粗脂肪	2.94	3.51	3.03	3.09	3.25	2.51	2.51
粗纤维	27.26	27.65	28.19	29.34	30.49	32.72	34.92
粗灰分	9.51	13.00	15.84	17.47	19.49	23.74	28.09
无氮浸出物	39.32	35.73	33.25	30.99	29.76	29.06	25.93
钙	0.66	0.08	1.19	1.41	1.39	1.26	1.79
磷	0.05	0.05	0.11	0.05	0.11	0.05	0.05

注：引自《内蒙古自治区及其东西部毗邻地区天然草场》

表1－15　克氏针茅的营养化学成分生育期动态（干物质:%）

物候期	水分	粗蛋白	粗脂肪	粗纤维	无氮浸出物	粗灰分	钙	磷
分蘖	10.04	13.14	3.54	35.98	32.17	5.24	1.25	0.43
拔节	9.66	10.05	3.61	42.82	29.16	4.80	0.50	0.35
抽穗	9.52	15.50	3.64	30.57	37.69	6.08	0.54	0.31
果熟	12.34	3.60	3.99	29.90	42.60	7.57	0.41	0.05

注：引自《内蒙古自治区及其东西部毗邻地区天然草场》

同时，各种针茅的营养成分也随着物候期和地带性的区别有所不同，营养成分往东高，往西低（表1－16），从表中看出，针茅类草营养成分有明显的地带性，同类植物同一个物候期，在不同的地带生长，其营养成分也有所不同。如：大针茅，呼盟西旗（新巴尔虎右旗）的粗蛋白含量占干物质的7.42%，而在锡盟阿旗大针茅粗蛋白含量占干物质的6.18%。从时间变化上看，针茅草场的蛋白质含量最高在5月份，占风干物的11.74%，最低在1月份，占风干物的5.31%。5月到7月是高蛋白时期，对各种家畜都是优质牧草。

表 1-16　不同地带的针茅营养成分（干物质:%）

	水分	粗蛋白	粗脂肪	粗纤维	无氮浸出物	粗灰分	钙	磷	采集地点	物候期	采集时间
大针茅	10.47	7.42	3.91	29.82	44.16	4.22	0.42	0.07	呼盟西旗	开花	82.8
大针茅	6.66	6.18	1.61	39.21	42.42	3.92	0.52	0.05	锡盟阿旗	开花	85.8
克氏针茅	7.58	7.14	2.84	31.53	46.75	4.20	0.37	0.22	呼盟左旗	开花	82.8
克氏针茅	7.18	6.96	3.64	34.16	42.51	5.55	0.59	0.11	锡盟苏左旗	开花	85.8

（二）主要针茅草地的营养成分

天然针茅草地是形成我国中温型草原亚带的主要群系。由于受气候条件和地带性分布的影响，天然针茅草地主要有3种类型，即贝加尔针茅天然草地，主要分布在内蒙古自治区呼伦贝尔草原、科尔沁草原和吉林省西部羊草草甸草原；大针茅天然草地，主要分布在锡林郭勒典型栗钙土草地地带，大针茅草地的片段可向北分布到蒙古国东部和北部，进入俄罗斯的西伯利亚南部草地；石生针茅草地，主要分布在内蒙古西北部锡林郭勒典型的棕钙土。

1. 主要天然针茅草地植物群落分布情况

根据程渡（程渡等，2004）等人于1999—2001年对3种天然针茅草地类型进行的生物产量和牧草营养动态调查结果，这3类草地由于分布气候区域不同，禾本科、豆科、菊科、莎草科植物比列明显不同，草群盖度和草层高度都是贝加尔针茅草地最高，大针茅草地其次，石生针茅草地最低（表1-17）。

表 1-17　天然针茅草地植物群落结构

草地类型	土壤类型	植物类群（%）					草群盖度（%）	草层高度（cm）
		禾本科	豆科	菊科	莎草科	其他科		
贝加尔针茅	黑钙土	60.33	5.81	4.22	15.30	14.34	46.3~69.4	33.3~56.0
大针茅	栗钙土	57.91	8.60	11.28	16.39	5.82	35.0~66.6	30.3~66.2
石生针茅	棕钙土	48.02	1.66	38.73	4.18	7.41	29.8~45.3	16.9~24.3

2. 主要天然针茅草地生物产量测定

按照"天然草地生物产量及营养动态测定"方法，于1999—2001年每年5—9月，逐月月末在各针茅草地典型地段定位点测定生物产量（表1-18），从表1-18测定结果表明，草地生物产量与生育期间的降水量和积温呈正相关（r＝0.9763和r＝0.9594）。降水量主要受西风环流指数的影响，观测范围内1999年降水量在233.3～311.4mm、积温在2 403.5～2 488.3℃，不同针茅草地的生物产量亦较高，在190.3～278.7g/m²；2000年降水量在231.0～303.5mm、积温在2 339.9～2 470.9℃，则生物产量在231.6～276.0g/m²；2001年降水量在227.3～298.3mm、积温在2 388.6～2 411.3℃，则生物产量在123.9～275.4g/m²（彭玉梅等，2009）。由于近年来受到干旱和气温升高等影响，天然草地生态环境日趋恶化，严重影响生物产量的提高。

表1－18　天然草地生物产量和降水量、积温的关系（g/m²、mm、℃）

年度	贝加尔针茅草地			大针茅草地			石生针茅草地		
	生物量	降水量	积温	生物量	降水量	积温	生物量	降水量	积温
1999	278.7**	311.4	2 409.7	238.3*	233.3	2 403.5	190.3*	260.7	2 488.3
2000	276.0**	303.5	2 339.9	231.6**	231.0	2 396.2	176.4**	253.6	2 470.9
2001	275.4*	298.3	2 411.3	230.5**	227.3	2 388.6	123.9**	245.0	2 396.0

注：t值0.01以**表示差异极显著；t值0.05以*表示差异显著（彭玉梅等，2009）

3. 主要针茅草地牧草营养动态研究

3种主要针茅草地类型的牧草营养成分随季节变化较大。表1－19中显示：①粗蛋白含量在4.38%～8.06%，其中，贝加尔针茅草地的含量为7.51%（7月最高值8.06%）；大针茅草地为5.75%（7月最高值6.43%）；石生针茅草地为5.56%（7月份最高值6.39%）。粗蛋白含量呈“双峰”型。②粗脂肪含量在2.09%～3.12%，其中，贝加尔针茅草地的含量2.80%（7月份最高值3.12%）；大针茅草地为2.39%（7月份最高值2.80%）；石生针茅草地为2.33%（7月份最高值2.83%）。粗脂肪含量亦呈“双峰”型趋势。③粗灰分含量在5.14%～6.35%，其中，钙的含量在0.50%～0.68%、磷的含量0.07%～0.31%。贝尔加针茅草地的粗灰分含量、钙含量和磷含量为5.96%、0.62%和0.28%，大针茅草地为5.52%、0.57%和0.16%，石生针茅草地为5.48%、0.57%和0.13%。总之粗灰分含量和钙、磷含量的营养动态亦呈“双峰”型趋势，7月份是生长期间含量的最高值。④粗纤维含量在27.89%～39.90%，呈逐步上升趋势。⑤无氮浸出物含量在37.32%～48.45%，呈逐步下降趋势。牧草营养成分以贝加尔针茅草地为最高，其次是大针茅草地和石生针茅草地。按以上牧草营养动态来综合分析，属氮碳——灰分（NC-A）营养型，适宜发展毛、奶兼用家畜和绒毛、皮革为主的大型牲畜。7 月下旬至 8 月上旬牧草营养价值高，亦是最佳割草期。

表 1－19　3 种天然草地类型饲草营养成分周年变化（占风干重：%）

草地类型	贝加尔针茅草地					草地大针茅草地					石生针茅草地				
项目＼月份	5	6	7	8	9	5	6	7	8	9	5	6	7	8	9
粗蛋白	7.21	7.14	8.06	8.05	7.09	6.03	5.43	6.43	6.01	4.87	6.01	5.43	6.39	5.60	4.38
粗脂肪	2.83	2.43	3.12	2.96	2.68	2.51	2.09	2.80	2.41	2.13	2.10	2.27	2.83	2.37	2.10
粗纤维	27.89	30.02	33.40	36.02	38.81	28.79	31.30	34.72	39.01	39.14	29.30	32.15	35.86	39.02	39.90
无氮浸出物	47.22	45.46	39.93	37.83	37.32	48.45	46.65	41.24	37.81	39.87	48.31	45.40	39.75	38.29	39.40
粗灰分	6.15	6.09	6.35	6.01	5.20	5.51	5.63	5.80	5.61	5.03	5.54	5.36	5.78	5.57	5.14
钙	0.58	0.57	0.68	0.65	0.63	0.53	0.50	0.63	0.60	0.60	0.54	0.52	0.63	0.60	0.58
磷	0.27	0.26	0.31	0.28	0.26	0.18	0.16	0.19	0.17	0.10	0.15	0.14	0.19	0.11	0.07
水分	8.70	8.86	9.14	9.13	8.90	8.71	8.90	9.01	9.15	8.96	8.74	9.39	9.39	9.15	9.08
总氨基酸含量	1.23	1.57	1.94	1.83	1.39	0.75	1.30	1.58	1.44	1.23	0.66	0.98	1.29	1.15	0.90
t 值	0.01	0.01	0.01	0.01	0.05	0.01	0.01	0.05	0.01	0.01	0.01	0.01	0.01	0.01	0.05

注：引自彭玉梅等，2009

（三）针茅草场的科学利用方式

针茅草抽穗后至果实成熟时，针茅颖果的外稃有尖锐的基盘和呈膝状弯曲的长芒，末端有扭曲的芒柱，受湿能自行扭转，极容易扎在绵羊身上，能刺入毛、皮、皮下组织乃至肌肉，严重时引起死亡。因此在秋季牧场上，针茅带稃的颖果是绵羊的大害，不仅刺破其口腔黏膜和腹下皮肤，也影响绵羊的抓膘，尤其对两岁以下的幼畜危害更大，有致死的危险。芒针混入羊毛影响毛的质量，在市场上销售的毛和皮比无针茅草场放牧的羊价格低 20% 左右。大型皮革厂和毛纺厂都不愿收购针茅刺破的羊皮和芒针混合的羊毛。这对一些地区的经济发展和部分牧民的收入有很大影响。试验证明，在针茅拔节早期放牧，抑制其秋季结实，或者秋季放牧前用机械方法打落颖果，可以减少危害，或者放牧粗毛羊，山羊和马、牛，科学利用针茅草场。

1. 抓住有利时期合理利用

针茅对牲畜有害时期是 7 月中旬以后，营养成分从 5 月到 7 月最高蛋白质含量占干物质的10%以上，这时候的针茅嫩、鲜，各种家畜都喜食。因此，4月到7月中旬是绵羊的无害期，应抓住这一时期放牧绵羊，起到抓膘催膘作用。

2. 专做割草场

内蒙古自治区针茅草场占总草场面积的18%，在畜牧业生产中每年提供干草170多亿kg。为避免针茅芒针对牲畜的危害，打贮的干草应经过适时的半干贮处理，软化针芒后饲喂效果最佳；以7月中旬以前打贮伏草，饲喂绵羊和其他牲畜最为适宜。

3. 专做大畜和山羊的放牧场

针茅对大畜和山羊危害作用不大。因为大畜皮厚蹄长腹部高，山羊毛滑、绒少不易粘连。因而，大畜和山羊一年四季均适于放牧，是一种良好的草牧场。

第五节　针茅属植物的生态适应性

禾本科植物在饲料作物、城市绿化、生态环境保护方面发挥着积极作用。针茅属植物作为禾本科植物中的一个重要属，在内蒙古草原上是不可替代的一类植物。不同针茅属植物在水、热条件方面有不同的适应性，在内蒙古草原上针茅属从东至西分布有抗旱性不同的种类，在山地不同海拔高度分布有不同耐寒性的种类。同一科或属内的不同种类长期生活在不同生境，接受不同性质的自然选择，可能产生不同的适应特征，分化为不同的生态类群。把这种现象定义为“地理替代”，但是目前这种地理替代分子机制却没有被更进一步揭示。

任何植物和植物群落在一定的环境条件下生存，是植物之间经过不断竞争及对环境条件长期适应的结果。因此，它们总是在一定程度上反映了环境条件的特点。植物的地理替代分布现象实际上就是植物对不同的生态因子，主要是与气候密切相关的生态因子适应的表现，如：东北地区湿润气候条件下［降雨>7.5mm（/℃·月）］出现各种地带性森林植被；半湿润气候条件下［降雨为7.5~5.5mm/（℃·月）］，地带性植被为贝加尔针茅草甸草原；半干旱气候条件下［降雨为5.5~3.5mm/（℃·月）］，地带性植被为大针茅草原、克氏针茅草原；暖温带的本氏针茅草原要求较高的年积温。环境对植物生活给予深刻影响，每种植物都有自己的生态适应特征，在此基础上，各种植物具有一定的地理分布规律。但植物类群分布的成因常不能完全用现代自然环境解释清楚，这是因为各类群的发展是在特定古地理条件下和特殊遗传进化基础上实现的，只有进行历史的分析才可获得较正确和较全面的判断。

"适应"可以理解为是产生改善生存和生殖效率的可遗传的进化性变异，包括形态、生理和发育等方面的性能特征。适应是植物经受自然选择的结果。通过筛选，具有新性状（新基因型）的适应种在特定生境中获得更多的生存机会，并把此性能延续到后代。针茅属植物的地理替代现象正是植物"适应"结果的一种体现。揭示植物的地理替代适应机制需要利用比较形态学、分子系统学、进化发育生物学、比较和功能基因组学以及古生物学等方面的证据，是科学家们一直在探索的重要进化命题。除此之外，在现代环境中针茅属植物不光是经受生态环境因子的影响（如大气升温、紫外线辐射增强、营养元素循环），还受到人为因子的干扰（如放牧采食、践踏、刈割、补播、施肥）。在现代草原上，从对草原动物的猎获直到放牧牲畜，对草原的开发利用不断，针茅属植物受到前所未有的干扰，不同的针茅种群表现出不同的适应性，如种群片断化、种群分布范围改变、植株小型化、生殖分配模式改变等，研究针茅植物的生理、分子适应机制，可为预测主要种群发展演变提供依据。

小　　结

针茅草原通常指各种针茅属植物占优势的天然草原。针茅类草原是亚洲中部草原区特有的中温型草原代表类型之一，在我国内蒙古草原区有大面积的分布。由于受东南季风的影响，内蒙古高原由东至西热量和水分状况的差异使针茅属植物呈现水平地带适应性分布差异。针茅植物不但具有重要的生态价值，也具有饲用价值，是优良的天然饲草，对针茅草原的利用方式多数是放牧利用。在漫长的进化过程中，针茅属植物形成了独特的适应恶劣环境及草食性动物啃食、践踏的机制。"适应"是生物界普遍存在的现象，也是生命特有的现象。在漫长的历史过程中，植物通过对不同环境压力的适应而不断演化。无论是个体还是种群，如果能在一定的环境中生存和繁殖，说明它们具有适应此环境的能力即具有一定的适应性。植物必须与其所生存的环境相适应，环境差异会导致适应差异。因此，对不同分布区的针茅植物通过多层面研究，了解其适应性，将有助于了解和解释植物对不同环境的适应机制，为更优化地利用针茅草原、建设和谐生态环境奠定基础。

参考文献

陈世璜，李银鹏，孟君，等. 1997. 内蒙古几种针茅特性和生态地理分布的研究［N］. 内蒙古农业大学学报（自然科学版），18（1）：40－46.

陈世璜. 1993. 内蒙古克氏针茅草原群落及其特性的研究［J］. 内蒙古草业，（3）：1－4.

陈世璜. 张昊. 1991. 短花针茅生态生物学特性的研究［J］. 内蒙古草业，（4）：38－41.

程渡，崔鲜一，彭玉梅. 2004. 天然针茅草地生物量与营养动态的研究［J］. 内蒙古草业，（16）：2.

李青丰，易津，张力君，等. 1995. 针茅种子萌发检验标准及幼苗发育特征的研究［J］. 草业科学，12（4）：50－52.

李扬汉. 1979. 禾本科作物的形态与解剖［M］. 上海：上海科学技术出版社，17－22.

李银鹏，陈世璜. 1996. 大针茅繁殖的生态生物学特性［N］. 内蒙古农牧学院学报，17（1）：7－13.

刘钟龄，1963. 内蒙古的针茅草原［M］. 植物生态学与地植物学丛刊，1（1－2）. 见：庆祝内蒙古大学建校三十周年植物生态学科研成果汇编（一）. 184－486.

卢生莲，吴珍兰. 1996. 中国针茅属植物的地理分布［J］. 植物分类学报，34（3）：242－253.

孟君，陈世璜. 1997. 克氏针茅繁殖的生态生物学特性［N］. 内蒙古农牧学院学报，18（2）：33－37.

王明玖. 1993. 放牧强度对短花针茅生活力及繁殖能力的影响［N］. 内蒙古农业大学学报（自然科学版），14（3）：24－29.

吴征镒. 1980. 中国植被. 北京：科学出版社，505－575.

徐丽君，赵钢，王波，等. 2006. 三种针茅种子萌发特性及幼苗生长的研究［J］. 中国草地学报，28（1）：41－44.

中国科学院内蒙古宁夏综合考察队. 1980. 综合考察全集.《内蒙古自治区及其东西部毗邻地区天然草场》［M］. 北京：科学出版社.

祝廷成. 1959. 苏联的草原［M］. 北京：科学出版社.

第二章　内蒙古主要针茅植物水分适应性分子学基础

在内蒙古这一狭长的地区，从草甸草原到典型草原、荒漠草原及荒漠分布有中生、旱中生、旱生的针茅属（*Stipa* L.）植物，从各植被类型看，针茅属占优势地位也不尽相同。虽然在针茅的各分布区内有2种及多种混生或群落交错生存的现象，但从东到西随降雨量等生态因子的变化，针茅属植物存在较明显的水平地理性替代，表现出该属内不同物种对水分条件的适应。针茅属植物虽然都具有较强的抗旱性，但属内不同物种对水分的适应性存在一定的差异。本研究开展与抗旱性密切相关的水孔蛋白基因多态性及分子进化关系，为揭示针茅属植物水孔蛋白基因与抗旱性的关系及其抗旱性的分子机制奠定基础。

第一节　植物的水分利用与水孔蛋白

一、植物水孔蛋白的重要性

长期以来人们普遍认为植物体中的水分是以自由扩散的方式跨越脂质双层膜，但是人们在研究人的内脏细胞过滤水、植物种子萌发及花粉管伸长等问题的过程中，发现存在着水分大量快速进出细胞的现象。还有人发现生物膜的水通透系数（*Pf*）远大于扩散水通透系数（*Pd*），这些现象均是用水分自由扩散跨膜所不能解释的。因此人们猜测水分跨膜应不仅只有自由扩散这一种方式，可能还有介导水分运输的孔道蛋白存在（图2-1），目前普遍认为水分是以“集流”的方式快速跨过细胞膜的，这个“集流”通道就是水孔蛋白形成的水通道。

水孔蛋白（aquaporin，AQP）又称为水通道蛋白（water channel pro-

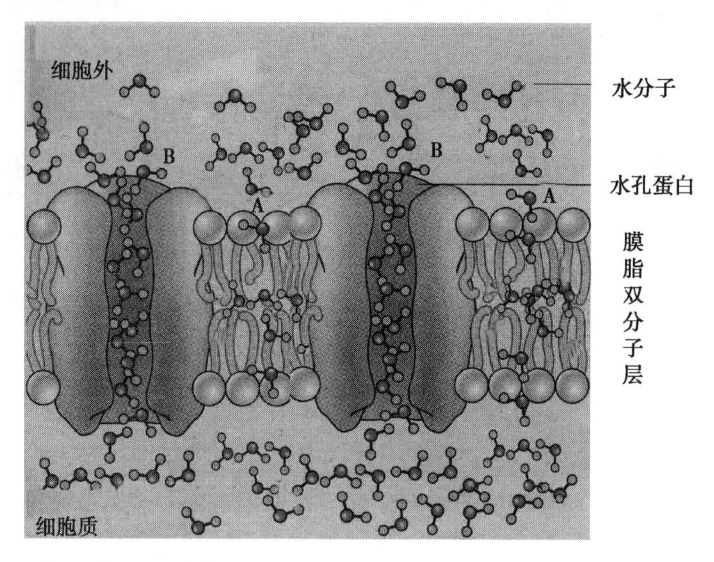

A 单个水分子通过扩散；B 水分集流通过水孔蛋白形成的水通道（Gerald Kar 2005）

图 2-1　水分跨过细胞膜的途径

tein)，是与水通透性有关的细胞膜转运蛋白，它广泛存在于动物、植物、微生物的细胞膜系统上。植物中第一个水孔蛋白 γ-TIP 是由从拟南芥中分离得到的，它位于液泡膜上，其 cDNA 在爪蟾卵母细胞中异源表达，证明它具有水分运输特性（Maurel，Kammerloher 等）。由于绝大多数植物水孔蛋白都为水专一性选择通道，因此，对水孔蛋白与植物水分运输之间关系的研究也更深入了。诺贝尔奖评委会认为该研究是重要的，指出："水通道蛋白是一个决定性的发现，它为人类研究细菌、哺乳动物和植物水通道的生物学、生理学和遗传学打开一个新的领域"（Maurel *et al.* 1993，Kammerloher *et al.* 1994)。自从用拟南芥根质膜内在总蛋白产生的多克隆抗血清来免疫筛选拟南芥 cDNA 文库得到几个阳性克隆，经鉴定为植物质膜内在蛋白 PIPs 以后，出现了水孔蛋白的研究高潮。

植物水孔蛋白是一类分子量在 26～34kDa、选择性强、能高效转运水分子的膜蛋白。这些膜蛋白结构均有 6 个跨膜 α 螺旋（H1～H6），并且 6 个跨膜 α 螺旋通过 5 个亲水环（A、B、C、D、E）相连，N、C 末端都在膜内侧。其中 B、D 环和 N、C 末端位于膜细胞质一侧，A、C、E 环位于膜另一侧。C 环和 D 环只起连接作用，B 环和 E 环具有运输水分的作用。B 环和 E 环各有一个非常保守的 NPA（Asn-Pro-Ala）区域，在该区域产生突变后，AQP1 的水通道功能就会丧失，这说明 NPA 区域对于水孔蛋白的功能具有重要作用（Preston *et al.* 1994，Tyerman *et al.* 2002，Törnroth-Horsefields，*et al.* 2006，阮想梅等，2009）。NPA盒高度保守，在已经测序的160多个MIP基因中，几乎所有的基因均具有该结构域（Heymann *et al.* 1999）。

水孔蛋白单体即有水通道的活性，但在活体生物膜上通常以四聚体的形式存在，组成水漏状结构，少数则以二聚体或单体形式存在（图2－2）。

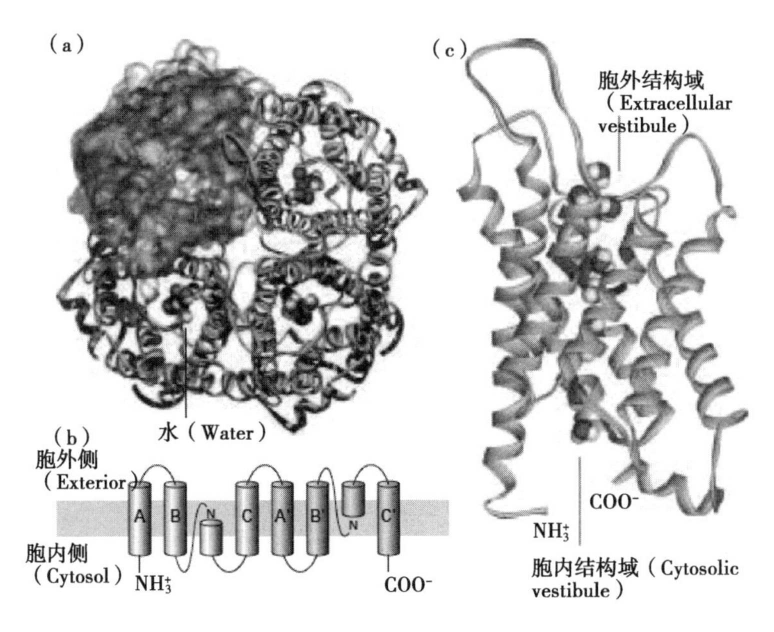

（a）细胞膜上水孔蛋白四聚体的模拟结构；（b）水孔蛋白单体跨膜组装折叠模型；（c）水孔蛋白单体结构域示意图（Gerald Kar 2005）

图2－2　水孔蛋的模拟结构

综上所述，水孔蛋白作为两极过滤器运行调节着水分子的运输：一极是由保守的NPA盒构建的选择性决定区域，另一极是由芳香剂/精氨酸区域控制的质子排除过滤区，NPA盒附近的疏水区域是限制速率的防水区域和降低水分子相互作用的区域。虽然植物水孔蛋白大多具有运水专一性，但也有例外：如大豆与细菌共生膜上的水通道NOD26除转运水外，对甘油、甲酰氨、尿素也具有一定的通透性（Uehlein *et al.* 2008，雷琴等，2005）。

二、植物中的PIPs蛋白及水孔蛋白的功能调节

（一）植物中的PIPs蛋白

植物水孔蛋白根据其氨基酸序列的同源性以及其他结构特征可以分为4类：①液泡膜内在蛋白（tonoplastin-trinsicprote-in，TIPs），定位于液泡膜上；②质膜内在蛋白（plasmamembrane intrinsicprotein，PIPs），定位于细胞质膜上；③NLM蛋白（Nodulin 26 like MIPs，NLMs），其中，NOD26（Nodulin26）比较明确，分布于豆科根瘤共生体膜上，其他成员在细胞中的定位未知；④SIPs（Small and basic intrinsic proteins），Chaumont *et al.*（2001）等在研究玉米MIO的结构与分类时，发现的一类新的主要内在蛋白。即此后，发现了一种存在于苔藓植物中的甘油特异性水孔蛋白，即GIPI；1，这类蛋白先前仅见于大肠杆菌（Eschorichia coli）中的EcGlpF。这一发现可能为MIP超家族增加了新的亚类，使植物水孔蛋白的分类发生新的变化（Gustavsson *et al.* 2005，Chaumont *et al.* 2000）。

由人、拟南芥和大肠杆菌的水孔蛋白序列，通过ClustalX软件生成水孔蛋白进化关系系统树（图2－3），除了被标出的GLP亚家族外（水和甘油通透性同源染色体），其他所有的蛋白都属于水孔蛋白亚家族类。如此种类繁多的水孔蛋白家族成员和物种内丰富、复杂的水孔蛋白序列进化史意义何在是一个值得思考的问题（Kruse *et al.* 2006）。

PIPs类水孔蛋白主要定位在细胞质膜上。PIPs类水孔蛋白经序列比对发现N末端比TIP类多20～38个氨基酸，并且PIP类蛋白的等电点高些。PIP1和PIP2是PIPs水孔蛋白中的两个亚类，是依据其序列同源性和活性高低而划分的，其中，PIP2的N末端比PIP1短，而C末端却比PIP1长。在跨膜转运水分的活性方面，PIP2亚类水孔蛋白活性较高，而PIP1亚类水孔蛋白活性较低，或不具有活性。随着研究深入，发现在烟草（*Nicotiana tabacum*）叶绿体内膜上也有NtAQP1存在（Uehlein *et al.* 2008，Chaumont *et al.* 2000，Preston *et al.* 1994），表明PIP类水孔蛋白不光在细胞膜上，在细胞器内膜上也存在。

水孔蛋白的表达具有时空特异性。在植物发育的特定阶段，如种子萌发、细胞伸长、花粉管伸长、维管形成等时期，某些水孔蛋白的表达异常丰富；在根表皮、外皮层和内皮层细胞、靠近木质部导管的木薄壁细胞、韧皮

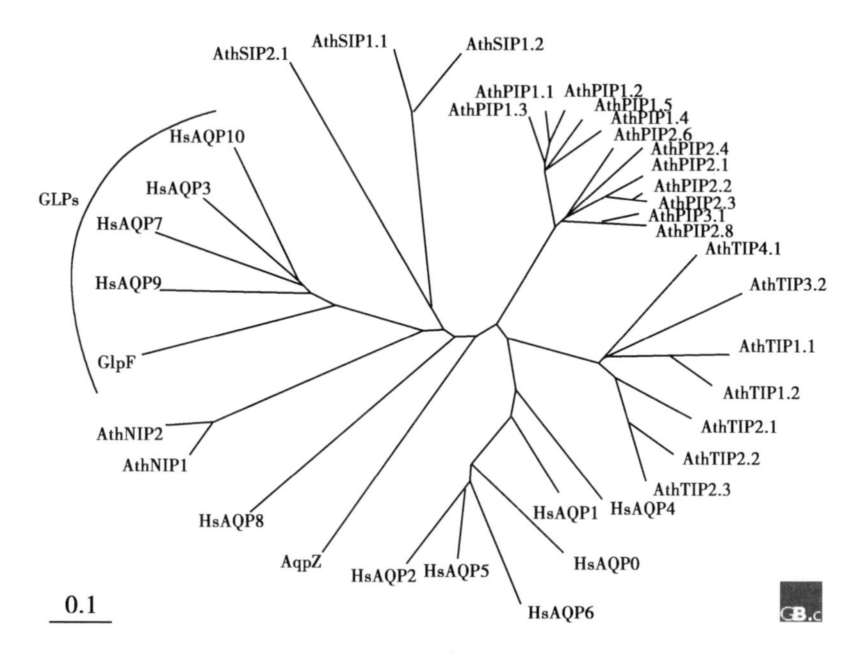

图 2-3　人（Hs）、拟南芥（Ath）、大肠杆菌（AqpZ and GlpF）水孔蛋白进化关系树（Kruse *et al.* 2006）

部伴胞、保卫细胞等有水分大量流动的组织和器官中水孔蛋白表达很高。例如，烟草 NtAQP1 在根中靠近维管组织细胞表达（Biela *et al.* 1999）；烟草的 TobRB7 在根柱中表达（Yamamoto *et al.* 1990）；拟南芥 α-TIP 在种子贮藏囊泡中特异表达（Ludevid *et al.* 1992）；而向日葵 SunTIP27 和 SunTIP220 均在保卫细胞中表达（Sarda *et al.* 1997）；MIP2A 在冰草的根部木薄壁细胞及分生组织中表达（Yamada *et al.* 1995）。在不同植物、不同器官中分布不同类型的水孔蛋白，而同一种植物的同一器官组织中也会同时分布多种不同类的水孔蛋白，这表明水孔蛋白在植物中与广泛的水分运转作用有关（Forrest *et al.* 2007，雷琴等，2005，Quigley *et al.* 2001）。

（二）水孔蛋白功能调节及其对干旱的响应

水分对于植物的生长、发育和繁殖非常重要。许多生理过程需要大量水分的快速跨膜运输，水分通过脂双层的自由扩散运输满足不了需求，而水孔蛋白可以实现水分的跨膜快速运输。植物基因组内存在着大量水孔蛋白基因，这在很大程度上弥补了其固定生长、无法主动获取水源以及容易遭受水旱胁迫的缺陷。其涉及的主要功能调节有：①水孔蛋白有助于快速补充水分，弥补因蒸腾作用造成的水分丢失（Liénard *et al.* 2008）。②水孔蛋白参与种子萌发、开花等生理活动（Azad *et al.* 2004）。③水孔蛋白通过活性的调节而实现对植物逆境耐受力的调解（North *et al.* 2000；Li *et al.* 2000；Bozhko *et al.* 2004）。④水孔蛋白参与气孔运动，在低渗条件下，内向水流通过液泡膜上的水通道，促使水孔蛋白构象发生改变并激活与之偶联的离子通道，导致保卫细胞液泡内大量离子外流，细胞收缩引发气孔关闭（MacRobbie 2006）。⑤水孔蛋白与 CO_2 运输，过量表达大麦 HvPIP2；1 的水稻，叶片内 CO_2 的扩散速率增强，植株对 CO_2 的同化效率提高（Hanba *et al.* 2004）。⑥除了转运水分子外，水孔蛋白还转运其他中性小分子，如 CO_2、H_2O_2、甘油、NH_3/NH_4^+、硼、硅以及尿素，调节植物对中性分子和营养元素的吸收（梅杨等，2007）。⑦水孔蛋白参与植物信号转导。研究表明 AtTIPl；1 和 AtTIPl；2 在酵母（*Saccharomyces cerevisiae*）细胞内表达后其对 H_2O_2 更敏感（Bienert *et al.* 2006，2007）。⑧植物叶片运动过程要求高效率的细胞水分运输率，植物水孔蛋白有助于满足该运动需求（Uehlein *et al.* 2008）。

水是最重要的环境胁迫条件因素之一，胁迫信号能诱导水通道的数量增加或表达新的水通道，响应水分胁迫。水孔蛋白对胁迫的响应一般可分成两个方面：一是胁迫启动现存水通道基因的表达，提高表达速度，使水通道的数量迅速增加；二是胁迫诱导产生新的水通道基因，从而表达新的水通道（吴永美等，2008）。植物中一些水通道基因的表达是保守的，而另外一些则响应环境因子（如干旱和高盐）的变化而进行表达。

细胞中水分吸收的功能和整个植株水分运输的第一个证据就来自于 PIP 反义植株研究；研究水孔蛋白的生理作用，一般是分析水孔蛋白基因突变的植物或表达了某种修饰过的水孔蛋白基因的转基因植物。结果显示，降低 PIP1 和 PIP2 产率的植物两种水孔蛋白在水分亏缺情况下对植物的恢复具有重要作用（Martre *et al.* 2002）；在转 PIP1b 烟草中过表达导致最适灌溉条件下烟草生长速率得到提高（Aharon *et al.* 2003），光合作用和水分吸收上均受到影响。尽管转基因植物在正常状况下的生长势强于野生型，但是，并没有表现出更加抗干旱或抗盐的特征，这似乎与水孔蛋白抑制表达的转基因植株在干旱胁迫时有相似的表现。水孔蛋白过表达的转基因植物可能在没有受到胁迫时已形成了过于旺盛的水分代谢和过于优良的水分状态，一旦受到胁迫，水分平衡迅速打破，难以形成新的水分平衡；或者还可能是外源 AQP 基因，与胁迫下自身基因的表达调控存在一定差异（Aharon *et al.* 2003；

Katsuhara *et al.* 2003）。

基于以上研究结果，认为植物在对干旱或盐胁迫的适应中水孔蛋白可能起着重要作用。水孔蛋白对干旱的响应，AQP 的表达可能会上调，也可能受到抑制。拟南芥中 13 个 PIP 均对干旱产生响应，只不过有的表达强烈上调，有的表达则强烈下调。不同水孔蛋白对干旱的响应是不同的，对于响应的机理有待进一步的研究。在干旱胁迫条件下普遍认为快速吸收水分以及增加根压可能促进水分及 NaCl 从根部转运到其他器官，这可以有效地稀释植物体内的 NaCl，缓解高浓度 Na^+ 对植物的伤害，从而响应干旱（Jang *et al.* 2004，Weig *et al.* 1997）。水孔蛋白的表达具有时空特异性，在干旱及其他逆境胁迫下不同植物具有不同的调节模式，揭示这些调节机制，才能具体解释植物对水分的利用方式和干旱耐受性。

第二节　针茅属植物水孔蛋白基因型

一、PIP1 基因多态性和基因型

PIP1 基因产物与植物的水分吸收和运输具有密切关系，对该基因第 1 外显子部分片段和第 1 内含子 2 个位点进行多态性检测，揭示种内和种间不同植株间的遗传变异情况，检测基因频率、基因型频率的变化，为进一步研究该基因的遗传变异及其与功能的相关性奠定基础。

（一）PIP1 基因外显子 1 的基因型

1. 同一种针茅外显子 1 的基因多态性

不同种针茅个体第 1 外显子经 PCR-SSCP 检测，同种内不同个体之间未发现基因多态性存在。以短花针茅为例的电泳结果见图 2－4。

2. 不同种针茅外显子 1 的基因型

PIP1 基因外显子 1 位点的 PCR-SSCP 检测结果见图 2－5。被检测的 7 种针茅 PCR-SSCP 具多态性，1、2、3、5、7 泳道为 AA 型；4 泳道为 BB 型；6 泳道为 CC 型。在外显子 1 区，7 种针茅共出现 AA、BB、CC 3 种基因型其中，贝加尔针茅、克氏针茅、大针茅、本氏针茅和小针茅 5 个种出现的是 AA 纯合基因型个体，A 是其等位基因；戈壁针茅出现的是 BB 纯合基因型个体，B 是其等位基因；而短花针茅出现的是 CC 纯合基因型个体，C 是其

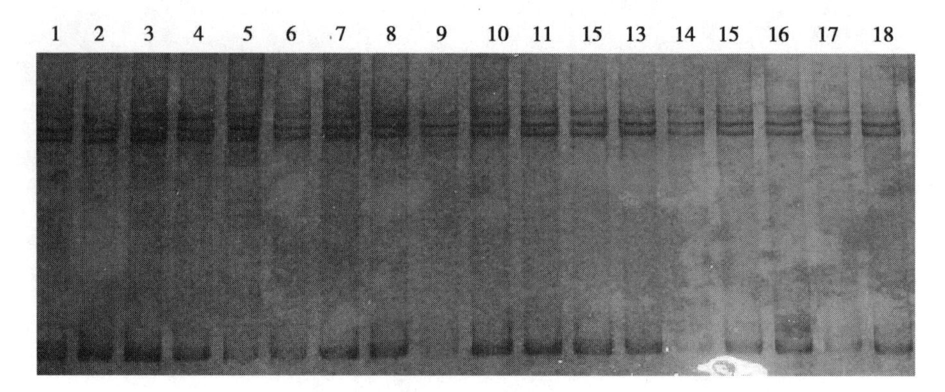

图 2 –4　18 个短花针茅植株 PIP1 基因外显子 1 PCR-SSCP 结果

等位基因。

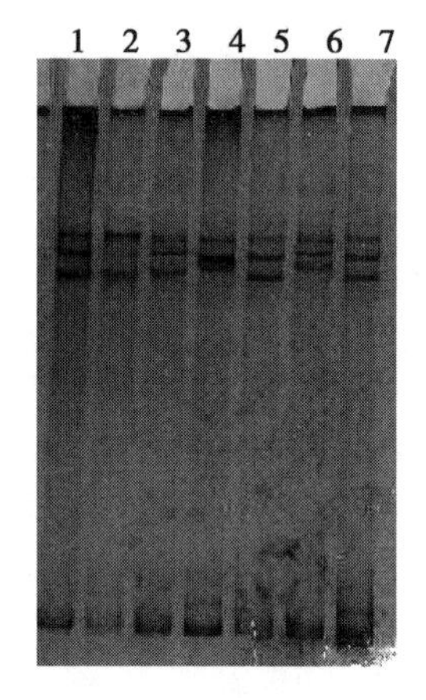

泳道 1 ~7 分别为 BJE（贝加尔针茅），KS（克氏针茅），CMC（本氏针茅），GB（戈壁针茅），DZM（大针茅），DH（短花针茅），XZM（小针茅基因扩增产物）

图 2 –5　针茅属植物 PIP1 基因外显子 1 的 PCR-SSCP 结果

（二）PIP1 基因内含子 1 的基因型

1. 同一种针茅内含子 1 的基因多态性

PIP1 基因内含子 1 经 PCR-SSCP 检测，7 个针茅种共 198 个个体，同一种内均未发现基因多态。以短花针茅为例结果见图 2 –6。

2. 不同种针茅内含子 1 的基因型

对针茅属植物 PIP1 基因内含子 1 位点进行 PCR-SSCP 检测。所检测的七个针茅种，出现 DD、EE、FF、GG 四种基因型，针茅种间具有 PCR-SSCP

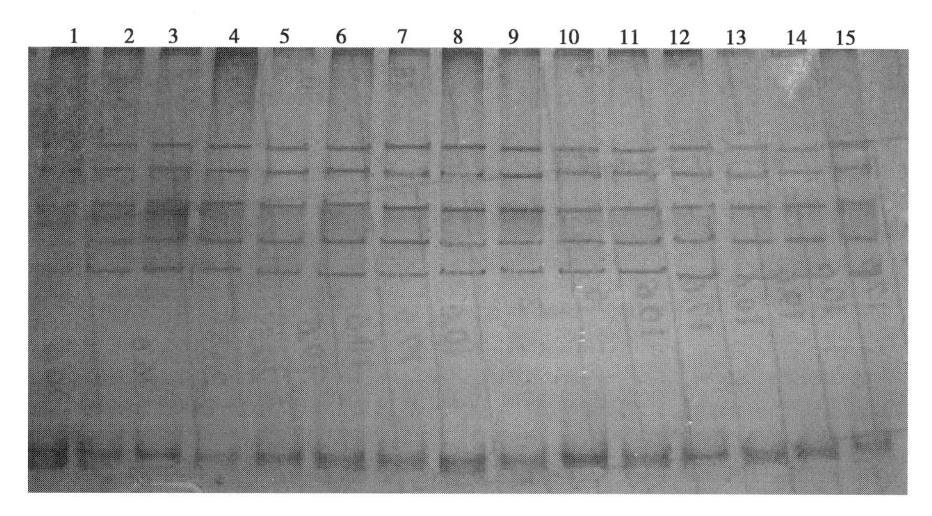

图 2－6　15 个短花针茅植株 PIP1 基因内含子 1 的 PCR-SSCP 结果

多态性（图 2－7）。对于内含子 1 区而言，7 个种共出现 DD、EE、FF、GG 4 种基因型，其中，贝加尔针茅、克氏针茅、大针茅和本氏针茅 4 个种出现的是 DD 纯合基因型个体，D 是其等位基因；戈壁针茅出现的是 EE 纯合基因型个体，E 是其等位基因；短花针茅出现的是 FF 纯合基因型个体，F 是其等位基因；小针茅出现的是 GG 纯合基因型个体，G 是其等位基因。

图 2－7　针茅属植物 PIP1 基因第一内含子 PCR-SSCP 结果

二、基因型频率及在几种针茅中的分布

等位基因频率是估计比较遗传变异的最基本的数据。从群体遗传学的角度分析统计7种针茅PIP1基因两个多态位点P1（第一外显子PCR-SSCP位点）和P2（第一内含子PCR-SSCP位点）的基因型频率和等位基因频率见表2-1。在两个位点上，基因频率和基因型频率相等。

表2-1　不同针茅属植物PIP1基因P2（exon），P3（intron）位点基因型和基因频率分布（样本数量N=30）

位点			贝加尔针茅 *S. baicalensis*	克氏针茅 *S. krylovii*	本氏针茅 *S. bungeana*	戈壁针茅 *S. gobica*	大针茅 *S. grandis*	短花针茅 *S. breviflora*	小针茅 *S. klemenzii*
第1外显子	基因型频率	AA	1.0	1.0	1.0	0.0	1.0	0.0	1.0
		BB	0.0	0.0	0.0	1.0	0.0	0.0	0.0
		CC	0.0	0.0	0.0	0.0	0.0	1.0	0.0
	等位基因频率	A	1.0	1.0	1.0	0.0	1.0	0.0	1.0
		B	0.0	0.0	0.0	1.0	0.0	0.0	0.0
		C	0.0	0.0	0.0	0.0	0.0	1.0	0.0
第1内含子	基因型频率	DD	1.0	1.0	1.0	0.0	1.0	0.0	0.0
		EE	0.0	0.0	0.0	1.0	0.0	0.0	0.0
		FF	0.0	0.0	0.0	0.0	0.0	1.0	0.0
		GG	0.0	0.0	0.0	0.0	0.0	0.0	1.0
	等位基因频率	D	1.0	1.0	1.0	0.0	1.0	0.0	0.0
		E	0.0	0.0	0.0	1.0	0.0	0.0	0.0
		F	0.0	0.0	0.0	0.0	0.0	1.0	0.0
		G	0.0	0.0	0.0	0.0	0.0	0.0	1.0

注：小针茅样本数为18，其余针茅植物为30

不论是外显子1还是内含子1，从地理分布来看，生长于荒漠草原上的针茅基因型较为丰富，存在3种基因型，而草甸草原、森林草原、典型草原上生长的针茅基因型仅有1种（表2-2）。

表 2－2　基因型地理分布

典型分布区	针茅种	样本数	外显子 1			内含子 1			
			AA	BB	CC	DD	EE	FF	GG
草甸草原、森林草原	贝加尔针茅	30	30	0	0	30	0	0	0
暖温型森林草原、典型草原	本氏针茅	30	30	0	0	30	0	0	0
半干旱典型草原	大针茅	30	30	0	0	30	0	0	0
干旱典型草原	克氏针茅	30	30	0	0	30	0	0	0
暖温型荒漠草原	短花针茅	30	0	0	30	0	0	30	0
荒漠草原	小针茅	30	30	0	0	0	0	0	30
荒漠草原	戈壁针茅	30	0	30	0	0	30	0	0

从 PIP1 基因 2 个位点的基因型分布来看，内含子 1 的 DD 基因型主要分布于草甸草原、森林草原及典型草原区的针茅属植物中，而荒漠草原区分布有 EE、FF、GG 3 种基因型，这一区的植物是旱生程度最强的一类草原群落，3 种针茅各自具有不同的基因型，表现出该区种间基因的多样性和丰富性，推测是该地区干旱、多风及寒冷的环境促进了不同种的 PIP1 基因变异形成的结果。外显子 1 的 AA 基因型在草甸草原、森林草原、典型草原和荒漠草原均有分布，BB、CC 基因型只分布在荒漠草原区的针茅中，这同样表明 PIP1 基因功能编码区在荒漠区的针茅种间也有丰富的遗传变异。但这些核苷酸的变异是否引起氨基酸的变化以及 PIP1 蛋白质结构与功能的差异，尚需进一步研究。

水孔蛋白是控制植物体内水分运输的重要蛋白，其表达及功能的变化是植物对干旱逆境的一种积极响应。从针茅属 7 个种 PIP1 基因 2 个位点的基因型变化中初步看出荒漠草原区的针茅 PIP1 基因型较典型草原、森林草原、草甸草原区的丰富，而典型草原、森林草原和草甸草原区的不同种针茅在 PIP1 基因的 2 个位点上基因型没有变化。因此，从该基因 2 个位点上可初步推测旱生程度最强的荒漠草原区的针茅植物与典型草原、森林草原、草甸草原区针茅植物对水分的适应也许有着不同的方式。

第三节　针茅属植物水孔蛋白 PIP1 基因 DNA 序列

一、针茅属植物 PIP1 基因序列及分析

从 GenBank 数据库中获取水稻、大麦等禾本科植物的 PIP1 基因序列，根据同源区段并结合扩增片段大小、解链温度 Tm 和模板起止碱基序号等参数设计引物，扩增水孔蛋白 PIP1 基因部分序列。将扩增获得的片段进行克隆测序，具体序列结果提交 GenBank 数据库，具体登录号：贝加尔针茅为 EF061925；克氏针茅为 EF061926；本氏针茅为 EF061927；戈壁针茅为 EF061928；大针茅为 EF061929；短花针茅为 EF061930；小针茅为 EF061931。针茅属植物和其他禾本科物种 PIP1 基因核苷酸序列变异位点见附图 1。

（一）植物 PIP1 基因序列

针茅属植物 PIP1 基因部分序列，长 1 122bp，与 GenBank 中其他植物的 PIP1 基因组 DNA 序列比较（表 2－3），该基因含 3 个外显子和 2 个内含子（以贝加尔针茅为例，见图 2－8）。外显子 1、2、3 大小分别为 633bp、141bp、92bp，其中，外显子 3 最小，外显子 1 最大。2 个内含子分别为 114 bp、144 bp，且内含子 5′端均以 GT 起始，3′端均以 AG 结束，显然外显子与内含子的剪切序列符合 GT-AG 规则。外显子－内含子连接区的这种 5′-GT…AG-3′结构保守性，几乎存在于所有高等真核生物中，由此推断 PIP1 基因与其他真核基因一样存在共同的剪接加工机制。DNAMAN 比对显示，针茅属植物 PIP1 基因核苷酸序列的组成、外显子的大小、内含子的位置都有很高的保守性。

将贝加尔针茅 PIP1 基因与水稻和大麦的一级结构比对，发现 PIP1 基因通常由 2～3 个外显子与 1～2 个内含子组成，cDNA 长度一般为 850bp 左右。

表 2-3　植物 PIP1 基因结构比较

植物种	基因全长 bp	外显子				内含子			碱基组成（%）			
		数目	1	2	3	数目	1	2	A	G	T	C
Stipa L.	1 122	3	633	141	91	2	113	144	19.07	29.23	20.14	31.55
Hordeum vulgare	1 171	3	297	141	57	2	122	554	22.29	24.85	24.34	28.52
Oryza sativa	1 098	2	768	96		1	234		19.03	31.06	20.4	29.51

ATGGAGGGGAAGGAGGAGGATGTGCGCCTGGGCGCCAACCGCTACTCGGAGCGGCAGCCGATCGGCACGGCGGCGCAGGGCGGCGGCG
AGGAGAAGGACTACAAGGAGCCGCCGCCGGCGCCCCTGTTCGAGGCCGAGGAGCTCACCTCCTGGTCCTTCTACCGCGCCGGCATCGC
CGAGTTCCTGGCCACCTTCCTCTTCCTCTACATCAGCATCCTCACCGTGATGGGTGTCAGTAACTCCTCCTCCAAGTGCGGCACCGTC
GGCATCCAGGGCATCGCCTGGTCCTTCGGCGGCATGATTTTCGTGCTCGTCTACTGCACCGCCGGGATCTCAGGCGGCCACATCAACC
CGGCGGTGACGTTCGGGCTGTTCCTGGCGAGGAAGCTGTCCCTGACCCGGGCCGTGTTCTACATGGTGATGCAGTGCCTCGGCGCCAT
CTGCGGCGCCGGCGTCGTCAAGGGGTTCCAGACCACGCTGTACATGGGCAAGGGCGGCGGCGCGAACTCCGTCGCGCCCGGGTACACC
AAGGGCGACGGGCTGGGAGCCGAGATCGTCGGCACGTTCGTGCTCGTCTACACCGTCTTCTCCGCTACCGACGCCAAGCGCAGCGCCA
GAGACTCCCACGTCCCC*GTAAGTAGATCAATTCAAGTAGCCGCGCTCGCTGCGTGCCGGTCACCACCATGCAAAGATCAAATCTTTTGC*
*ATCCATGGACGAGGGATTAACGAATTGATGCATGTACGCAG*ATCTTGGCGCCGCTTCCGATTGGGTTCGCGGTGTTCTTGGTGCACCTG
GCGACGATCCCCATCACCGGCACCGGCATCAACCCGGCCCGGTCCCTCGGCGCCGCCATCATCTACAACAAGAGCCAGTCATGGGACG
ACCAC*GTAAGATCATTTACCAACCACACTTGCTACTCTCATCCATCAACTGAAATTGATGACTAGCTAGTTTAGAACACCTTAATTAGT*
*GCTTAAAATTCAAGCTTAATTACGAGTGATAATAATCTCTTGTGGTTAATGGCGCGCAGT*GGATTTTCTGGGTGGGCCCATTCATCGGA
GCTGCGCTGGCCGCCGTCTACCACGTGGTGGTGATCAGGGCAATCCCCTTCAAGAGCCGGGA

斜体字为内含子，其余为外显子

图 2-8　贝加尔针茅 PIP1 基因部分序列

PIP1 基因内含子和外显子数目在不同植物中差异很大。外显子碱基总数，针茅为 865，大麦为 495，水稻为 864。内含子碱基总数，针茅为 257，大麦为 676，水稻为 234。外显子数目、内含子数目及碱基总数在不同种间均存在很大差异。针茅的外显子数目和内含子数目与大麦相同；针茅的外显子、内含子碱基总数与水稻相似，贝加尔针茅与水稻、大麦的一级结构比对结果见图 2-9（a，b）。通常的情况下，内含子长度比外显子长，其碱基总数平均占基因全长的 60.7% ~82.8%，而对于针茅和水稻的 PIP1 基因而言，其外显子要比内含子大，这也许与其功能有一定关系。从碱基组成和含量来说，植物 PIP1 基因还是具有种属特异性的。

图2-9a　贝加尔针茅PIP1基因与水稻和大麦的一级结构比对

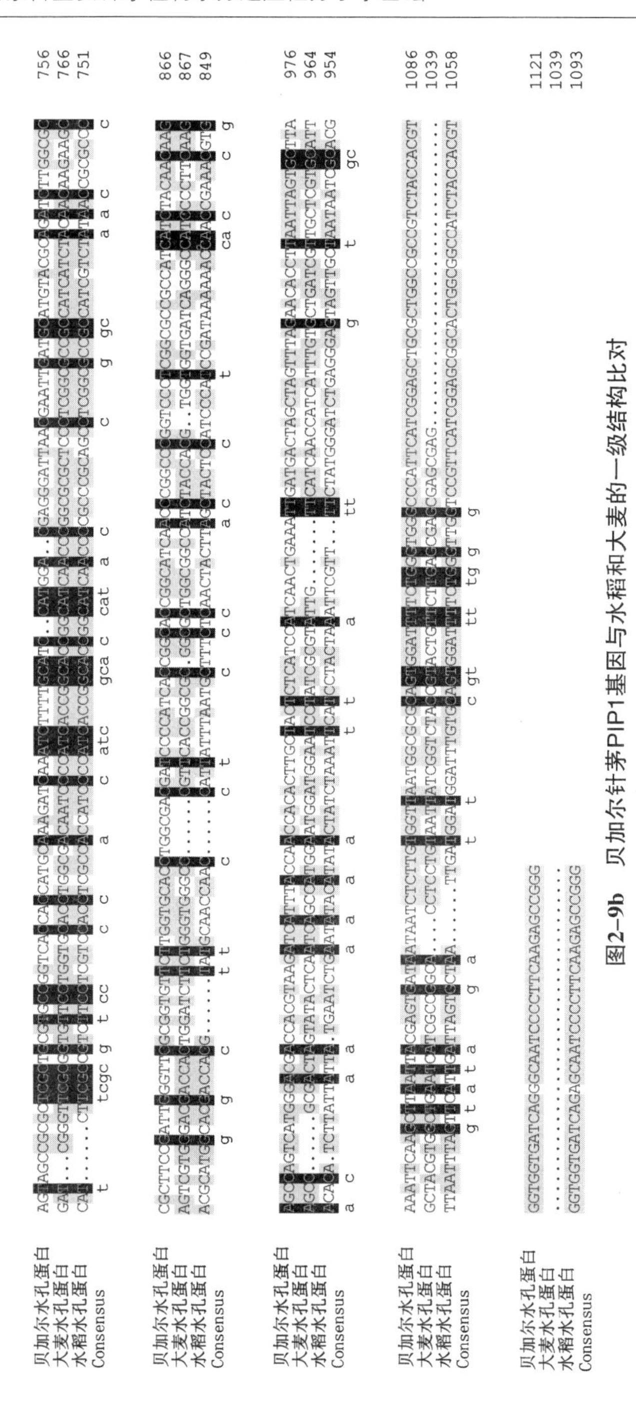

图2–9b　贝加尔针茅PIP1基因与水稻和大麦的一级结构比对

（二）PIP1 基因的变异模式

1. 针茅 PIP1 基因序列的核苷酸位点变异

将 7 种针茅属植物的 PIP1 基因序列以贝加尔针茅为标准，比较核苷酸变异情况，各序列的核苷酸变异位点见图 2－10（a，b，c）。

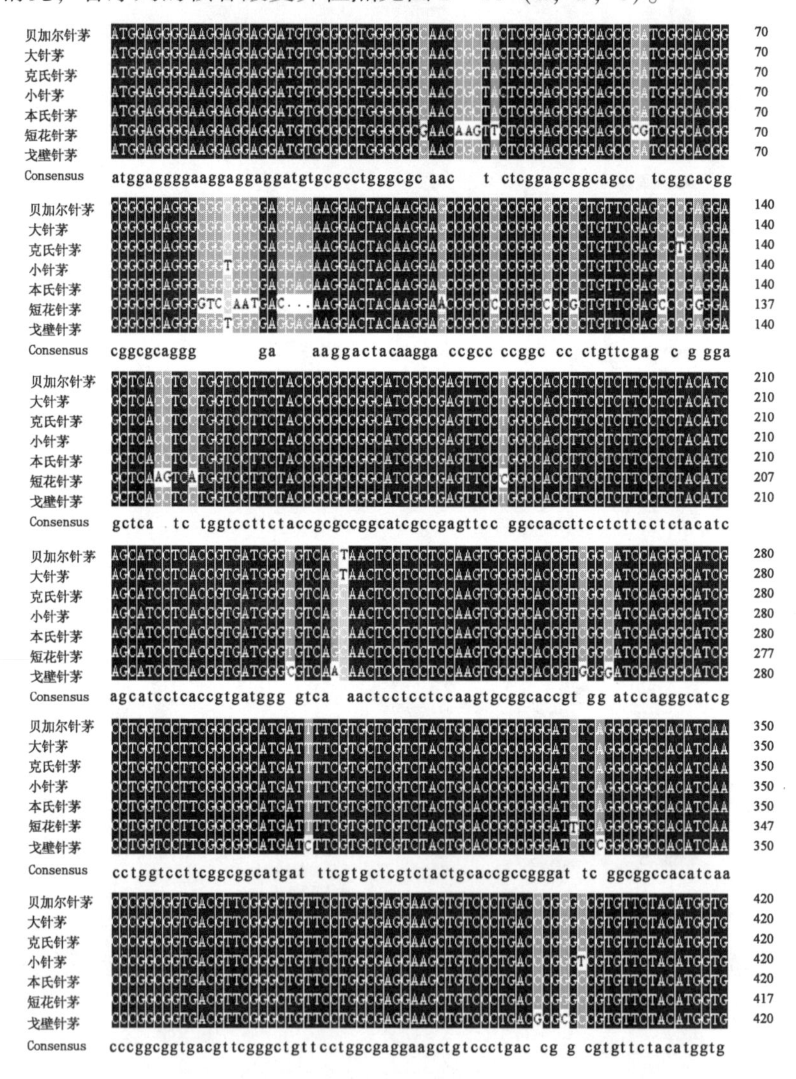

图 2－10a　针茅属 7 种植物 PIP1 基因核苷酸序列变异位点分析

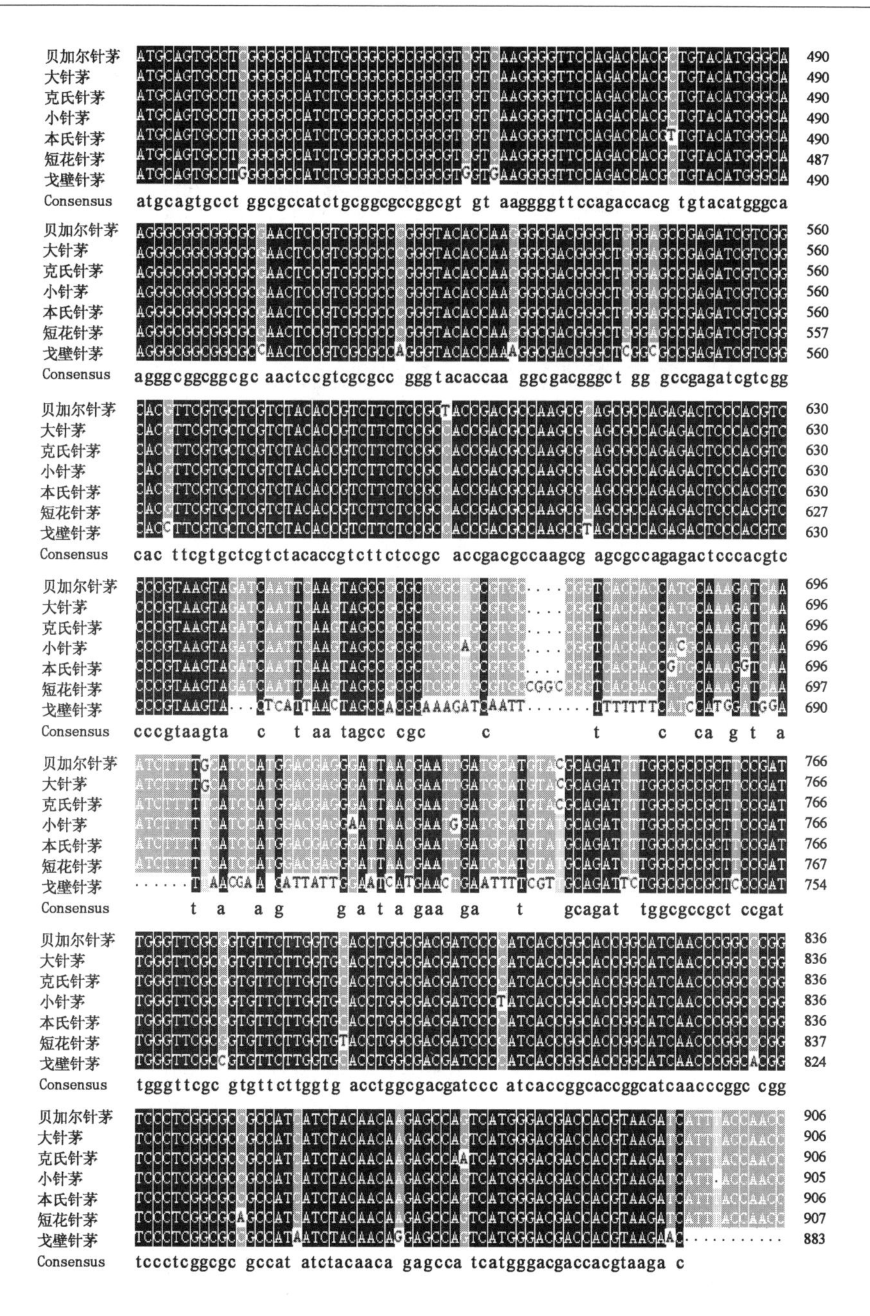

图 2-10b　针茅属 7 种植物 PIP1 基因核苷酸序列变异位点分析

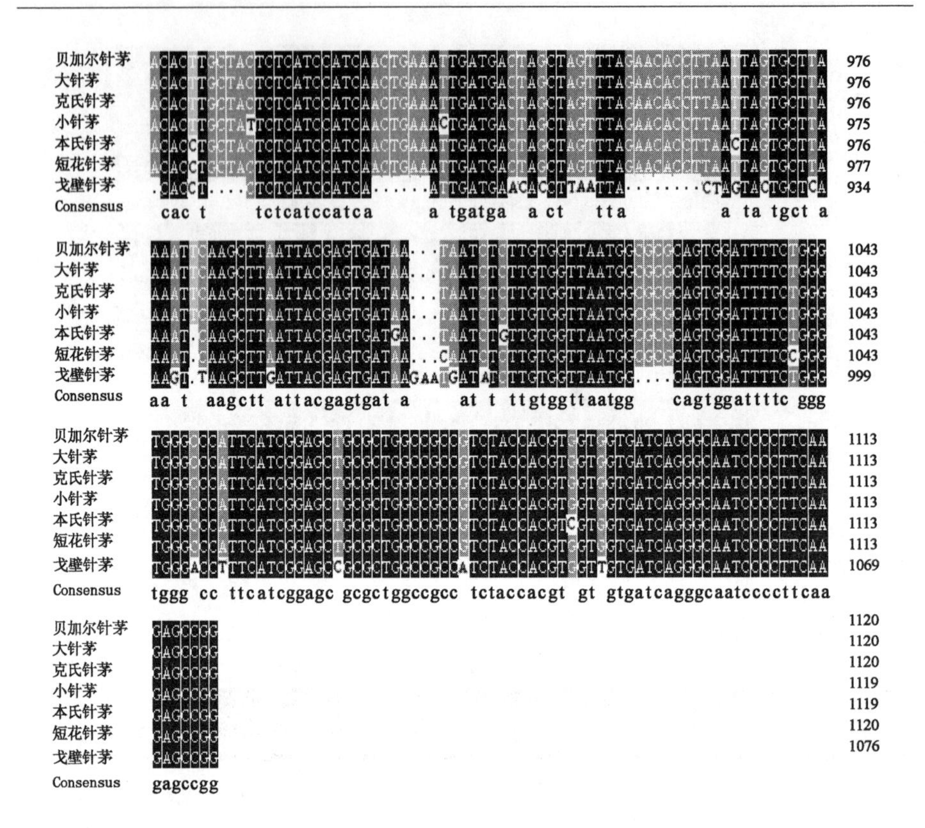

图 2-10c　针茅属 7 种植物 PIP1 基因核苷酸序列变异位点分析

7 种针茅植物 PIP1 基因序列之间的同源性达 96.0%，共检测到多态位点 163 个，约占分析总数的 14.4%，其中，单一多态位点（Singleton polymorphic sites）156 个，两核苷酸间的变异位点 153 个，三核苷酸间的变异位点 3 个，分别在 688、696、1013 碱基处；简约信息位点（Parsimony informative polymorphic sites）7 个；没有检测到三核苷酸和四核苷酸间的变异。

以贝加尔针茅为标准，与其他禾本科植物的 PIP1 基因序列进行比较分析核苷酸变异情况。序列之间的同源性达 60%，共检测到多态位点 387 个，占分析总数的 23.3%，其中，单一多态位点（Singleton polymorphic sites）281 个，两核苷酸间的变异位点 206 个，三核苷酸间的变异位点 72 个，四核苷酸间的变异位点 3 个，分别在 1055、1057、1583 碱基处；简约信息位点（Parsimony informative polymorphic sites）99 个。

2. 基因序列的转换与颠换

7 种针茅不同种间 PIP1 基因序列的平均转换/颠换数和转换百分比(表 2 -4)所示，核苷酸的替换主要以颠换为主，有的序列间没有碱基颠换发生，平均转换/颠换数为 19/40，针茅属植物种间的转换数范围是 1 ~18，颠换数范围是 1 ~32，其中戈壁针茅的转换和颠换数最多。

表 2 -4　不同针茅种间 PIP1 基因序列平均转换/颠换数和转换百分比

植物种	BJE	KS	CMC	GB	DZM	DH	XZM	H. vulgare	O. sativa
BJE	—	2/0	2/2	18/31	1/0	3/1	4/0	35/84	37/81
KS	0.003	—	2/2	18/31	1/0	3/1	4/0	34/84	36/81
CMC	0.003	0.003	—	18/33	1/2	3/3	4/2	36/84	37/81
GB	0.031	0.031	0.031	—	17/31	19/32	18/31	31/87	35/82
DZM	0.002	0.002	0.002	0.029	—	2/1	3/0	34/84	36/81
DH	0.005	0.005	0.005	0.033	0.003	—	5/1	37/83	38/82
XZM	0.007	0.007	0.007	0.031	0.005	0.009	—	35/84	39/81
大麦 (*H. vulgare*)	0.061	0.059	0.062	0.054	0.059	0.064	0.061	—	37/81
水稻 (*O. sativa*)	0.064	0.062	0.064	0.061	0.062	0.066	0.067	0.064	—

注：* 上三角为序列平均转换/颠换数；下三角为转换百分比

BJE：贝加尔针茅；KS：克氏针茅；CMC：本氏针茅；G B：戈壁针茅；DZM：大针茅；DH：短花针茅；XZM：小针茅，下表同

3. PIP1 基因核苷酸组成分析

7 种针茅属植物的 PIP1 基因的四种碱基含量见表 2 -5，全序列中，4 种碱基含量在 7 种针茅中均为 C > G > T > A，A 与 T 含量接近，C 与 G 含量接近，C + G 含量在 60.39% ~61.20%。外显子序列四种碱基含量与全序列相似，也为 C > G > T > A，C + G 含量在 66.28% ~66.70%；内含子序列除戈壁针茅以外四种碱基含量为 A > T > C > G，其中，戈壁针茅四种碱基含量为 A > T > G > C，C + G 含量在 35.85% ~42.86%。外显子区 GC 含量比全序列 GC 含量高 5%，而内含子区 GC 含量明显地低于外显子和全序列的 GC 含量。4 种碱基在不同功能区的含量各不相同，这可能与针茅属植物 PIP1 基因的空间结构和功能有关。

表 2－5　PIP1 基因序列碱基组成

植物种	全序列				外显子				内含子			
	A	G	T	C	A	G	T	C	A	G	T	C
BJE	19.07	29.23	20.14	31.55	15.72	32.02	17.8	34.45	30.35	19.84	28.02	21.79
KS	19.16	29.06	20.14	31.64	15.84	31.91	17.8	34.45	30.35	19.46	28.02	22.18
CMC	18.82	29.44	19.98	31.76	15.7	31.87	17.78	34.64	29.41	21.18	27.45	21.96
GB	19.2	29.13	20.5	31.17	16.05	31.76	17.67	34.53	32.08	18.4	32.08	17.45
DZM	19.07	29.23	20.05	31.64	15.7	31.99	17.78	34.53	30.47	19.92	27.73	21.88
DU	19.43	28.79	20.14	31.64	16.22	31.4	18.08	34.3	30.12	20.08	27.03	22.78
XZM	19.27	29.17	20.07	31.49	15.7	31.99	18.01	34.3	31.37	19.61	27.06	21.96
大麦（*H. vulgare*）	22.29	24.85	24.34	28.52	15.35	30.71	16.77	37.17	27.37	20.56	29.88	22.19
水稻（*O. sativa*）	19.03	31.06	20.4	29.51	15.62	35.42	16.67	32.29	31.62	14.96	34.19	19.23

注：同表 2－4

从 GenBank 数据库中获取的水稻、大麦的 PIP1 基因同源区段比较，大麦基因全序列和外显子的 4 种碱基含量均为 C＞G＞T＞A，全序列中 4 种碱基含量很接近，其 C＋G 含量为 53.37%；外显子 4 种碱基含量差异较大，其 C＋G 含量为 67.88%；内含子序列四种碱基含量为 T＞A＞C＞G，其 C＋G 含量为 42.75%。水稻基因全序列和外显子的四种碱基含量均为 G＞C＞T＞A，内含子序列四种碱基含量为 T＞A＞C＞G，与大麦内含子的变化趋势一致，全序列 C＋G 含量为 60.56%，外显子 C＋G 含量为 67.71%，内含子 C＋G 含量最低为 34.19%。与大麦、水稻同是禾本科的七种针茅植物 4 种碱基含量不尽相同，体现了种属的特异性，但都是外显子 C＋G 含量最高，其次是全序列，最低的是内含子。

4. PIP1 基因密码子核苷酸组成分析

不同植物中 PIP1 基因密码子各位点 4 种碱基含量不平衡（表 2－6）。针茅属植物 PIP1 基因中，密码子第一位四种碱基平均含量分别为 G（38.0）＞A（24.0）＞T/U（19.4）＞C（18.5），G＋C 含量为 56.52%；第二位四种碱基平均含量分别为 T/U（31.0）＞C（27.4）＞G（21.4）＞A（20.4），G＋C 含量为 48.81%；第三位四种碱基平均含量分别为 C（57.5）＞G（36.1）＞T/U（3.2）＞A（3.11），G＋C 含量为 93.69%，远远高于 A＋T（6.31%）含量；针茅属不同植物 PIP1 基因密码子各位点碱基含量相似。针茅属植物 PIP1 基因编码蛋白质的密码子第一、第三位偏向富含 GC，第二位偏向于富含 AT。H. vulgare 基因密码子第一位 G + C 含量为 55.3%；第二位 G + C 含量为 47.4%；第三位 G + C 含量为 98.0%，第一、第三位偏向富含 GC，第二位偏向富含 A + T/U，针茅与 O. sativa 和 H. vulgare 的基因偏向趋势一致。

表 2－6　PIP1 基因密码子核苷酸组成

品种	密码子第 1 位				密码子第 2 位				密码子第 3 位			
	T（U）	C	A	G	T（U）	C	A	G	T（U）	C	A	G
BJE	21.1	19	23.2	36.7	28.1	29.2	20.1	22.6	4.2	55.2	3.8	36.8
KS	21.1	19	23.2	36.7	28.1	29.2	20.1	22.6	4.2	55.2	4.2	36.5
CMC	19	18	24.2	38.8	31.8	26.6	20.4	21.1	2.4	59.4	2.4	35.8
GB	18.3	18.7	24.6	38.4	31.8	26.6	20.4	21.1	2.8	58.3	3.1	35.8
DZM	18.7	18.3	24.2	38.8	31.8	26.6	20.4	21.1	2.8	58.7	2.4	36.1
DH	19.1	18.4	24.7	37.8	31.9	27.1	20.5	20.5	3.1	57.5	3.5	35.9
XZM	18.7	18.3	24.2	38.8	32.2	26.3	21.1	21.1	3.1	58.3	2.4	36.1
大麦（*H. vulgare*）	18.7	17.6	26	37.7	31.1	27.7	21.5	19.7	0.7	64.4	1.4	33.6
小麦（*Triticum*）	31.6	27	20.7	20.7	3.5	57.2	1.8	37.5	18.3	17.6	23.9	40.1
玉米（*Zea may*）	18.3	18.7	25.6	37.4	31.8	27.3	21.5	19.4	4.8	64.4	1	29.8
水稻（*O. sativa*）	17.4	19.4	24.3	38.9	30.6	26.7	20.5	22.2	2.1	50.7	2.1	45.1
棉（*cotton*）	20.3	13.8	27.2	38.6	32.8	26.2	21	20	31	25.9	18.3	24.8
barrel medic	21	15.5	25.2	38.3	33.4	26.9	21	18.6	42.1	19	23.4	15.5
A. thaliana	20.2	16.7	26.1	36.9	31.7	27.2	21.3	19.9	30.3	29.6	22	18.1
烟（tobacco）	21.3	13.9	28.6	36.2	32.8	26.5	22	18.8	43.2	17.8	27.5	11.5

注：同表 2－4

5. 核苷酸变异模型

分析 DNA 序列进化演变模式的方法主要是考查两个 DNA 序列间的核苷酸差异和核苷酸替代数。两个序列间的核苷酸差异一般用不同核苷酸位点的比例 p 来描述，$p = nd/n$，nd 和 n 分别为所检测的两序列间不同核苷酸数和配对总数，p 即为核苷酸间的 p 距离。估计核苷酸替代数的方法有多种，根据被测核苷酸序列特性选用不同的估计方法。根据针茅属植物 PIP1 基因序列特点，以贝加尔针茅 PIP1 基因的序列作为对照，其他各种与之相比较，用 MEGA3.0 软件分别估计了各个种 p 距离和核苷酸替代数的 Tamura-NeiΓ 距离（表 2-7），针茅属植物 PIP1 基因外显子 p 距离和 Γ 距离总体来说低于内含子，全序列的两种距离位于外显子和内含子之间。大麦和水稻 PIP1 基因的变化趋势与针茅属植物 PIP1 基因相似。针茅属种内 PIP1 基因差异最小，而禾本科内植物 PIP1 基因差异最大。针茅 PIP1 基因外显子区相对保守，进化历程较慢，内含子区突变频率较高，进化历程较长，不同物种的变异速率有差异。

表 2-7　针茅属植物 PIP1 基因变异参数

植物种	外显子		内含子		全序列	
	P distance	Tdistance	P distance	Tdistance	P distance	Tdistance
BJE	0.000 ± 0.000	0.000 ± 0.000	0.000 ± 0.000	0.000 ± 0.000	0.000 ± 0.000	0.000 ± 0.000
KS	0.006 ± 0.004	0.006 ± 0.004	0.000 ± 0.000	0.000 ± 0.000	0.003 ± 0.002	0.003 ± 0.002
CMC	0.006 ± 0.004	0.006 ± 0.004	0.031 ± 0.031	0.033 ± 0.033	0.007 ± 0.003	0.007 ± 0.003
GB	0.049 ± 0.010	0.051 ± 0.010	0.813 ± 0.069	—	0.085 ± 0.012	0.090 ± 0.013
DZM	0.002 ± 0.002	0.002 ± 0.002	0.000 ± 0.000	0.000 ± 0.000	0.002 ± 0.002	0.002 ± 0.002
DU	0.008 ± 0.004	0.008 ± 0.004	0.031 ± 0.031	0.033 ± 0.033	0.007 ± 0.003	0.007 ± 0.004
XZM	0.006 ± 0.004	0.006 ± 0.004	0.031 ± 0.031	0.033 ± 0.033	0.007 ± 0.003	0.007 ± 0.004
大麦 (*H. vulgare*)	0.147 ± 0.016	0.164 ± 0.020	0.688 ± 0.084	—	0.206 ± 0.017	0.242 ± 0.023
水稻 (*O. sativa*)	0.136 ± 0.015	0.152 ± 0.019	0.656 ± 0.082	—	0.204 ± 0.017	0.241 ± 0.024

注：同表 2-4

二、推导的 PIP1 蛋白氨基酸序列分析

（一）氨基酸组成

以贝加尔针茅为标准其他针茅与氨基酸序列比对见图 2-11（a，b）。

针茅属植物 PIP1 基因编码的氨基酸组成与含量见表 2－8，20 种氨基酸的含量差异很大，288 个氨基酸中，含量从高到低依次为：甘氨酸（G）（12.67%）>丙氨酸（A）（10.73%）>缬氨酸（V）（7.90%）>亮氨酸（L）（7.60%）>异亮氨酸（I）（7.25%）>丝氨酸（S）（7.2%）>苯丙氨酸（F）（6.11%）>苏氨酸（T）（6.06%）>脯氨酸(P)（5.07%）>谷氨酸（E）（4.12%）>精氨酸（R）（3.87%）>赖氨酸（K）（3.78%）>酪氨酸（Y）（3.73%）>天门冬氨酸（D）（2.48%）>天冬酰胺（N）（2.19%）=谷氨酰胺（Q）（2.19%）>蛋氨酸（M）（2.09%）>色氨酸（W）（1.89%）>组氨酸（H）（1.69%）>半胱氨酸（C）（1.39%）。

表 2－8　针茅属植物 PIP1 基因编码的氨基酸组成与含量

氨基酸	BJE		KS		CMC		GB		DZM		DH		XZM	
	N	(%)	N	(%)	N	(%)	N	(%)	N	(%)	N	(%)	N	(%)
丙氨酸 A	29	10.10	29	10.10	32	11.11	32	11.11	32	11.11	31	10.08	31	10.76
半胱氨酸 C	4	1.39	4	1.39	4	1.39	4	1.39	4	1.39	4	1.39	4	1.39
天冬氨酸 D	7	2.44	7	2.44	7	2.43	7	2.43	7	2.43	8	2.79	7	2.43
谷氨酸 E	13	4.53	13	4.53	12	4.17	12	4.17	12	4.17	9	3.74	12	4.17
苯丙氨酸 F	16	5.57	16	5.57	18	6.25	18	6.25	18	6.25	19	6.62	18	6.25
甘氨酸 G	38	13.24	38	13.24	36	12.50	36	12.50	36	12.50	35	12.20	36	12.50
组氨酸 H	5	1.74	5	1.74	5	1.74	5	1.74	5	1.74	4	1.39	5	1.74
异亮氨酸 I	18	6.27	18	6.27	22	7.64	23	7.99	22	7.64	21	7.32	22	7.64
赖氨酸 K	10	3.48	10	3.48	11	3.82	10	3.47	11	3.82	13	4.53	11	3.82
亮氨酸 L	22	7.67	22	7.67	22	7.64	22	7.64	22	7.64	21	7.32	22	7.64
蛋氨酸 M	6	2.09	6	2.09	6	2.08	6	2.08	6	2.08	6	2.09	6	2.08
天冬酰氨 N	6	2.09	6	2.09	6	2.08	7	2.43	6	2.08	7	2.44	6	2.08
脯氨酸 P	15	5.23	15	5.23	14	4.86	14	4.86	14	4.86	16	5.57	14	4.86
谷氨酰氨 Q	7	2.44	7	2.44	6	2.08	6	2.08	6	2.08	6	2.09	6	2.08
精氨酸 R	11	3.83	11	3.83	11	3.82	12	4.17	11	3.82	11	3.83	11	3.82
丝氨酸 S	25	8.71	25	8.71	19	6.60	18	6.25	19	6.60	20	6.97	19	6.60
苏氨酸 T	19	6.62	19	6.62	17	5.90	17	5.90	17	5.90	16	5.57	17	5.90
缬氨酸 V	19	6.62	19	6.62	24	8.33	23	7.99	24	8.33	25	8.71	25	8.68
色氨酸 W	7	2.44	7	2.44	5	1.74	5	1.74	5	1.74	4	1.39	5	1.74
酪氨酸 Y	10	3.48	10	3.48	11	3.82	11	3.82	11	3.82	11	3.83	11	3.82

注：同表 2－4

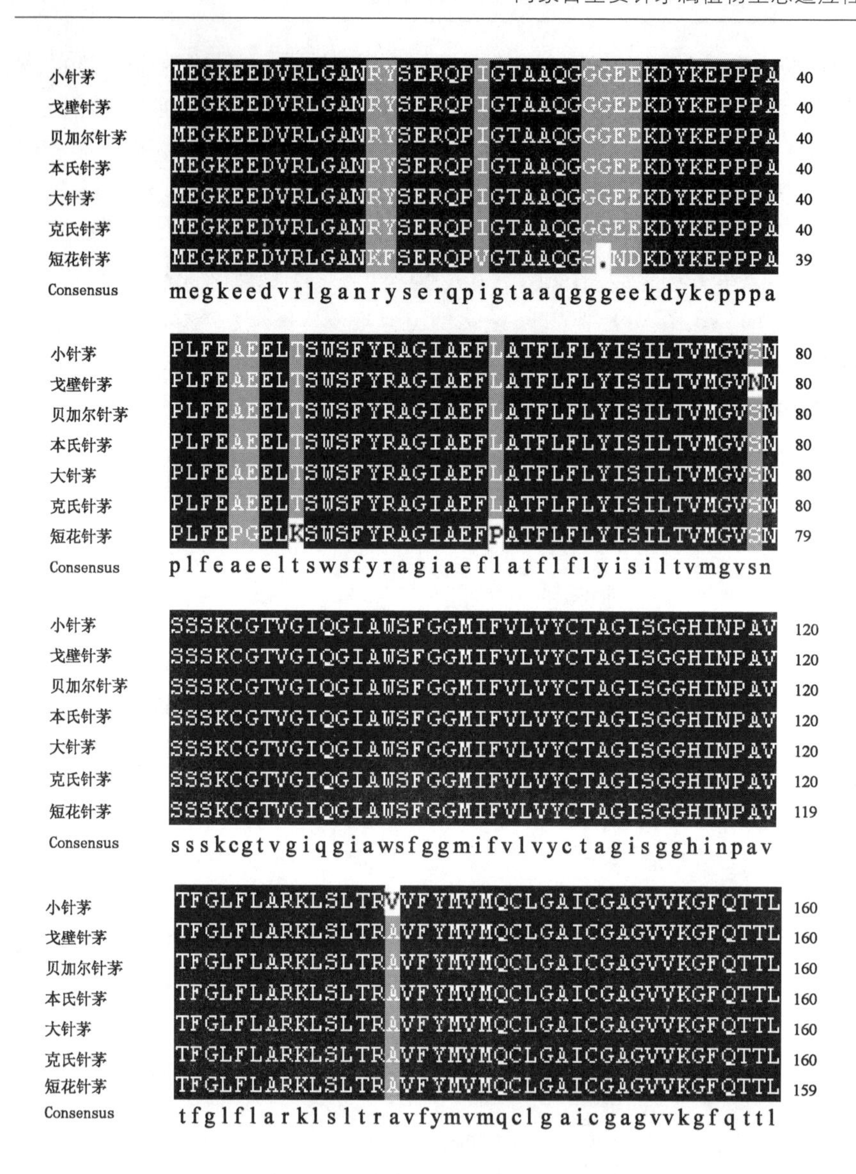

图 2-11a 7 种针茅植物 PIP1 基因氨基酸序列变异位点分析

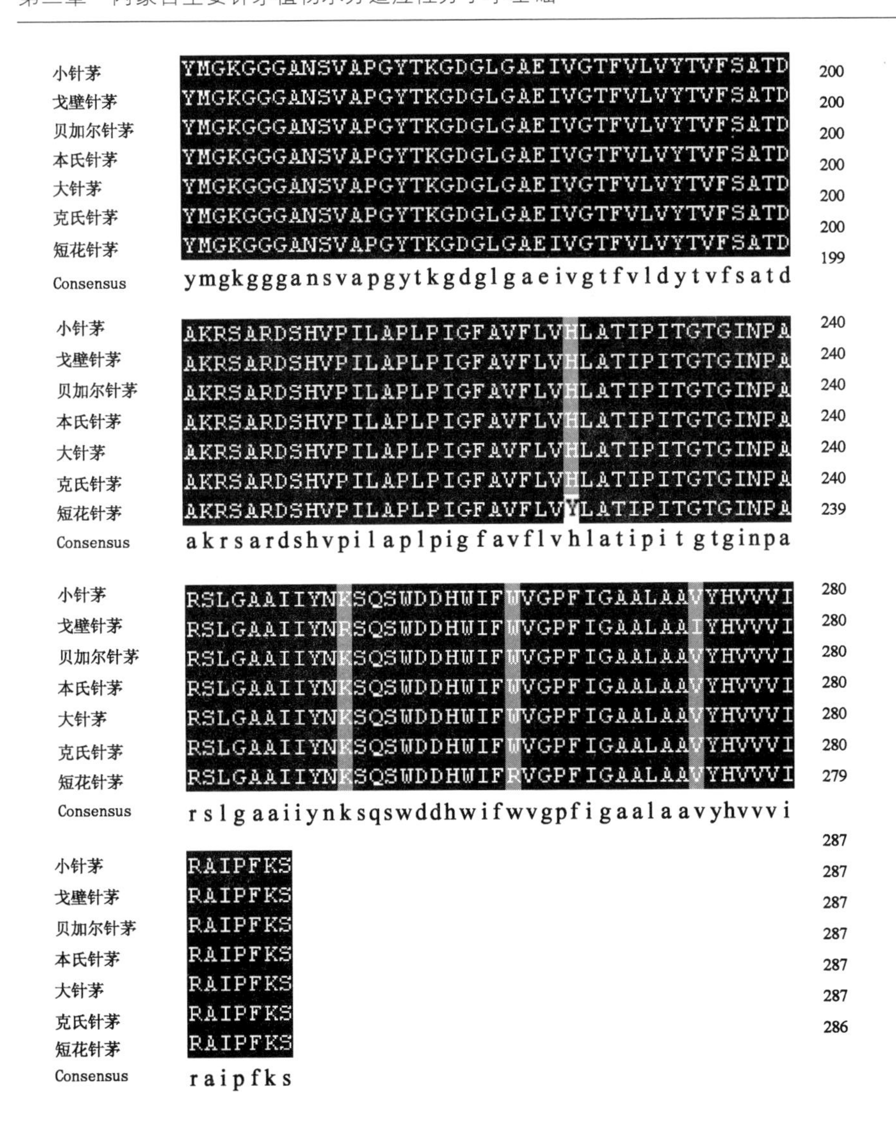

图 2－11b　7 种植物 PIP1 基因氨基酸序列变异位点分析

根据氨基酸极性分析，非极性 R 基氨基酸（A、F、I、L、M、P、V、W）所占比例为 48.64%，不带电荷的极性 R 基氨基酸（G、S、T、C、Y、N、Q）所占比例为 35.43%，带正电荷的 R 基氨基酸（K、R、H）比例是 9.34%，带负电荷的 R 基氨基酸（D、E）比例是 6.6%。可以看出极性氨基酸含量高于非极性氨基酸，带正电荷的氨基酸含量高于带负电荷氨基酸，即极性与非极性、带正电荷与带负电荷的氨基酸不平衡。

经比对发现除小麦以外，各物种 PIP1 基因编码的蛋白质氨基酸组成与含量和贝加尔针茅的基本相似。小麦的氨基酸组成极不平衡，天冬氨酸、组氨酸、异亮氨酸、蛋氨酸、天冬酰氨的使用频率为 0，还有的氨基酸的使用频率小于 0.5%。

（二）密码子使用频率与偏倚性

如果每个核苷酸位点上的核苷酸替代是随机发生的，那么每个位点上核苷酸 A、T、C、G 将以等频率出现。因此，如果无自然选择或无突变基因偏倚的话，则可期望编码同一氨基酸的各个密码子以等频率出现。但实际上，编码同一氨基酸的同义密码子通常有不同的频率，某些密码子比另一些有更高的使用频率。把某一物种或某一基因通常倾向于一种或几种特定的同义密码子，称为最优密码子，此现象称为密码子偏倚性。研究报道显示，导致密码子使用偏倚的主要原因是，细胞内同功 tRNA 的丰度和偏倚突变压（Biased mutation pressure）。

针茅属植物 PIP1 基因编码蛋白质的密码子使用情况见表 2 - 9，同义密码子使用极不平衡，存在强烈偏向性。如编码亮氨酸（L）的 6 个同义密码子（UUA、UUG、CUU、CUC、CUA 和 CUG）中，CUG 密码子的使用占绝对优势，依使用频率大小排列依次为 CUG > CUC > UUG > CUA，而 UUA 和 CUU 几乎不用；再如，编码苯丙氨酸（F）的 2 个同义密码子（UUU 和 UUC）中 UUU 基本未用。编码其他氨基酸的同义密码子同样存在强烈的偏爱性。不同针茅属植物对甲硫氨酸（M）、缬氨酸（V）、丝氨酸（S）、半胱氨酸（C）、谷氨酸（E）、酪氨酸（Y）、组氨酸（H）、谷氨酰胺（Q）、色氨酸（W）同义密码子的偏爱性一致，其余氨基酸同义密码子的使用频率趋势一致，使用频率大小稍有差异。

其他植物 PIP1 基因编码蛋白质的密码子使用情况见表 2 - 10，同样存在与针茅属植物 PIP1 基因类似的偏爱现象，但偏向性在不同植物中有所不同。禾本科植物 PIP1 基因密码子的偏爱性在很多同义密码子的使用上都相同，而如棉花、烟草等植物 PIP1 基因密码子的偏倚性与禾本科植物有差异。

对原核生物研究发现，基因组核苷酸 GC 含量在 25% ~ 75% 间变化，这种变异主要是核苷酸水平上 GC 至 AT 的正向和回复突变压的差异所致，导致密码子 3 个位点上 4 种核苷酸出现的频率不同。为了维持基因表达产物——蛋白质的功能，由突变压决定的平衡频率也会与预期的密码子3位GC含量不同，这是因为某些密码子第三位的核苷酸替代导致氨基酸置换而受净化选择的淘汰作用；密码子第二位的核苷酸替代全是非同义的，该替代主要由功能制约而非突变压所致；密码子第一位的替代有小部分是非同义的，突变压对其作用力度介于第三位和第二位之间（Ikemura 1985）。

针茅属植物PIP1基因中，全序列C+G含量为53.37%，密码子第一位G+C含量为56.52%，第二位G+C含量为48.81%，密码子第一、二位GC含量与全序列相近，第三位G+C含量为93.69%，与全序列碱基组成相悖。针茅属植物PIP1基因对同义密码子的使用极不平衡，存在偏倚的突变压和净化选择的淘汰作用。其他植物PIP1基因密码也有类似现象，不同物种密码子各位点对4种核苷酸的偏向性有差异，虽然存在种属特异性，但并无规律可循。

表2-9 针茅属植物PIP1基因密码子使用频率分布

	BJE	KS	CMC	GB	DZM	DH	XZM
UUU（F）	1.0/0.13	1.0/0.13	0.0/0.00	0.0/0.00	0.0/0.00	0.0/0.00	0.0/0.00
UUC（F）	15.0/1.88	15.0/1.88	18.0/2.00	18.0/2.00	18.0/2.00	19.0/2.00	18.0/2.00
UUA（L）	0.0/0.00	0.0/0.00	0.0/0.00	0.0/0.00	0.0/0.00	0.0/0.00	0.0/0.00/
UUG（L）	2.0/0.55	2.0/0.55	3.0/0.82	1.0/0.27	2.0/0.55	2.0/0.57	2.0/0.55
CUU（L）	1.0/0.27	1.0/0.27	1.0/0.27	0.0/0.00	1.0/0.27	1.0/0.29	1.0/0.27
CUC（L）	8.0/2.18	8.0/2.18	8.0/2.18	9.0/2.45	8.0/2.18	8.0/2.29	8.0/2.18
CUA（L）	0.0/0.00	0.0/0.00	0.0/0.00	0.0/0.00	0.0/0.00	0.0/0.00	0.0/0.00
CUG（L）	11.0/3.00	11.0/3.00	10.0/2.73	12.0/3.27	11.0/3.00	10.0/2.86	11.0/3.00
AUU（I）	2.0/0.33	2.0/0.33	3.0/0.41	3.0/0.39	3.0/0.41	4.0/0.57	3.0/0.41
AUC（I）	16.0/2.67	16.0/2.67	19.0/2.59	19.0/2.48	19.0/2.59	17.0/2.43	19.0/2.59
AUA（I）	0.0/0.00	0.0/0.00	0.0/0.00	1.0/0.13	0.0/0.00	0.0/0.00	0.0/0.00
AUG（M）	6.0/1.00	6.0/1.00	6.0/1.00	6.0/1.00	6.0/1.00	6.0/1.00	6.0/1.00

（续表）

	BJE	KS	CMC	GB	DZM	DH	XZM
GUU（V）	0.0/0.00	0.0/0.00	0.0/0.00	1.0/0.17	0.0/0.00	0.0/0.00	0.0/0.00
GUC（V）	10.0/2.11	10.0/2.11	12.0/2.00	7.0/1.22	11.0/1.83	12.0/1.92	12.0/1.92
GUA（V）	0.0/0.00	0.0/0.00	0.0/0.00	0.0/0.00	0.0/0.00	0.0/0.00	0.0/0.00
GUG（V）	9.0/1.89	9.0/1.89	12.0/2.00	15.0/2.61	13.0/2.17	13.0/2.08	13.0/2.08
UCU（S）	2.0/0.48	2.0/0.48	0.0/0.00	0.0/0.00	0.0/0.00	0.0/0.00	0.0/0.00
UCC（S）	12.0/2.88	12.0/2.88	11.0/3.47	12.0/4.00	11.0/3.47	11.0/3.30	11.0/3.47
UCA（S）	5.0/1.20	5.0/1.20	2.0/0.63	1.0/0.33	2.0/0.63	3.0/0.90	2.0/0.63
UCG（S）	2.0/0.48	2.0/0.48	1.0/0.32	1.0/0.33	1.0/0.32	1.0/0.30	1.0/0.32
CCU（P）	1.0/0.27	1.0/0.27	0.0/0.00	1.0/0.29	0.0/0.00	0.0/0.00	1.0/0.29
CCC（P）	4.0/1.07	4.0/1.07	5.0/1.43	4.0/1.14	5.0/1.43	7.0/1.75	4.0/1.14
CCA（P）	0.0/0.00	0.0/0.00	1.0/0.29	1.0/0.29	1.0/0.29	1.0/0.25	1.0/0.29
CCG（P）	10.0/2.67	10.0/2.67	8.0/2.29	8.0/2.29	8.0/2.29	8.0/2.00	8.0/2.29
ACU（T）	0.0/0.00	0.0/0.00	0.0/0.00	0.0/0.00	0.0/0.00	0.0/0.00	0.0/0.00
ACC（T）	13.0/2.74	13.0/2.74	12.0/2.82	12.0/2.82	12.0/2.82	11.0/2.75	12.0/2.82
ACA（T）	0.0/0.00	0.0/0.00	0.0/0.00	0.0/0.00	0.0/0.00	0.0/0.00	0.0/0.00
ACG（T）	6.0/1.26	6.0/1.26	5.0/1.18	5.0/1.18	5.0/1.18	5.0/1.25	5.0/1.18
GCU（A）	1.0/0.14	1.0/0.14	1.0/0.13	0.0/0.00	1.0/0.13	1.0/0.13	1.0/0.13
GCC（A）	18.0/2.48	18.0/2.48	19.0/2.38	21.0/2.63	19.0/2.38	17.0/2.19	18.0/2.31
GCA（A）	0.0/0.00	0.0/0.00	1.0/0.13	2.0/0.25	1.0/0.13	2.0/0.26	1.0/0.13
GCG（A）	10.0/1.38	10.0/1.38	11.0/1.38	9.0/1.13	11.0/1.38	11.0/1.42	11.0/1.42
UAU（Y）	0.0/0.00	0.0/0.00	0.0/0.00	0.0/0.00	0.0/0.00	0.0/0.00	0.0/0.00
UAC（Y）	10.0/2.00	10.0/2.00	11.0/2.00	11.0/2.00	11.0/2.00	11.0/2.00	11.0/2.00
UAA（*）	0.0/0.00	0.0/0.00	0.0/0.00	0.0/0.00	0.0/0.00	0.0/0.00	0.0/0.00
UAG（*）	0.0/0.00	0.0/0.00	0.0/0.00	0.0/0.00	0.0/0.00	0.0/0.00	0.0/0.00
CAU（H）	1.0/0.40	2.0/0.80	0.0/0.00	0.0/0.00	0.0/0.00	0.0/0.00	0.0/0.00
CAC（H）	4.0/1.60	3.0/1.20	5.0/2.00	5.0/2.00	5.0/2.00	4.0/2.00	5.0/2.00
CAA（Q）	1.0/0.29	2.0/0.57	0.0/0.00	0.0/0.00	0.0/0.00	0.0/0.00	0.0/0.00
CAG（Q）	6.0/1.71	5.0/1.43	6.0/2.00	6.0/2.00	6.0/2.00	6.0/2.00	6.0/2.00
AAU（N）	0.0/0.00	0.0/0.00	0.0/0.00	0.0/0.00	0.0/0.00	1.0/0.29	0.0/0.00
AAC（N）	6.0/2.00	6.0/2.00	6.0/2.00	7.0/2.00	6.0/2.00	6.0/1.71	6.0/2.00

（续表）

	BJE	KS	CMC	GB	DZM	DH	XZM
AAA（K）	0.0/0.00	0.0/0.00	0.0/0.00	1.0/0.20	0.0/0.00	0.0/0.00	0.0/0.00
AAG（K）	10.0/2.00	10.0/2.0	11.0/2.00	9.0/1.80	11.0/2.00	13.0/2.00	11.0/2.00
GAU（D）	1.0/0.29	1.0/0.29	1.0/0.29	1.0/0.29	1.0/0.29	1.0/0.25	1.0/0.29
GAC（D）	6.0/1.71	6.0/1.71	6.0/1.71	6.0/1.71	6.0/1.71	7.0/1.75	6.0/1.71
GAA（E）	0.0/0.00	0.0/0.00	0.0/0.00	0.0/0.00	0.0/0.00	1.0/0.22	0.0/0.00
GAG（E）	13.0/2.00	13.0/2.00	12.0/2.00	12.0/2.00	12.0/2.00	8.0/1.78	12.0/2.00
UGU（C）	0.0/0.00	0.0/0.00	0.0/0.00	0.0/0.00	0.0/0.00	0.0/0.00	0.0/0.00
UGC（C）	4.0/2.00	4.0/2.00	4.0/2.00	4.0/2.00	4.0/2.00	4.0/2.00	4.0/2.00
UGA（*）	1.0/3.00	1.0/3.00	0.0/0.00	0.0/0.00	0.0/0.00	0.0/0.00	0.0/0.00
UGG（W）	7.0/1.00	7.0/1.00	5.0/1.00	5.0/1.00	5.0/1.00	4.0/1.00	5.0/1.00
CGU（R）	0.0/0.00	0.0/0.00	0.0/0.00	1.0/0.50	0.0/0.00	0.0/0.00	0.0/0.00
CGC（R）	5.0/2.73	5.0/2.73	4.0/2.18	4.0/2.00	4.0/2.00	3.0/1.64	4.0/2.18
CGA（R）	0.0/0.00	0.0/0.00	0.0/0.00	0.0/0.00	0.0/0.00	0.0/0.00	0.0/0.00
CGG（R）	3.0/1.64	3.0/1.64	4.0/2.18	3.0/1.50	4.0/2.18	5.0/2.73	4.0/2.18
AGU（S）	1.0/0.24	0.0/0.00	0.0/0.00	0.0/0.00	1.0/0.32	0.0/0.00	0.0/0.00
AGC（S）	3.0/0.72	4.0/0.96	5.0/1.58	4.0/1.33	4.0/1.26	5.0/1.50	5.0/1.58
AGA（R）	2.0/1.09	2.0/1.09	1.0/0.55	1.0/0.50	1.0/0.55	1.0/0.55	1.0/0.55
AGG（R）	1.0/0.55	1.0/0.55	2.0/1.09	3.0/1.50	2.0/1.09	2.0/1.09	2.0/1.09
GGU（G）	1.0/0.11	1.0/0.11	1.0/0.11	1.0/0.11	1.0/0.11	1.0/0.11	2.0/0.22
GGC（G）	25.0/2.63	25.0/2.63	26.0/2.89	25.0/2.78	26.0/2.89	23.0/2.63	25.0/2.78
GGA（G）	2.0/0.21	2.0/0.21	2.0/0.22	2.0/0.22	2.0/0.22	2.0/0.23	2.0/0.22
GGG（G）	10.0/1.05	10.0/1.05	7.0/0.78	8.0/0.89	7.0/0.78	9.0/1.03	7.0/0.78

注：同表2－4

表2－10 几种植物PIP1基因密码子使用频率分布

	BJE	大麦（*H. vulgare*）	小麦（*Triticum*）	玉米（*Zea may*）	水稻（*O. sativa*）	棉（*cotton*）	苜蓿（*barrel medicago*）	烟草（*tobacco*）
UUU（F）	1.0/0.13	0.0/0.00	3.0/1.50	2.0/0.21	0.0/0.00	7.0/0.67	10.0/0.91	8.0/0.84
UUC（F）	15.0/1.88	18.0/2.00	1.0/0.50	17.0/1.79	17.0/2.00	14.0/1.33	12.0/1.09	11.0/1.16
UUA（L）	0.0/0.00	0.0/0.00	0.0/0.00	0.0/0.00	0.0/0.00	2.0/0.57	0.0/0.00	5.0/1.25
UUG（L）	2.0/0.55	0.0/0.00	1.0/1.50	1.0/0.29	0.0/0.00	9.0/2.57	11.0/2.64	7.0/1.75
CUU（L）	1.0/0.27	0.0/0.00	1.0/1.50	2.0/0.57	0.0/0.00	5.0/1.43	9.0/2.16	11.0/2.75

（续表）

	BJE	大麦 (*H. vulgare*)	小麦 (*Triticum*)	玉米 (*Zea may*)	水稻 (*O. sativa*)	棉 (*cotton*)	苜蓿 (*barrel medicago*)	烟草 (*tobacco*)
CUC (L)	8.0/2.18	10.0/2.86	0.0/0.00	11.0/3.14	7.0/2.10	1.0/0.29	2.0/0.48	0.0/0.00
CUA (L)	0.0/0.00	0.0/0.00	0.0/0.00	0.0/0.00	0.0/0.00	1.0/0.29	2.0/0.48	1.0/0.25
CUG (L)	11.0/3.00	11.0/3.14	2.3/3.00	7.0/2.00	13.0/3.90	3.0/0.86	1.0/0.24	0.0/0.00
AUU (I)	2.0/0.33	0.0/0.00	0.0/0.00	1.0/0.12	1.0/0.14	14.0/1.83	12.0/1.64	16.0/2.00
AUC (I)	16.0/2.67	25.0/3.00	0.0/0.00	25.0/2.88	21.0/2.86	8.0/1.04	7.0/0.95	8.0/1.00
AUA (I)	0.0/0.00	0.0/0.00	0.0/0.00	0.0/0.00	0.0/0.00	1.0/0.13	3.0/0.41	0.0/0.00
AUG (M)	6.0/1.00	6.0/1.00	0.0/0.00	5.0/1.00	6.0/1.00	7.0/1.00	5.0/1.00	7.0/1.00
GUU (V)	0.0/0.00	1.0/0.20	0.0/0.00	0.0/0.00	1.0/0.17	10.0/1.74	13.0/2.26	13.0/2.60
GUC (V)	10.0/2.11	11.0/2.20	1.0/2.00	15.0/2.86	8.0/1.39	3.0/0.52	2.0/0.35	0.0/0.00
GUA (V)	0.0/0.00	0.0/0.00	0.0/0.00	1.0/0.19	0.0/0.00	1.0/0.17	1.0/0.17	3.0/0.60
GUG (V)	9.0/1.89	8.0/1.60	1.0/2.00	5.0/0.95	14.0/2.43	9.0/1.57	7.0/1.22	4.0/0.80
UCU (S)	2.0/0.48	1.0/0.38	16.0/1.52	1.0/0.40	0.0/0.00	2.0/1.09	6.0/2.77	4.0/1.85
UCC (S)	12.0/2.88	9.0/3.38	8.0/0.76	11.0/4.40	5.0/2.14	0.0/0.00	0.0/0.00	1.0/0.46
UCA (S)	5.0/1.20	1.0/0.38	11.0/1.05	0.0/0.00	0.0/0.00	4.0/2.18	4.0/1.85	5.0/2.31
UCG (S)	2.0/0.48	3.0/1.13	18.0/1.71	1.0/0.40	6.0/2.57	2.0/1.09	0.0/0.00	0.0/0.00
CCU (P)	1.0/0.27	0.0/0.00	6.0/0.56	2.0/0.53	0.0/0.00	3.0/0.80	4.0/0.94	6.0/1.50
CCC (P)	4.0/1.07	7.0/2.00	4.0/0.37	6.0/1.60	5.0/1.82	0.0/0.00	2.0/0.47	1.0/0.25
CCA (P)	0.0/0.00	1.0/0.29	17.0/1.58	1.0/0.27	0.0/0.00	9.0/2.40	11.0/2.59	9.0/2.25
CCG (P)	10.0/2.67	6.0/1.71	16.0/1.49	6.0/1.60	6.0/2.18	3.0/0.80	0.0/0.00	0.0/0.00
ACU (T)	0.0/0.00	0.0/0.00	6.0/0.75	0.0/0.00	0.0/0.00	13.0/2.60	10.0/2.50	9.0/2.25
ACC (T)	13.0/2.74	14.0/3.50	10.0/1.25	14.0/3.50	9.0/2.12	4.0/0.80	3.0/0.75	3.0/0.75
ACA (T)	0.0/0.00	0.0/0.00	9.0/1.13	0.0/0.00	0.0/0.00	2.0/0.40	3.0/0.75	4.0/1.00
ACG (T)	6.0/1.26	2.0/0.50	7.0/0.88	2.0/0.50	8.0/1.88	1.0/0.20	0.0/0.00	0.0/0.00
GCU (A)	1.0/0.14	0.0/0.00	2.0/0.23	3.0/0.34	0.0/0.00	11.0/1.33	21.0/2.40	17.0/2.00
GCC (A)	18.0/2.48	24.0/2.67	3.0/0.34	21.0/2.40	16.0/1.68	9.0/1.09	5.0/0.57	6.0/0.71
GCA (A)	0.0/0.00	0.0/0.00	14.0/1.60	0.0/0.00	3.0/0.32	9.0/1.09	9.0/1.03	11.0/1.29
GCG (A)	10.0/1.38	12.0/1.33	16.0/1.83	11.0/1.26	19.0/2.00	4.0/0.48	0.0/0.00	0.0/0.00
UAU (Y)	0.0/0.00	0.0/0.00	1.0/2.00	0.0/0.00	1.0/0.18	2.0/0.44	2.0/0.50	2.0/0.40
UAC (Y)	10.0/2.00	12.0/2.00	0.0/0.00	10.0/2.00	10.0/1.82	7.0/1.56	6.0/1.50	8.0/1.60
UAA (*)	0.0/0.00	1.0/3.00	0.0/0.00	1.0/3.00	1.0/3.00	0.0/0.00	1.0/3.00	1.0/3.00

（续表）

	BJE	大麦（*H. vulgare*）	小麦（*Triticum*）	玉米（*Zea may*）	水稻（*O. sativa*）	棉（*cotton*）	苜蓿（*barrel medicago*）	烟草（*tobacco*）
UAG（*）	0.0/0.00	0.0/0.00	1.0/0.60	0.0/0.00	0.0/0.00	0.0/0.00	0.0/0.00	0.0/0.00
CAU（H）	1.0/0.40	0.0/0.00	0.0/0.00	2.0/0.57	0.0/0.00	4.0/1.33	1.0/0.40	3.0/1.20
CAC（H）	4.0/1.60	6.0/2.00	0.0/0.00	5.0/1.43	7.0/2.00	2.0/0.67	4.0/1.60	2.0/0.80
CAA（Q）	1.0/0.29	0.0/0.00	1.0/2.00	0.0/0.00	0.0/0.00	3.0/1.00	6.0/1.71	5.0/1.43
CAG（Q）	6.0/1.71	7.0/2.00	0.0/0.00	8.0/2.00	5.0/2.00	3.0/1.00	1.0/0.29	2.0/0.57
AAU（N）	0.0/0.00	0.0/0.00	0.0/0.00	0.0/0.00	0.0/0.00	0.0/0.00	1.0/0.40	5.0/1.00
AAC（N）	6.0/2.00	7.0/2.00	0.0/0.00	7.0/2.00	8.0/2.00	5.0/2.00	4.0/1.60	5.0/1.00
AAA（K）	0.0/0.00	0.0/0.00	1.0/2.00	0.0/0.00	0.0/0.00	6.0/0.80	7.0/1.00	9.0/1.50
AAG（K）	10.0/2.00	12.0/2.00	0.0/0.00	12.0/2.00	9.0/2.00	9.0/1.20	7.0/1.00	3.0/0.50
GAU（D）	1.0/0.29	0.0/0.00	0.0/0.00	0.0/0.00	1.0/0.29	4.0/0.80	8.0/1.33	7.0/1.75
GAC（D）	6.0/1.71	6.0/2.00	0.0/0.00	8.0/2.00	6.0/1.71	6.0/1.20	4.0/0.67	1.0/0.25
GAA（E）	0.0/0.00	0.0/0.00	0.0/0.00	0.0/0.00	0.0/0.00	4.0/0.80	6.0/1.33	10.0/2.00
GAG（E）	13.0/2.00	11.0/2.00	1.0/2.00	9.0/2.00	11.0/2.00	6.0/1.20	3.0/0.67	0.0/0.00
UGU（C）	0.0/0.00	0.0/0.00	4.0/0.80	0.0/0.00	1.0/0.40	1.0/0.50	4.0/2.00	3.0/1.50
UGC（C）	4.0/2.00	4.0/2.00	6.0/1.20	4.0/2.00	4.0/1.60	3.0/1.50	0.0/0.00	1.0/0.50
UGA（*）	1.0/3.00	0.0/0.00	4.0/2.40	0.0/0.00	0.0/0.00	1.0/3.00	0.0/0.00	0.0/0.00
UGG（W）	7.0/1.00	5.0/1.00	16.0/1.00	5.0/1.00	5.0/1.00	5.0/1.00	5.0/1.00	5.0/1.00
CGU（R）	0.0/0.00	0.0/0.00	4.0/0.52	0.0/0.00	0.0/0.00	1.0/0.67	2.0/1.20	0.0/0.00
CGC（R）	5.0/2.73	2.0/1.20	8.0/1.04	3.0/1.80	4.0/1.33	1.0/0.67	0.0/0.00	0.0/0.00
CGA（R）	0.0/0.00	0.0/0.00	4.0/0.52	0.0/0.00	0.0/0.00	1.0/0.67	0.0/0.00	0.0/0.00
CGG（R）	3.0/1.64	1.0/0.60	14.0/1.83	1.0/0.60	9.0/3.00	0.0/0.00	0.0/0.00	0.0/0.00
AGU（S）	1.0/0.24	0.0/0.00	3.0/0.29	1.0/0.40	0.0/0.00	2.0/1.09	1.0/0.46	2.0/0.92
AGC（S）	3.0/0.72	2.0/0.75	7.0/0.67	1.0/0.40	3.0/1.29	1.0/0.55	2.0/0.92	1.0/0.46
AGA（R）	2.0/1.09	1.0/0.60	3.0/0.39	0.0/0.00	1.0/0.33	2.0/1.33	7.0/4.20	6.0/3.60
AGG（R）	1.0/0.55	6.0/3.60	13.0/1.70	6.0/3.60	4.0/1.33	4.0/2.67	1.0/0.60	4.0/2.40
GGU（G）	1.0/0.11	0.0/0.00	6.0/1.20	0.0/0.00	1.0/0.12	11.0/1.22	18.0/2.25	18.0/2.25
GGC（G）	25.0/2.63	29.0/3.22	2.0/0.40	28.0/3.20	16.0/1.94	11.0/1.22	2.0/0.25	3.0/0.38
GGA（G）	2.0/0.21	0.0/0.00	4.0/0.80	0.0/0.00	1.0/0.12	7.0/0.78	8.0/1.00	10.0/1.25
GGG（G）	10.0/1.05	7.0/0.78	8.0/1.60	7.0/0.80	15.0/1.82	7.0/0.78	4.0/0.50	1.0/0.13

注：BJE 贝加尔针茅

（三）氨基酸序列的进化分析

氨基酸位点的进化演变同样可用两氨基酸序列间的差异数、不同氨基酸的比例（p 距离）、泊松校正（Poisson correction）和 Γ 距离加以衡量。还是以贝加尔针茅 PIP1 基因氨基酸序列为准，用 MEGA3. 0 软件对禾本科及其他植物 PIP1 基因对应的氨基酸序列进行分析（表 2 – 11），除短花针茅和戈壁针茅氨基酸数差异较大外，其他针茅种间氨基酸数差异少，氨基酸差异基本为 0，种间的进化距离很小。针茅属与其他植物相比较，进化距离由近至远依次为小麦、玉米、大麦、水稻、拟南芥、棉花、苜蓿（*Medicago sativa*）。

表 2 – 11　PIP1 基因氨基酸变异参数

植物	变异数	*P* 值	Poisson 校正值	Gamma 距离
BJE	0. 000 ±0. 000	0. 000 ±0. 000	0. 000 ±0. 000	0. 000 ±0. 000
KS	0. 000 ±0. 000	0. 000 ±0. 000	0. 000 ±0. 000	0. 000 ±0. 000
CMC	0. 000 ±0. 000	0. 000 ±0. 000	0. 000 ±0. 000	0. 000 ±0. 000
GB	29. 000 ±5. 097	0. 104 ±0. 018	0. 110 ±0. 020	0. 116 ±0. 023
DZM	0. 000 ±0. 000	0. 000 ±0. 000	0. 000 ±0. 000	0. 000 ±0. 000
DH	40. 000 ±6. 010	0. 199 ±0. 020	0. 210 ±0. 028	0. 214 ±0. 029
XZM	1. 000 ±0. 998	0. 004 ±0. 004	0. 004 ±0. 004	0. 004 ±0. 004
大麦（*H. vulgare*）	85. 000 ±7. 779	0. 317 ±0. 028	0. 380 ±0. 041	0. 468 ±0. 061
小麦（*Triticum*）	57. 000 ±6. 731	0. 205 ±0. 024	0. 229 ±0. 030	0. 258 ±0. 038
玉米（*Zea may*）	85. 000 ±7. 779	0. 317 ±0. 028	0. 380 ±0. 041	0. 468 ±0. 061
水稻（*O. sativa*）	89. 000 ±7. 779	0. 320 ±0. 028	0. 386 ±0. 041	0. 471 ±0. 061
棉（*Cotton*）	97. 000 ±7. 947	0. 349 ±0. 029	0. 429 ±0. 044	0. 536 ±0. 067
苜蓿（*barrel medicago*）	101. 000 ±8. 019	0. 363 ±0. 029	0. 451 ±0. 045	0. 571 ±0. 071
拟南芥（*A. thaliana*）	89. 000 ±7. 779	0. 320 ±0. 028	0. 386 ±0. 041	0. 471 ±0. 061
烟（*tobacco*）	89. 000 ±7. 779	0. 320 ±0. 028	0. 386 ±0. 041	0. 471 ±0. 061

注：BJE：贝加尔针茅；KS 克氏针茅；CMC 本氏针茅；GB 戈壁针茅；DZM 大针茅；DH 短花针茅；XZM 小针茅，下同

三、基因进化树与针茅属植物的水分适应性

系统发生（phylogeny）是指一群有机体发生或进化的历史。系统发生树（phylogenetic tree，又称 evolutionary tree）是描述这一群有机体发生或进化顺序的拓扑结构，可用来研究不同物种间的进化关系。由于所有的生命信息都用 DNA（在某些病毒中则用 RNA）来书写，因此，可以通过比较 DNA 来研究它们的进化关系。首先，DNA 的进化演变存在某种程度的规律性，可能用数学模型来描述其变化并可比较亲缘关系较远的生物间 DNA。形态性状的进化演变，相对而言比较复杂。其次，所有生物的基因组都是由核酸序列组成，比形态性状包含的进化信息要多。分子生物学的飞速发展，赋予了种系发生树的新的意义，某些序列比对算法要依赖于进化树，可以帮助研究者更好地研究基因功能，了解在一个机体中一个特定基因的功能对于在与该机体亲缘关系紧密的机体中的相似基因的意义；进化树可以让我们推测进化机制、不同的进化事件以及其产生的原因。因此，进化树在解决生物学的很多重大问题上都有非常重要的意义。

当前存在着多种通过分析生物的统计学方法来重建系统发育树，最常用的有距离法、简约法和似然法。

NJ（Neighbour-Joining）法是一种基于距离的建树方法，所谓距离法是指进化树的拓扑形状是由两两序列的进化距离决定的，进化树枝条的长度代表着进化距离。NJ 法是一个经常被使用的算法，它构建的进化树相对准确，而且计算快捷。其缺点是序列上的所有位点都被同等对待，而且所分析的序列的进化距离不能太大。

ML（Maximum Likelihood）方法是一种基于特征符的建树方法，所谓特征符法是指进化树的拓扑形状是由序列上的每个碱基/氨基酸的状态决定的。ML 法通过把所有可能碱基或者氨基酸残基轮流置于进化树的内部节点上，并且计算每一个这样的序列产生实际数据的可能性，所有可能性被加总就产生了一个特定位点的似然值，然后这个数据集的所有比对位点的似然值的乘积就是整个进化树的似然值。ML 期望能够搜寻出一种进化模型，使得这个模型所能产生的数据与观察到的数据最相似，因此 ML 法要进行大量的计算，极为耗时。

MP（Maximum Parsimongy）是一种不依赖任何进化模型的无噪声统计方法，能快速地分析出大量序列之间的系统发生关系，所构建的树中的短分支更接近真实。但简约树的分值完全决定于所有重建祖先序列中的最小突变

数，而突变是否按照事先约定的核苷酸最少替代的途径进行是不得而知的，单一的突变图谱可能会得出似是而非的结论。再者，所有分支的突变数不可能相同，由于没有考虑核苷酸的突变过程，使得长分支末端的序列由于趋同进化而显示较好的相似性趋同现象违背了简约法则，导致的结果是对“长枝吸引”的敏感。因此，当序列单位位点上核苷酸替代数相对较大时，MP法则极可能得出错误拓扑结构的树。

用邻接法（Neighbour-Joining，NJ）、最大简约法（Maximum-Parsimongy，MP）和最大似然法（Maximum-Likelihood，ML）分别构建单倍型的系统发生树。以大麦的同源序列作为外类群，利用 MEGA3. 0 软件，通过自引导获得系统树分支的置信值（重复次数为 1 000）（吕宝忠等，2002），构建系统发育树（图 2 – 12）。

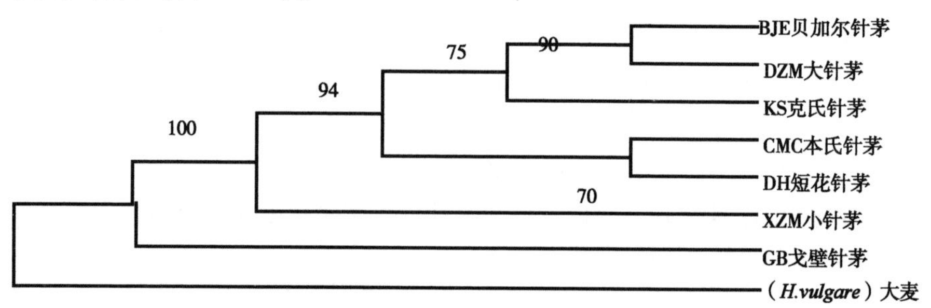

图 2 – 12　利用 MEGA3. 0 软件构建 PIP1 基因序列 MP 树

由 PIP1 基因的进化树表明进化关系最近的是贝加尔针茅（BJE）和大针茅（DZM），支持率高于 90%，其后是克氏针茅（KS），支持率也达到了 70% 以上，本氏针茅（CMC）和短花针茅（DH）在同一分枝上，支持率同样高于 70%，戈壁针茅（GB）与针茅属内其他植物形成了明显的进化分歧。通过种内 PCR-SSCP 分析结果发现，该基因在内含子和外显子区段均未发现基因多态性，根据现有的研究推测 PIP1 基因在针茅种内是高度保守的，即同一种内该基因不随生境变化而变异，因而该基因序列的变化只与种间差异有关。

PIP1 基因聚类结果与针茅属植物地理分布基本一致，贝加尔针茅、大针茅是亚洲中部草原亚区特有的一种草原类型。在地理分布上，贝加尔针茅、大针茅和克氏针茅关系比较近。贝加尔针茅耐寒性较强，生境的湿润度较高，属于半干旱 – 半湿润和低温的地区，主要分布于草甸草原和森林草原带。在分布上，按照比较群落——生态学的原则，根据群落组成和生境条件的一致性，贝加尔针茅和中生杂类草、线叶菊组形成中生化、寒生化的类型外，还与大针茅群丛组组成一个旱生化的类型，也是贝加尔针茅草原向大针茅草原之间的过渡类型，这表明二者有相同的适应生境，但这一面积较为局限，只限于锡林郭勒盟东乌珠穆沁旗的乌拉盖河中游的一山间盆地。大针茅分布区域的气候，具有温带半干旱类型的特征，这种温带的半干旱大陆性气候，热量与雨量均集中在夏季，是形成大针茅地带性草原的基本条件。大针茅基本处于典型草原地带范围内，有时可出现于森林草原地带边缘，但不进入荒漠草原地带。当生境趋于湿润寒冷时，大针茅常被较为中生的贝加尔针茅所取代。相反，如生境条件趋于干旱，大针茅又常常被更为旱生的克氏针茅所代替。贝加尔针茅、大针茅、克氏针茅 3 种针茅的这种地理分布主要受干旱程度主导，PIP1 基因的进化图与地理分布一致。

本氏针茅属于亚洲中部暖温带草原种，分布区基本上属于典型草原地区，而短花针茅在亚洲中部草原亚区荒漠草原带气候偏暖的区域内分布较广，同时也能分布到荒漠区的一些山地，二者的生存都具喜暖特性。本研究中，二者在同一分枝上，推测二者具有相似的水分运输、利用机制。据观察，本氏针茅虽然属于典型草原区，并能在降雨降多的华北森林草原地区分布，但其在分布区内 3 月底到 4 月初萌生，6 月上旬抽穗开花，7 ~8 月间当雨季来临之前，则进入营养后期，其生长发育高峰正处在干旱的春季和初夏季节，所以其抗旱性可能与荒漠草原带的短花针茅相似。

小针茅形态外貌与戈壁针茅近似，二者的生态习性却有明显差异，小针茅属于亚洲中部山地草原蒙古种，在我国主要分布在内蒙古高原草原和荒漠草原地带的山地和丘陵顶部，生长于石质的原始粗骨性土壤上，受山地生境条件的影响。山地由于海拔升高，干燥度升高，砾石性强，植物生存条件严酷。因而小针茅与贝加尔针茅、大针茅、克氏针茅、短花针茅，本氏针茅形成较远的聚类。

戈壁针茅是典型的亚洲中部戈壁荒漠草原种。在聚类图上，戈壁针茅自成一类，从气候条件看，是最耐干旱的针茅。分布区内的年平均降水量低于 250mm，变幅在 130 ~ 245mm，湿润度在 0. 11 ~ 0. 26，分布区土壤风蚀严重。戈壁针茅还渗透到荒漠群落中成为草原化荒漠的主要共建成分之一。其严酷的干旱生境有别与其他针茅生活的环境。

总体上看，以大麦为外类群，几种针茅聚在一起，通过以上分析看出 PIP1 基因进化关系，可以真实体现所研究的 7 种针茅在地理分布上的随气候、生境的变化而出现的地理替代规律，因此，PIP1 基因是针茅属的地理替代形成的重要分子之一。

小结

检测 7 种针茅属植物的 PIP1 基因 DNA 序列核苷酸变异情况，共检测到多态位点 163 个，其中单一多态位点 156 个，两核苷酸间的变异位点 153 个，三核苷酸间的变异位点 3 个，简约信息位点 7 个。这些多态位点可用于针茅植物研究多态性。PIP1 基因外显子 1 具有 3 种基因型（AA、BB、CC），内含子 1 具有 4 种基因型（DD、EE、FF、GG），多态性只存在于物种间，而物种内未发现多态性。

针茅属植物 PIP1 基因所编码的蛋白质中，20 种氨基酸的含量变化大，极不均衡，甘氨酸（G）含量最高，达 12.67%；半胱氨酸（C）最低，为 1.39%。非极性氨基酸所占比例为 48.64%，不带电荷的极性氨基酸所占比例为 35.43%，带正电荷氨基酸比例是 9.34%，带负电荷氨基酸比例是 6.6%。可以看出极性氨基酸含量高于非极性氨基酸，带正电荷的氨基酸含量高于带负电荷氨基酸。

进化树的构建，说明针茅属植物 PIP1 基因的变化与其分布生境具有一致性。

参考文献

雷琴，夏敦岭，任小林. 2005. 水孔蛋白与植物的水分运输［J］. 水土保持研究，12（3）：81 – 85.

梅杨，李海蓝，杨尚元，等. 2007. 植物水孔蛋白的功能［J］. 植物生理学通讯，43（3）：563 – 568.

阮想梅，李登弟，李学宝. 2009. 植物水孔蛋白的功能和调控［J］. 植物生理学通讯，45（1）：1 – 7.

吴永美，吕炯章，王书建，等. 2008. 植物抗旱生理生态特性研究进展［J］. 杂粮作物，28（2）：90 – 93.

Aharon R，Shahak Y，Wininger S，*et al*. 2003. Overexpression of a plasma membrane aquaporin in transgenic tobacco improves plant vigor under favorable growth conditions but not under drought or salt stress［J］. The Plant Cell，15：439 – 447.

Azad A K，Sawa Y，Ishikawa T，*et al*. 2004. Phosphorylation of plasma membrane aquaporin regulates temperature-dependent opening of Tulip Petals［J］. Plant and Cell Physiology，45（5）：608 – 617.

Biela A，Grote K，Otto B，*et al*. 1999. The *Nicotiana* tabacum plasma membrane aquaporin NtAQP1 is mercury-insensitive and permeable for glycerol［J］. Plant J，18（5）：565 – 570.

Bienert G P，Moller A L B，Kristiansen K A，*et al*. 2007. Specific aquaporins facilitate the diffusion of hydrogen peroxide across membranes [J]. J Biol Chem, 282: 1183 – 1192.

Bienert G P, Schjoerring J K, Jahn T P. 2006. Membrane transport of hydrogen peroxide [J]. BBA-Biomembranes, 1758 (8): 994 – 1 003.

Bozhko K N, Zhestkova I M, Trofimova M S, *et al*. 2004. Aquaporin content in cell membranes of *mesembryanthemum crystallinum* as affected by plant transition from C_3 to CAM type of photosynthesis [J]. Russian Journal of Plant Physiology, 51 (6): 798 – 805.

Chaumont F, Barrieu F, Jung R, *et al*. 2000. Plasma membrane intrinsic proteins from maize cluster in two sequence subgroups with differential aquaporin activity [J]. Plant Physiol, 122: 1 025 – 1 034.

Chaumont F, Barrieu F, Wojcik E, *et al*. 2001. Aquaporins constitute a large and highly divergent protein family in maize [J]. Plant Physiol, 125: 1206 – 1215.

Forrest K L, Bhave M. 2007. Major intrinsic proteins (MIPs) in plants: a complex gene family with major impacts on plant phenotype [J]. Funct Integr Genomics, 7: 263 – 289.

Gerald Karp. 2005. Cell and Molecular Biology: Concepts and Experiments 3rd [J]. Wiley & Sons.

Gustavsson S, Lebrun A S, Nordén K, *et al*. 2005. A novel plant major intrinsic Protein in *Physcomitrella Patens* most similar to baeterial glyeerol channels [J]. Plant Physiol, 139: 287 – 295.

Hanba Y T, Shibasaka M, Hayashi Y, *et al*. 2004. Overexpression of the barley aquaporin HvPIP2; 1 increases internal CO_2 conductance and CO_2 assimilation in the leaves of transgenic rice plants [J]. Plant and Cell Physiology, 45 (5): 521 – 529.

Heymann J B, Engel A. 1999. Aquaporins: phylogery, structure and physiology of water channels [J]. News Physiol Sci, 14: 187 – 193.

Ikemura T. 1985. Codon usage and tRNA content in unicellular and multicellular organisms [J]. Mol Biol Evol, 2 (1): 13 – 34.

Jang J Y, Kim D G, Kim Y O, *et al*. 2004. An expression analysis of a gene family encoding plasma membrane aquaporins in response to abiotic stresses in *Arabidopsis thaliana* [J]. Plant Mol Bio, 54 (5): 713 – 725.

Kammerloher W, Fischer V, Piechotta G P, *et al*. 1994. Water channels in the plant plasma membrane cloned by immuno selection froman expression system [J]. Plant J, 6: 187 – 199.

Katsuhara M, Koshio K, Shibasaka M, *et al*. 2003. Over-expression of a barley aquaporin increased the shoot/root ratio and raised salt sensitivity in transgenic rice plants [J]. Plant and Cell Physiology, 44 (12): 1 378 – 1 383.

Kruse E, Uehlein N, Kaldenhoff R. 2006. The aquaporins [J]. Genome Bio, 7 (2): 206.

Li L, Li S, Tao Y, *et al*. 2000. Molecular cloning of a novel water channel from rice: its products expression in *Xenopus* oocytes and involvement in chilling tolerance [J]. Plant Sci, 154: 43 – 51.

Liénard D, Durambur G, Kiefer-Meyer M C, *et al*. 2008. Water transport by aquaporins in the extant plant *Physcomitrella patens* [J]. Plant Physiol, 146: 1 207 – 1 218.

Ludevid D, Höfte H, Himelblau E, *et al*. 1992. The Expression Pattern of the Tonoplast Intrinsic Protein TIP in Arabidopsis thaliana is correlated with Cell Enlargement [J]. Plant Physiol, 100: 1 633 – 1 639.

MacRobbie E A C. 2006. Osmotic effects on vacuolar ion release in guard cells [J]. Proc Natl Acad Sci, 103 (4): 1 135 – 1 140.

Martre P, Morillon R, Barrieu F, *et al.* 2002. Plasma membrane aquaporins play a significant role during recovery from water deficit [J]. Plant Physiol, 130: 2 101 - 2 110.

Maurel C, Reizer J, Schroeder J I, *et al.* 1993. The vacuolar membrance protein C-TIPcreates water specific channels in Xenopus Oocytes [J]. EMBO J, 12 (6): 2 241 - 2 247.

Nei M, Kumar S. 2002. 分子进化与系统发育. 吕宝忠等译 [M]. 北京: 高等教育出版社, 65 - 155.

North G B, Nobel P S. 2000. Heterogeneity in water avaiability alters cellular development and hydraulic conductivity along roots of a desert Succulent [J]. Annals of Botany, 85: 247 - 255.

Preston G M, Jung J S, Guggino W B, *et al.* 1994. Membrane topology of aquaporin CHIP: Analysis of functional epitope-scanning mutants by vectorial proteolysis [J]. J Biol Chem, 269 (3): 1 668 - 1 673.

Quigley F, Rosenberg J M, Shachar-Hill Y, *et al.* 2001. From genome to function: the *Arabidopsis* aquaporins [J]. Genome Biol, 3 (1): 1 - 17.

Sarda X, Tousch D, Ferrare K, *et al.* 1997. Two TIP-like genes encoding aquaporins are expressed in Sunflower guard cells [J]. Plant J, 12 (5): 1103 - 1111.

Tyerman S D, Niemietz C M, Bramley H. 2002. Plant aquaporins: multifunctional water and solute channels with expanding roles [J]. Plant Cell Environ 25: 173 - 194.

Törnroth-Horsefield S, Wang Y, Hedfalk K, *et al.* 2006. Structural mechanism of plant aquaporin gating [J]. Nature, 439: 688 - 694.

Uehlein N, Kaldenhoff R. 2008. Aquaporins and plant leaf movements [J]. Annals of Botany, 101: 1 - 4.

Weig A, Deswarte C, Chrispeels M J. 1997. The major intrinsic protein family of Arabidopsis has 23 members that form three distinct groups with functional aquaporins in each group [J]. Plant Physiol, 114 (4): 1 347 - 1 357.

Yamada S, Katsuhara M, Kelly W B, *et al.* 1995. A family of transcripts encoding water channel proteins: tissue specific expression in the common ice plant [J]. Plant Cell, 7: 1 129 - 1 142.

Yamamoto Y T, Cheng C L, Conkling M A. 1990. Root-specific genes from tobacco and *Arabidopsis* homologous to an evolutionary conserved gene family of membrane channel proteins [J]. Nucl Acids Res, 18 (24): 7 449.

第三章　大针茅植物 PIPs 亚家族基因的 cDNA 克隆及表达

大针茅（*Stipa grandis* P. Smirn）是亚洲中部草原亚区特有的蒙古草原种，属于针茅属光芒组（*Sect. Capillatae*），是多年生旱生密丛型禾草（马毓泉 1989）。以大针茅为建群种或优势种的大针茅草原是欧亚草原区中部特有的一种草原（张红梅 2003）。草原以大针茅为建群种组成的草原群落是我国典型草原的代表群系，是最标准最稳定和最具代表性的一个群系（卢生莲 1996）。大针茅草原分布区的气候属温带半干旱区，对沙质土壤有一定的适应能力，特别在沙质栗钙土上可以得到良好的发育。我国大针茅草原主要分布在内蒙古高原上，一般大面积出现于广阔平坦而不受地下水影响的波状高平原的地带型生境上，有时可出现在森林草原亚带的边缘，与贝加尔针茅草原相接但不进入荒漠草原带。大针茅是良好的饲用植物，各种牲畜都喜食，基生叶丰富并能较完整地保存至冬春，可为牲畜提供大量有价值的饲草。大针茅与羊草、米氏冰草、糙隐子草等优良牧草组成大针茅 + 羊草 + 丛生禾草草原及大针茅 + 丛生小禾草草原（马毓泉 1989）。

水通道蛋白不但为水分跨细胞膜的运输提供了一条选择性通道，而且在植物种子萌发、细胞伸长、气孔运动、受精及植物逆境应答中起重要作用。研究以亚洲中部特有的典型草原种大针茅为材料，通过反转录聚合酶链式反应（RT-PCR）和快速分离 cDNA 末端技术（RACE），克隆得到大针茅的质膜水通道蛋白基因（*SgPIPs*）的全长 cDNA 序列，并对其进行生物信息学分析。

第一节 大针茅植物PIPs亚家族基因的cDNA克隆

一、大针茅植物及其水分利用

大针茅（*S. grandis*）是我国典型草原的代表群系，是最标准最稳定和最具代表性的一个群系（白永飞 2002）。其分布区为广阔平坦、不受地下水影响的典型地带性生境，土壤为典型栗钙土和暗栗钙土，土层较深厚，基质多为壤质和沙壤质，0～20cm 土壤含水量在5%～15%（杜睿 1997）。

天然降水是草原水分补给唯一的来源，栗钙土水分亏缺现象是经常性的。长期低水平水分循环是草原土壤的水分特征，也是草原植物生产力不稳定的主要原因（李绍良 1999）。李绍良（1988）采用压力膜法测定锡林河流域八种典型土壤的特征曲线，研究它们的持水性，提出土壤含水量与质地和有机质含量的关系式。根据基本物理性质及水分常数，划分了栗钙土水分有效性范围，提出栗钙土的田间持水量在大多数情况下以－10kPa为适宜，而某些草本植物的萎蔫系数低于－1 500kPa，大针茅（*S. grandis*）甚至在－3 000kPa仍能存活，这远低于大田作物的最适萎蔫系数，体现了大针茅对水分利用能力和对水分适应的敏感性。鉴于大针茅在众多生态因子中水分因子的重要地位，研究其与大针茅的适应性的关系具有重要的生态价值（韩冰 2008，李绍良 1998）。

水分参与植物各个生理过程，是最重要、最基本的环境因子，水对植物的影响是广泛而深刻的。水分不仅关系到植物能否存活，而且关系到生存状况。研究证明，通过AQP跨细胞膜的水分占出入细胞水分总量的70%～90%，因此，通过调节AQP的开关有可能控制水分跨细胞膜流动和水分运输各途径的运行量。

前人研究发现，针茅属物种对环境中水分因子的敏感，有明显的种群地理替代现象，研究它们的水分控制机理对于揭示其地理替代现象可能具有重要作用。还有研究发现大针茅的质膜水通道蛋白基因与大麦和小麦等禾本科植物的质膜水通道蛋白基因亲缘关系最近（85%以上），基于此基因的研究开发，可能为植物抗旱性机理研究和禾本科植物遗传工程改良提供新素材。

以典型草原植物大针茅为研究对象，对其质膜水通道蛋白基因的全长cDNA序列进行克隆，并研究其序列特征，了解大针茅质膜水通道蛋白基因的序列特征，可为更进一步阐明质膜水通道蛋白在其水分运输中的作用方式、功能与抗旱性研究提供基本信息，也可为其他针茅属物种水分利用的研究提供参考依据。

二、大针茅材料采集

1. 大针茅植物材料获得

大针茅种子采集于内蒙古锡林郭勒典型草原。采集地位于东经 116°33′、北纬 43°32′，属温带大陆性半干旱气候，年平均气温 -0.3～1℃，年降雨量 320mm 左右，植物种类丰富，土壤为暗栗钙土。种子于成熟期采集，储存于 4℃以备用。

取大小一致饱满的野生大针茅种子若干粒，用 0.1% $HgCl_2$ 表面消毒 10min，于实验室温室种植培养至苗高 7～10cm 开始采样（图 3-1）。采样时拔起幼苗迅速洗去植物附着土壤，在滤纸上吸干水分，包在锡箔纸中迅速投入液氮中保存备用。

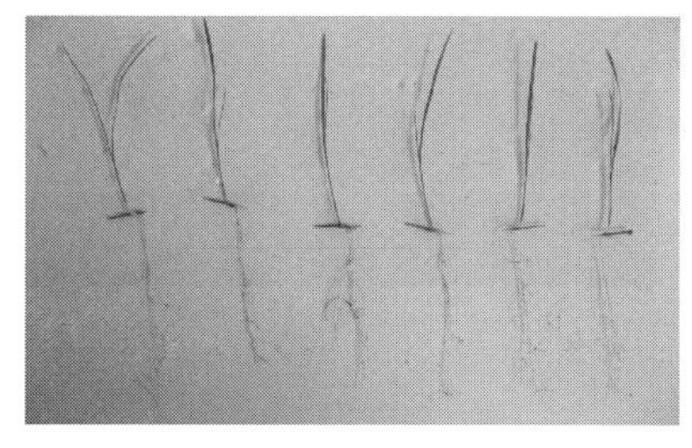

图 3-1　大针茅幼苗

2. RNA 提取及检测

RNA 提取按照 RNAiso Plus 试剂盒（TaKaRa）说明书进行操作。用 DNase Ⅰ 消化提取的总 RNA 去除 DNA 污染，反应体系为：10×DNase Ⅰ Buffer 28μl、DNase Ⅰ（5U/μl）2μl、RNase 抑制剂（40U/μl）1.2μl、总 RNA 200μl、加 DEPC 水至 280μl，37℃保温 25min，水饱和酚抽提，氯仿抽提后，在上清液中加 3 倍体积的无水乙醇和 1/10 NaAc（pH 5.2），-70℃过夜沉淀 RNA。次日 12 000rpm 4℃离心 20min，最后用 75% 的乙醇洗涤沉淀，将沉淀溶于适量的 DEPC 水。RNA 溶液保存在 -70℃冰箱中。

使用紫外分光光度计测量核酸溶液在 260nm 和 280nm 下的吸光度，根据 A_{260} 的吸光度，计算提取的核酸收量，根据 A_{260}/A_{280} 的比值评价提取的核酸纯度。使用下面公式计算 RNA 浓度：RNA 浓度（μg/μl）＝（A_{260}～

A_{320}）×稀释倍数×0.04。利用1%的琼脂糖凝胶（加绿色荧光染料），100V电泳20min后紫外成像下拍照观察，检测RNA完整性及有无DNA污染。

提取大针茅地上叶片和地下根部的总RNA，经1%非变性琼脂糖凝胶电泳检测，电泳结果显示：有28S、18S和5S 3条清晰泳带（图3-2），表明RNA的完整性较好。用紫外分光光度计分别在260nm和280nm测定其吸收值，检出OD_{260}/OD_{280}值，地上叶片总RNA的OD_{260}/OD_{280}值均在1.9~2.0，说明RNA纯度较高，无蛋白、多糖和酚类污染。地下根部总RNA的OD_{260}/OD_{280}值在1.2~1.6，数值偏低可能是因为根部RNA材料色素影响，从电泳图片上分析，总RNA的质量较好，可用于进行反转录反应。

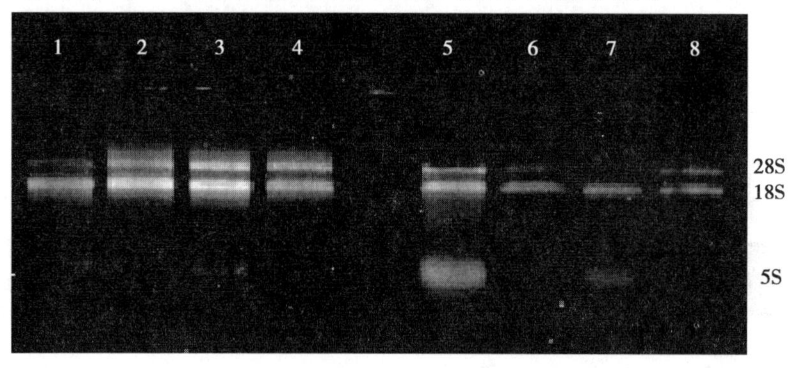

图3-2　大针茅总RNA的电泳检测

三、引物的设计及合成

（一）*SgPIPs*中间片段cDNA序列扩增引物

前期研究发现，大针茅质膜水通道蛋白基因与大麦质膜水通道蛋白基因亲缘关系较近。参照Shiota等（2006）文章中的引物设计方法，根据GenBank中已注册的所有大麦质膜水通道蛋白基因对应的蛋白第二和第五跨膜结构域设计3对引物Primer 1和Primer 2，根据NPA盒结构域设计2对引物Primer3。引物设计应用软件Primer 5.0，引物的合成在北京三博远志生物技术有限责任公司进行，以下同。所用引物的序列如下：

Primer 1（251）S：5′-TTCGGCGGCATGATCTTCGT-3′

Primer 1（251）An：5′-ATGGGGATCGTCGCCAGGTG-3′

Primer 2（253）S：5′-CAGGGCATCGCGTGGAGCTT-3′

Primer 2（253）An：5′-ATGGGGATCGTCGCCAGGTG-3′

Primer 2-5（Sense）：5′-TTCGGCGGCATGATCTTCGT-3′

Primer 2-5（Anti-sense）：5′-ATGGGGATCGTCGCCAGGTG-3′

Primer 3（NPA）S：5′-GGCGGTGACCTTCGGGCT-3′

Primer 3（NPA）An：5′-CCTCGCCGGGTTGATGCC-3′

Primer NPA（Sense）：5′-GGCGGTGACCTTCGGGCT-3′

Primer NPA（Anti-sense）：5′-CCTCGCCGGGTTGATGCC-3′

（二）RACE 引物的设计及合成

1. 3′RACE 引物

反转录引物（RT-Primer）为 3′试剂盒提供的 Adaptor Primer，该引物含有 TaKaRa 独特设计的 dT 区域及部分 Adaptor 序列。根据实验中所得的 *Sg-PIPs* 中间片段 cDNA 序列，按照 3′试剂盒要求设计 6 对套式 PCR 特异性引物作为上游引物（GSP1、GSP2、GSP3），下游引物为 3′试剂盒提供（试剂盒－3′RACE-Outer 和试剂盒－3′RACE-Inner）。所用引物的序列如下：

GSP1（251-3′RACE-Outer）：5′-CGTCGTCAAGGGGTTCCAGA-3′

GSP1（251-3′RACE-Inner）：5′-TGCTCGTCTACACCGTCTTCTC-3′

GSP2（253-3′RACE-Outer）：5′-GTGACGTTCGGGCTGTTCCT-3′

GSP2（253-3′RACE-Inner）：5′-CGTGCTCGTCTACACCGTCTTCTC-3′

GSP3（251n1-3′RACE-Outer）：5′-GTGACGTTCGGGCTGTTCCT- 3′

GSP3（251n1-3′RACE-Inner）：5′-AGACTCCCACGTCCCCATTC-3′

GSP3-1（3′RACE-Outer）：5′-GTGACGTTCGGGCTGTTCCT-3′

GSP3-1（3′RACE-Inner）：5′-CGTGCTCGTCTACACCGTCTTCTC-3′

GSP3-2（3′RACE-Outer）：5′-CAGAATGGGGACGTGGGAGT-3′

GSP3-2（3′RACE-Inner）：5′-TCTGGAACCCCTTCACCACACC-3′

GSP3-3（3′RACE-Outer）：ACAACGGAGACCTTCCTCGCCAGCA

GSP3-3（3′RACE-Inner）：TGATCTTCATCCTCGTCTACTGCACCGC

试剂盒-3′RACE-Outer：5′-TACCGTCGTTCCACTAGTGATTT-3′

试剂盒-3′RACE-Inner：5′-CGCGGATCCTCCACTAGTGATTTCACTATA-GG-3

2. 5′RACE 引物

反转录引物（RT-Primer）为 5′试剂盒提供的 Random 9 mers。根据实验

中所得的 *SgPIPs* 中间 cDNA 序列，按照 5′试剂盒要求设计 9 对套式 PCR 特异性引物作为下游引物（GSP4、GSP5、GSP6、GSP7），上游引物为 5′试剂盒提供的套式 PCR 引物（试剂盒-5′RACE-Outer 和试剂盒-5′RACE-Inner）。所用引物的序列如下：

GSP4（253-5′RACE-Outer）：5′-CAGAATGGGGACGTGGGAGT-3′

GSP4（253-5′RACE-Inner）：5′-TCTGGAACCCCTTCACCACACC-3′

GSP5（251-5′RACE-Outer）：5′-CAAGATGGGGACGTGGGAGT-3′

GSP5（251-5′RACE-Inner）：5′-AGCGTGGTCTGGAACCCTTGA-3′

GSP6（251n3-5′RACE-Outer）：5′-TGAACACGGCGAACCCGATTG-3′

GSP6（251n3-5′RACE-Inner）：5′-ACAACGGAGACCTTCCTCGCCAG-CA-3′

GSP7（251n1-5′RACE-Outer）：5′-TGGAACCCCTTCACCACACC-3′

GSP7（251n1-5′RACE-Inner）：5′-AGGAACAGCCCGAACGTCACC-3′

GSP 5-1（5′RACE-Outer）：5′-TGAACACGGCGAACCCGATTG-3′

GSP 5-1（5′RACE-Inner）：5′-ACAACGGAGACCTTCCTCGCCAGCA-3′

GSP 5-2（5′RACE-Outer）：5′-AGCACACTTGGAAGAAGAAACAG-3′

GSP 5-2（5′RACE-Inner）：5′-AGCAAGCAACATGGCGGACT-3′

GSP 5-3（5′RACE-Outer）：5′-TACAGGAGGTAAAATAAAGCACACT-3′

GSP 5-3（5′RACE-Inner）：5′-CAGCAAGCAACATGGCGGAC-3′

GSP 5-4（5′RACE）：5′-GTCGGTGGCGGAGAAGACGGTGTAG-3′

GSP 5-5（5′RACE-Inner）：5′-CTCCACAAGCAGAGCATACAC-3′

GSP 5-5（5′RACE-Outer）：5′-CTCGCAGAGAGACAGGGAA-3′

试剂盒-5′RACE-Outer：5′-CATGGCTACATGCTGACAGCCTA-3′

试剂盒-5′RACE-Inner：5′-CGCGGATCCACAGCCTACTGATGATCAGTC-GATG-3′

（三）*SgPIPs* 全长 cDNA 序列扩增引物

1. *SgPIPs* 全长 cDNA 序列扩增引物

根据实验所得 *SgPIPs* 的 3′末端、5′末端、中间片段的 cDNA 序列拼接结果，设计一对特异引物扩增包含完整阅读框的 *SgPIP*1－1 的全长 cDNA 序列。所用引物的序列如下：

Q1（quan-251）S：5′-TCAAGAAGCAAGAAAATGGAG-3′

Q1（quan-251）An：5′-TGGGTTCAGATAAAGACAGAGTAGT-3′

2. *SgPIP*1～2 和 *SgPIP*1～3 全长 cDNA 序列扩增引物

基于 *SgPIP*1～2 和 *SgPIP*1～3 的全长 cDNA 序列长度较小（阅读框约 1000bp），根据实验中得到的未能成功拼接的 5′末端 cDNA 序列，分别设计了两条上游引物（Q2S 和 Q3S），以 3′试剂盒提供的 3′RACE Outer 或 3′RACE Inner 引物为下游引物，3′RACE 反转录液为模板，扩增 *SgPIP*1～2 和 *SgPIP*1～3 的全长 cDNA 序列。所用引物的序列如下：

Q2（quan-43-2）S：5′-TCAAGAAGCAAGAAAATGGAG-3′

Q2（quan-43-2-3′Inner）An：5′-CGCGGATCCTCCACTAGTGATTTCAC-TATAGG-3′

Q3（quan-251n1）S：5′-GCATTTTGTGTCTCGTTTCA-3′

Q3（quan-251n1-3′Outer）An：5′-CGCGGATCCTCCACTAGTGATTT-3′

3. *SgPIP*2-1、*SgPIP*1-5 和 *SgPIP*1～6 全长 cDNA 序列扩增引物

根据实验所得 *SgPIP*2 和 *SgPIP*1 的 3′端、5′端 cDNA 序列的拼接结果，各设计 1 对长距离 PCR 引物，扩增 *SgPIP*2-1、*SgPIP*1～5 和 *SgPIP*1～6 的全长引物序列如下：

Total 2-1（Sense）：5′-GGAGCAGTGAGTTAGCAAGCGAGCG-3′

Total 2-1（Anti-sense）：5′-CCGATAGACAATCCGAAGAATGGTAGC-3′

Total 1-5（Sense）：5′- ACACACACTGACACACCCACGCA -3′

Total 1-5（Anti-sense）：5′- CGCAGAGAGACAGGGAATCGACAA -3′

Total 1-6（Sense）：5′-AGCTGAACTGAACTCCAAAAGG-3′

Total 1-6（Anti-sense）：5′-GACTAGGAGCCAGGAGGCGACAT-3′

四、*SgPIPs* 中间片段 cDNA 序列

1. 反转录合成 cDNA

RNA 自身不能作为 PCR 反应的模板，所以必须先将其反转录为 cDNA。反转录采用 PrimeScript RT reagent（TaKaRa）试剂盒，为了得到更多更完全的 cDNA 全长序列，采用 Olig dT 和 Random 引物共用的方法进行双引物反转录。反应体系总体积 10.0μl，其中包括 Rnase Free dH_2O 1.5μl，Oligo dT Primer（50μM）0.5μl，Random 6 mers（100μM）0.5μl，5X PrimeScript Buffer 2.0μl，PrimeScript RT Enzyme Mix 0.5μl，Total RNA 5.0μl（注：此反应体系中已经加入了足量的 dNTP Mixture，PCR 反应时不需要再添加 dNTP Mixture）。

反转录反应条件为 37℃反转录反应 15min，85℃加热使反转录酶失活

5s，反应结束后将 cDNA 溶液放置于4℃保存（长期保存需 -20℃）。

2. *SgPIPs* 中间片段 cDNA 序列的 PCR 扩增反应

反应体系为 50μl 体系：包括 30 ~ 50ng cDNA 模板；5μl 的 10 × buffer；4μl 的 $MgCl_2$（25mM）；2μl 引物（20pmol/ml）；4μl dNTP（2.5mM）；0.5μl Taq DNA polymerase（5U/μl）；最后用无菌双蒸水补充体系到 50μl。

PCR 扩增程序为；94℃ 预变性 2min，进行 1 个循环；94℃ 变性 30s，40℃退火 30s，72℃延伸 90s，进行 30 个循环；72℃延伸 5min。

（1）引物 Primer1 的扩增产物经 1.0% 琼脂糖凝胶电泳检测得到约 450bp 的一条电泳条带（图 3 -3），与预计扩增片段大小相同。

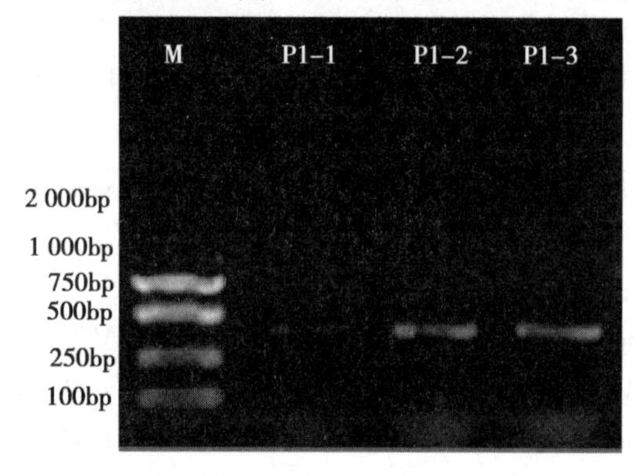

P1-X 为 Primer1 扩增 *SgPIPs* 中间片段产物 X，M 为 DL2000 DNA Marker

图 3 -3　引物 Primer1 扩增 *SgPIPs* 中间片段产物的电泳检测

（2）引物 Primer2 的 RT-PCR 产物经 1.0% 琼脂糖凝胶电泳检测得到约 450bp 的一条电泳条带（图 3 -4），与预计扩增片段大小相同。阳性克隆的筛选见图 8。

（3）引物 Primer3 的扩增产物经 1.0% 琼脂糖凝胶电泳检测得到约 400bp 的条带（图 3 -5），与预计扩增片段大小相同。

（4）Primer2 ~5 和 PrimerNPA 的扩增产物经 1.0% 琼脂糖凝胶电泳检测得到约 400bp 的条带（图 3 -6），与预计扩增片段大小相同。

3. *SgPIPs* 中间片段 RT-PCR 产物回收

用凝胶回收试剂盒（北京中科瑞泰生物科技有限公司）回收 PCR 扩增的目的片段，操作步骤如下：①在紫外灯下，将单一的目的 DNA 条带从琼脂糖凝胶中切下，尽量切除多余部分，放入已称重的 1.5ml 干净离心管。②称重，按照每 0.1g 琼脂糖加入 300μl 溶胶液 PN 的比例加入 PN 液，置于 50℃水浴 10min，期间不断温和地上下翻转离心管，以确保胶块充分溶解。

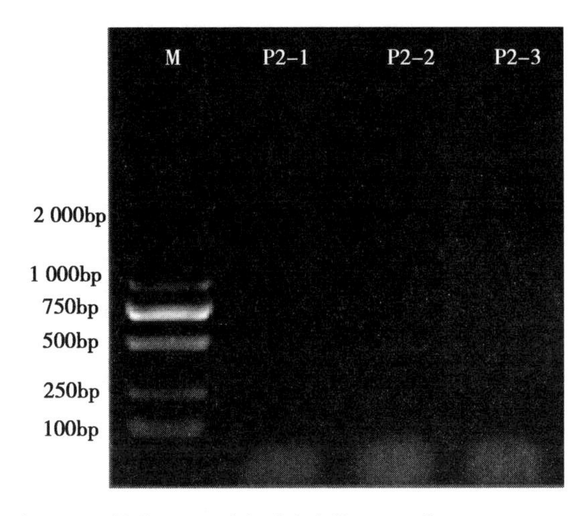

P2-X 为 Primer2 扩增 *SgPIPs* 中间片段产物 X，M 为 DL2000 DNA Marker

图 3－4　引物 Primer2 扩增 *SgPIPs* 中间片段产物的电泳检测

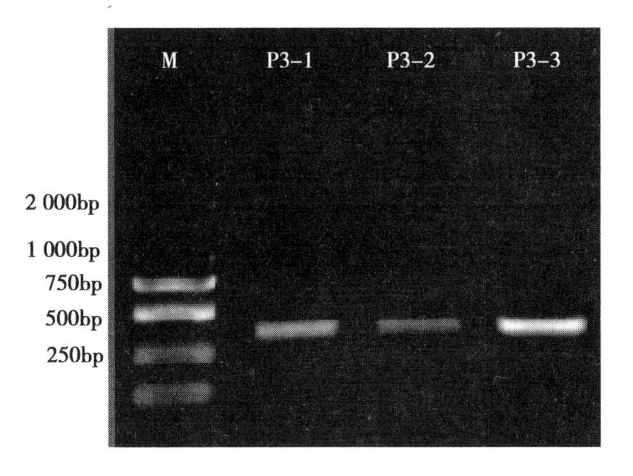

P3-X 为 Primer2 扩增 *SgPIPs* 中间片段产物 X，M 为 DL2000 DNA Marker

图 3－5　引物 Primer3 扩增 *SgPIPs* 中间片段产物的电泳检测

③将胶溶液取出降至室温后，全部加入一个吸附柱中（吸附柱放入收集管中），13 000rpm 离心 30s，倒掉收集管中的废液，将吸附柱重新放入收集管中。④向吸附柱中加入 700μl 漂洗液 PW（第一次使用前先在 15ml 漂洗液 PW 中加入 60ml 无水乙醇），13 000rpm 离心 30s，倒掉废液，将吸附柱重新放入收集管中。⑤向吸附柱中加入 500μl 漂洗液 PW，13 000rpm 离心 30s，倒掉废液。将离心吸附柱放回收集管中，13 000rpm 离心 2min，尽量除去漂洗液。将吸附柱置于室温数分钟，彻底地晾干，以防止残留的漂洗液影响下

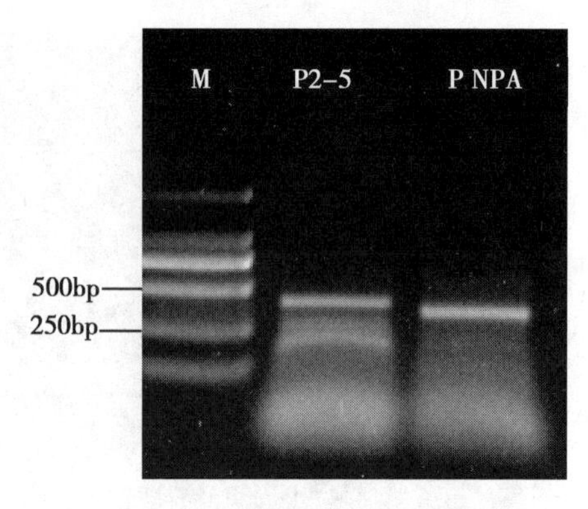

图 3－6　Primer2－5 和 PrimerNPA 扩增 *SgPIP* 中间 cDNA 序列电泳检测

一步的实验（如果漂洗液有残留会影响回收效率和 DNA 质量）。⑥将吸附柱放到一个干净的 1.5ml 离心管中，向吸附膜中间位置悬空滴加 30μl 水浴预热至 65～70℃的 EB，室温放置 2min。13 000rpm 离心 1min 收集 DNA 溶液，贮存于－20℃备用。

4. 目的片段的克隆

（1）感受态细胞大肠杆菌 DH5α 的制备。大肠杆菌 DH5α 感受态细胞的制备使用 $CaCl_2$ 转化法，操作步骤如下：①将 DH5α 原始菌株划线接种于不含抗生素的 LB 平板培养基，37℃培养12～16h。②从平板挑单菌落（直径2～3mm），接种于10ml LB 液体培养基中，37℃下 180 rpm 振荡培养 12～16 h。③将悬液以 1：100 的比例接种于 100ml LB 液体培养基中，37℃振荡培养 2～3h，分光光度法测定 OD 值 600nm 处吸光值为 0.4～0.6。④将培养液转入 50ml 预冷离心管中，冰浴 10min，4℃低温 3 500rpm 离心 10min，弃上清，用 10ml 预冷的 $CaCl_2$ 重悬菌体，冰上放置 30min，4℃低温 3 500rpm 离心 10min，弃上清。⑤用 1ml 预冷的 $CaCl_2$ 甘油重悬菌体，分装 100μl/管，置于－70℃保存。

（2）目的片段的连接、转化。用 pMD19－T vector（TaKaRa），将目的片段与载体连接后转化感受态细胞。具体步骤如下：①在微量离心管中配制下列 DNA 溶液，全量为 10μl：pMD19-T Vector 1μl、RT-PCR 反应纯化物 4μl，solution Ⅰ 5μl。②16℃反应 3h，全量（10μl）加入至 100μl DH5α 感受态细胞中，冰中放置 30min。③42℃加热 90s 后，再在冰中放置 1min。加入 890μl LB 培养基，37℃振荡培养 60min。④室温下 3 500r/min 离心 3min，弃去上清液至剩余 50μl，用移液器将沉淀轻轻悬浮。⑤将 50μl 悬浮菌液均匀涂布在 LB 选择平板培养基上（均匀涂有 40μl 的 20μg/ml X - Gal、4μl 的 200mg/ml IPTG、40μl 的 50ug/ml Amp），37℃培养形成单菌落。

（3）重组质粒阳性克隆的筛选。菌落 PCR 鉴定：经 37℃过夜培养，LB 选择培养基上出现蓝色菌落和白色菌落。其中，蓝色菌落为不带有外源 DNA 片段的空质粒，白色菌落为带有外源 DNA 片段的重组质粒。具体步骤如下：①用灭菌牙签挑取白色单菌落接于 5ml LB 液体培养基（含 5μl 的 50μg/ml Amp）中，37℃下 180rpm 振荡培养 12 ~ 14h。②以菌液作为模板（通常 1μl），以根据载体插入位点两边序列设计的引物进行 PCR 反应（25μl 标准反应体系），以确认载体中插入片段的长度大小是否为预期目的片段。③PCR反应结束后，取 PCR 反应液 5μl，进行琼脂糖凝胶电泳检测。

质粒提取及双酶切鉴定：经 37℃过夜培养的菌液，根据质粒提取试剂盒（北京中科瑞泰生科科技有限公司）说明进行质粒提取，双酶切鉴定参考分子克隆。具体步骤如下：①取 1 ~5 ml 过夜培养的菌液加入离心管中，10 000 ×g 离心 1min，尽量吸除上清。②向菌体沉淀的离心管中加入 250μl 溶液 P1，使用移液器或涡旋振荡器彻底悬浮细菌细胞沉淀。③加入 250μl 溶液 P2，温和地上下翻转 6 ~8 次使菌体充分裂解。④加入 350μl 溶液 P3，立即温和地上下翻转 6 ~ 8 次，充分混匀，此时会出现白色絮状沉淀。10 000 ×g 离心 10min。⑤小心地将上清转移到吸附柱 CP 中（吸附柱放入收集管中），10 000 ×g 离心 30 ~60s，倒掉收集管中的废液，将吸附柱 CP 重新放回收集管中。⑥向吸附柱 CP 中加入 700μl 漂洗液 PW（先检查是否已加入无水乙醇），10 000 ×g 离心 30 ~60s，倒掉收集管中的废液，将吸附柱 CP 重新放回收集管中。⑦向吸附柱 CP 中加入 500μl 漂洗液 PW，10 000 ×g 离心30 ~60s，倒掉收集管中的废液。⑧将吸附柱 CP 置于收集管中，10 000 ×g 离心 2min。⑨将吸附柱 CP 置于一个干净的 1. 5ml 离心管中，向吸附膜的中央部位悬空滴加 50 ~100 μl 洗脱缓冲液 EB，室温放置 2min，10 000 ×g 离心 2min 将质粒溶液收集到离心管中，取回收液 4μl，进行琼脂糖凝胶电泳检测，剩余回收液于 -20℃保存。⑩根据 pMD19-T Vector 提供的 T-cloning sit 两端的酶切位点，采用 *Eco*R Ⅰ 和 *Hin*d Ⅲ 对质粒进行双酶切，酶切反应体系为 20μl（表 3 -1），37℃水浴 5h 后，85℃灭活 30min，取 10μl 酶切产物经琼脂糖凝胶电泳检测。各引物扩增的片段阳性克隆检测结果见图 3 -7、图 3 -8、图 3 -9。

表 3－1　T 载体双酶切体系

组分（Components）	单位 rxn 体积（Vol per rxn，μl）
质粒	2.0
10 × Buffer E	2.0
*Eco*R Ⅰ	1.0
*Hin*d Ⅲ	1.0
100 × BSA	0.2
Total Volume	20.0

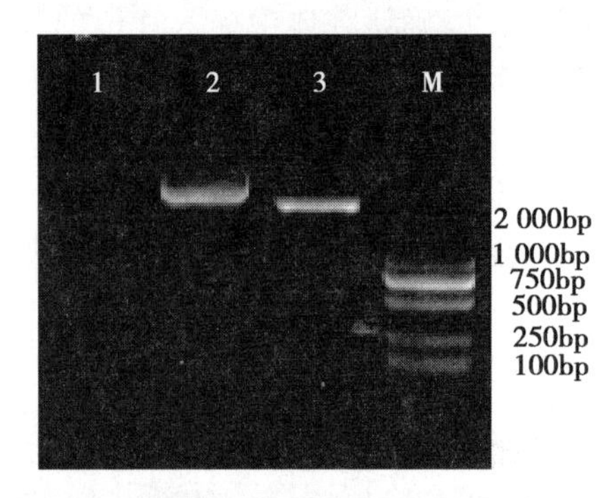

1 为目的片段，2 为质粒提取，3 为酶切产物，M 为 DL2000 DNA Marker

图 3－7　引物 Primer1 扩增 *SgPIPs* 中间片段产物的阳性克隆筛选

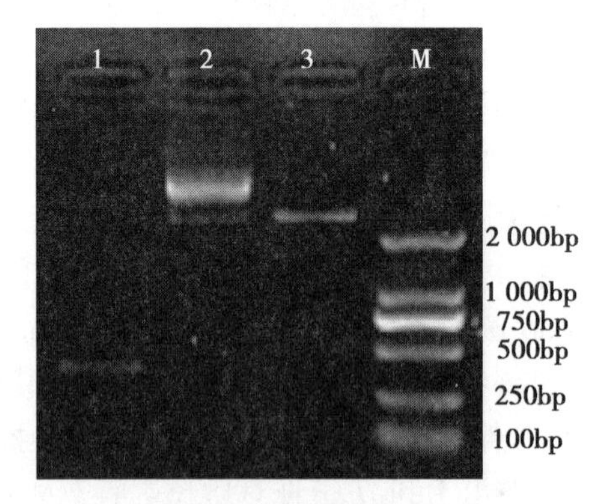

1 为目的片段，2 为质粒提取，3 为酶切产物，M 为 DL2000 DNA Marker

图 3－8　引物 Primer2 扩增 *SgPIPs* 中间片段产物的阳性克隆筛选

对 *SgPIPs* 中间片段扩增产物进行胶回收，之后与 PMD19-T Vector 载体

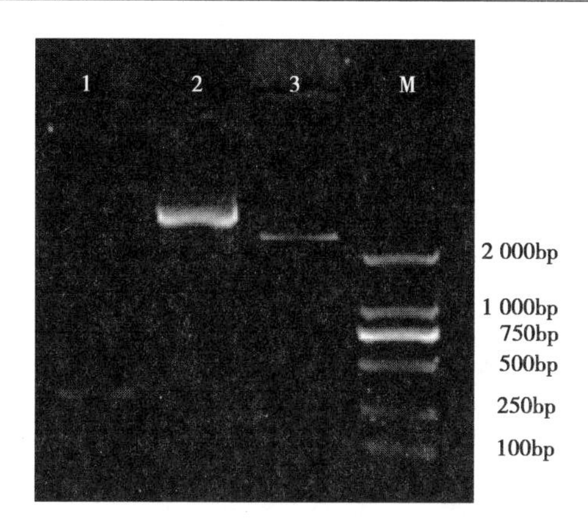

1 为目的片段，2 为质粒提取，3 为酶切产物，M 为 DL2000 DNA Marker

图 3－9　引物 Primer3 扩增 *SgPIPs* 中间片段产物的阳性克隆筛选

连接，利用 M13 Forward 引物和 M13 Reverse 引物进行菌落 PCR 鉴定，挑选得到约 500bp 的片段，证明目的片段已插入 PMD19-T 载体，目的片段与预期片段大小相符（图 3－10a，图 3－10b）。

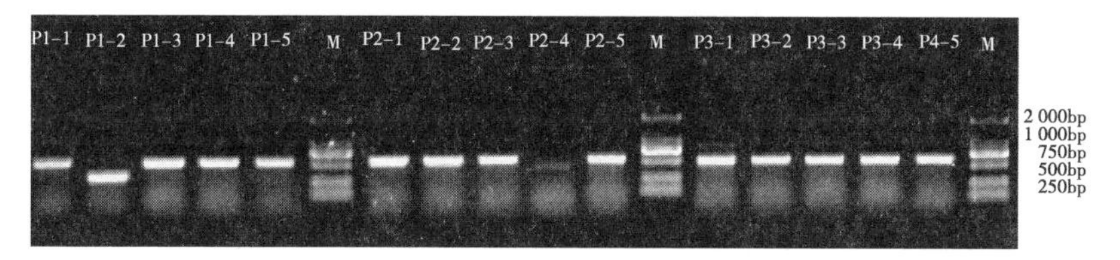

P1-X 为引物 Primer1 扩增 *SgPIPs* 中间片段产物鉴定，P2-X 为引物 Primer2 扩增 *SgPIPs* 中间片段产物鉴定，P3-X 为引物 Primer3 扩增 *SgPIPs* 中间片段产物鉴定，M 为 DL2000 DNA Marker

图 3－10a　菌落 PCR 鉴定 *SgPIPs* 中间片段阳性克隆

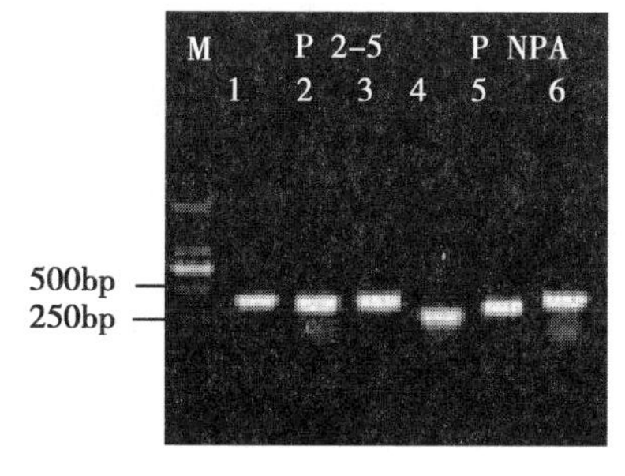

1～3 泳道为 P_{2-5} 引物扩增 *SgPIPs* 中间片段产物鉴定，4～6 泳道为 PNPA 扩增 *SgPIPs* 中间片段产物鉴定

图 3－10b　*SgPIP* 中间 cDNA 序列阳性克隆的菌落 PCR 鉴定

5. 菌种的保存及目的片段的序列测定

挑选阳性克隆，制备甘油菌种：于无菌条件下，制备成最终浓度为15%甘油菌，混匀后用封口膜封住管口。一份于－70℃保存备份，一份送到北京三博远志生物技术有限公司进行测序。测序结果经与NCBI的Blastn比对结果显示：这些序列与大麦、小麦、水稻、玉米等多种禾本科植物的PIPs基因家族成员同源性较高，因此，笔者初步认为，这些序列是*SgPIPs*的中

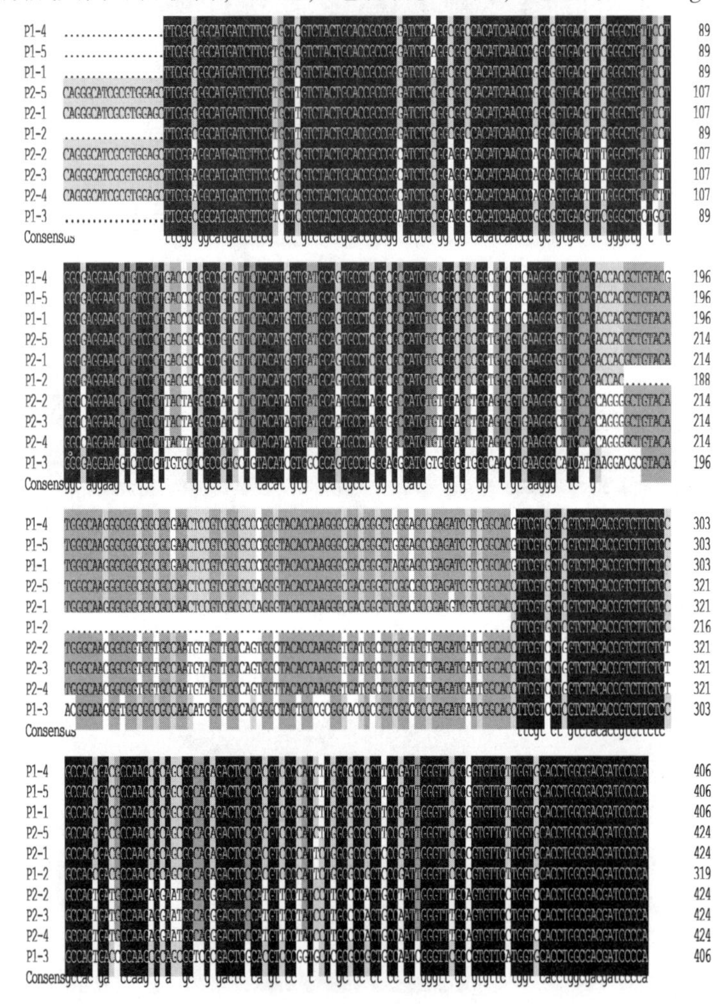

P1-X为引物Primer1扩增*SgPIPs*中间片段所得序列X，P2-X为引物Primer2扩增*SgPIPs*中间片段所得序列X

图3－11 引物Primer1，引物Primer2所得SgPIPs中间片段cDNA序列的比对

间片段 cDNA 序列（图 3－11）。由于设计引物位于 *SgPIPs* 的高度保守结构域上，致使实验中单一条带回收测序后会得到许多不同的序列结果，经过大量测序每对引物均得到多个序列结果。同一引物得到的序列结果长度基本一致，但是序列的核苷酸组成差异较大。

引物 Primer1，Primer2 共得到 10 个差异序列（通过反复挑菌测序），其中，P1－4，P1－5，P1－1 序列极为相近，三者之间仅存在一个核苷酸位点的差异；P2－2，P2－3，P2－4 序列极为相近，三者之间也仅存在一个核苷酸位点的差异（图 3－14）。

引物 Primer3 共得到 4 个差异序列（通过反复挑菌测序），其中，P3－3，P3－1 序列极为相近，之间仅存在一个核苷酸位点的差异（图 3－12）。

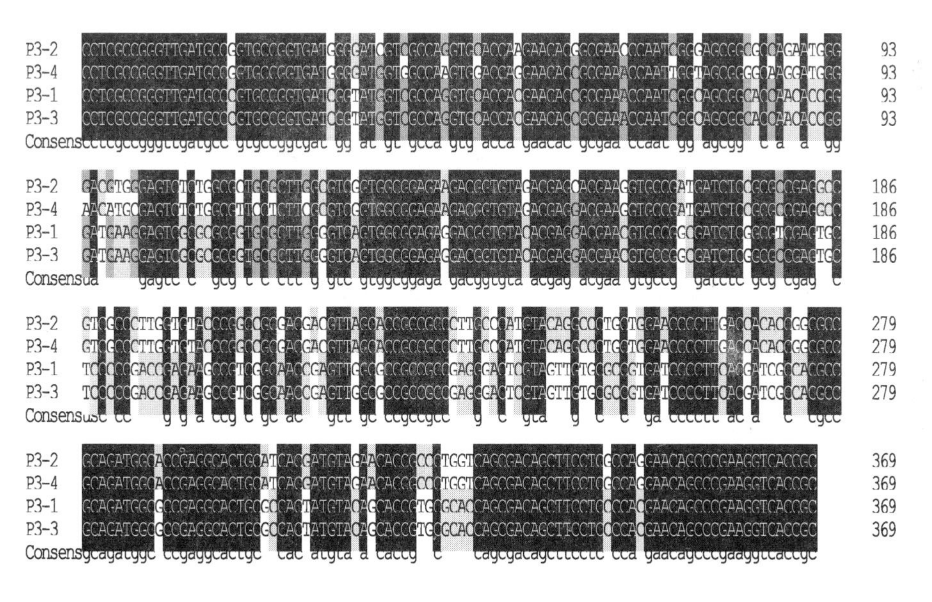

P3-X 为引物 Primer3 扩增 *SgPIPs* 中间片段所得序列 X

图 3－12　引物 Primer3 所得 SgPIPs 中间片段 cDNA 序列的比对

总结引物 Primer 1，Primer 2，Primer 3 所得的所有 *SgPIPs* 中间片段 cDNA 序列，不包含差异较小的单个核苷酸位点差异序列（一个点的核苷酸差异的出现，可能是由于材料为混合样，由于个体差异产生；或者为翻译氨基酸时的同义突变位点）。实验总共得到 9 个 *SgPIPs* 的中间片段 cDNA 序列，序列比对见图 3－13。

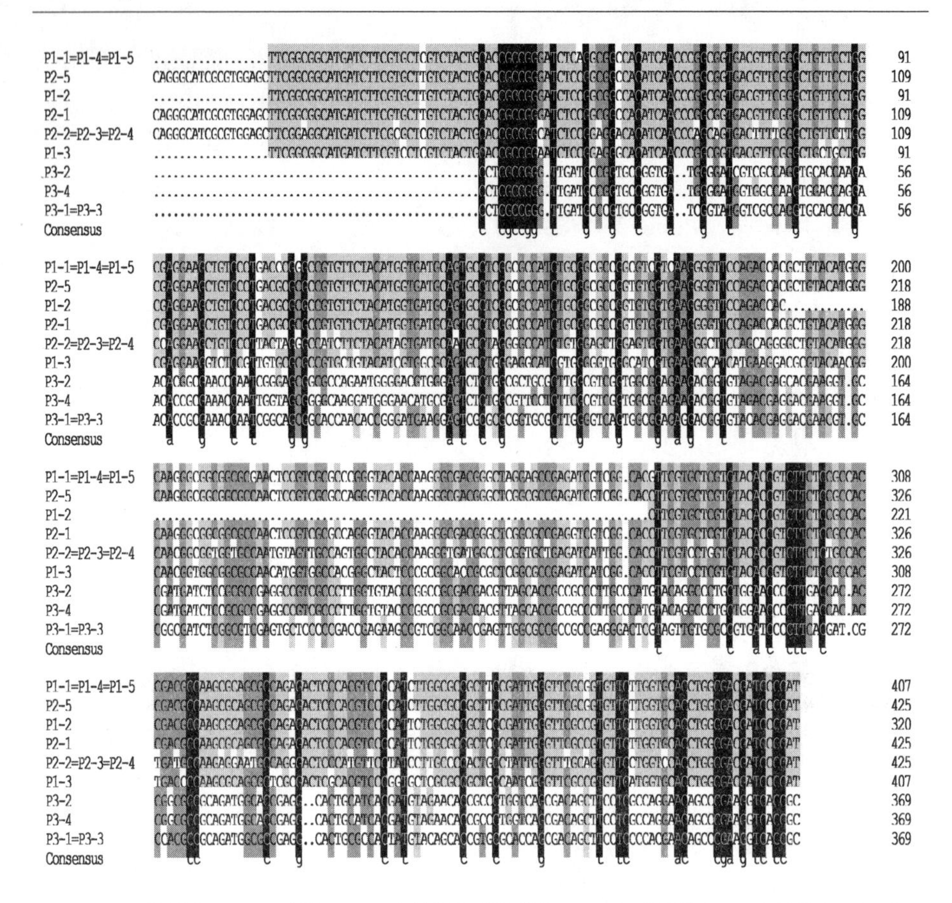

P1-X 为引物 Primer1 扩增 *SgPIPs* 中间片段所得序列 X，P2-X 为引物 Primer2 扩增 *SgPIPs* 中间片段所得序列 X，P3-X 为引物 Primer3 扩增 *SgPIPs* 中间片段所得序列 X，“＝”用于表示序列间仅存在一个点差异

图 3－13　引物 Primer1，2，3 所得的 9 个 SgPIPs 中间片段 cDNA 序列的比对

经 NCBI 的 Blastn 分析显示：其中，7 个序列可能为 PIP1 类基因亚家族序列（P1－1＝P1－4＝P1－5，P1－2，P2－1，P2－2＝P2－3＝P2－4，P2－5，P3－2，P3－4），2 个可能为 PIP2 类基因亚家族序列（P1－3，P3－1＝P3－3）。

五、3′RACE 法克隆 *SgPIPs* 的 3′末端序列

1. cDNA 第一条链的合成

反转录引物（RT－Primer）为试剂盒提供的 Oligo dT-Adaptor Primer，通

过反转录反应（reverse transcription reaction）将目的 mRNA 反转录成 cDNA，用作 PCR 模板。反转录体系见表 3－2。

表 3－2　反转录反应体系

组分（Components）	单位 r×n 体积（Vol per r×n，μl）
Total RNA	2.0
3′RACE Adaptor（5μM）	1.0
5×M-MLV Buffer	2.0
dNTP Mixture（10Mm each）	1.0
RNase Inhibitor（40U/ul）	0.25
Reverse Transcriptase M-MLV（RNase H-）（200U/μl）	0.25
RNase Free dH_2O	5.5-X
Total Volume	10.0

注：此反应体系中已经加入了足量的 dNTP Mixture，PCR 反应时不需要再添加 dNTP Mixture

反转录反应条件：42℃，60min → 70℃，15min。反应结束后可以进行下一步实验或将反应液保存于－20℃。

2. 套式 PCR 反应

根据实验已得 *SgPIPs* 中间片段 cDNA 序列，按照 3′RACE 试剂盒要求，利用引物设计软件 Primer5.0 设计 3 对上游套式 PCR 引物，以 3′RACE 试剂盒提供的套式 PCR 引物为下游引物，使用 TaKaRa LA Taq 进行 PCR 扩增。实验操作如下。

（1）Outer PCR 反应体系（表 3－3）及程序。

表 3－3　Outer PCR 反应体系

组分（Components）	单位 r×n 体积（Vol per r×n，μl）
上述 2.6.1.1 的反转录反应液	2.0
1×cDNA Dilution Buffer Ⅱ	8.0
Gene Specific Outer（10μM）	2.0
3′RACE Outer Primer（10μl）	2.0
10×LA PCR Buffer Ⅱ（Mg^{2+} Free）	4.0
$MgCl_2$（25mM）	3.0
TaKaRa LA Taq（5U/μl）	0.25
dH_2O	28.75
Total Volume	50.0

PCR 扩增程序为：94℃预变性 3min，94℃变性 30s，37～65℃退火 30s（根据引物的 Tm，低于 Tm 值2～5℃），72℃延伸2min，30 个循环，72℃延伸 10min。

（2）Inner PCR 反应体系（表3－4）及程序。

表 3－4　Inner PCR 反应体系

组分（Components）	单位 r×n 体积（Vol per r×n，μl）
1st PCR 产物	1.0
dNTP Mixture（10Mm each）	8.0
10×LA PCR Buffer Ⅱ（Mg^{2+} Free）	5.0
$MgCl_2$（25mM）	5.0
TaKaRa LA Taq（5U/ul）	0.5
Gene Specific Outer（10μM）	2.0
3′RACE Inner Primer（10μl）	2.0
dH_2O	26.5
Total Volume	50.0

PCR 扩增程序为：94℃预变性 3min，94℃变性 30s，37～65℃退火 30s（根据引物的 Tm，低于 Tm 值2～5℃），72℃延伸2min，30 个循环，72℃延伸 10min。

6 对引物 3′RACE 产物经 1.0% 琼脂糖凝胶电泳检测扩增结果见图 3－14、

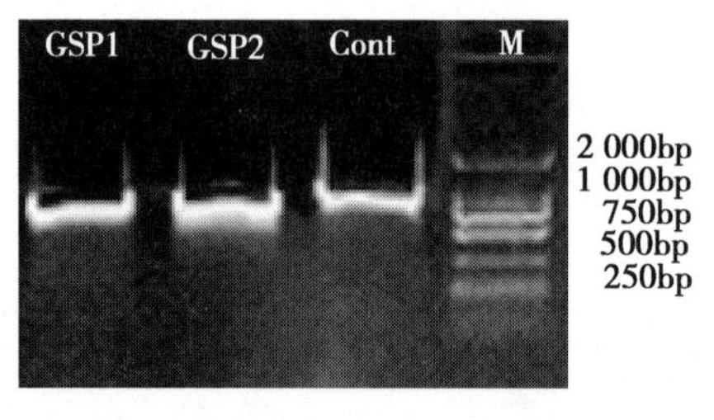

GSP1，GSP2 为 3′RACE 所用套式 PCR 上游引物对，Cont 为试剂盒对照基因；
M 为 DL2000 DNA Marker

图 3－14　引物 GSP1，GSP2 扩增 SgPIPs 的 3′末端产物的电泳检测

图 3－15，从图 3－14 可以看出，引物对 GSP1 扩增条带大小约为 500bp，引物对 GSP2 扩增条带大小约为 600bp，均与预期目的片段大小相符。从图 3－15 可以看出，引物对 GSP3 扩增条带大小约为 600～750bp，也与预期目的片段大小相符，但是，条带不单一，按分子量从大到小分别回收后进行测序。

以根据 *SgPIP* 中间 cDNA 序列设计的 2 对 3′RACE 嵌套 PCR 特异性引物

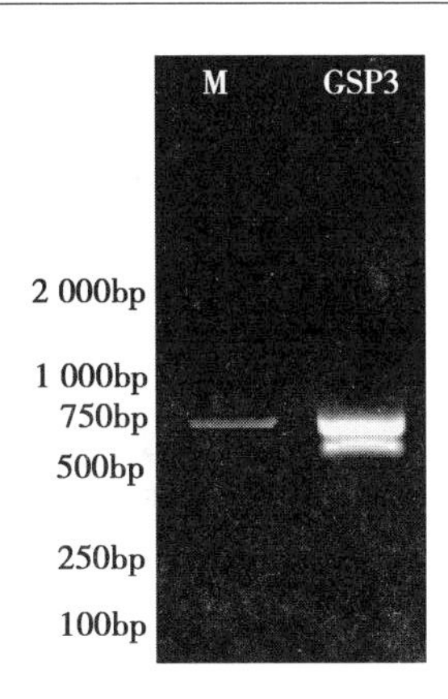

GSP3 为 3′RACE 所用套式 PCR 上游引物对；M 为 DL2000 DNA Marker

图 3－15 引物 GSP3 扩增 SgPIPs 的 3′末端产物的电泳检测

GSP3-1 和 GSP3-2 为引物进行扩增，扩增所得产物经 1.0% 琼脂糖凝胶电泳检测如图 3－16、图 3－17。从图 3－16 中泳道 12 可以看出，特异性引物 GSP3-1 扩增到 3 条片段，其中，500bp～750bp 中间条带为目的条带。图 3－17 中泳道 2 显示，GSP3-2 扩增到约 5 条条带，其中，处于 500～700bp 的 2 条片段为目的条带。

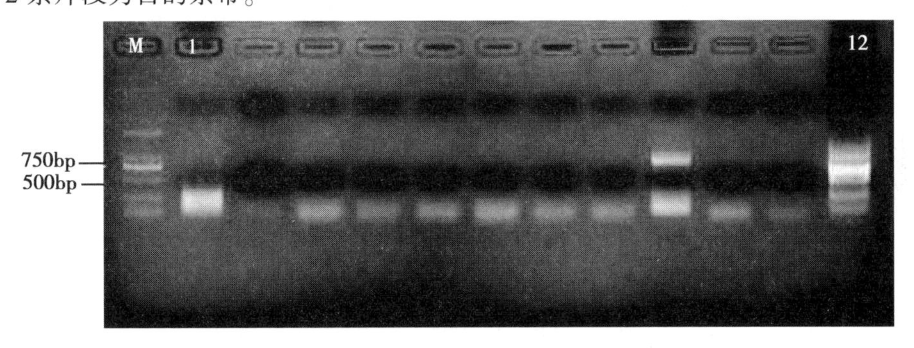

编号为 12 的泳道为引物 GSP3-1 扩增的目的条带

图 3－16 引物 GSP3-1 扩增 *SgPIP* 的 3′末端 cDNA 序列的琼脂糖凝胶电泳检测

以根据前期实验所得 *SgPIP*2 的 1 条 5′末端 cDNA 序列设计 1 对特异引物 GSP3-3 为引物，进行 PCR 扩增，产物经 1.0% 琼脂糖凝胶电泳检测（图 3－17 泳道 1），在 750bp 上下和 500bp 以下各有 2 条带，其中，在 750bp 上下的 2 条带符合预期要求。分别切下目的条带，然后进行琼脂糖凝胶回收纯化后测序鉴定。

3. 3′RACE 扩增产物的克隆、测序

将上述 3′RACE 扩增产物进行胶回收，之后与 pMD19-T Vector 载体连

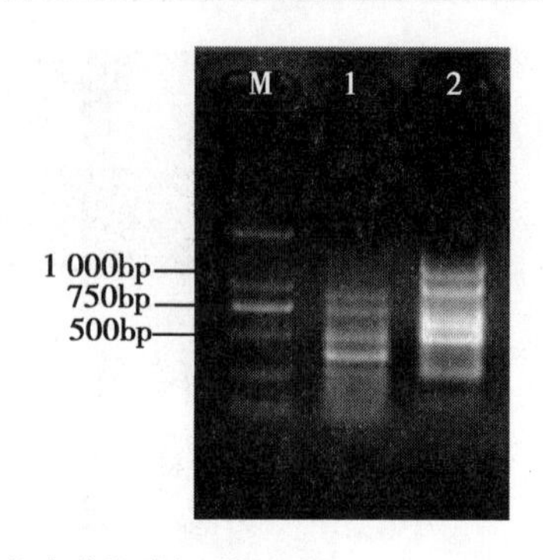

编号为1、2的泳道分别为引物GSP3-3、GSP3-2扩增的目的条带

图3-17 引物GSP3-3和3-2扩增*SgPIP*的3′末端cDNA序列的琼脂糖凝胶电泳检测

接，利用M13 Forward引物和M13 Reverse引物进行菌落PCR鉴定。图3-18、图3-19、图3-20所示，得到约500~750bp与750bp左右的片段，说明目的片段已插入PMD19-T载体，目的片段与预期片段大小一致，挑选与预期插入片段相符的菌液进行测序鉴定。

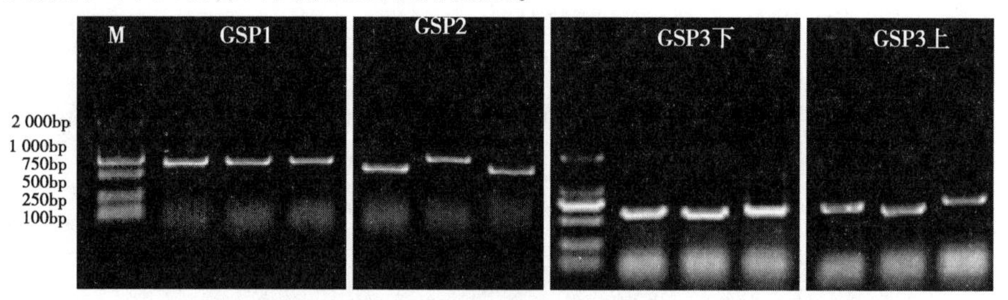

①GSPX为3′ RACE扩增所用套式PCR上游引物对X；②GSP3引物对扩增产物条带不单一，回收分别回收上部和下部条带，检测时标注为GSP3上和GSP3下，测序表明它们均为*SgPIPs*基因的3′末端序列③M为DL2000 DNA Marker

图3-18 引物GSP1、2、3的3′末端产物菌落PCR鉴定

4. 3′RACE扩增产物的序列分析

由于PIPs为多基因家族，并且基因家族成员间序列差异较小，导致检测结果虽然为单一条带，但经过大量测序发现，同一条带中包含多条*SgPIPs*的3′末端序列。最终每对套式PCR引物可得到多条*SgPIPs*的3′末端序列。

引物GSP1、GSP2和GSP3，这3对引物通过3′RACE一共获得23个*SgPIPs*的3′末端序列，序列比对结果见图3-21。其中，GSP2-1和GSP2-2仅存在单个核苷酸位点差异，并且3′非翻译区序列也较为相似（可能是由于材料

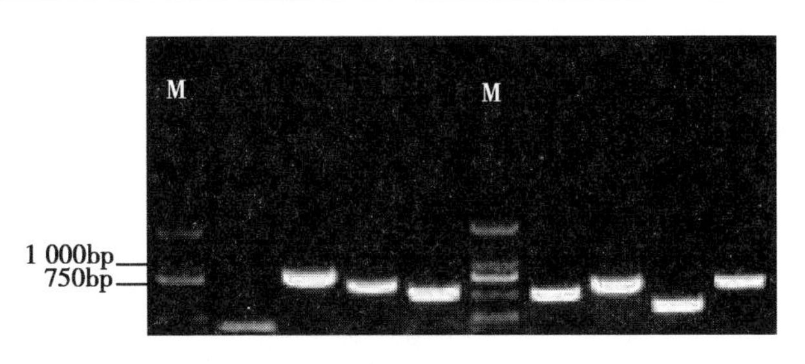

图 3－19　引物 GSP3-1 和 GSP3-2 扩增 *SgPIP* 的 3′末端 cDNA 序列阳性克隆的菌落 PCR 鉴定

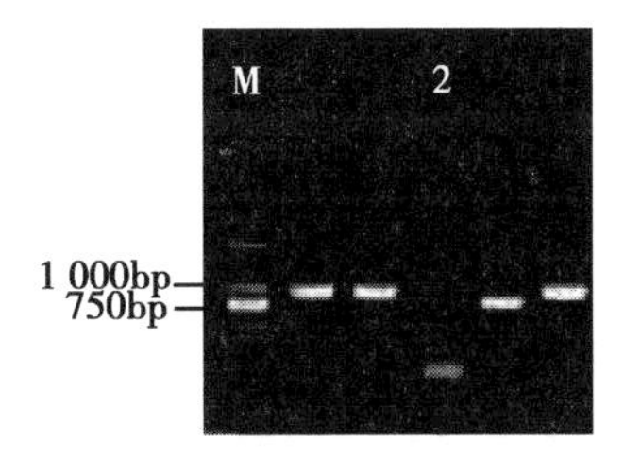

图 3－20　引物 GSP3-3 扩增 SgPIP 的 3′末端 cDNA 序列阳性克隆的菌落 PCR 鉴定

为混合样，由于个体差异产生；或者为翻译氨基酸时的同义突变位点)，其余序列均差异较大。按照序列差异较大为准，推测总共得到了 22 个 3′末端序列，序列较多可能是由转录后的加工过程不同，致使 3′非翻译区的较大差异。

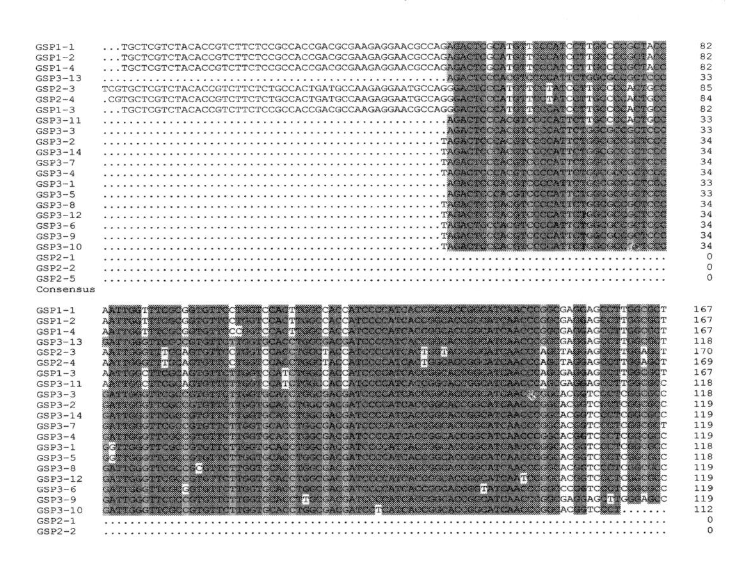

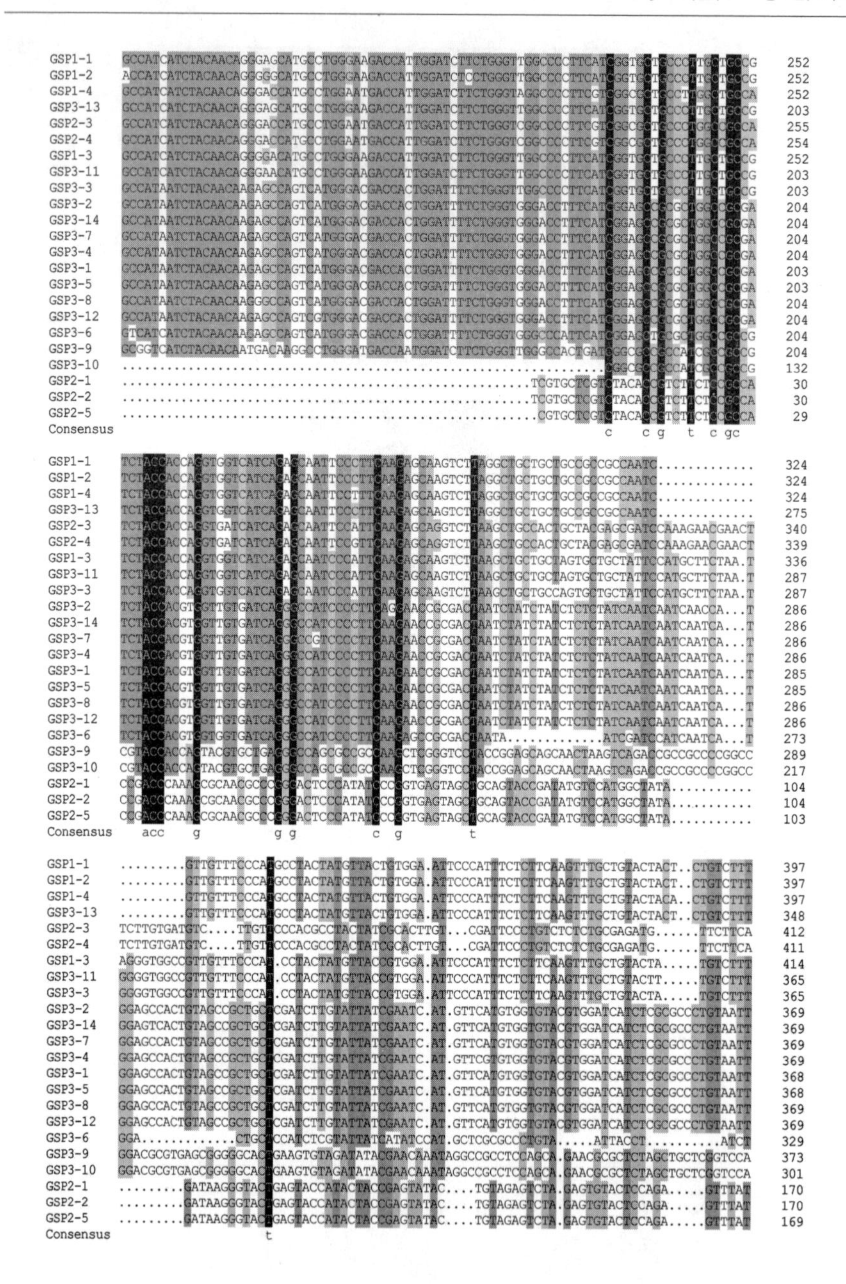

```
GSP1-1     ATCTGAACCCAGACTTGTA.ATTTCAGTACTCAATTGTGTGTGCTGCTGTTATTGTGCAAATTAAGTTATCAGCCTTTTGGAGTT   481
GSP1-2     ATCTGAACCCAGACTTGTA.ATTTCAGTACTCAATTGTGTGTGCTGCTGTTATTGTGCAAATTAAGTTATCAGCCTTTTGGAGTT   481
GSP1-4     ATCTGAACCCAGACTTGTA.ATTTCAGTACTCAATTGTGTGTGCTGCTGTTATTGTGCAAATTAAGTTATCAGCCTTTTGGAGTT   481
GSP3-13    ATCTGAACCCAGACTTGTA.ATTTCAGTACTCAATTGTGTGTGCTGCTGTTATTGTGCAAATTAAGTTATCAGCC..........   422
GSP2-3     ATCTGAATCCAGACTTGTGTAATTCAGTACTCAGTTGTGTATGCTCTGCTTG..TGGAGATTTAAGTTATCATTTGT.....TGC   490
GSP2-4     ATCTGAATCCAGACTTGTGTAATTCAGTACTCAGTTGTGTATGCTCTGCTTG..TGGAGATTTAAGTTATCATTTGT.....TGC   489
GSP1-3     ATCTGAACCCAGACTTGTA.ATTTCAGTACTCATCCTTTTGGAGTTCAGTT......CAGCTGCTGTTATTGTGC..........   482
GSP3-11    ATCTGAACCCAGACTTGTA.ATTTCAGTACTCATCCTTTTGGAGTTCAGTA......CAAAAAAAAAAA...............   428
GSP3-3     ATCTGAACCCAGACTTGTA.ATTTCAGTACTCATCCTTTTGGAGTTCAGTT......CAGCTGCTGTTATTGTGC..........   433
GSP3-2     ATCTATCTATCGTCCTGT..TCGTGTGTGTGTGTATT.CGGTGCTTTCGTTGCGCCTTCAGCTATCTAAAAATTTGC..GAATTT   449
GSP3-14    ATCTATCTATCGTCCTGT..TCGTGTGTGTGTGTATT.CGGTGCTTTCGTTGCGCCTTCAGCTATCTAAAAATTTGC..GAATTT   449
GSP3-7     ATCTATCTATCGTCCTGT..TCGTGTGTGTGTGTATT.CGGTGCTTTCGTTGCGCCTTCAGCTATCTAAAAATTTGC..GAAGAA   449
GSP3-4     ATCTATCTATCGTCCTGT..TCGTGTGTGTGTGTATT.CGGTGCTTTCGTTGCGCCTTCAGCTATCTAAAAATTTGC..GAATTT   449
GSP3-1     ATCTATCTATCGTCCTGT..TCGTGTGTGTGTGTATT.CGGTGCTTTCGTTGCGCCTTCAGCTATCTAAAAATTTGC..GAATTT   448
GSP3-5     ATCTATCTATCGTCCTGT..TCGTGTGTGTGTGTATT.CGGTGCTTTCGTTGCGCCTTCAGCTATCTAAAAATTTGC..GAATTT   448
GSP3-8     ATCTATCTATCGTCCTGT..TCGTGTGTGTGTGTATT.CGGTGCTTTCGTTGCGCCTTCAGCTATCTAAAAATTTGC..GAATTT   449
GSP3-12    ATCTATCTATCGTCCTGT..TCGTGTGTAAAAAAAAA.AA.............................................   406
GSP3-6     ACCTATCTATCGTGCTGT..TTGTGAGCGTGTG.....GTGCTCCTTGATTGCGCCTTCAGCTATCCAAAAATTTGC..GAATTT   405
GSP3-9     TCGCATGTTCAGTTCAGTC.TTTTGCATCACCAGCTG.CTACCATTCTTCGGATTGTCTATCGGTCTACTGCATAT..GGTTTC   454
GSP3-10    TCGCATGTTCAGTTCAGTC.TTTTGCATCACCAGCTG.CTACCATTCTTCGGATTGTCTATCGGTCTACTGCATAT..GGTTTC   382
GSP2-1     GCTTACGGTTATGGCCAATGATAGAACTGGCCGGATGCAGAGAGTGTTGAGGA..AGTCGTTGACCTTACTCCCCAA.......A   246
GSP2-2     GCTTACGGTTATGGCCAATGATAGAACTGGCCGGATGCGGAGAGTGTTGAGGA..AGTCGTTGACCTTACTCCCCAA.......A   246
GSP2-5     GCTTACGGTTATGGCCAATGATAGAACTGGCCGGATGCAGAGAGTGTTGAGGA..AGTCGTTGACCTTACTCCCCTT.......T   245
Consensus

GSP1-1     CAAAAAAAAAAAA.........................................................................   494
GSP1-2     CAAAAAAAAAAA..........................................................................   493
GSP1-4     CAAAAAAAAAAAAAAAAA....................................................................   498
GSP3-13    .AAAAAAAAAAAA.........................................................................   434
GSP2-3     TAGAAAAAAAAAAA........................................................................   504
GSP2-4     TAGAGTTTCCCTTTAGCTGCGCCCTTCATACAATGGAATCTTGACAACAATAATGATATTATTCTAAAAAAAAAAAA.........   565
GSP1-3     .AAAAAAAAAAAA.........................................................................   494
GSP3-11    ......................................................................................   428
GSP3-3     .AAAAAAAAAA...........................................................................   443
GSP3-2     CAGTACTAAAAAAAA...........AAA.........................................................   467
GSP3-14    CAGTAAAAAAAAAAAA..........A...........................................................   465
GSP3-7     AAAAAA................................................................................   455
GSP3-4     CAGTACTCTTTTAGT...........TTCTCCAGTGTG.AGGATAAAGTACGGAACTGAACATGCATGTAAATTAATCATGTAAT   522
GSP3-1     CAGTACTCTTTTAGT...........TTCTCCAGTGTG.AGGATAAAGTACGGAACTAAACATGCATGTAAATTAATCATGTAAT   521
GSP3-5     CAGTACTCTTTTAGT...........TTCTCCAGTGTG.AGGATAAAGTACGGAACTAAACATGCATGTAAATTAATCATGTAAT   521
GSP3-8     CAGTACTCTTTTAGT...........TTCTCCAGTGTG.AGGATAAAGTACGGAACTAAACATGCATGTAAATTAATCATGTAAT   522
GSP3-12    ......................................................................................   406
GSP3-6     CACTACTTGTTTTCTCCCTCTT....TTCTACTGTGTG.ATGATGAAGTACGGAATTAAGCATGCATGTAAATTAATCATGTAAT   485
GSP3-9     CGGGACCTCCCCTTCATTTGTCGATGTGCTCCGGAGTCCGCCATGTTGCTTGCTGCTGTTTCTTCTTCCAAGTGTGCTTTATTTT   539
GSP3-10    CGGGACCTCCCCTTCATTTGTCGATGTGCTCCGGAGTCCGCCATGTTGCTTGCTGCTGTTTCTTCTTCCAAGTGTGCTTTATTTT   467
GSP2-1     AAAAAAAA..............................................................................   254
GSP2-2     AAAAAAAA..............................................................................   254
GSP2-5     TGACTTACCATTGGAACAACTTTCCTTAGTATCGAGAAAGCATTCGAACAACTGTACAAGGAATCTTAAAAAAGGGAACTGTACA   330
Consensus

GSP1-1     ..............................................................................   494
GSP1-2     ..............................................................................   493
GSP1-4     ..............................................................................   498
GSP3-13    ..............................................................................   434
GSP2-3     ..............................................................................   504
GSP2-4     ..............................................................................   565
GSP1-3     ..............................................................................   494
GSP3-11    ..............................................................................   428
GSP3-3     ..............................................................................   443
GSP3-2     ..............................................................................   467
GSP3-14    ..............................................................................   465
GSP3-7     ..............................................................................   455
GSP3-4     GTTTGTGCTGTTGCAACGAATGATCGATCTTCAAGTGGAGTGCCTCTATATATGAGAAATAATTATGTAAAAAAAAAAA   601
GSP3-1     GTTTGTGCTGTTGCAACGAATGATCGATCTTCAAGTGGAGTGCCTCTAAAAAAAAAA.....................   578
GSP3-5     GTTTGTGCTGTTGCAACGAATGATCGATCTTCAAGTGGAGTGCCTCTAAAAAAAAAA.....................   578
GSP3-8     GTTTGTGCTGTTGCAACGAATGATCGATCTTCAAGTGGAAAAAAAAAAAAA...........................   572
GSP3-12    ..............................................................................   406
GSP3-6     GTT.GTGCTGTTGCAACGGATCAACGATCGATCGATCTTCAAGTGCCAAAAAAAAAAAAA..................   543
GSP3-9     ACCTCCTGTATCTATGCATGTGGAGAATTTATAAATTATTAAAGAATCACTATCATTTGTGCAAAAAAAAAAAA.....   612
GSP3-10    ACCTCCTGTATCTATGCATGTGGAGAATTTATAAATTATTAAAGAATCACTATCATTTGTGCGAAAAAAAAAAAA....   542
GSP2-1     ..............................................................................   254
GSP2-2     ..............................................................................   254
GSP2-5     AGGTCCTGACACGCAACATTTTTCAAAAAAAAAAAA..........................................   365
Consensus
```

GSP1-X 为套式 PCR 上游引物对 GSP1 扩增所得 3′ 末端序列 X，GSP2-X 为套式 PCR 上游引物对 GSP2 扩增所得 3′末端序列 X，GSP3-X 为套式 PCR 上游引物对 GSP3 扩增所得 3′末端序列 X

图 3－21　22 个 *SgPIPs* 的 3′末端 cDNA 序列的比对

22 个 3′末端序列中，经 NCBI 的 Blastn 鉴定：其中，18 个可能为 PIP1 类基因亚家族序列（GSP1－1，GSP1－2，GSP1－3，GSP1－4，GSP2－3，GSP2－4，GSP3－1，GSP3－2，GSP3－3，GSP3－4，GSP3－5，GSP3－6，GSP3－7，GSP3－8，GSP3－11，GSP3－12，GSP3－13，GSP3－14），4 个可能为 PIP2 类基因亚家族序列（GSP3－9，GSP3－10，GSP2－1＝GSP2－

2，GSP2－5）。

六、5′RACE法克隆*SgPIPs*的5′末端序列

1. 去磷酸化处理

（1）使用Alkaline Phosohatase（CIAP）对Total RNA中裸露的5′磷酸基团进行去磷酸反应，反应体系见表3－5。

表3－5　去磷酸反应体系

组分（Components）	单位r×n体积（Vol per r×n，μl）
Total RNA（1μg/μl）	2.0
RNase Inhibitor（40U/μl）	1.0
10×Alkaline Phosphatase Buffer（Mg^{2+} Free）	5.0
Alkaline Phosphatase（Calf intestine）（16U/μl）	0.6
Rnase Free dH_2O	41.4
Total Volume	50.0

（2）50℃反应1h。

（3）向上述反应液中加入20μl的3M CH_3COONa（pH值5.2），130μl的Rnase FreedH_2O后，充分混匀。

（4）加入200μl的苯酚/氯仿/异戊醇（25∶24∶1），充分混匀后13 000g室温离心5min，将上层水相转移至新的Microtube中。

（5）加入200μl的氯仿，充分混匀后13 000g室温离心5min，将上层水相转移至新的Microtube中。

（6）加入2μl的NA Carrier后均匀混合。

（7）加入200μl的异丙醇，充分混匀后，冰上冷却10min。

（8）13 000g 4℃离心20min，弃上清。

（9）加入500μl的70%冷乙醇（Rnase Free dH_2O配制）漂洗，离心5min，弃上清后干燥。

（10）加入7μl的Rnase Free dH_2O溶解沉淀，得到CIAP-treated RNA。

2. “去帽子”反应

（1）使用Tobacco Acid Pyrophosphatase（TAP）去掉mRNA的5′帽子结构，保留一个磷酸基团，去帽子反应体系见表3－6。

表 3－6　“去帽子”反应体系

组分（Components）	单位 r×n 体积（Vol per r×n，μl）
CIAP-treated RNA	7.0
RNase Inhibitor（40U/μl）	1.0
10×TAP Reaction Buffer	1.0
Tobacco Acid Pyrophosphatase（0.5U/μl）	1.0
Total Volume	10.0

（2）37℃反应 1h。

（3）此反应液为 CIAP / TAP-treated RNA。取 5μl 用于 5′RACE Adaptor 连接反应，剩余 5μl 保存于－70℃。

3. 5′RACE Adaptor 的连接

（1）配制 5′RACE Adaptor 的连接反应体系Ⅰ见表 3－7。

表 3－7　5′RACE Adaptor 的连接反应体系

反应体系Ⅰ		反应体系Ⅱ	
组分（Components）	Vol per r×n（μl）	组分（Components）	Vol per r×n（μl）
CIAP / TAP-treated RNA	5.0	40% PEG#6000	20.0
5′RACE Adaptor（15μM）	1.0	RNase Inhibitor（40U/μl）	1.0
RNase Free dH_2O	4.0	5×RNA Ligation Buffer	8.0
Total Volume	10.0	T4 RNA Ligase（40U/μl）	1.0
		Total Volume	30.0

（2）65℃保温 5min 后冰上放置 2min，然后配制 5′RACE Adaptor 的连接反应体系Ⅱ见表 3－7。

（3）16℃反应 1h。

（4）向上述反应液中加入 20μl 的 3M CH_3COONa（pH 值 5.2），140μl 的 Rnase Free dH_2O 后，充分混匀。

（5）加入 200μl 的苯酚 / 氯仿 / 异戊醇（25∶24∶1），充分混匀后 13 000g 室温离心 5min，将上层水相转移至新的 Microtube 中。

（6）加入 200μl 的氯仿，充分混匀后 13 000g 室温离心 5min，将上层水相转移至新的 Microtube 中。

（7）加入 2μl 的 NA Carrier 后均匀混合。

（8）加入200μl的异丙醇，充分混匀后，冰上冷却10min。

（9）13 000 g 4℃离心20min，弃上清。加入500μl的70%冷乙醇（Rnase Free dH_2O 配制）漂洗，离心5min，弃上清后干燥。

（10）加入6μl的Rnase Free dH_2O 溶解沉淀，得到Ligated RNA。

4. 反转录反应

反转录反应体系见表3－8。

表3－8　反转录反应体系

组分（Components）	单位r×n体积（Vol per r×n，μl）
Ligated RNA	6.0
Random 9 mers（50μM）	0.5
dNTP Mixture（各10mM）	1.0
5×M-MLV Buffer	2.0
RNase Inhibitor（40U/μl）	0.25
Reverse Transcriptese M-MLV（200U/μl）	0.25
Total Volume	10.0

反转录反应条件：30℃，10min；42℃，60min；70℃，15min。

5. 套式PCR反应

根据实验已获得的*SgPIPs*中间片段cDNA序列，按照5′RACE试剂盒要求，利用引物设计软件Primer5.0设计9对下游套式PCR引物，以5′RACE试剂盒提供套式PCR引物为上游引物，使用TaKaRa LA Taq进行PCR扩增。Outer PCR循环数为20个。

6. 5′RACE产物的凝胶电泳检测

根据已得*SgPIPs*中间片段cDNA序列设计了多对5′RACE套式PCR下游引物对，其中，仅9对引物得到了*SgPIPs*的5′末端序列。5对引物5′RACE产物经1.0%琼脂糖凝胶电泳检测扩增结果见图3－22、图3－23，从可以看出，引物对GSP4扩增条带大小为560bp，与预期目的片段大小相符（图3－22）。引物对GSP5、GSP6、GSP7扩增条带大小为500～750bp，均与预期目的片段大小相符，GSP5条带不单一，按条带分子量从大到小分别回收条带后进行测序（图3－23）。

*SgPIP*中间cDNA序列设计了2对5′RACE嵌套PCR特异性引物，其中，仅1对引物克隆到*SgPIP*2的5′末端cDNA序列。经巢式PCR扩增，用

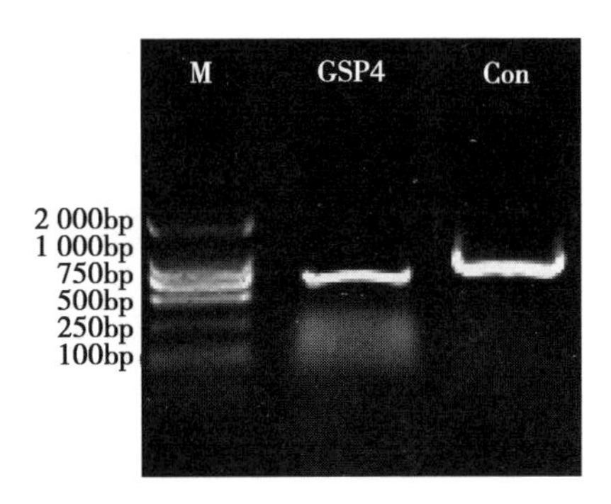

GSP4 为 5′RACE 扩增所用套式 PCR 下游引物对，Cont 为试剂盒对照基因；M 为 DL2000 DNA Marker

图 3 – 22　引物 GSP4 扩增 *SgPIPs* 的 5′末端产物的电泳检测

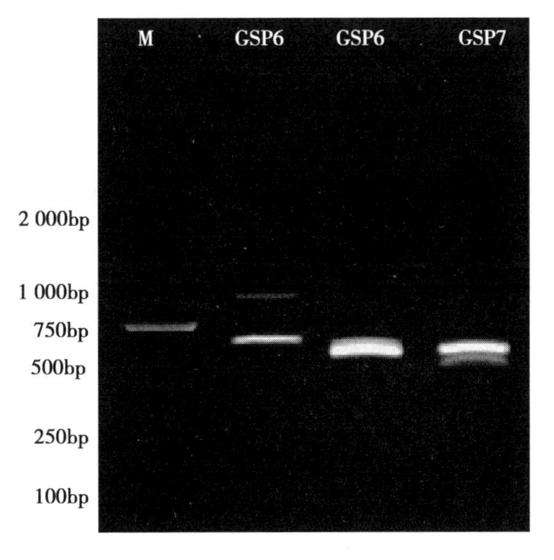

GSP5，6，7 为 5′RACE 扩增所用套式 PCR 下游引物对；M 为 DL2000 DNA Marker

图 3 – 23　引物 GSP5，6，7 扩增 *SgPIPs* 的 5′末端产物的电泳检测

1% 琼脂糖凝胶电泳检测，有 1 条带，扩增结果如图 3 – 24，图中显示，5′特异性引物 GSP5-1 扩增条带大小约为 500bp，与预期目的片段大小一致。

分别以 3′RACE 克隆所得 3′末端 cDNA 序列直接设计的 4 对特异性引物 GSP5-2、GSP5-3、GSP5-4 和 5（5′RACE-Outer）和 UPM（Clontech 试剂盒自带）以及 NUP（Clontech 试剂盒自带）为引物进行巢式 PCR 反应。产物经1%琼脂糖凝胶电泳检测有3条泳带，经分析认为引物GSP5-4对应的750bp，GSP5-3、5对应1 000bp左右的是特异条带（图3－25，图3－26）。

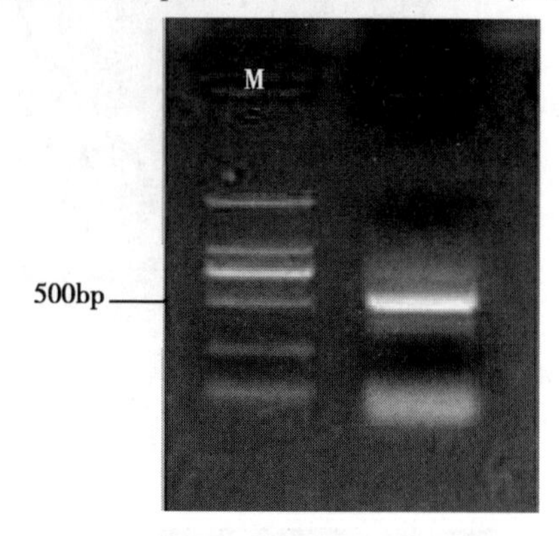

图3－24　引物GSP5-1扩增*SgPIP* 5′末端cDNA序列的琼脂糖凝胶电泳检测

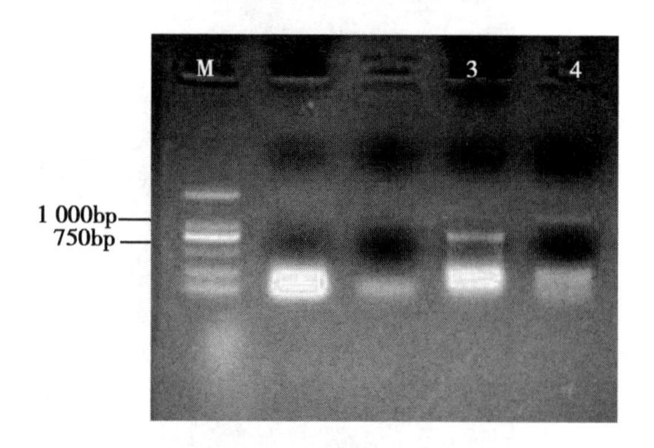

编号为3、4的泳道分别为引物GSP5-4、GSP5-3扩增的目的条带

图3－25　引物GSP5-3、4扩增*SgPIP* 5′末端cDNA序列的琼脂糖凝胶电泳检测

7. *SgPIPs*的5′RACE产物阳性克隆检测

将5′RACE扩增产物进行胶回收，然后与pMD19-T Vector载体连接，利用M13 Forward引物和M13 Reverse引物进行菌落PCR鉴定（图3－27、图3－28、图3－29）。挑选与预期插入片段相符的菌液进行测序。

应用NCBI的Blastn模块进行序列分析，由于PIPs为多基因家族，并且基因家族成员间序列差异较小，导致检测结果虽然为单一条带，但经过大量测序发现，同一条带中包含多条*SgPIPs*的5′末端序列。最终每对套式PCR

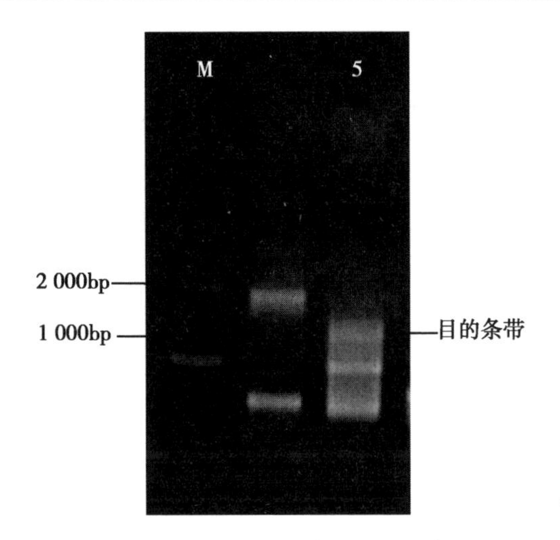

图 3－26　引物 GSP5-5 扩增 *SgPIP* 5′末端 cDNA 序列的琼脂糖凝胶电泳检测

引物可得到多条 *SgPIPs* 的 5′末端序列。

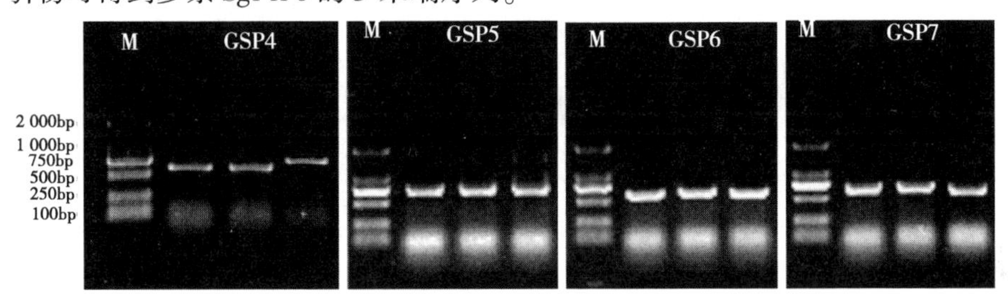

GSPX 为 5′ RACE 扩增所用套式 PCR 下游引物对 X，M 为 DL2000 DNA Marker

图 3－27　菌落 PCR 鉴定 *SgPIPs* 的 5′末端产物阳性克隆

8. *SgPIPs* 的 5′RACE 产物序列分析

经过测序，引物 GSP4、GSP5、GSP6、GSP7 的 5′RACE 一共获得 9 个 *SgPIPs* 的 5′末端序列，序列比对结果见图 3－30。其中，6 个序列（GSP4－1，GSP4－2，GSP4－3，GSP5－1，GSP5－2，GSP7－2）的相似性较大，仅为相互之间的个别核苷酸位点差异。GSP6－1 和 GSP6－2 的序列相似性也较大，仅两处核苷酸位点差异。GSP7－2 与其余 8 个序列差异都较大。

9 个 5′末端序列中，经 NCBI 的 Blastn 鉴定，其中，7 个可能为 PIP1 类基因亚家族序列（GSP4－1，GSP4－2，GSP4－3，GSP5－1，GSP5－2，GSP 7－2，GSP7－2），2 个可能为 PIP2 类基因亚家族序列（GSP6－1，GSP6－2）。

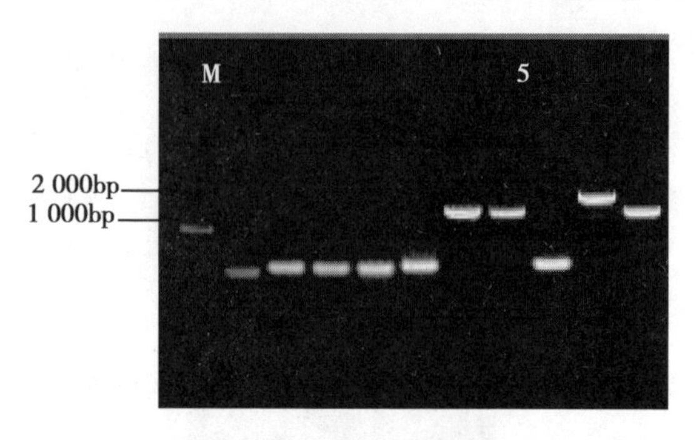

图中，分子量在2 000～1 000bp中间的条带为目的条带

图3－28　引物GSP5-5扩增*SgPIP*的5′末端cDNA序列阳性克隆的菌落PCR鉴定

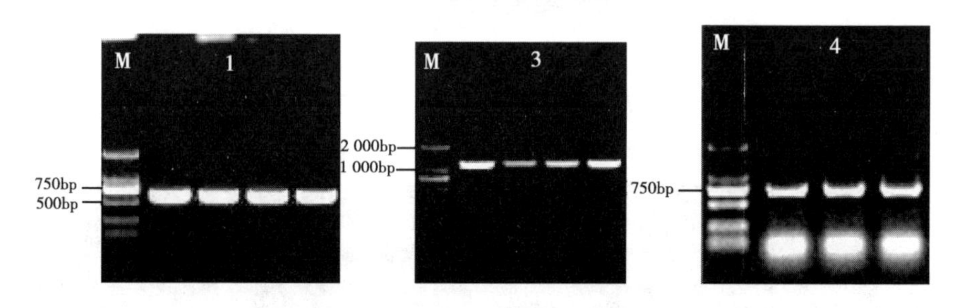

图中编号为1代表引物GSP5－1、3和4分别代表引物GSP5－1、GSP5－3和GSP5－4PCR扩增产物的菌落PCR检测带

图3－29　引物GSP5-1、3和4扩增*SgPIP*的5′末端cDNA序列阳性克隆的菌落PCR鉴定

七、*SgPIPs*全长cDNA序列克隆

根据TaKaRa公司的PrimeScript RT reagent试剂盒的方法，以总RNA为模板合成cDNA。

1. *SgPIP*1－1全长cDNA序列克隆

引物对Q1的PCR扩增程序为；94℃预变性3min；94℃、30s，55℃、30s，72℃、2min，30个循环；72℃延伸5min。

采用一次长距离PCR法，以PrimeScript RT reagent（TaKaRa）试剂盒反转录合成的cDNA第一链为PCR模板，使用引物对Q1扩增全长。经1.0%琼脂糖凝胶电泳检测扩增产物，图中扩增条带大小约为1 000bp，与预期目的片段大小相符（图3－31）。利用M13 Forward引物和M13 Reverse引物进

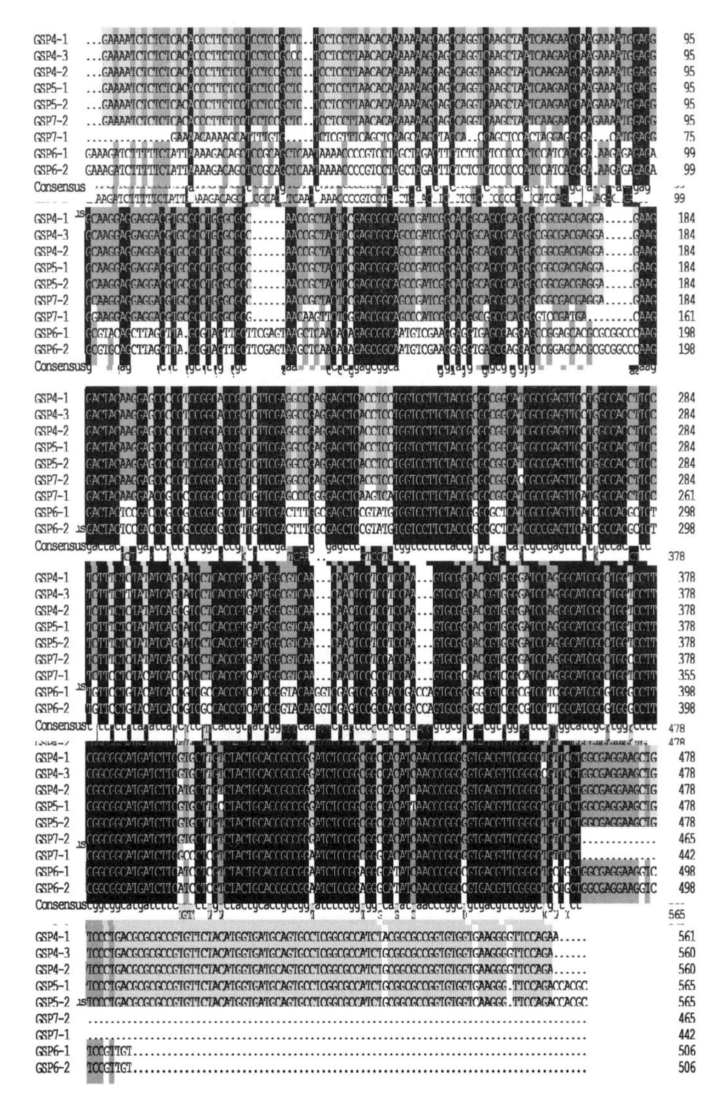

GSP4-X 为套式 PCR 下游引物对 GSP4 扩增所得 5′末端序列 X，GSP5-X 为套式 PCR 下游引物对 GSP5 扩增所得 5′末端序列 X，GSP6-X 为套式 PCR 下游引物对 GSP6 扩增所得 5′末端序列 X，GSP7-X 为套式 PCR 下游引物对 GSP7 扩增所得 5′末端序列 X

图 3－30　9 个 *SgPIPs* 的 5′末端 cDNA 序列的比对

行菌落 PCR 鉴定（图 3－32）。

测序结果经 NCBI 的 Blastn 鉴定，引物 Q1 总共获得 5 个 PIPs 类基因家族全长核苷酸序列（通过反复挑菌测序），包含完整的阅读框，核苷酸序列

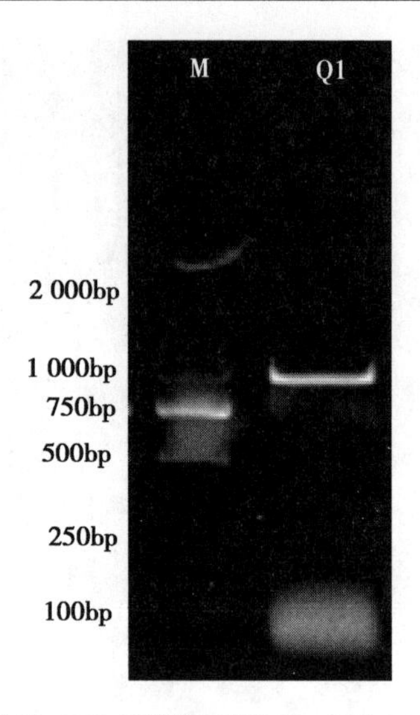

Q1 为 *SgPIP*1 -1 全长 cDNA 扩增所用引物对；M 为 DL2000 DNA Marker

图 3 -31　SgPIP1 -1 的全长 cDNA 扩增产物电泳检测

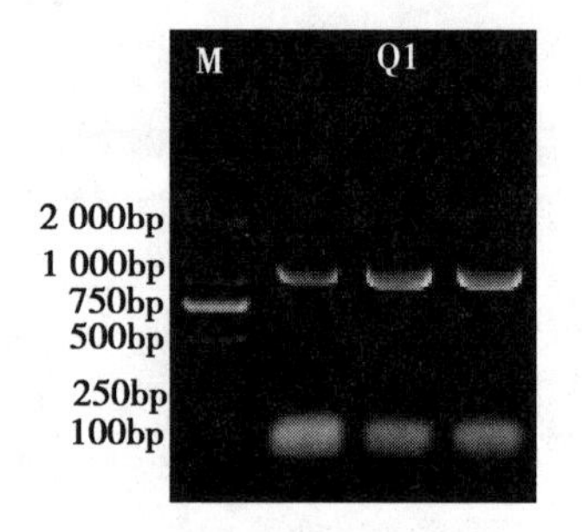

Q1 为 *SgPIP*1 -1 全长 cDNA 扩增所用引物对；M 为 DL2000 DNA Marker

图 3 -32　菌落 PCR 鉴定 SgPIP1 -1 的全长 cDNA 产物

比对见图 3 -33。核苷酸序列仅在 8 个点处存在差别。

利用 NCBI 的六框翻译对得到的 5 个 PIPs 基因推导氨基酸序列进行分析，推导氨基酸序列比对见图 3 -34。根据氨基酸序列，Q1 -1，Q1 -2，Q1 -3 的核苷酸差异不导致氨基酸编码的不一致，为同义突变。Q1 -4，Q1 -5 氨基酸序列差异较小，仅为一个或两个氨基酸序列的差异。以上序列差异的产生可能是由于材料为混合样，由于个体差异产生。推断此 5 个序列为 PIPs 类基因家族中的一个成员。以 5 个序列翻译氨基酸序列后一致度最大的 Q1 -1 为主，把它命名为 *SgPIP*1 -1。

*SgPIP*1 -1 全长 cDNA 序列为 991bp，包含 15bp 长的 5′非翻译区、

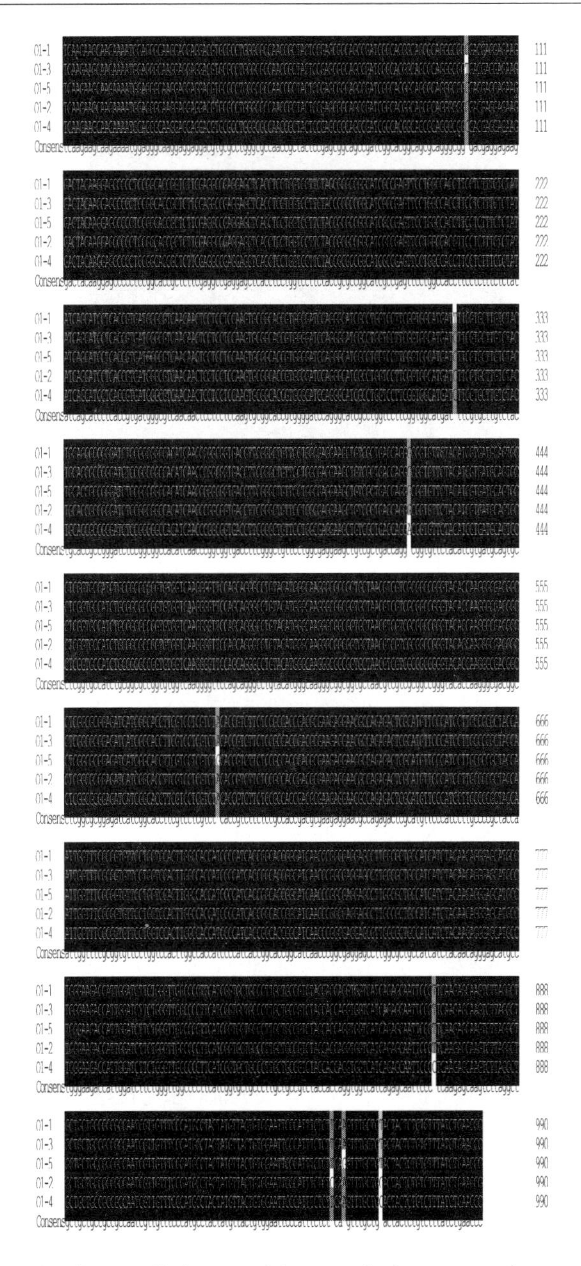

Q1-X 为引物对 Q1 扩增 *SgPIPs* 全长 cDNA 序列 X；Q1－1 为 *SgPIP*1－1 全长 cDNA 序列，其余为重复挑菌测序所得差异全长 cDNA 序列

图 3－33　引物 Q1 所得 *SgPIPs* 全长 cDNA 序列的比对

Q1-X 为引物对 Q1 扩增 *SgPIPs* 全长 cDNA 序列 X；Q1 -1 为 *SgPIP*1 -1 的推导氨基酸序列，其余为重复挑菌测序所得差异全长 cDNA 序列所推导的氨基酸序列

图 3 -34　引物 Q1 所得 *SgPIPs* 全长推导氨基酸序列的比对

870bp 长的开放阅读框，106bp 长的 3′非翻译区。编码 289 个氨基酸，其分子量为 30 876.7，等电点为 7.69，不稳定性指数为 30.16，为稳定蛋白，并与禾本科多种植物的质膜水通道蛋白基因氨基酸序列大小相一致。

2. *SgPIP*1 -2 全长 cDNA 序列克隆

引物对 Q2 的 PCR 扩增程序均为：94℃预变性 3min，一个循环；94℃、30s；55℃、30s；72℃、2min；30 个循环；72℃延伸 5min。

根据 5′末端序列结果，在序列的翻译起点上游寻找 6 个序列（GSP4 -2，GSP4 -3，GSP4 -1，GSP5 -1，GSP5 -2，GSP7 -2）一致的区域设计上游引物，使用 3′试剂盒 Inner 引物作为下游引物。以总 RNA 的 3′RACE 反转录液为模板，进行 PCR 扩增。经 1.0% 琼脂糖凝胶电泳检测，扩增条带大小约为 1 300bp，与预期目的片段大小相符（图 3 -35）。菌落 PCR 鉴定结果见图 3 -36。

测序结果经 NCBI 的 Blastn 鉴定，引物 Q2 总共获得 10 个 PIPs 类基因家族全长核苷酸序列（经反复挑菌测序），包含完整的阅读框。核苷酸序列比对见图 3 -37，核苷酸序列阅读框内有 11 处存在差异，3′非翻译区序列差异较大。

利用 NCBI 的六框翻译对得到的 10 个 PIPs 类基因 cDNA 序列推导的氨

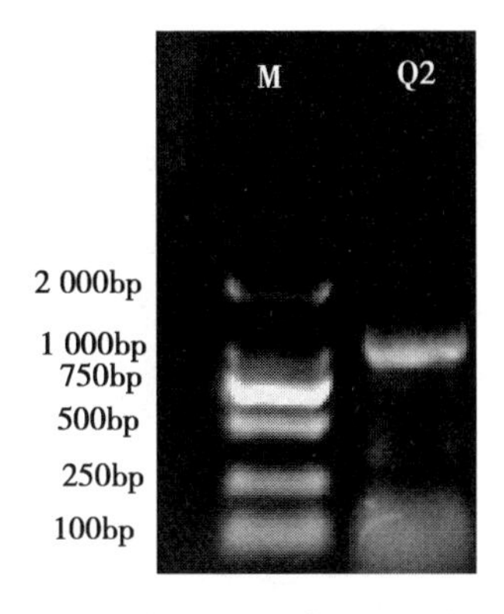

Q2 为 *SgPIP*1 －2 全长 cDNA 扩增所用引物对；M 为 DL2000 DNA Marker

图 3 －35　*SgPIP*1 －2 的全长扩增产物电泳检测

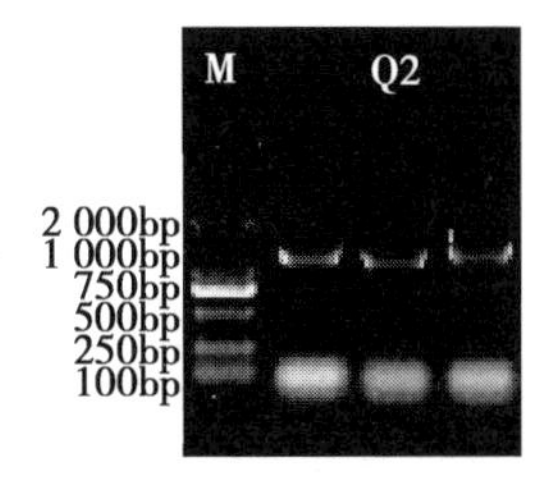

Q2 为 *SgPIP*1 －2 全长 cDNA 扩增所用引物对；M 为 DL2000 DNA Marker

图 3 －36　菌落 PCR 鉴定 *SgPIP*1 －2 的全长

基酸序列进行分析。推导氨基酸序列比对见图 3 － 38。根据氨基酸序列，Q2 －1，Q2 －2，Q2 －3，Q2 －5，Q2 －9，Q2 －10 的核苷酸差异不导致氨基酸编码的不一致，为同义突变。10 个氨基酸序列之间仅存在一个或两个氨基酸编码的差异。以上序列差异的产生可能是由于材料为混合样，由于个体差异产生。推断此 10 个序列为 PIPs 类基因家族中的一个成员。以 10 个序列翻译氨基酸序列后一致度最大的 Q2 －1 为主，把它命名为 *SgPIP*1 －2。

*SgPIP*1 －2 全长 cDNA 序列为 1 248 bp，包含 15bp 长的 5′非翻译区、870bp 长的开放阅读框，187bp ~ 363bp 长的 3′非翻译区，编码 289 个氨基酸，其分子量为 30 875. 7，等电点为 7. 67，不稳定性指数为 35. 61，为稳定蛋白，并与禾本科多种植物的质膜水通道蛋白基因氨基酸序列大小相一致。

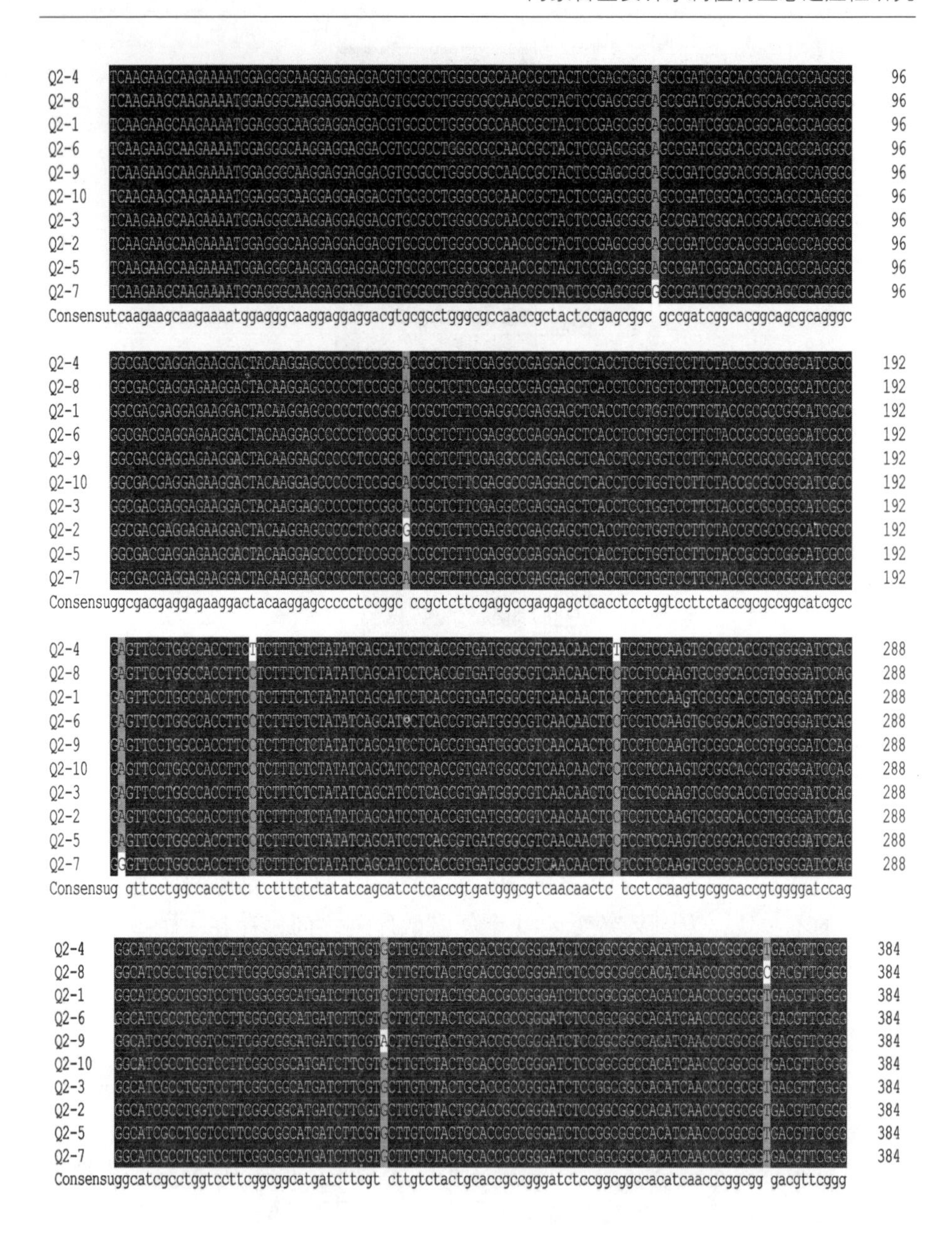
Q2-4
Q2-8
Q2-1
Q2-6
Q2-9
Q2-10
Q2-3
Q2-2
Q2-5
Q2-7
96
Consensus tcaagaagcaagaaaatggagggcaaggaggaggacgtgcgcctgggcgccaaccgctactccgagcggc gccgatcggcacggcagcgcagggc
192
Consensus ggcgacgaggagaaggactacaaggagccccctccggc ccgctcttcgaggccgaggagctcacctcctggtccttctaccgcgccggcatcgcc
288
Consensus g gttcctggccaccttc tctttctctatatcagcatcctcaccgtgatgggcgtcaacaactc tcctccaagtgcggcaccgtggggatccag
384
Consensus ggcatcgcctggtccttcggcggcatgatcttcgt cttgtctactgcaccgccgggatctccggcggccacatcaacccggcgg gacgttcggg

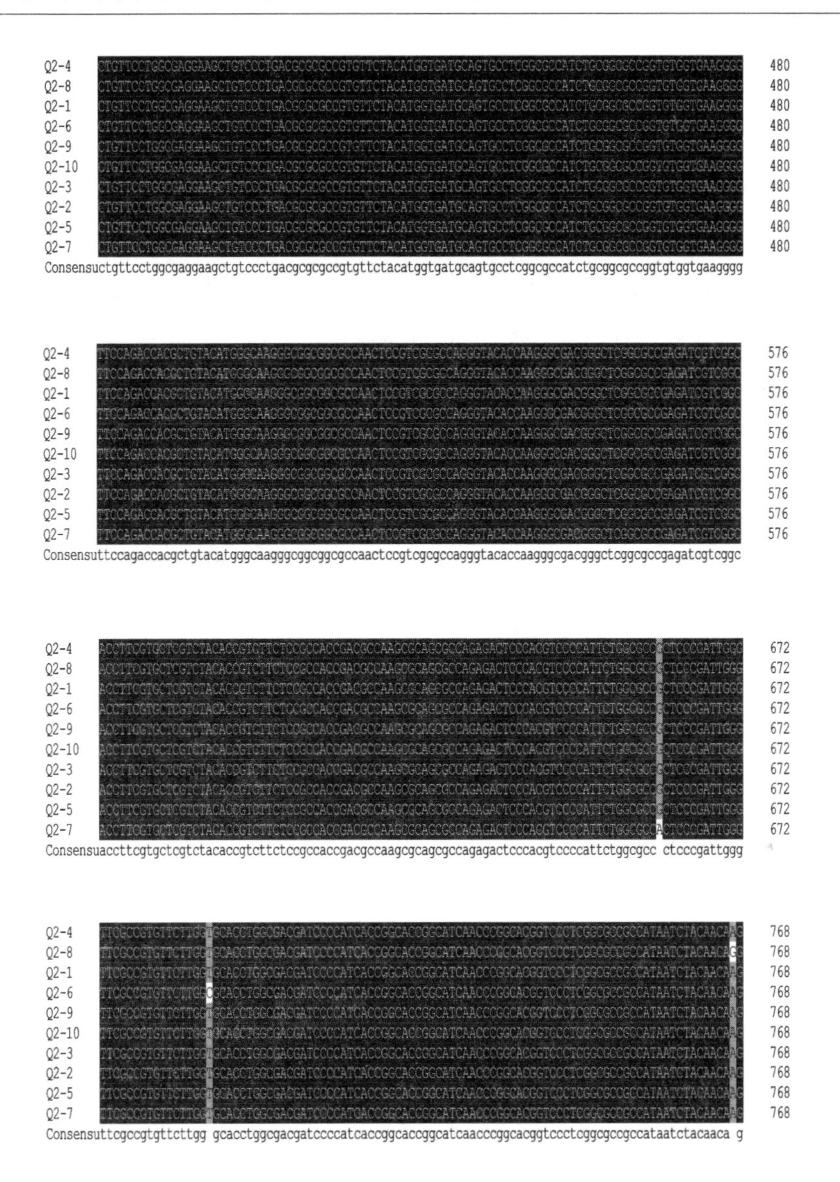
Q2-4
Q2-8
Q2-1
Q2-6
Q2-9
Q2-10
Q2-3
Q2-2
Q2-5
Q2-7
480
Consensusuctgttcctggcgaggaagctgtccctgacgcgcgccgtgttctacatggtgatgcagtgcctcggcgccatctgcggcgccggtgtggtgaagggg
576
Consensusuttccagaccacgctgtacatgggcaagggcggcggcgccaactccgtcgcgccagggtacaccaagggcgacgggctcggcgccgagatcgtcggc
672
Consensusuaccttcgtgctcgtctacaccgtcttctccgccaccgacgccaagcgcagcgccagagactcccacgtccccattctggcgcc ctcccgattggg
768
Consensusuttcgccgtgttcttgg gcacctggcgacgatccccatcaccggcaccggcatcaacccggcacggtccctcggcgccgccataatctacaaca g

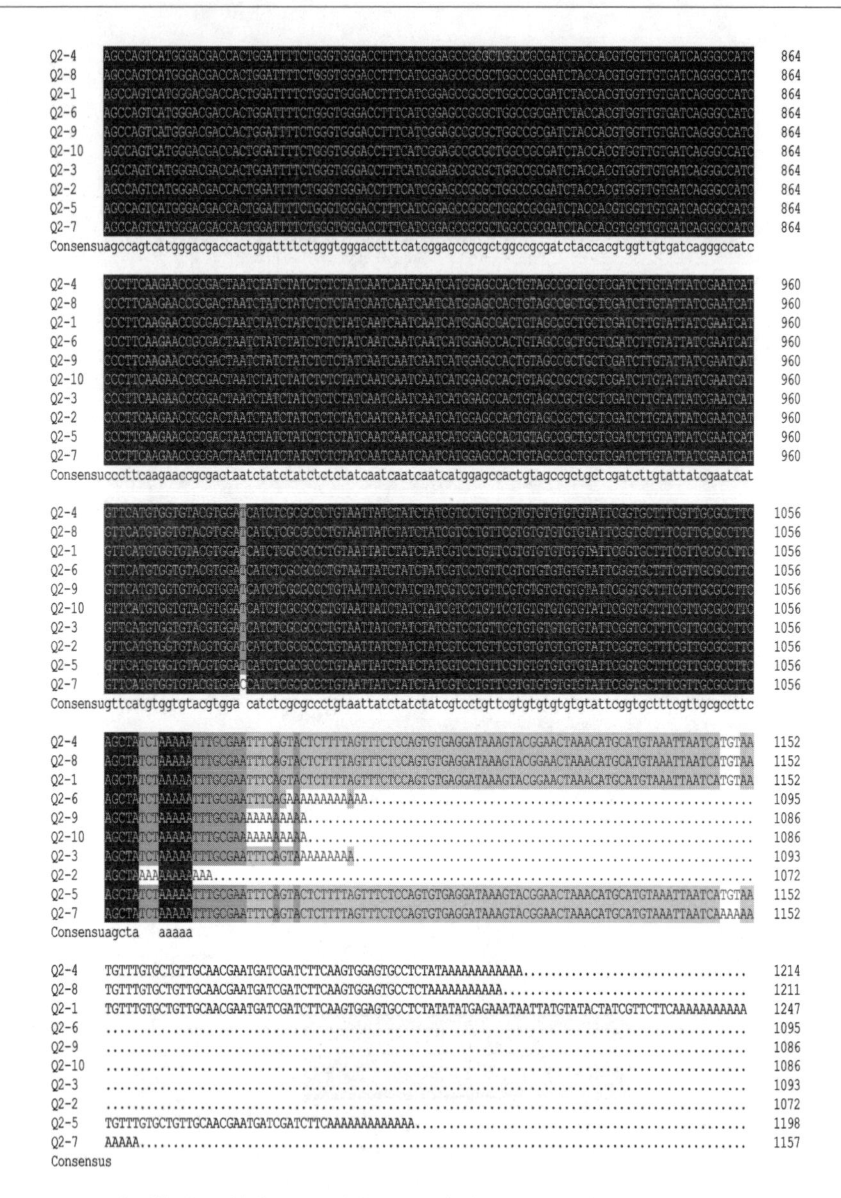

Q2－X为引物对Q2扩增*SgPIPs*全长cDNA序列X；Q2－1为*SgPIP*1－2全长cDNA序列，其余为重复挑菌测序所得差异全长cDNA序列

图3－37　引物Q2所得*SgPIPs*全长核苷酸序列的比对

3. SgPIP1－3全长cDNA序列克隆

引物对Q3的PCR扩增程序均为：94℃预变性3min，一个循环；94℃、

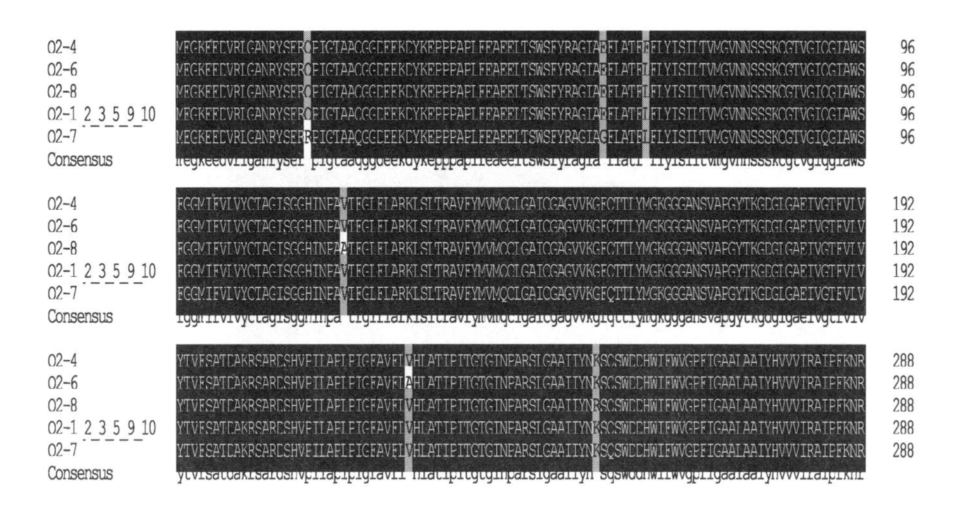

Q2－X 为引物对 Q2 扩增 *SgPIPs* 全长 cDNA 序列 X；Q2－1 为 *SgPIP*1－2 全长 cDNA 序列，其余为重复挑菌测序所得差异全长 cDNA 序列

图 3－38　引物 Q2 所得 *SgPIPs* 全长推导氨基酸序列的比对

30s；55℃、30s；72℃、2min；30 个循环；72℃延伸 5min。

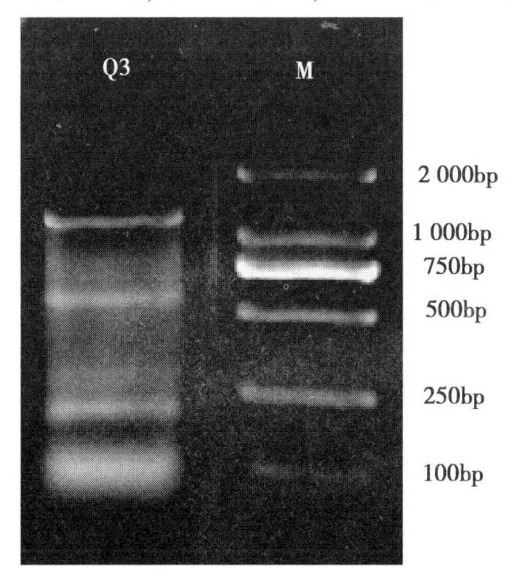

Q3 为 *SgPIP*1－3 全长 cDNA 扩增所用引物对；M 为 DL2000 DNA Marker

图 3－39　*SgPIP*1－3 的全长 cDNA 扩增产物电泳检测

根据 5′末端序列结果（GSP7－1），在序列的翻译起点上游设计引物，以 3′试剂盒 Outer 引物作为下游引物，总 RNA 的 3′RACE 反转录液为模板，

进行 PCR 扩增，经 1.0% 琼脂糖凝胶电泳检测，从图 3－39 中可以看出，扩增条带不单一，回收扩增大小约为 1 300bp 的条带，与预期目的片段大小相符。进行菌落 PCR 鉴定结果见图 3－40。

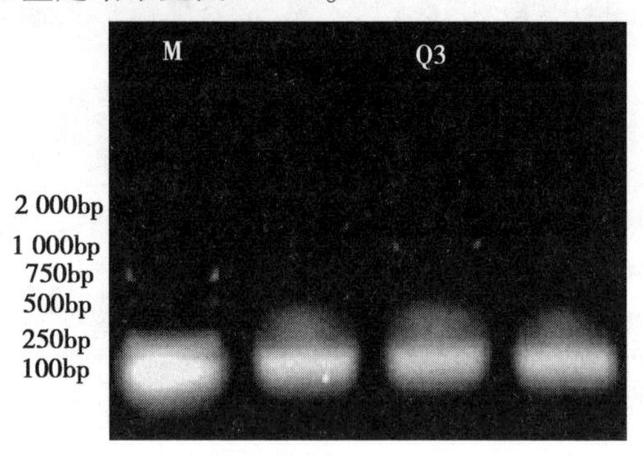

Q3 为 *SgPIP*1－3 全长 cDNA 扩增所用引物对；M 为 DL2000 DNA Marker

图 3－40　菌落 PCR 鉴定 *SgPIP*1－3 的全长 cDNA 产物

测序结果经 NCBI 的 Blastn 鉴定，引物 Q3 总共获得 4 个 PIPs 类基因家族全长核苷酸序列（通过反复挑菌测序），包含完整的阅读框。核苷酸序列比对见图 3－41，核苷酸序列阅读框内有 6 处存在差异，3′非翻译区序列差异较大。

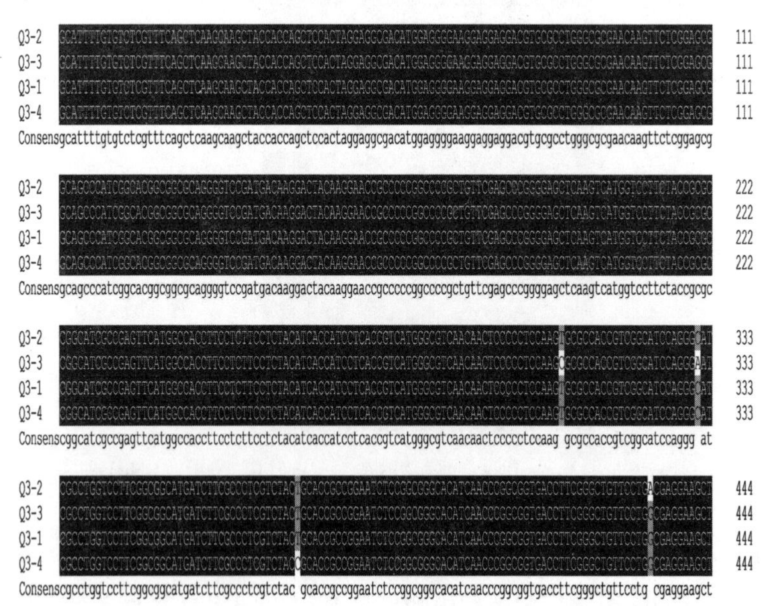

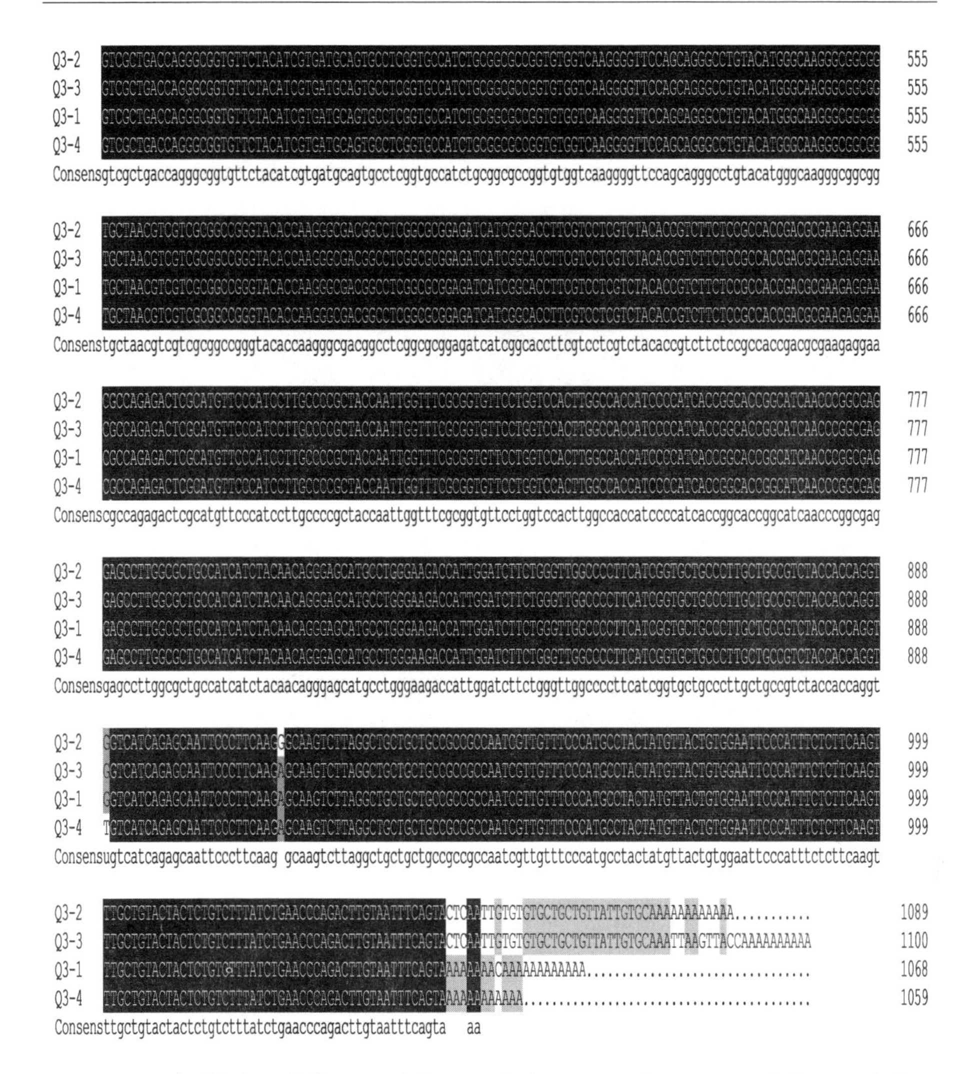

Q3 - X 为引物对 Q3 扩增 *SgPIPs* 全长 cDNA 序列 X；Q3 - 1 为 *SgPIP*1 - 3 全长 cDNA 序列，其余为重复挑菌测序所得差异全长 cDNA 序列

图 3 - 41　引物 Q3 所得 *SgPIPs* 全长 cDNA 序列的比对

利用 NCBI 的六框翻译对得到的 4 个 PIPs 类基因 cDNA 序列的推导氨基酸序列进行分析，推导氨基酸序列比对见图 3 - 42。4 个 PIPs 类基因 cDNA 序列推导的氨基酸序列之间仅存在一个或两个氨基酸编码的差异。以上序列差异的产生可能是由于材料为混合样，由于个体差异产生。推断此 4 个序列为 PIPs 类基因家族中的一个成员。以 4 个序列翻译氨基酸序列后一致度最

大的 Q3－1 为主，把它命名为 *SgPIP*1－3。

*SgPIP*1－3 全长 cDNA 序列为 1 068 bp，包含 58bp 长的 5′非翻译区、867bp 长的开放阅读框，134bp～176bp 长的 3′非翻译区，编码 288 个氨基酸，其分子量为 30 728.7，等电点为 8.82，不稳定性指数为 30.02，为稳定蛋白，并与禾本科多种植物的质膜水通道蛋白基因氨基酸序列大小相一致。

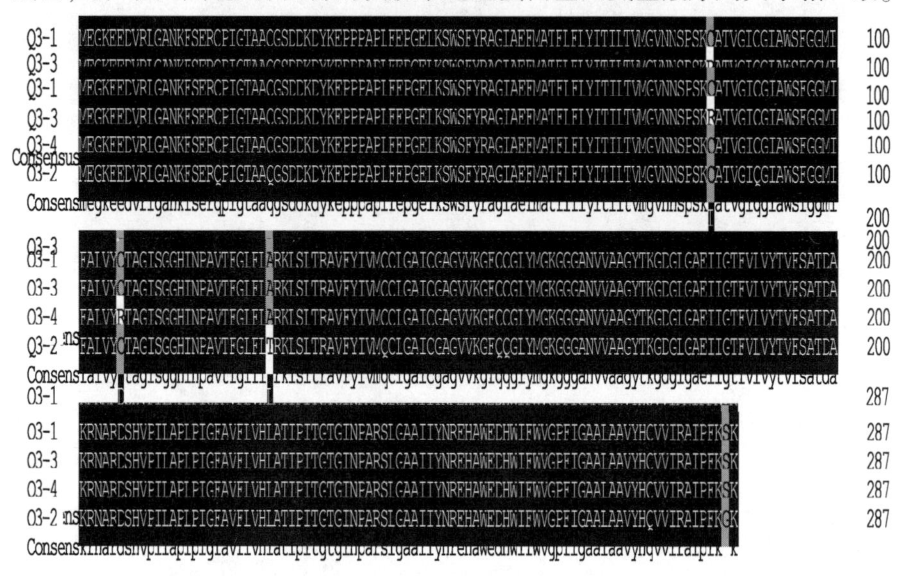

Q3－X 为引物对 Q3 扩增 *SgPIPs* 全长 cDNA 序列 X；Q3－1 为 *SgPIP*1－3 全长 cDNA 序列，其余为重复挑菌测序所得差异全长 cDNA 序列

图 3－42　引物 Q3 所得 *SgPIPs* 全长推导氨基酸序列的比对

4. SgPIP1－5 全长 cDNA 序列克隆

将 *SgPIP* 的中间、3′端和 5′端 cDNA 片段进行拼接，得到 1 条 PIP 基因全长序列，经 NCBI 中 Blastn 比对，都有完整的阅读框，表明初步得到了完整的 *SgPIP*1－5 基因拼接全长 cNDA 序列。根据 *SgPIP* 的拼接序列设计 1 对长距离引物 Total 1－5。以 cDNA 第一链为模板，进行全长 PCR 扩增。用 1.0% 琼脂糖凝胶电泳检测扩增产物，图 3－43、图 3－44 显示，扩增条带大小约为 1 100bp，与预计目的片段大小一致。

利用 M13 Forward 引物和 M13 Reverse 引物进行菌落 PCR 鉴定。电泳检测扩增产物条带大小约 1 100bp，与预期片段大小一致，说明目的片段已插入 PMD19-T 载体。

挑选与预期插入片段相符的菌液进行测序鉴定。引物 GSP1－5 扩增到

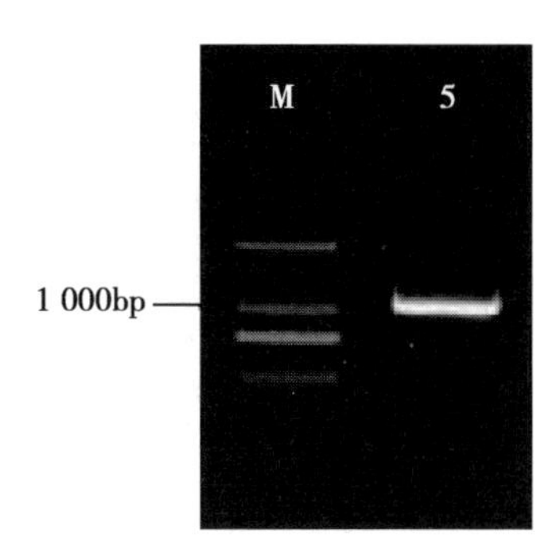

图中编号为 5 代表引物 Total1 –5 扩增产物的琼脂糖凝胶电泳检测；
T –5代表引物 Total1 –5 扩增产物阳性克隆检测带

图 3 –43　*SgPIP*1 –5 全长 cDNA 扩增的电泳检测

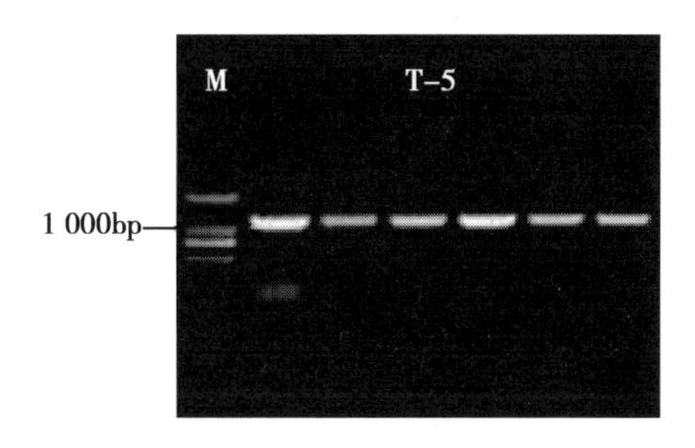

图中编号为 5 代表引物 Total1 –5 扩增产物的琼脂糖凝胶电泳检测；T –5 代表引物 Total1 –5 扩增产物阳性克隆检测带

图 3 –44　*SgPIP*1 –5 全长 cDNA 阳性克隆的菌落 PCR 鉴定

的 *SgPIP*1 基因与大麦的 HvPIP1 –5、小麦的 TaPIP1、玉米的 PIP1. 1 和滨麦的 PIP1 的核苷酸序列的同源性都达到了 80% 以上，得分值都大于 600，从以上的 PIP1 亚家族分析，推测 GSP1 –5 扩增到的 *SgPIP*1 基因属于 PIP1 类基因亚家族成员。

5. SgPIP1 –6 全长 cDNA 序列克隆

将 *SgPIP* 的中间、3′端和 5′端 cDNA 片段进行拼接，得到 1 条 PIP 基因全长序列，经 NCBI 中 Blastn 比对，都有完整的阅读框，表明初步得到了完整的 *SgPIP*1 –6 基因拼接全长 cNDA 序列。根据 *SgPIP* 的拼接序列设计 1 对长距离引物。以 cDNA 第一链为模板，进行全长 PCR 扩增。用 1. 0% 琼脂糖凝胶电泳检测扩增产物，图 3 –45 显示，扩增条带大小约为 1 100bp，与预计目的片段大小一致。

利用 M13 Forward 引物和 M13 Reverse 引物进行菌落 PCR 鉴定（图 3 –

46)。条带大小约为 1 100bp，与预期片段大小一致，说明目的片段已插入 PMD19 - T 载体，挑选与预期插入片段相符的菌液进行测序鉴定。

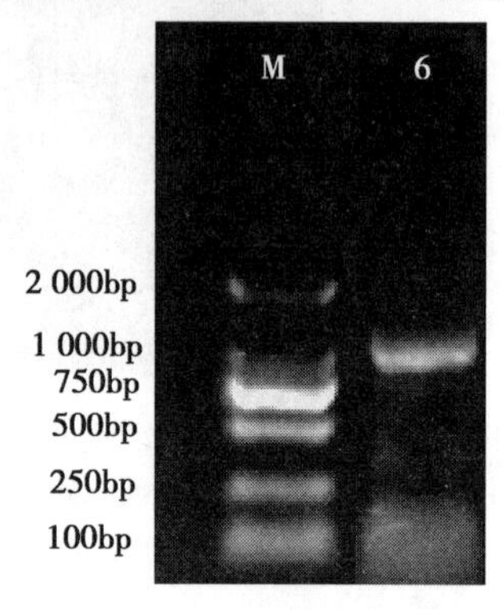

数字 6 代表引物 Total1 - 6 扩增产物的琼脂糖凝胶电泳检测及阳性克隆检测条带

图 3 - 45 *SgPIP*1 - 5 全长 cDNA 扩增的电泳检测

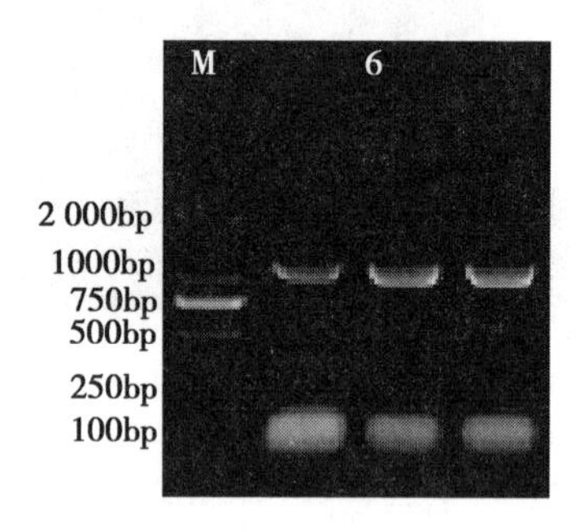

数字 6 代表引物 Total1 - 6 扩增产物的琼脂糖凝胶电泳检测及阳性克隆检测条带

图 3 - 46 *SgPIP*1 - 5 的 cDNA 阳性克隆的菌落 PCR 鉴定

6. SgPIP2 - 1 全长 cDNA 序列克隆

将 *SgPIP* 的中间、3′端和 5′端 cDNA 片段进行拼接，分别得到 1 条 PIP 基因全长序列，经 NCBI 中 Blastn 比对，都有完整的阅读框，表明初步得到了完整的 *SgPIP*2 - 1 基因拼接全长 cNDA 序列。根据拼接序列设计 1 对长距离引物进行 PCR 扩增，以 cDNA 第一链为模板，进行全长 PCR 扩增。用 1.0% 琼脂糖凝胶电泳检测扩增产物，图 3 - 47 显示，扩增条带大小约为 1 100bp，与预计目片段大小一致。

利用 M13 Forward 引物和 M13 Reverse 引物进行菌落 PCR 鉴定。条带大小约为 1 100bp，与预期片段大小一致，说明目的片段已插入 PMD19 - T 载体，挑选与预期插入片段相符的菌液进行测序鉴定（图 3 - 48）。

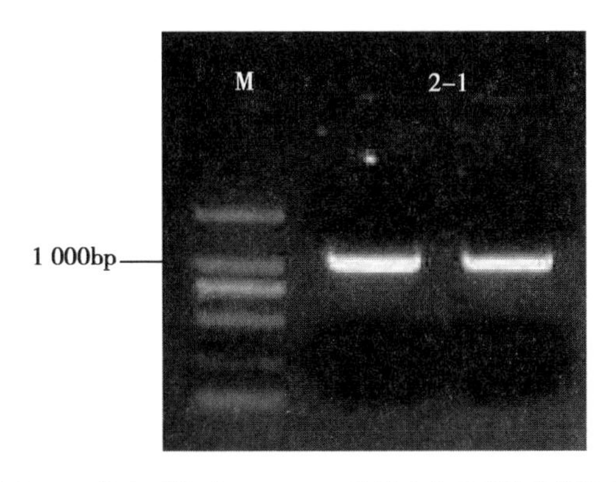

编号为 2－1 代表引物对 Total 2PCR 扩增产物的琼脂糖凝胶电泳检测带和阳性克隆检测条带

图 3－47　*SgPIP*2 全长 cDNA 扩增的电泳检测

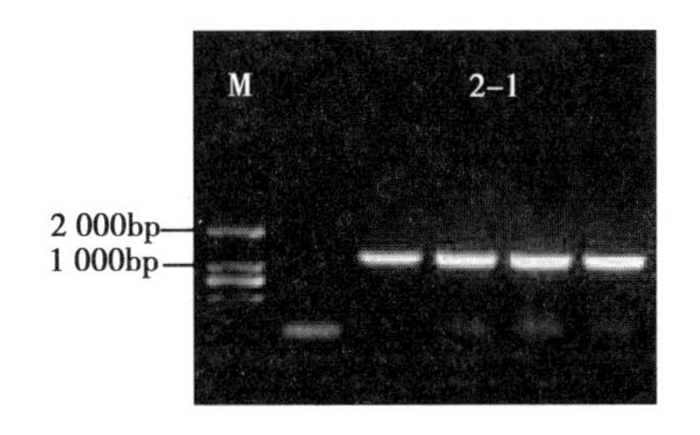

编号为 2－1 代表引物对 Total 2PCR 扩增产物的琼脂糖凝胶电泳检测带和阳性克隆检测条带

图 3－48　*SgPIP*2 全长 cDNA 阳性克隆的菌落 PCR 鉴定

NCBI 中 Blast 比对结果显示，*SgPIP*2 搜索到的禾本科同源性基因几乎都为 PIP2 类型，其中，与大麦（*Hordeum vulgare* PIP2－1，HvPIP2－1）、小麦（*Triticum aestivum* PIP2，TaPIP2）、水稻（*Oryza sativa*，OsPIP2a）、玉米（*Zea mays* PIP2－1，Zm pip2d）的水孔蛋白基因的核酸序列同源性都达到了 77% 以上，得分值都大于 700。从以上的 PIP2 亚家族分析，推测 *SgPIP*2 属于 PIP2 类基因亚家族成员。

八、*SgPIPs* 基因的生物信息学分析

利用 NCBI 的 Blastn 模块对中间片段 cDNA 序列、末端 cDNA 序列、全长 cDNA 序列的同源性进行分析，分析所得序列是否为所需目标克隆的序列。利用 VectNTI 软件包对所得的中间片段 cDNA 序列和末端 cDNA 序列进

行拼接，获取全长序列信息。利用 NCBI 的 Sequence analysis 对所得 *SgPIPs* 的部分和全长 cDNA 序列的开放阅读框（ORF）进行分析。

利用 NCBI 的六框翻译功能模块，对 *SgPIP*1 -1，*SgPIP*1 -2，*SgPIP*1 -3 的 cDNA 序列推导的氨基酸序列进行分析。*SgPIP*1 -1，*SgPIP*1 -2，*SgPIP*1 -3 蛋白的跨膜区分析应用 Tmpred 程序。ProtParam 计算 *SgPIP*1 -1，*SgPIP*1 -2，*SgPIP*1 -3 蛋白的相对分子量、等电点和不稳定系数。

*SgPIP*1 -1，*SgPIP*1 -2，*SgPIP*1 -3 的氨基酸序列同源性比对以及系统进化分析所采用的软件为 ClustalX 和 MEGA4 软件，用 clustalX1.8 进行多序列比对，MEGA4.0 建立系统进化树。

1. *SgPIP* 的核苷酸与氨基酸序列分析

对 *SgPIP*1 -1、*SgPIP*1 -2、*SgPIP*1 -3 的推导氨基酸序列分析表明，他不但具有 MIP 家族的信号序列 SGXHXNPAVT，而且具有质膜水通道蛋白的特征信号序列 GGGANXXXXGY 和 TGI/TNPARSI/FGAAI/VI/VF/YN；同时具有水通道蛋白典型的 6 个跨膜区（TM）和两个 NPA 单元，在第一和第四跨膜区均具有与水通道形成有关的高度保守的 EXXXTXXF/L 单元（图 3 -49）。

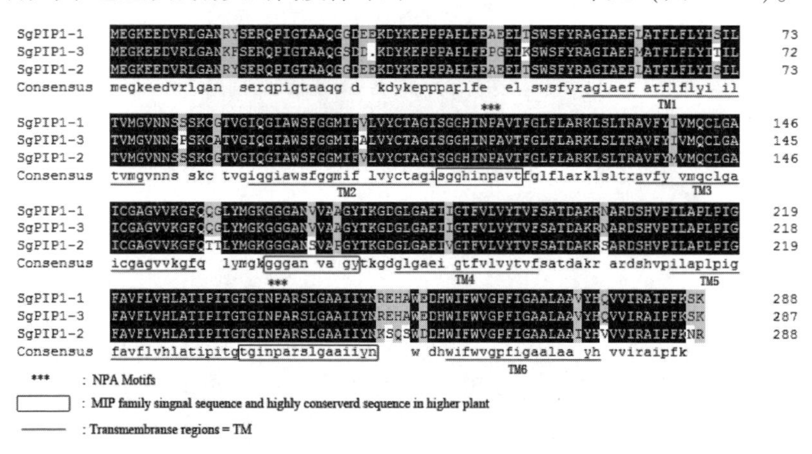

图 3 -49　*SgPIP*1 -1，*SgPIP*1 -2，*SgPIP*1 -3 的推导氨基酸序列同源性分析

应用 NCBI 上的 Blast 功能进行序列同源性分析，Blastn 结果显示 *SgPIP*1 -1、*SgPIP*1 -2、*SgPIP*1 -3 的全长 cDNA 序列与大麦（*Hordeum vulgare* PIP1 -2）、小麦（*Triticum aestivum* PIP）、水稻（*Oryza sativa*）、玉米（*Zea mays* PIP1 -1）、甘蔗（*Saccharum officinarum*）水通道蛋白基因的核酸序列同源性均在 85% 以上，得分值都高于 500，E 值小，唯一性显著。其中多数为禾本科植物水通道蛋白基因，尤与大麦同源性最高，可达 89%。核

苷酸序列由同源性均在 85% 以上的多为 PIPs 类基因家族成员，结合图 3 - 49 氨基酸序列特征，推断 *SgPIP*1 - 1、*SgPIP*1 - 2、*SgPIP*1 - 3 都属于 PIPs 类基因家族成员。

根据 PIPs 由于 N-端和 C-端的不同（King，L. S. 2004），分为 PIP1 和 PIP2 两类。（图 3 - 50）。对大针茅 *SgPIP*2 - 1 和 *SgPIP*1 - 5 的氨基酸序列的

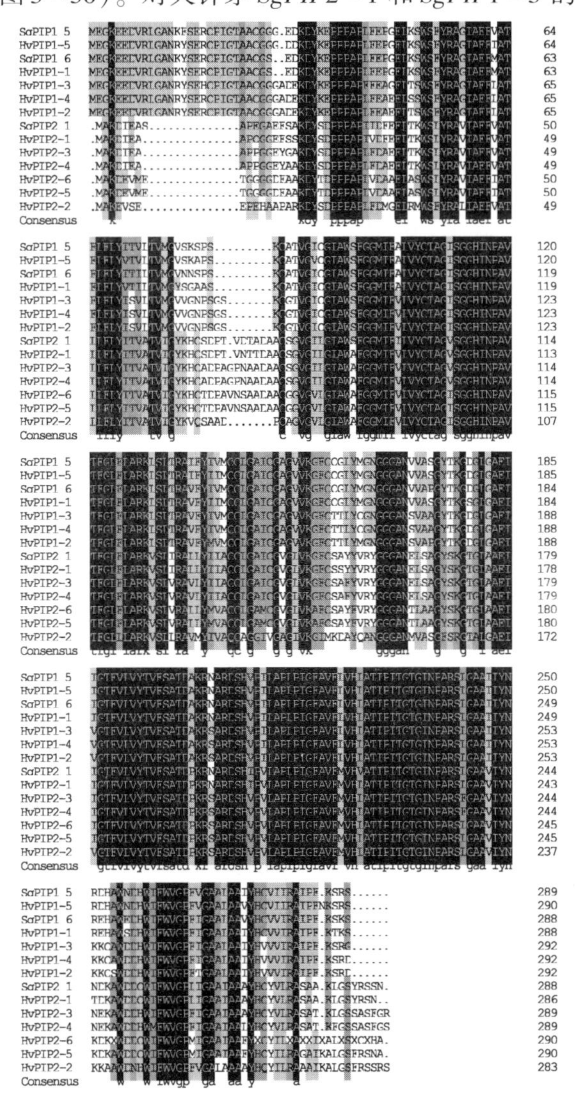

图 3 - 50　*SgPIP* 与大麦 *PIPs* 的氨基酸序列比对

N-端和C-端序列进行分析发现，在水孔蛋白的功能区，PIP氨基酸序列的差异主要体现在N端、C端。并且大麦的HvPIP2、*SgPIP*2 -1以及大麦的HvPIP1和*SgPIP*1 -5的氨基酸序列比较，PIPI确系比PIP2具有较长的N-端和较短的C-端，而且在序列当中各有相应的保守氨基酸。

2. *SgPIP*的氨基酸序列进化分析

利用MEGA4软件的相邻连接法（NJ），绘制克隆得到的大针茅*SgPIP*1 -1、*SgPIP*1 -2、*SgPIP*1 -3、*SgPIP*2 -1、*SgPIP*1 -5、*SgPIP*1 -6以及其他植物氨基酸序列进化树（图3 -51），经1000次Bootstrap检验，每

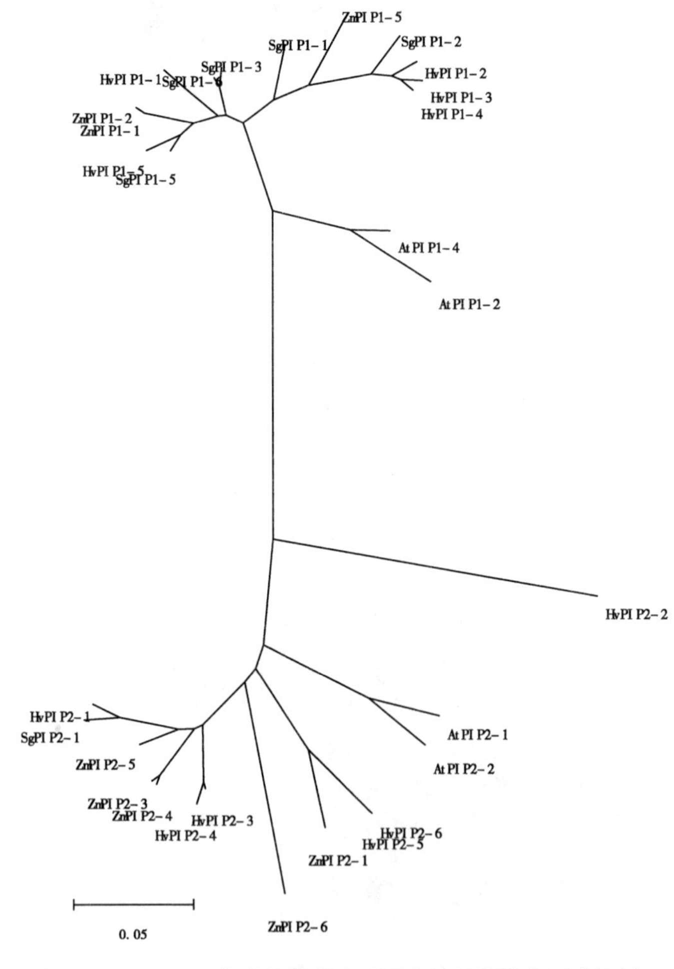

图3 -51 *SgPIP*与其他物种水孔蛋白的氨基酸序列进化树

个分支得分均在60分以上，以亲缘关系较远的 *AtPIP*1－4 为外类群的进化树较为可信。

3. *SgPIP* 蛋白疏水/亲水性的预测和分析

蛋白质分子的基本特征之一是亲水的极性部分在分子的表面，疏水的非极性分子在分子内部，形成亲水胶体而行使功能。依据氨基酸分值越高亲水性越弱、分值越低疏水性越弱的规律，用 Expasy 中 ProtScale Sever 对 *SgPIP*2－1 和 *SgPIP*1－5 蛋白氨基酸序列的疏水性/亲水性进行预测。以氨基酸残基的序号为横坐标，疏水/亲水值为纵坐标，疏水为正值，亲水为负值，*SgPIP*2－1 和 *SgPIP*1－5 整个蛋白呈现较强的疏水性，为疏水性蛋白，符合典型膜蛋白的特征（图3－52、图3－53）。

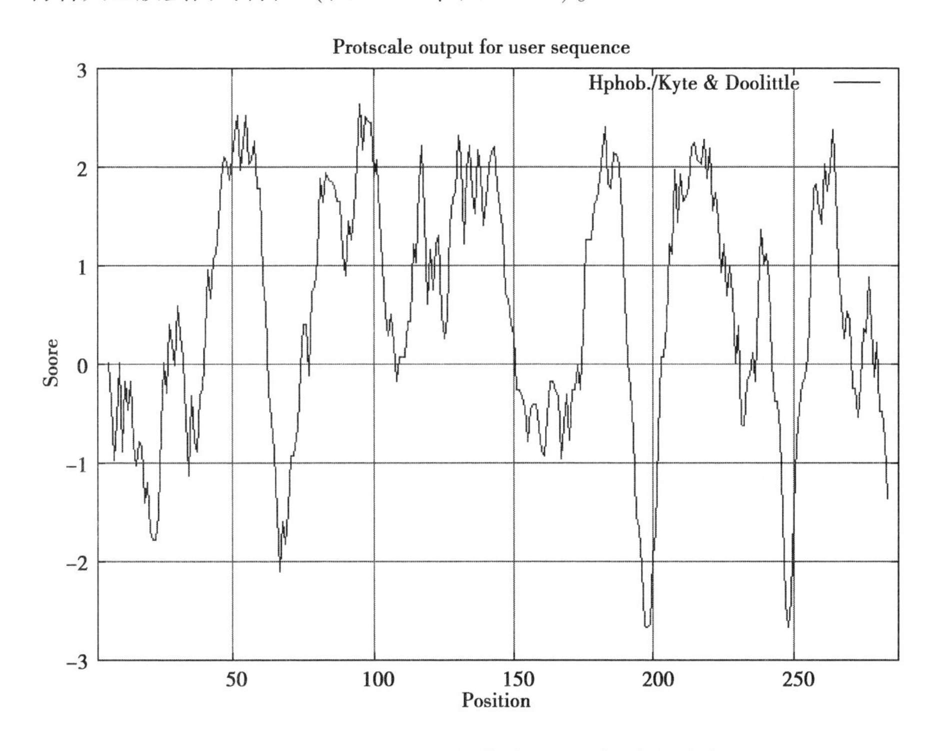

图3－52　*SgPIP*2－1 蛋白氨基酸序列疏水/亲水性的预测

4. *SgPIP* 蛋白跨膜结构域的预测和分析

利用 TMHMM 程序对 *SgPIP* 蛋白的跨膜结构域进行了预测和分析，如图3－54、图3－55所示。

*SgPIP*1－5 具有典型的6个跨膜区，具有水孔蛋白的跨膜特征，且得分为

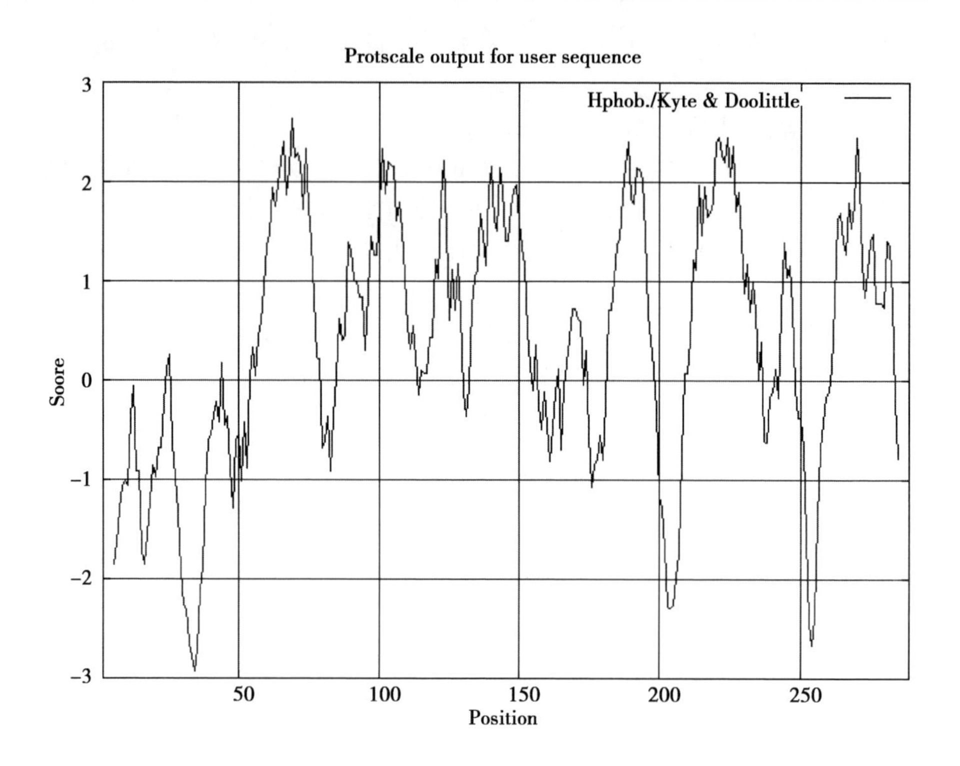

图 3－53　*SgPIP*1－5 蛋白氨基酸序列疏水/亲水性预测

0.95694，具有显著意义。该蛋白的 N 端的亲水性要强于 *SgPIP*2－1，整个蛋白呈现非常强的疏水性，符合典型膜蛋白的特征。从膜内到膜外方向，*SgPIP*1－5 的跨膜区分别位于多肽链的第 56～78 位，共 23 个氨基酸；第 93～115 位，共 23 个氨基酸；第 136～153 位，共 18 个氨基酸；第 180～197 位，共 18 个氨基酸；第 210～232 位，共 23 个氨基酸；第 258～280 位，共 23 个氨基酸。

*SgPIP*2－1 蛋白整个氨基酸序列具有典型的 6 个跨膜区，具有水孔蛋白的跨膜特征。从膜内到膜外方向，*SgPIP*2－1 的跨膜区分别位于多肽链的第 43～62 位，20 个氨基酸；第 82～104 位，23 个氨基酸；第 125～147 位，23 个氨基酸；第 172～191 位，20 个氨基酸；第 204～226 位，23 个氨基酸；第 252～274 位，22 个氨基酸。

5. *SgPIP* 蛋白功能结构域的预测

在 NCBI 中的 CDD 数据库中，对 *SgPIP*1－5 蛋白的功能结构域进行分析，结果如图 3－56 显示。*SgPIP*1－5 蛋白也有一个典型的 MIP 保守区。在 MIP 匹配区内，*SgPIP*1－5 蛋白的氨基酸 与 MIP 蛋白保守区序列 100% 一

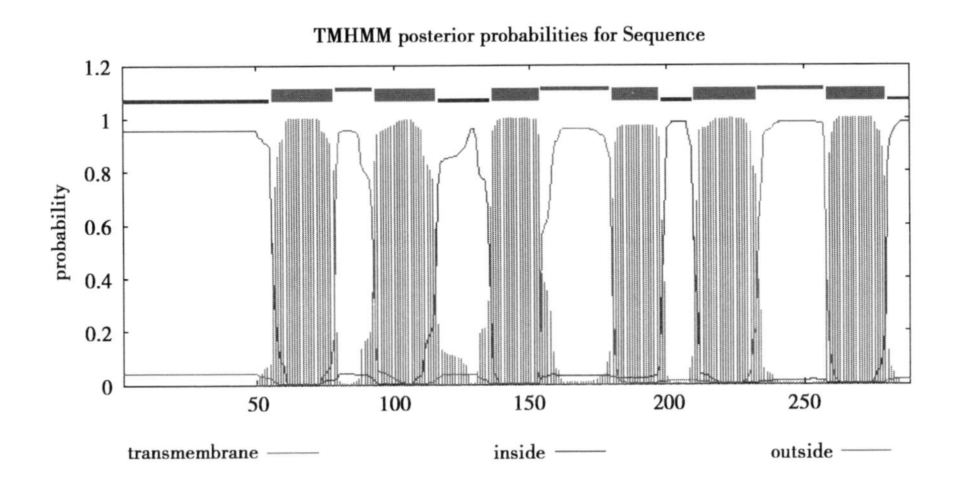

图 3－54　*SgPIP*1－5 蛋白氨基酸序列跨膜结构域的预测

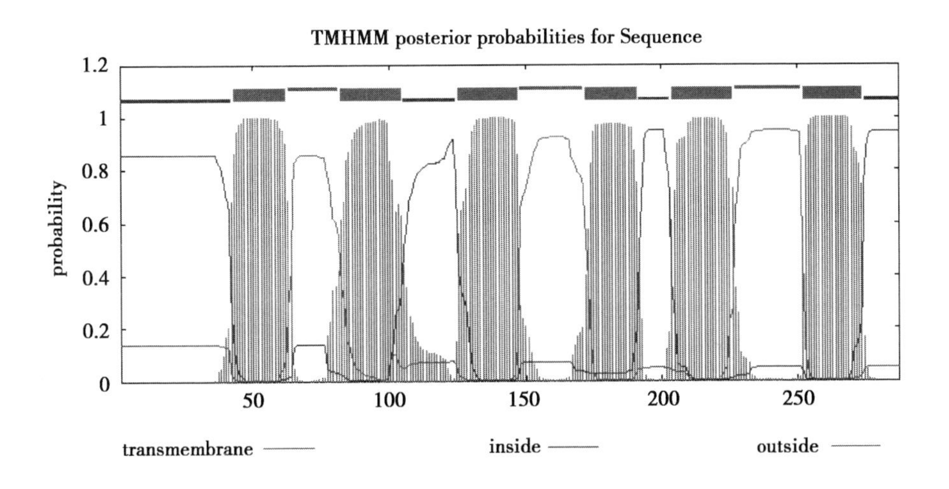

图 3－55　*SgPIP*2－1 蛋白氨基酸序列跨膜结构域的预测

致。该基因含有 289 个氨基酸，MIP 保守结构域约位于第 55～280 位氨基酸之间，进一步证实，*SgPIP*1－5 属于 AQP 基因家族成员。

同时，利用 CDD 数据库对 *SgPIP*2－1 蛋白的功能结构域进行分析。结果如图 3－57 显示，*SgPIP*2－1 蛋白含有一个典型的 MIP 保守区。在 MIP 匹配区内，*SgPIP*2－1 与 MIP 蛋白保守区序列的氨基酸 100% 一致。该基因含有 288 个氨基酸，MIP 保守结构域位于第 40～270 位氨基酸之间，推测

*SgPIP*2－1 属于 AQP 基因家族成员。

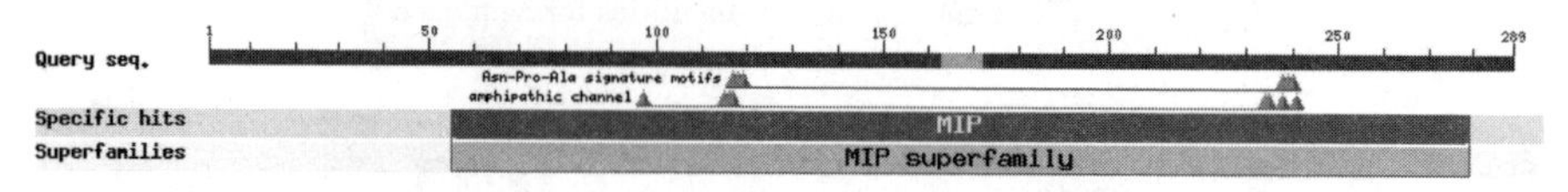

图 3－56　*SgPIP*1－5 蛋白氨基酸序列保守结构域的预测

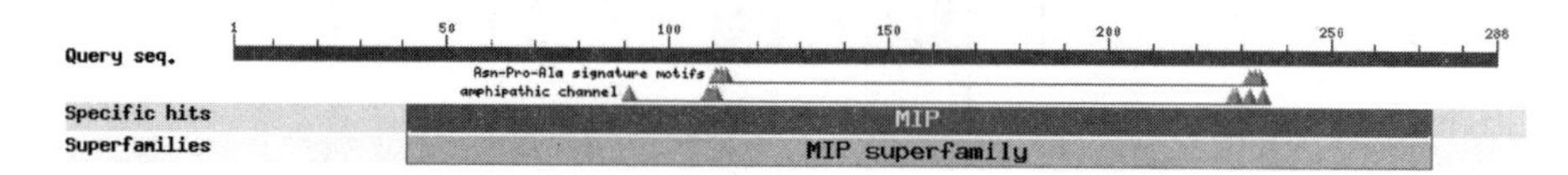

图 3－57　*SgPIP*2－1 蛋白氨基酸序列保守结构域的预测

6. *SgPIP* 蛋白三级结构的预测

植物水通道蛋白氨基酸序列的拓扑学分析和三维结构分析表明，在活体生物膜内水通道蛋白以四聚体形式存在。通过 SWISS-MODEL 在线自动比对分析模板序列，在已有蛋白质数据库中寻找已经成功获得蛋白质衍射结构的序列，参照生成 *SgPIP* 的模板，利用 Deepview 软件进行修饰。图 3－58（A）、图 3－59（A）中白色线条代表 Loop 亲水环状结构，剩余彩色颜色所标示的代表跨膜区的 α 螺旋结构；图 3－58（A）中 2 个对称的绿色螺旋和图 3－59（A）2 个对称的蓝色螺旋代表在所有水通道蛋白家族中都保守的 Asn-Pro-Ala（NPA）氨基酸组单元。从图中可以看出，2 个 NPA 单元位于嵌入但不贯穿膜的顶对顶放置的短 α-螺旋顶部。图 3－58（B）、3－59（B）分别为 *SgPIP*2－1 和 *SgPIP*1－5 表面结构模拟，中间孔为水孔蛋白的中间孔道。

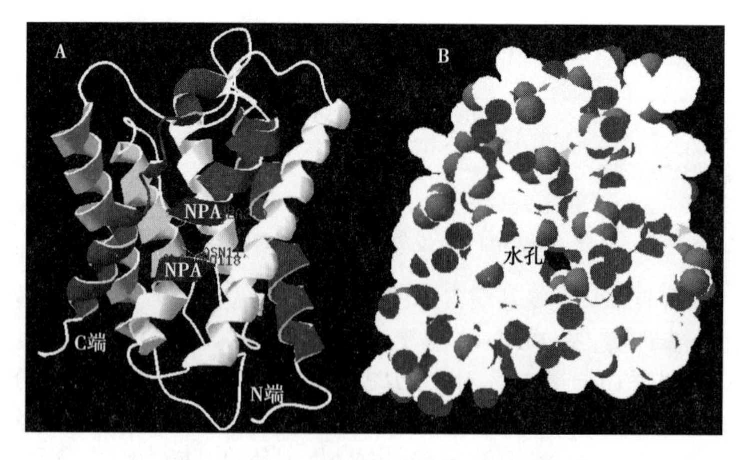

图 3－58　*SgPIP*1－5 三级结构的预测

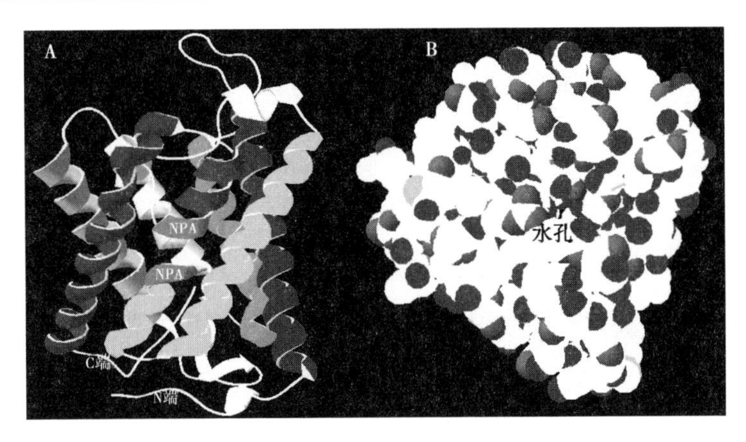

图 3－59　*SgPIP2*－1 三级结构的预测

第二节　大针茅植物干旱胁迫下最适内参基因

一、大针茅种子采集及幼苗处理

大针茅种子采摘于内蒙古自治区呼伦贝尔草原。将大针茅种子播种在花盆中，采用土培法培养（土：蛭石：营养土为 6：3：1），获得实生苗。待幼苗分蘖长到一定大小株丛，采用土壤不浇水自然干旱的办法进行干旱胁迫处理，分别在干旱处理的 0、5d、10d、15d、20d、25d 取其根和叶，每个样品取 3 个重复，且样品量大于 2g。所有样品都放于液氮速冻后，保存在－80℃的冰箱中备用。

二、大针茅总 RNA 提取和检测

用于提取 RNA 的所有的耗材均为无菌无酶处理过。镊子、研钵和研杵经干热灭菌（180℃，4h 左右），枪头、离心管、用 0.1% 的 DEPC 水浸泡过夜后高压湿热灭菌。操作均在无菌无酶的环境中进行。

RNA 质量检测：①总 RNA 紫外分光光度计的检测：吸取 4μl RNA，用 236μl DEPC 水 60 倍稀释。将稀释后的 RNA 用紫外分光光度计测 OD 值，当 A_{260}/A_{280} 在 1.7～2.0，说明提取的总 RNA 质量很好，经计算实验提取的总 RNA 的 OD 值均在 1.8～2.0。记录稀释后 RNA 的 Conc 值（浓度），用公式：RNA 原液浓度 = Conc × 稀释倍数（60）（ng/μl），计算得出 RNA 原液浓度。

②用1.2%琼脂糖凝胶电泳检测所提取的RNA的完整性。图3-60为大针茅总RNA经1.2%琼脂糖凝胶电泳20min后，图中可见清晰的两条带，即28s和18s，并且28s条带最亮其次为18s而5s条带隐约可见，由此可看出提取的大针茅总RNA较完整，且提取的即RNA基本没有降解，可以作为合成cDNA模板。

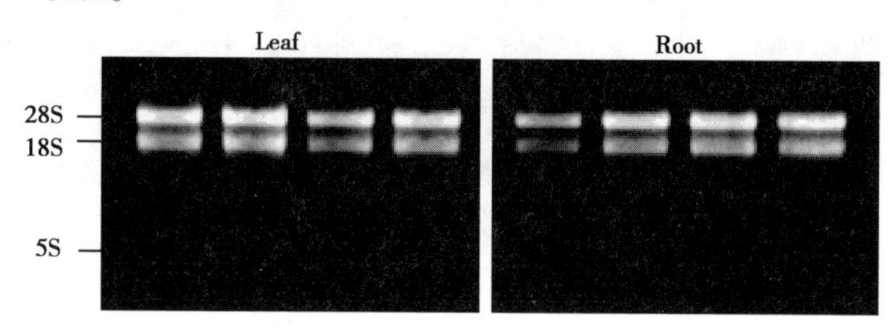

图3-60 大针茅叶、根的总RNA琼脂糖凝胶电泳图

三、大针茅cDNA的合成

cDNA合成，采用通用型RT-PCR（TaKaRa）试剂盒。反转录PCR体系共20μl，其中包括：RNA原液10.0μl，PrimeScript RT Enzyme Mix I 1.0μl，RT Primer Mix * 4 1.0μl，5 × PrimeScript Buffer 2（for Real Time）4.0μl，RNase Free dH_2O 4.0μl。反转录程序如下：37℃，15min；85℃，5 sec；4℃ 24h。将合成的cDNA保存于-20℃待用。

四、候选内参基因的引物设计

依据已发表的文献，笔者从中选择9个候选内参基因，它们代表不同的功能和不同的基因家族，分别是*Act2*、*TUB-α*、*TUB-β*、18*S rRNA*、*GAPDH*、*EF*-1*α*、*RNA POL II*、*APRT*、*TLF*，NCBI提供的各候选基因的引物位置及基因结构见图3-61。根据各个候选基因的保守序列用Primer Premier 5.0设计引物（表3-9），各引物的退火温度在60℃左右，引物长度在20~26bp，扩增序列长度大约在80~150bp。

表 3-9　qRT-PCR 引物序列及扩增特征

基因简称	基因名称	基因序列号	引物序列（5′-3′）	目的片段大小（bp）
Act2	Actin2	Si026509m	F：CGCATATGTGGCTCTTGACT R：GGGCACCTAAATCTCTCTGC	126
TUB-α	Alpha tubulin	Si029822m	F：TACCAGCCACCATCTGTTGT R：GGTCGAACTTGTGGTCAATG	121
TUB-β	Beta tubulin	Si035709m	F：GACTCAGCAGATGTGGGATG R：TCTTGTTCTGGACGTTGAGC	143
18*S rRNA*	18S ribosomal RNA	Chr299498	F：CAATGGGAAGCAAGGCTGTAA R：AACAATCCGACTGAGGCAATC	80
GAPDH	glyceraldehyde-3-phosphate dehydrogenase?	KC679843	F：CTCTCTGCTCCTCCTGTTCG R：TGGCAACAATATCCACTTTACC	151
EF-1α	Elongation factor 1-alpha	Si022039m	F：TGACTGTGCTGTCCTCATCA R：GTTGCAGCAGCAAATCATCT	133
RNA POL II	RNA polymerase II	Si033113m	F：TAGGAAAGGAATTGGCAAGG R：TAGGACTGCTTTCGACCCA	146
APRT	Adenine phosphoribosyl transferase	Si023070m	F：ACTGGTGGAACACTTTGTGC R：GGCAATTCAATGACACAAGC	86
TLF	Translation factor	Si000298m	F：CCCTCAGTGTGTGTTTGACC R：CTTGAGACCCTTCCTCTTGC	109

五、候选内参基因目的片段的合成

20μl 的反应体系包括：5×PrimerSTAR™ Buffer（Mg^{2+} plus）5μl，dNTP Mixture（2.5 mM each）1μl，上游引物（20μM）0.5μl，下游引物（20μM）0.5μl，短花针茅 cDNA 1μl，PrimerSTAR™ HS DNA Ploymerase 1μl，RNase Free dH_2O 11μl。反应程序为：94℃预加热 3min，94℃模板变性 30sec，60℃退火 30sec，72℃模板延伸 30sec，72℃保持 5min 使产物延伸完整，35 个循环。

以大针茅 cDNA 为模板，利用表 3-9 中已经设计好的引物，通过普通 PCR 特异性扩增各个候选内参基因的目的片段，经 1.0% 的琼脂糖凝胶电泳检测（上样量 3μl，电压 120V，电泳时间 15min）结果见图 3-62。各候选内参基因均有单一的条带，所得的目的片段大小与预期的结果基本一致。将所得片段连接转化后，经测序后显示，各候选内参基因的序列与 GenBank 中已有的序列是一致的，这一结果进一步说明引物的设计是特异性的，并且反应中引物的退火温度及反应条件设计的也很合理，符合进一步实验的要求。

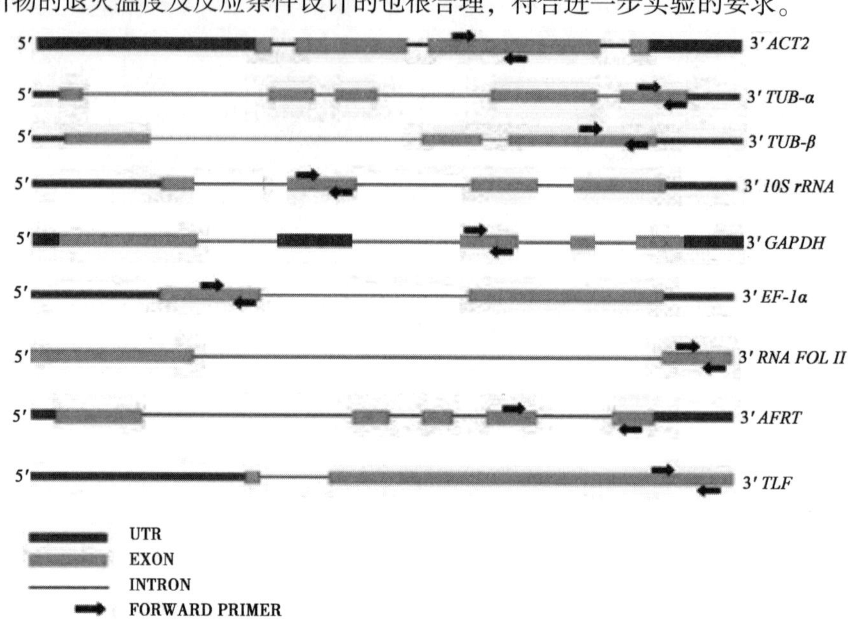

图 3－61　9 个候选基因引物位置及基因结构说明

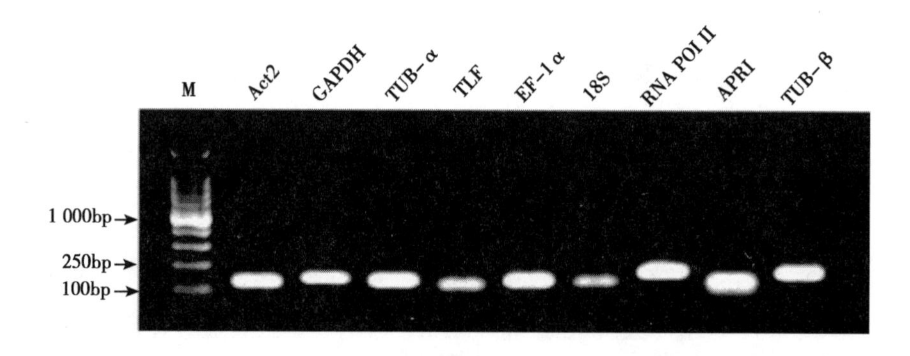

图 3－62　候选内参基因 PCR 扩增产物琼脂糖凝胶电泳

六、候选内参基因引物特异性及 qRT-PCR 扩增效率

1. 实时荧光定量 PCR

20μl 的荧光定量 PCR 反应体系包括：SYBR *Premix Ex Taq*™ （2×）

10μl，上游引物和下游引物各 1μl，cDNA 模板 2μl，RNase Free dH_2O 6μl。RT-qPCR 的反应程序为：95℃预变性 5min；95℃变性 5sec，60℃退火 30sec，45 个循环。扩增完毕后，进行熔解曲线分析以确定扩增产物的特异性，温度从 60℃缓慢递增到 95℃，连续测定样品的荧光强度以获取熔解曲线。

2. 候选内参基因的引物特异性

引物的特异性可以通过 qRT-PCR 仪自动生成熔解曲线来确定，如图 3－63 所示，各个基因的熔解曲线均呈单一峰型，每个峰的位置基本一致，Tm 值均在 85℃左右，且各个候选内参基因的扩增曲线较平稳，符合实验要求。

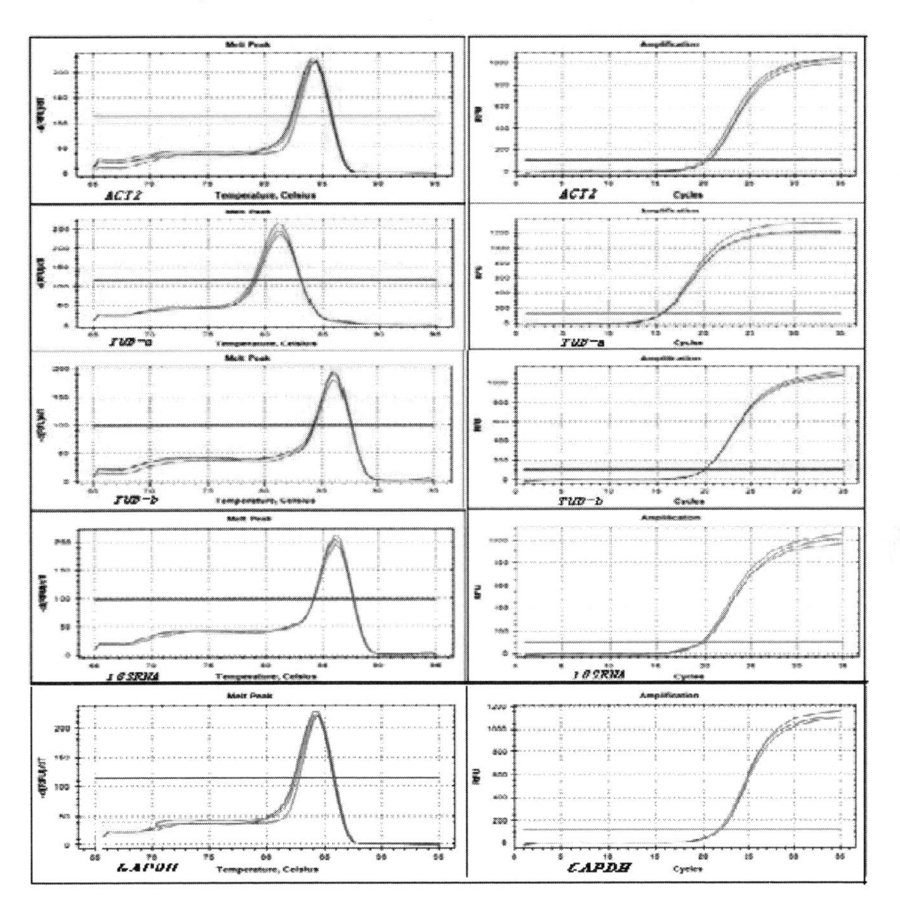

（接下图）

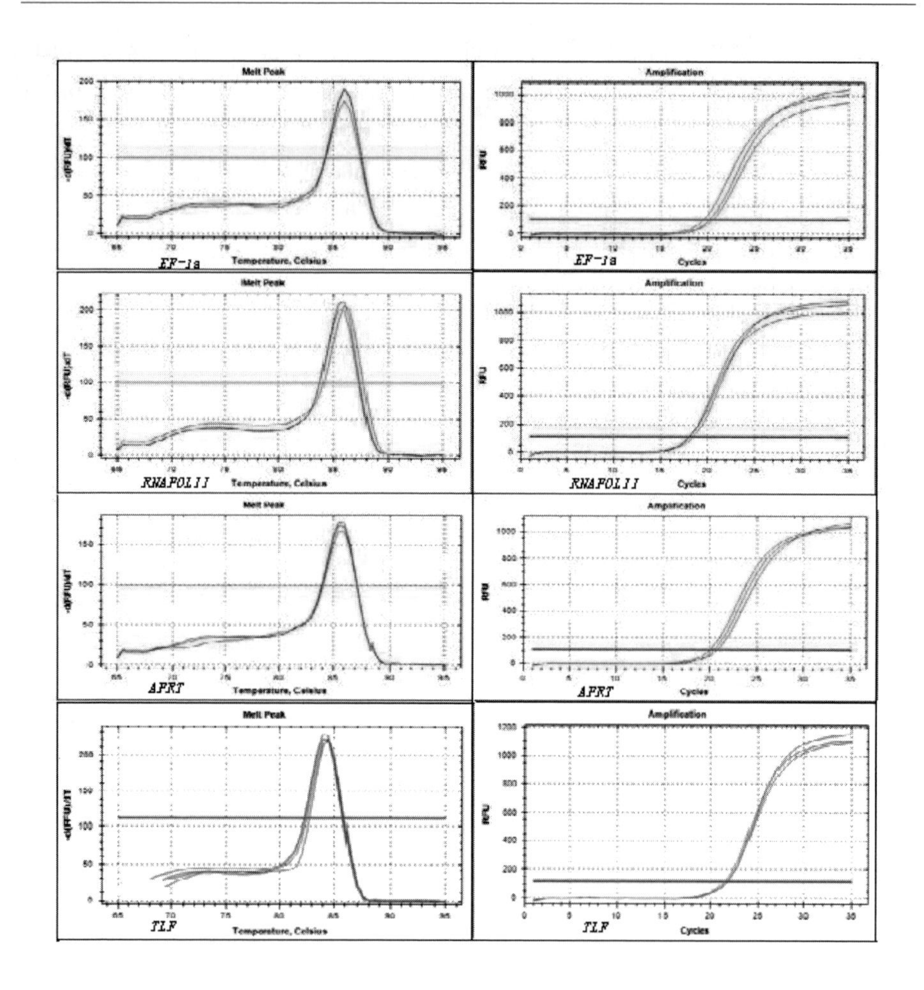

图 3－63　候选内参基因的熔解曲线和扩增曲线

3. 候选内参基因引物 qRT-PCR 扩增效率

将设计好的各个候选内参基因引物用于普通 PCR，且回收 PCR 产物，然后回收产物经 10 倍梯度稀释（共稀释 5 到 7 个梯度）后，最后用已经稀释好的回收产物作为模板进行 qRT-PCR 来生成各候选内参基因扩增效率的标准曲线见图 3－64，结果显示各候选内参基因的标准曲线相关系数（R^2）较大，为 0.978～1.001，符合 qRT-PCR 分析要求。

实验要求每个理想内参基因的扩增效率应在 1.7～2.0。因此，在实验中为了准确定量 PCR 反应数据，必须使所有的样品的扩增效率都相近，如表3－10所示，9 个候选基因的扩增效率均在 1.911～1.986，且标准偏差

（SD）较小，均在0.012～0.045，均符合标准，可以进行后续实验。

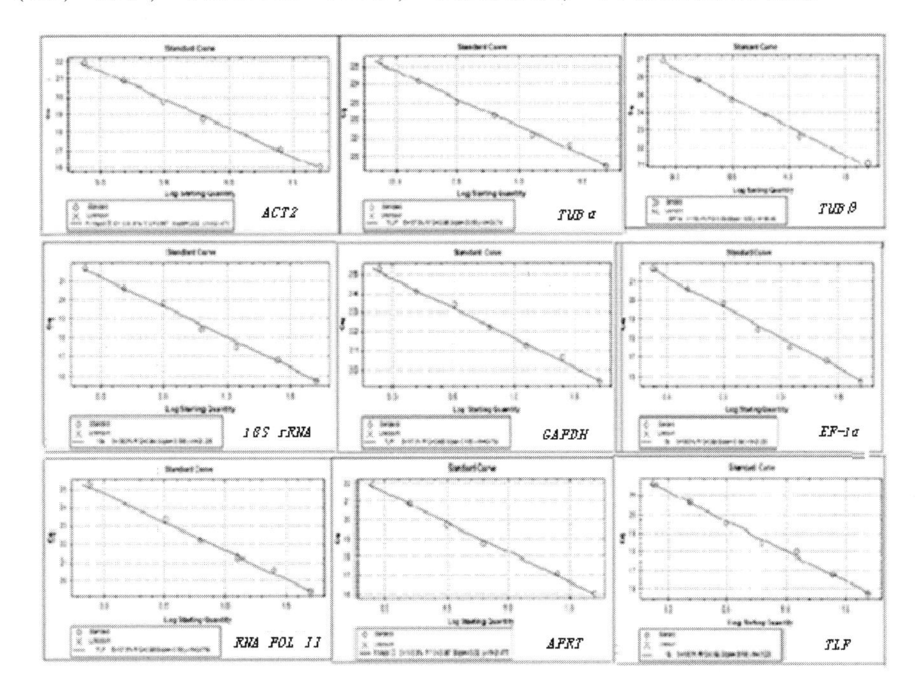

图 3－64　候选内参基因标准曲线

表 3－10　候选内参基因引物扩增特性

基因	序列号	目的片段大小（bp）	扩增效率及标准偏差（Efficiency ± SD）
ACT2	Si026509m	126	1.973 ±0.024
TUBα	Si029822m	121	1.911 ±0.045
TUBβ	Si035709m	143	1.976 ±0.041
18*S rRNA*	Chr299498	80	1.928 ±0.014
GAPDH	KC679843	151	1.951 ±0.013
EF－1*α*	Si022039m	133	1.955 ±0.017
RNA POL II	Si033113m	146	1.945 ±0.015
APRT	Si023070m	86	1.986 ±0.020
TLF	Si000298m	109	1.925 ±0.012

七、内参基因 qRT-PCR 数据分析

对 qRT-PCR 的过程中内参基因的稳定性的分析主要用 ΔCt 法和两种基于统计学的软件分析方法（geNorm、NormFinder）综合分析最终确定干旱胁迫下大针茅根和叶中最稳定的内参基因。

NormFinder 软件分析：NormFinder 类似 geNorm 程序的另外一种分析内参基因稳定性的程序，其算法首先利用标准曲线将每个基因在样品中的 Ct 值转化成线性的量值。具体做法是以各样品的 Ct 值设为 X，将其代入每个基因的标准曲线的线性方程 $y = kx + b$ 中，将此值输入 NormFinder 软件中，NormFinder 软件可以根据基因在同组样品之内或者不同组样品之间的差异，计算出这个基因在所研究样品之间的随机稳定性（arbitrary stability value），以此来分析基因在样品间的表达稳定性，并筛选出合适的内参基因。随机稳定性越低，说明基因在样品间越稳定。

1. ΔCt 值法分析候选内参基因稳定性

ΔCt 值分析法：通过 qRT-PCR 得到各内参基因在样品中的最大 Ct 值与最小 Ct 值后，两者之差得到 ΔCt（qRT-PCR 过程中循环数），通过对这些 ΔCt 值进行统计学分析，比较同一个内参基因在所有样品之间的 ΔCt 值，如果一个内参基因在所有的样品中的 ΔCt 值越小，说明该内参基因的表达越稳定，反之表达越不稳定。以此筛选表达最稳定的内参基因。

内参基因的 Ct 值越小则基因表达丰度越高，反之，Ct 值越大基因表达丰度越低。我们发现在干旱胁迫条件下大针茅的根和叶的样品中内参基因的表达水平存在一些差异（表 3－11），在干旱胁迫下，大针茅根中 Ct 值变化范围较小的候选内参基因为 18*S rRNA*、*EF*-1*α* 和 *TLF*，其 ΔCt 值分别为 2.48、2.95、3.21，Ct 值变化范围较大为 *APRT*，*RNA POL II*，*GAPDH* 和 *TUBβ*，其 ΔCt 值在 8.28～9.91 之间；在叶中 Ct 值变化范围较小的候选内参基因为 18*S rRNA*、*EF*-1*α* 和 *TLF*，其 ΔCt 值分别为 1.66、2.30、2.70，Ct 值变化范围较大为 *RNA POL II*，TUBα 和 TUBβ，其 ΔCt 值在 6.89～8.72。结果表明，相同处理下的同一内参基因在不同的取材部位中其 Ct 值是有波动的，并不是一个固定值。

表 3－11　候选内参基因稳定性的 ΔCt 值

不同部位	内参基因	Ct 值范围	平均 Ct 值	△Ct 值
根中	根 18*S rRNA*	15. 82～18. 30	17. 06	2. 48
	根 *EF*-1*α*	18. 10～21. 05	19. 58	2. 95
	根 *TLF*	18. 11～24. 32	21. 22	3. 21
	根 *ACT*2	29. 04～35. 15	32. 09	6. 11
	根 *TUBα*	19. 56～25. 78	22. 67	6. 22
	根 *TUBβ*	25. 87～34. 15	30. 01	8. 28
	根 *GAPDH*	25. 04～34. 15	29. 60	9. 11
	根 *RNA POL II*	22. 65～32. 33	27. 49	9. 68
	根 *APRT*	20. 61～30. 52	25. 57	9. 91
叶中	叶 18*S rRNA*	14. 56～16. 22	15. 39	1. 66
	叶 *EF*-1*α*	17. 91～20. 21	19. 06	2. 30
	叶 *TLF*	17. 52～20. 22	18. 87	2. 70
	叶 *GAPDH*	21. 56～27. 32	24. 44	5. 76
	叶 *APRT*	20. 01～26. 52	23. 27	6. 51
	叶 *ACT*2	27. 56～34. 22	30. 89	6. 66
	叶 *TUBβ*	23. 32～30. 21	26. 77	6. 89
	叶 *RNA POL II*	20. 56～28. 12	24. 34	7. 56
	叶 *TUBα*	19. 97～28. 69	24. 33	8. 72

2. geNorm 软件分析候选内参基因稳定性

geNorm 软件分析：具体方法是将某一实验处理条件下同一基因的所有样本中，Ct 值（3 个平行样 Ct 值的平均值）最小的样本（即含有最多目的基因拷贝数的样本）的 Q 值设为 1，其余样本的 Q 值用公式 $Q = E^{\Delta Ct}$ 得到相对量的数据 Q，其中，E 为扩增效率、ΔCt＝平均 Ct 值－各样本 Ct 值，将转换后的数据导入到 geNorm V3. 5 中，geNorm 程序将某一个内参基因与其他内参基因的表达水平进行两两比较，然后将该平均标准差作为基因表达稳定度的平均值 M（Vandesompele J 2002，Pfaffl M W 2004）；根据所有候选内参基因的 M 值进行排序（M 越小表达越稳定，反之，则越不稳定）逐步去除 M 值最高的基因直至最后得到 M 值最小的内参基因，同时 geNorm 程序还可以计算这些基因的配对差异 Vn/n＋1 值，根据 Vn/n＋1 值的大小来判断能达到准确定量目的基因的内参基因的最适配对数目。最适配对数目是

Vn/n+1 值小于 0.15 所对应的 n 值，例如，V2/3 值小于或等于默认值 0.15，则所需内参个数为两个，反之应该再增加一个内参基因。最终获得各内参基因表达稳定性 M 值以及最佳内参基因组合数 n 值，从而筛选出表达最稳定的内参基因及最佳内参基因组合。

（1）geNorm-M 值分析，利用 geNorm 软件对干旱胁迫下的大针茅根和叶样品中，各候选内参基因平均表达稳定值（M）进行分析（M 值越小稳定性越好，在不同胁迫处理下系统默认的 M 值为 1.5）。结果如图 3-65 所示，干旱胁迫下，大针茅根中 18*S rRNA* 内参基因是最稳定的，其次是 *EF-1α*（M 值分别为 0.295 和 0.321），*RNA POL II* 内参基因最不稳定（M 值为 0.747）。在叶中，18*S rRNA* 内参基因是最稳定的，其次是 *TLF*（M 值分别为 0.187 和 0.218），*TUBβ* 内参基因最不稳定（M 值为 0.732）。

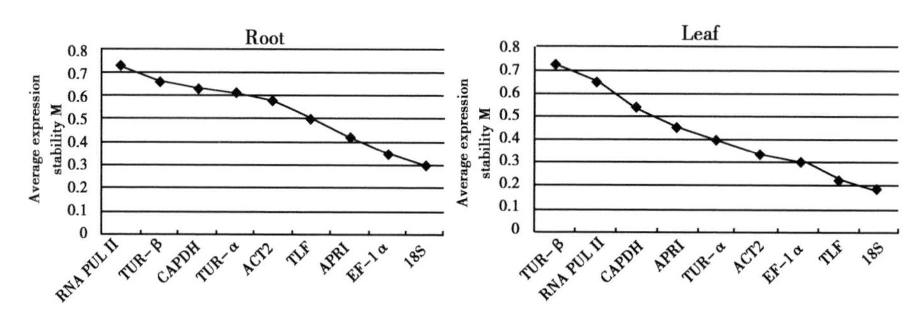

图 3-65 geNorm 软件分析在干旱胁迫下大针茅根和叶样品中候选内参基因的 M 图

（2）geNorm-V 值。图 3-66 为 geNorm 软件分析各候选内参基因的最佳配对 V 值。系统默认的 V 值为 0.15，V 值小于 0.15 时选 n 个内参基因组合即可，反之应选n+1 个。本次实验中，在干旱胁迫下，大针茅的根部 V2/3 的值是 0.122，因此根中应该筛选两个内参基因作为 qRT-PCR 的内标，其组合为 *EF-1a* 和 18*S rRNA*（V2/3 = 0.122）。而叶的 V2/3 的值是 0.115，因此在叶中也应该筛选两个内参基因作为 qRT-PCR 的内标，其最佳组合是 18*S rRNA* 和 *TLF*（V2/3 = 0.115）。

3. NormFinder 软件评价候选内参基因稳定性

由 NormFinder 评价内参基因的稳定值越低说明该基因越稳定。从表 3-12 中可看出，在干旱胁迫下，大针茅根中有 3 个内参基因表达比较稳定，它们依次是 *EF-1α*、18*S rRNA*、*TUBα*；而在叶中表达稳定的 3 个内参基因分别是 18*S rRNA*、*TLF*、*EF-1α*。

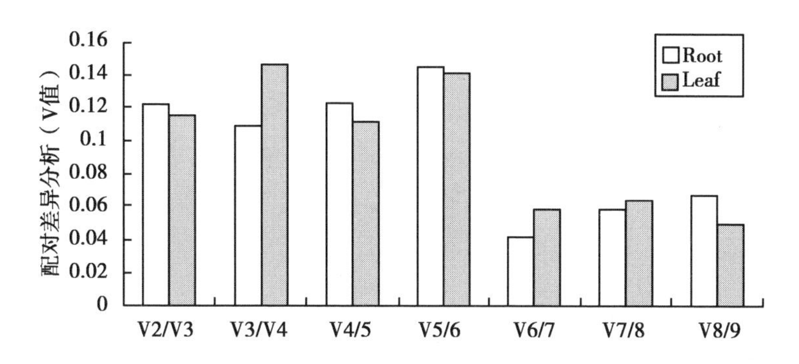

图 3－66　干旱胁迫下大针茅根和叶候选内参基因 Vn/n＋1 值

表 3－12　内参基因表达差异的 NormFinder 分析

	ACT2	*TUBα*	*TUBβ*	18*S rRNA*	*TLF*	*GAPDH*	*EF*-1*α*	*RNA POL II*	*APRT*
根	0. 212	0. 487	0. 225	0. 193	0. 253	0. 720	0. 150	0. 842	0. 758
叶	0. 887	0. 225	0. 453	0. 185	0. 210	0. 379	0. 230	0. 869	0. 512

4. 干旱胁迫下最佳内参基因组合筛选

综合上述 3 种计算方法（△Ct 值分析法、geNorm 和 NormFinder 软件分析法），从每种算法中选择出前 3 个最稳定内参基因，最终获得在干旱胁迫下大针茅根中最佳的内参基因组合为 18*S rRNA* 和 *EF*-1α、在叶中最佳的内参基因组合为 18*S rRNA* 和 *TLF*。并且从表 3－13 可以看出所选出的最佳内参基因在各种算法中均排在前 3 位（表 3－13）。

表 3－13　候选内参基因稳定性综合分析结果

干旱处理	最稳定内参基因	最稳定的基因组合
根	18*S rRNA*[1,2]，*EF*-1*α*[1,2]，*TLF*[1]，*APRT*[2]，*TUBα*[3]	18*S rRNA*，*EF*-1*α*
叶	18*S rRNA*[1,2,3]，*TLF*[1,2,3]，*EF*-1*α*[1,2,3]，*APRT*[2]，*TUBα*[3]	18*S rRNA*，*TLF*

注：[1,2,3] 分别表示在 ΔCt 值分析法、geNorm 和 NormFinder 软件分析法的稳定性排名结果

八、干旱胁迫下大针茅内参基因的选择及稳定性

实时荧光定量 PCR 已经成为分子生物学研究的重要工具之一，用其对

目的基因的表达差异的分析更是近年研究的热点，但是利用实时荧光定量PCR分析目的基因表达结果的准确性受内参基因的稳定性、提取的总RNA的纯度以及反转录效率等影响，其中筛选出稳定表达的内参基因是实验成功的关键，可目前人们一般会选择一个理论上稳定的管家基因，例如人们在研究植物基因表达情况时，常常选择*ACT*2、18*S rRNA*、*GAPDH*、*TLF*等中的某一个作为标准，可是后续研究发现这样得到的分析结果很不准确（樊泽峰 2006，赵巧娥 1999），因为很难找到一个在任何条件下任何组织中都能稳定表达的管家基因，它们的稳定性会随实验条件以及组织部位的不同而不同。因此，针对不同的实验条件和材料必须筛选出合适的内参基因，这样得到的目的基因表达结果才是相对可靠的。同时，一些学者甚至认为在qRT-PCR中应该选择2～3个内参基因才可以更进一步降低实验中的误差（张贺 2006）。Jain等分析了10个常用内参基因在水稻中的表达情况，发现*UBQ*5和*eEF*-1α组合在不同组织中的表达比较稳定，18*S rRNA*和25*S rRNA*组合在不同胁迫处理下表达较为稳定（Jain M 2006）。李钱峰等（2008）研究了7个常用的管家基因在水稻不同品种中的表达，发现各基因在品种间的表达差异并不相同，*eEF*-1α和*ACT*1组合具有最为稳定的表达，而*UBC*则表达最不稳定。Hu等（2009）以大豆（*Glycine max*）为材料研究了7个常用的管家基因和7个候选管家基因的表达，发现*SKIP*16、*UKN*1和*UKN*2是所有样品中稳定性最好的内参基因，并且利用筛选出的组合*SKIP*16和*UKN*1为内标研究了目的基因的表达差异。由此可见，在实际研究中内参基因只有在细胞处于特定条件下才相对稳定表达（Boxus M 2005，Suzuki T 2000）。对干旱胁迫下大针茅的根和叶中的9个候选内参基因，用3种统计算法来评估其稳定性，筛选出了最佳的内参基因组合，对进一步准确分析*PIP*2*s*基因的表达差异具有非常重要的意义。

对大针茅根和叶中的内参基因表达稳定性作综合分析，可对后续研究针茅属植物基因表达提供参考。本次是在干旱胁迫下对大针茅根和叶中各个候选内参基因表达稳定性做了综合分析，已将最佳的内参基因组合归纳于表3－13中，其中，9个内参基因的扩增效率数值较高，在1.75～2.03，且各候选基因经geNorm分析的M值都<1.5，各候选基因基本符合要求，但在规定的范围内数值变化较大，说明各基因在大针茅干旱胁迫下表达不一致，因而进一步证实对干旱胁迫下大针茅的最佳基因的筛选是有参考意义的。

第三节　干旱胁迫下大针茅植物水通道蛋白基因的表达

一、*PIP2s* 基因表达分析的引物

根据前期研究已经克隆得到的 *PIP*2－1 和 *PIP*2－2 的基因序列的保守区，利用 Primer Premier 5.0 软件设计 qRT-PCR 的引物（表 3－14），以上述两款软件结合 ΔCt 值分析法获得 qRT-PCR 在大针茅根和叶中最佳内参基因组合为内标，利用 qRT-PCR 技术来分析不同干旱胁迫下大针茅的根和叶中 *PIP*2－1 和 *PIP*2－2 基因的表达差异。

表 3－14　目的基因 *PIP2s* 引物信息

基因	引物片段 （5′－3′）	目的片段大小 （bp）
*PIP*2－1	F：TTCGGTTCGCATGATCTTCGT	128
	R：ATGGTGGATCGTCCCAGGTG	
*PIP*2－2	F：GGCAGTTGTGACCTTCGGGCT	135
	R：CCTCGCAACGAGGTTGATGCC	

二、*PIP2*－1 和 *PIP2*－2 基因 qRT-PCR 引物特异性

以大针茅的 *PIP*2 亚家族中的 2 个基因 *PIP*2－1 和 *PIP*2－2 为研究对象，利用表 3－14 中的引物以及根和叶中表达稳定的内参基因组合，通过 qRT-PCR 获得的熔解曲线和扩增曲线（图 3－67），结果显示熔解曲线均呈单一峰型，每个峰的位置基本一致，Tm 值均在 85℃左右，且扩增曲线较平缓，说明引物特异性较好，可以进行下一步实验。

三、*PIP2*－1 和 *PIP2*－2 基因标准曲线的制备

图 3－68 为 *PIP*2－1 和 *PIP*2－2 基因定量的标准曲线。不同稀释浓度的目的 cDNA 经 qRT-PCR 扩增后，将 qRT-PCR 扩增数据做成曲线，随着模板浓度的越来越小，其 Ct 值越来越大，与理论相符，各个点基本在一条直线上，显示出较好的线性关系，扩增效率基本一致。说明定量结果准确、可

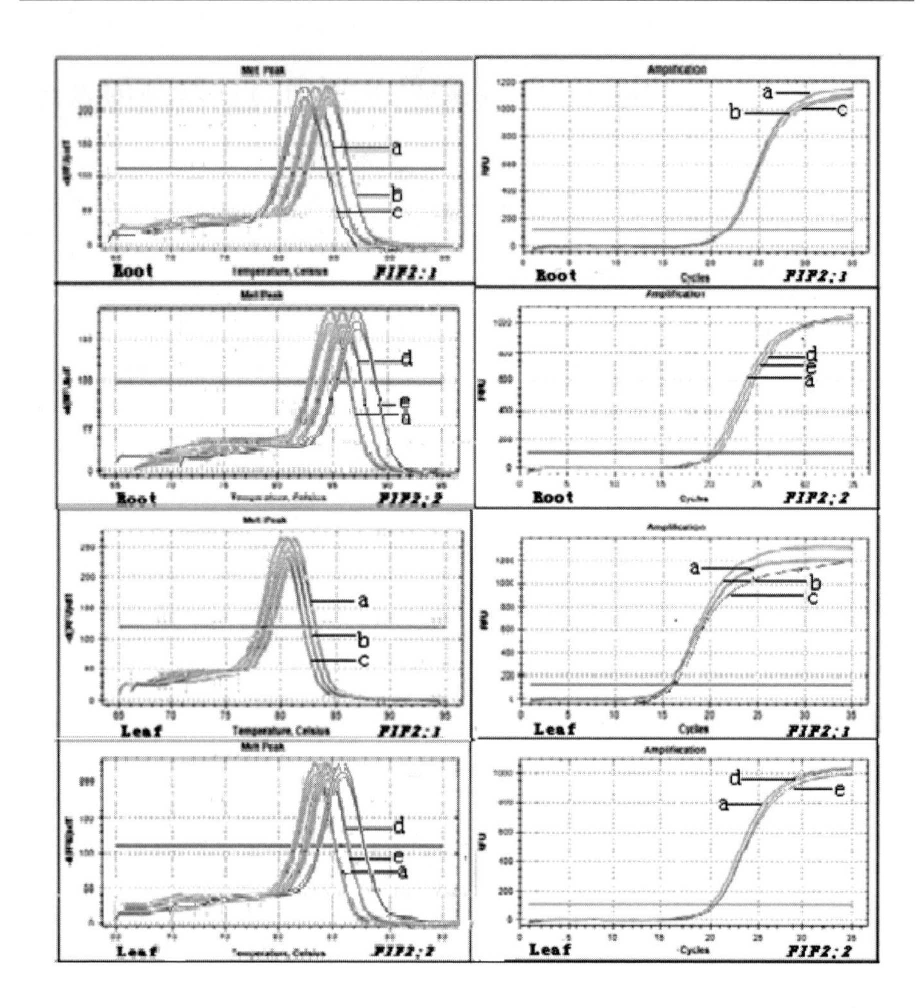

a：18*S rRNA*；b：*EF*－1*a*；c：*PIP*2－1；d：*TLF*；e：*PIP*2－2

图 3－67 *PIP2s* 基因的熔解曲线和扩增曲线

靠，所用引物可特异性扩增 DNA 序列，可以用于后续分析计算。

四、PIP2－1 和 PIP2－2 基因的表达分析

采用大针茅的根和叶为材料，提取相应的 RNA 进行 qRT-PCR，图3－69 为干旱胁迫下大针茅的根和叶中 *PIP*2－1 和 *PIP*2－2 的表达差异，结果显示，干旱胁迫下 *PIP*2－1 和 *PIP*2－2 在根中的表达都明显高于其在叶中的表达，并且在根中随着干旱强度的增加其表达量总体呈现先上升后下降的趋

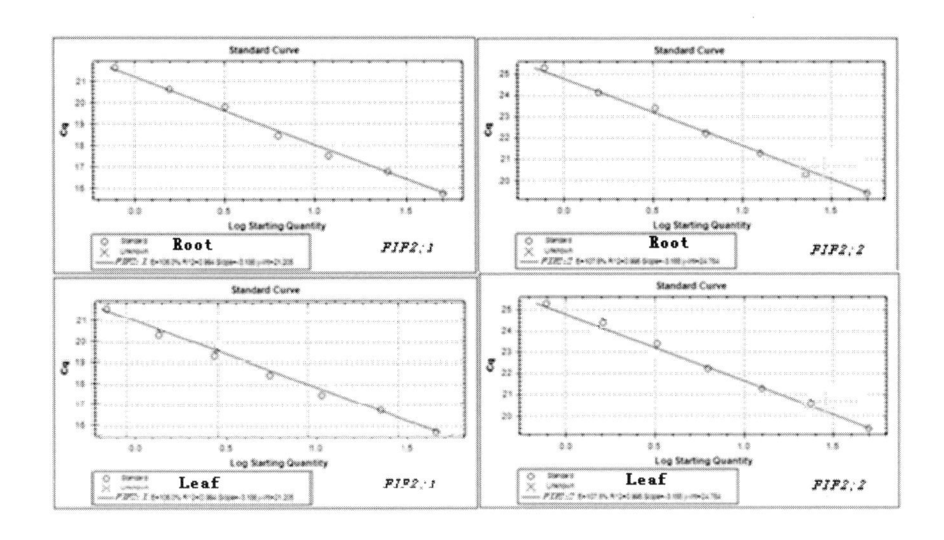

图 3－68　*PIP2s* 基因标准曲线

势，但是在叶中的变化不显著，在干旱处理 15d 到 20d 时 *PIP*2－1 基因在根中的表达显著上升，在 20d 时达到最大约为对照的 2.2 倍，在干旱胁迫 25d 时其表达又有所下降，但是，其在叶中虽然有变化却并不显著；*PIP*2－2 基因在干旱处理 15d 时表达量就已经达到最大，约为对照的 2.5 倍，之后随着干旱处理其表达量也在下降，但是，其在叶中随着干旱处理变化却没有明显的规律。

五、干旱胁迫下 *PIP*2－1 和 *PIP*2－2 基因与大针茅的水分利用

水孔蛋白在生物膜上的作用不仅有利于水分的快速跨膜运动，而且重要的生物学意义在于它可以快速灵敏地调节植物细胞间和细胞内的水分流动。植物水孔蛋白基因通常受环境因子，如干旱、盐害、激素和光质等诱导表达。水孔蛋白基因活性的调控可能是膜水通透性调节的一种方式（Francois C 2005）。

水是植物生命活动必不可少的介质。根系是植物吸收水分的主要器官。植物根系通过从外界环境中获得水分来维持生命活动。根中分布的水孔蛋白不仅参与了根系对水分的吸收，而且还参与了根系中水分向地上部分的运输（Melkonian J 2004，Javot H 2002）。本实验利用 qRT-PCR 分析表明，在干旱胁迫时，大针茅 *PIP*2－1 和 *PIP*2－2 基因在其根部的表达随着胁迫时间的增

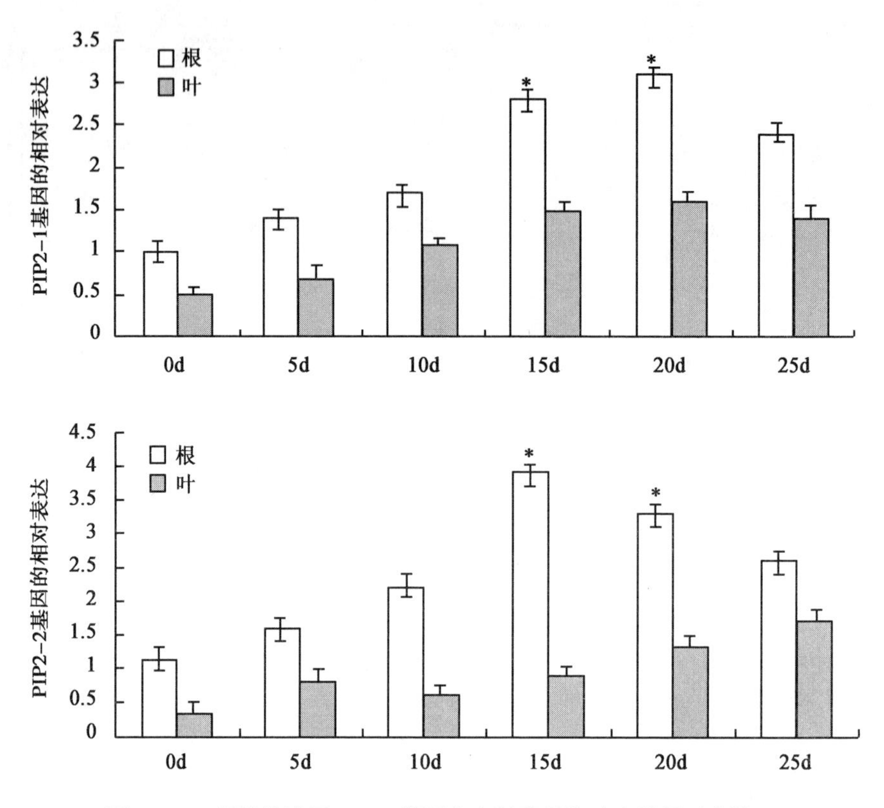

图 3-69　干旱胁迫下 *PIP2s* 基因在大针茅根和叶中的相对表达

长而上升，这说明 *PIP*2-1 和 *PIP*2-2 基因是植物根部水分运输的关键基因，参与了大针茅的水分吸收和利用，但是，在胁迫后期表达又有下降的趋势，这一结果的出现是大针茅对持续干旱的一种自我调节过程，这一时期植物的各项生理活动也都会不同程度的受到抑制，水分的运输也同样受到抑制。这与豌豆中第一个被鉴定为水胁迫诱导的水孔蛋白基因的 7a 基因（Gerbeau 1999）的表达调控相似。大针茅 *PIP*2-1 和 *PIP*2-2 基因在其根和叶中的表达差异可能与不同功能的基因在植物中的分布不同有关（Martinez-Ballesta 2003）。植物水孔蛋白是一个超家族，在整个植株对外界环境的变化应答中，每个水孔蛋白基因分布在不同的部位起着不同的作用，从而保证其自身对水分的生理需求。即植物对水分胁迫的应答需要一种复杂的、有差异的和特异性的水分通透的调控，并且主要是每种同工型特异性的协同作用（Luu 2005）。

小　结

根据 *SgPIP*1-1，*SgPIP*1-2，*SgPIP*1-3，*SgPIP*1-5，*SgPIP*2-1 的 cDNA 序列推导其氨基酸序列表明：它们为疏水性蛋白，不但具有 MIP 家族的信号序列 SGXHXNPAVT，而且具有质膜水通道蛋白的特征信号序列 GG-GANXXXXGY 和 TGI/TNPARSI/FGAAI/VI/VF/YN。对蛋白的三级结构预测，表明该蛋白具有水通道蛋白典型的 6 个跨膜 α-螺旋和 5 个亲水 Loop 环连接，在其结构中有两个嵌入但不贯穿膜的短 α-螺旋，几乎顶对顶放置。而这两个短 α-螺旋相对的顶端，各有 1 个在所有水通道蛋白家族中都呈保守性的 Asn-Pro-Ala（NPA）氨基酸组单元，在第一和第四跨膜区均具有与水通道形成有关的高度保守的 EXXXTXXF/L 序列。经与禾本科植物的序列构建系统进化树相比较，表明克隆的 5 个基因均为 PIP 基因亚家族成员。

在干旱胁迫下，*PIP*2-1 和 *PIP*2-2 基因在大针茅植物的根部的表达要高于在叶片中的表达，并随干旱胁迫加深 *PIP*2-1 和 *PIP*2-2 基因在其根部的表达会升高。*PIP*2-1 和 *PIP*2-2 基因是大针茅植物响应干旱胁迫的相关基因。

参考文献

白永飞，许志信，李德新. 2002. 内蒙古高原针茅草原群落土壤水分和碳、氮分布的小尺度空间异质性 [J]. 生态学报，22（8）：1 215 - 1 223.

杜睿，陈冠雄，吕达仁，等. 1997. 土壤含水量与温度对羊草、大针茅典型草原土壤——植物系统温室气体收支影响的初步研究 [J]. 气候与环境研究，2（3）：273 - 279.

樊泽峰，樊月圆，赵宝玉，等. 2006. 疯草中毒防治研究进展 [J]. 黑龙江畜牧兽医，（1）：24 - 25.

韩冰，王艳芳，杨劼，等. 2008. 针茅属水孔蛋白基因多态性分析及其地理分布 [J]. 生态学杂志，27（3）：349 - 354.

李钱峰，蒋美艳，于恒秀. 2008. 水稻胚乳 RNA 定量 RT-PCR 分析中参照基因选择 [N]. 扬州大学学报（农业与生命科学版），29：61 - 66.

李绍良，陈有君. 1999. 西林河流域栗钙土及其物理性状与水分动态的研究 [J]. 中国草地，（3）：71 - 76.

李绍良. 1988. 锡林河流域土壤持水特性的评价 [J]. 干旱区资源与环境，2（2）：52 - 61.

李绍良. 1998. 栗钙土水分状况与牧草生长 [M]. 草原生态系统研究，第二集，北京：科学出版社，10 - 19.

卢生莲，吴珍兰. 1996. 中国针茅属植物的地理分布 [J]. 植物分类学报，34（3）：242 - 253.

马毓泉，富象乾，陈山，等. 1989. 内蒙古植物志 [M]. 呼和浩特：内蒙古人民出版社.

张贺，李波，周虚，等. 2006. 实时荧光定量 PCR 技术研究进展及应用 [J]. 动物医学进展，27 (增)：6－7.

张红梅，赵萌莉，李青丰，等. 2003. 内蒙古地区大针茅群体遗传多样性 RAPD 研究 [J]. 草地学报，11 (2)：170－188.

赵巧娥，刘玉国，刘图雅. 1999. 羊小花棘豆中毒治疗初探 [J]. 动物毒物学，14 (1)：14－20.

Boxus M，Letellier C，Kerkhofs P. 2005. Real time RT-PCR for the detection and quantitation of bovine respiratory syncytial virus [J]. J Virol Methods，125：125－130.

Francois C，Menachem M，Mark J D. 2005. Regulation of plant aquaporin activity [J]. Biol. Cell，(97)：749－764.

Gerbeau P，Guclu J，Ripoche P，*et al*. 1999. Aquaporin Nt-TIPa can account for the high permeability of tobacco cell vacuolar membrane to small neutral solutes [J]. Plant J，(18)：577－587.

Hu R，Fan C，Li H，Zhang Q，*et al*. 2009. Evaluation of putative reference genes for gene expression normaliza-tion in soybean by quantitative real-time RT-PCR [J]. BMC Mol Biol 10：1－12.

Jain M，Nijhawan A，Tyagi A K，*et al*. 2006. Vali-dation of housekeeping genes as internal control for studying gene expression in rice by quantitative real-time PCR [J]. Biochem Biophys Res Commun 345：646－651.

Javot H，Maurel C. 2002. The role of aquaporins in root water uptake [J]. Ann Bot，(90)：301－313.

King L S，Kozono D，Agre P. 2004. From structure to disease：the evolving tale of aquaporin biology [J]. Nature Rev. Mol. Cell Biol.，5：687－698.

Luu D T，Maurel C. 2005. Aquaporins in a challenging environment：molecular gears for adjusting plant water status [J]. Plant Cell and Environment，(28)：85－96.

Martinez-Ballesta M C，Aparicio F，Pallas V，*et al*. 2003. Influence of saline stress on root hydraulic conductant and PIP express in Arabdopsis [J]. Journal of Plant Physiology，(160)：689－697.

Melkonian J，Yu L X，Setter T L. 2004. Chilling responses of maize (Zea mays L.) seedings：root hydraulicconductance，abscisic acid，and stomatal conductance [J]. J Exp Bot，(55)：1 751－1 760.

Pfaffl M W，Ales T，Christian P，*et al*. 2004. Determination of stable hosekeeping genes，Differentially regulated target genes，and sample interity：BestKeeper-Excel-based tool using pair-wise correlations [J]. Biotechnol Lett，26：509－515.

Shiota H，Sudoh T，Tanaka I. 2006. Expression analysis of genes encoding plasma membrane aquaporins during seed and fruit development in tomato [J]. Plant Science，171：277－285.

Suzuki T，Higgins P J，Crawford D R. 2000. Control selection for RNA quantitation [J]. Biotechniques，29：332－337.

Vandesompele J，Preter K D，Pattyn F，*et al*. 2002. Accurate normalization of real-time quantitative RT-PCR data by geometric averaging of multiple internal control genes [J]. Genome Biology，3：0034－0034.

第四章　大针茅植物与放牧适应性

针茅草原是亚洲中部草原区特有的中温型草原代表类型之一，在我国北方草原区有大面积的分布，是不容忽视的、重要的草地类型。作为一种可更新的土地资源，在没有人为干扰或干扰较轻的情况下，草原生态系统可进行自我维持，能量流动、物质循环和信息传递都保持着相对稳定的状态。放牧一直以来被认为是最简单最经济有效的草地利用方式，虽然表面上看起来是家畜直接对绿色植物和草地生态系统产生作用，但是，实际上放牧活动是人类通过家畜对草地生态系统进行控制（王德利等，2002）。

第一节　放牧条件下的草地生态系统

草地生态系统的首要功能是通过绿色植物进行光合作用，固定太阳能，同化二氧化碳和水，形成有机物，进行生物生产。随后，食草动物或草食家畜通过采食植物地上部分将形成的第一性生产物质和能量进行转化，形成第二性生产物质，以满足自身的食物和能量需求。食草动物在草地中的作用十分重要，而食草动物或家畜的动物生产过程主要依靠放牧活动来实现。草地植被与放牧家畜是一个动物与植物相互作用的复杂界面，牛、马、羊等家畜直接采食地上植物，地上植物再通过不断地繁殖与更新以满足家畜的这种采食需求，形成了草畜之间平衡。

目前，在世界各国的草原畜牧业生产中，放牧是对草地最简单最经济有效的利用方式。由于自然环境、社会条件、经济状况的不同，以及受其他因素制约，各国的放牧方式和草地利用效果各不相同，一般来说发达国家畜牧业生产水平较高。合理放牧既是饲养牲畜的基本方式，又是培育草地的重要措施。但是，长期不合理放牧常常引起植物群落逆行演替，甚至导致草地破坏和退化。逐渐恶化的草原生态环境不仅严重威胁畜牧业的可持续发展，甚至对当地及周边农牧民的日常生活产生不良影响。目前草原退化已经成为一个世界性问题。近50年来，随着人口的迅速增加，经济的快速发展，对草地资源的过度及不合理利用使草地生态系统反馈能力逐渐降低，草地退化面积日益增大。特别是在干旱和半干旱地区退化更为严重。目前，我国退化草地面积已达90%以上，草甸草原、典型草原、荒漠草原以及其他类型草原都已发生不同程度的退化、沙化，部分地区出现盐渍化，草原“三化”已经成为我国所面临的重大环境问题之一。

从20世纪80年代开始，我国科学工作者开展了大量有关放牧制度、放牧强度、放牧季节、家畜采食方式等对草地生态系统功能和结构的影响以及植物个体、群落对家畜放牧的适应性等方面的研究（杨浩等，2009，赵凌平等，2008，朱桂林等，2004，安渊等，2002，王炜等，2000a，韩国栋等，1999，李永宏等，1997，王德利，1996，任继周等，1995），并对放牧等因素引起的退化草地生态系统进行了全面、系统的探索，从群落演替（宝音陶格涛，2003；王炜等，2000b；郝敦元等，1997；裴浩等，1993）、种群变化（任涛等，2001，王炜等，2000a）、草地植物响应（焦树英等，2009，王宏等，2008，田青等，2008，刘颖等，2001，李永宏等，1997，王明玖，1993）、土壤特征（耿元波等，2008，蔡晓布等，2007，朱志梅等，2007，许志信等，2001，柳丽萍和廖仰南，1997，廖仰南等，1994）等方面揭示了草原退化的结果和主要原因。草地退化可由多种因素引起，但是，最主要的原因是长期过重的放牧压力。因此，研究放牧对草原生态系统的影响，认识放牧影响下草原退化的过程和机理，以及草原植物对放牧的响应机制，采取合理有效的管理措施，防止草原退化，恢复受损草地，保证畜牧业的可持续发展是草地生态学的重要任务（李镇清等，2002）。

一、草原植物对放牧的响应

草地植物物种组成随自然条件的改变呈现一定的规律性变化，如气候、环境、季节更替等。天然草地植物群落组成丰富，放牧会引起植物种类组成发生改变，而且随着放牧强度的增加，群落物种组成会偏离原有状态。草地利用强度对草地群落的影响十分明显，草地的退化是以适口和非适口的植物种类比例变化为特征的（Mcnaughton 1979a），一般情况下，轻度放牧和适度放牧的草地植物群落中适口性好的植物种类所占比例最大；过度放牧导致适口性较好的植物活力降低，适口性差的植物因免受影响而处于对有限资源更有利的竞争地位，最终导致适口性差的植物在群落中占优势（孙海群等，1999）。内蒙古羊草草原和大针茅草原放牧演替系列上的15个植物群落在长期过度放牧中，草原群落的退化进程加速，但是，退化草原具有较高的恢复弹性，控制放牧及制定合理的放牧制度能使部分植物群落得到一定程度的恢复，同一植物群落时间变化，或不同演替阶段的植物群落在空间序列上的位移程度主要取决于放牧史和利用强度（杨浩等，2009）。

从区域水平上评估天然草地生产性能，主要取决于气候、地形、土壤等环境条件。但对同一块草地而言，这些条件几乎是相同的，或是有规律的变化，因而，人为活动（主要是放牧家畜）成为影响草地的最主要因子。关于放牧对草原植物生产力的影响，公认的事实是过度放牧降低了草地生产力，甚至导致草原退化，其原因是过度放牧利用影响草地植物正常的繁殖更新，如家畜的选择性采食、践踏造成植物光合面积减少，产量降低等。但是，适度的放牧对一些禾草而言也有许多益处，如适度放牧可使再生植物光合速率（补偿生长）及分蘖增加、蒸腾面积减少、水肥利用效率提高等（Dyer *et al.* 1993，Risser 1993，Mcnaughton 1979a，1979b）。

在没有放牧情况下，气候与生境条件以及草地植物群落的发育水平决定了草地植被状态，天然草地无论是处于干旱环境，还是半干旱或半湿润环境都是以特定植被类型存在的，但是有了食草动物（主要是家畜）的采食、践踏等作用，放牧草地的植被状态将被改变。对于放牧造成的草地植物群落演替，最初认为（Tansely 1935）放牧可导致一个亚顶级，即在主要演替中，放牧使草地植被停留在演替系列中的一个阶段，放牧条件下的演替可以完全沿着固定的系列进行到偏途顶级群落，当停止放牧后，演替可向非放牧演替的顶级发展。一直以来，放牧演替的“单稳态模式（Mono-stable state）”是大多数草地放牧演替研究的理论基础（Dysterhuis 1949）。但是，近20多年，草地放牧演替中的“多稳态模式（Multiple-stable state）”观点已被提出（Laycock 1991）。放牧可以改变植被组成的基本模式，并且春秋季节的长期放牧更接近于改变草地演替的方向，放牧可以偏转演替，但与植被固有的变化速度和演替方向上的区域变化相比并非是主要作用，重度放牧只是加速了演替的速度（Gibson and Brown 1992）。过度放牧是草地退化演替的主要原因（Green 1989），随着放牧强度的变化，草地植物群落中主要植物的优势地位发生明显的替代变化，这与植物本身的生态生物学特性以及动物的采食行为都密切相关（杨利民等，1996）。但是，植被变化并不是完全由放牧压力引起的，植物寿命、植物替代机会以及对气候的不同反应，也可能是引起植物群落演替的主要因素，重度放牧并不影响植被盖度和种类组成的总趋势（李镇清等，2002）。

不同放牧强度下，轻度放牧促进根茎植物羊草和冰草、重度放牧促进寸草苔根茎节上的枝条萌蘖，还可以使根茎节间距缩短，从而增加植物枝条的密度；放牧践踏可使冷蒿、星毛委陵菜这类以匍伏茎上的不定根进行营养繁殖的植物种由直立变为匍匐生长，并促进不定根的形成，因而这类是适牧植物；放牧可使丛生禾草株丛变小，每丛枝条数下降，但轻度放牧下大针茅和洽草或重度放牧下的糙隐子草株丛密度会增加；在放牧强度较大时，扁蓿豆和木地肤的枝条平生，并由枝上再生长分枝，是适应放牧的另一种方式（李永宏，汪诗平 1997）。在长期过度放牧的草原，群落中的植物会出现以植株变矮，节间缩短，叶片变小、变窄，株丛缩小，枝叶硬挺，根系分布浅层化等为主要特征的“个体小型化现象”。植物个体大小主要是由其本身的遗传特性所决定的，外界环境条件具有修饰作用。放牧压力较大时植物出现小型化，个体小型化是草原植物针对放牧利用的有效防卫策略。但是，小型化植物具有保守性，不具遗传性，并且稳定于一定的放牧强度，即放牧强度不变，个体小型化现象也将稳定持续。植物个体小型化在导致群落生产力下降的同时，也会导致家畜在单位草场面积上采食的植物数量减少，缓解了草地的压力，实际放牧利用强度减轻。因此，个体小型化是草原生态系统中牧草对过度放牧进行负反馈调节的一种机制。这种反馈调节在草原生态系统中的作用是维持系统的“生存”，避免系统崩溃。因而适当的放牧可以增加草地群落的生物多样性，提高草地牧草产量，促进草地的稳定性和可持续发展，这是“中度干扰理论”的核心（Mittelbach *et al.* 2001，Wardle *et al.* 2000，1997，Crawley *et al.* 1999，Hector *et al.* 1999，Tilman 1996）。对于放牧利用与草原生态系统生物多样性之间的相互关系研究，国外已有大量的研究报道（Laycock 1991，Mclendon *et al.* 1991，Baker 1989，Collins *et al.* 1985，Grimes *et al.* 1973），这些研究都表明，中等程度的环境干扰或放牧利用是植物群落增加生物多样性的前提，植物种群对有限资源的竞争是决定植物群落种类组成多样性及演替动态的主要因子。

植物一般有多种适应机制来保护自身免受外界环境干扰。面对放牧家畜的过度采食和践踏作用，植物在长期的自然选择过程中也获得了一些对食草动物胁迫的防御或躲避能力。因而草原植物与非生物环境和放牧家畜协调共存，同时在群落中与其他植物种竞争（Archer and Tieszen 1986）。一些植物的毛、芒、刺、尖锐的愈伤组织和颖果能减少家畜的采食量（Milewski *et al.* 1991）；或者降低了牧草的适口性或可利用性（Akin 1989），从而保护自身的生存。

植物的耐牧性还与植物体内光合产物的分配以及贮藏性营养物质的含量有关（Mcpherson *et al.* 1998，Volenec 1986）。一般认为贮藏器官具有较高的非结构碳水化合物含量是维持牧草活力和生产能力所必需的（Lacey *et al.* 1994，Davies 1988，Volenec 1984，Deregibus 1983）。非结构碳水化合物是不稳定的，在需要时可以被植物体分解利用。大多数牧草返青前贮藏的碳水化合物含量一般较高，返青后其含量下降形成一个低谷，这是因为牧草越冬后，在适宜的环境条件下萌发生长，由于没有能力进行同化作用，此时植物生长主要依靠贮藏的营养物质；从分蘖、分枝期开始，碳水化合物逐渐积累，在孕穗（孕蕾）期多数牧草为形成繁殖器官而需要消耗养分，贮藏的碳水化合物明显有下降趋势；入冬之前，牧草一般会积累较多的碳水化合物，以便越冬和保证第二年春季的萌发生长（巴图朝鲁等，1994）。因此，贮藏碳水化合物是多年生牧草的一个重要功能，它是牧草生命力的能源。秋季，不同牧草各部位（器官）中贮藏碳水化合物的含量不同，根据白可喻等（1995）的研究，在短花针茅荒漠草原，禾本科牧草贮藏碳水化合物主要是在茎基部或茎，如芨芨草（*Achnatherum splendens*）、短花针茅将碳水化合物主要贮存在茎基部和叶中；克氏针茅主要贮藏在种子、叶及茎上部1/2处；羊草主要贮藏在根茎和茎基部，而对于大多数双子叶植物来说，根部是贮藏养分的主要器官。牧草的各种抗逆特性（抗旱、抗寒、抗盐碱、抗病虫害等）总是与其贮藏碳水化合物水平有着密切的关系，牧草贮藏养分的水平及其变化趋势可以作为确定牧草放牧或刈割利用的时间指示（Paulsen 1968）。连年的多次强度利用（放牧或刈割）引起牧草贮藏养分耗竭，从而导致牧草生活力降低，甚至死亡。这也是目前大面积草原因过度利用而发生退化、优良牧草数量减少或消失的原因。另外，不同种类的牧草刈割后贮藏养分的下降幅度会有不同，放牧利用时可根据不同草地类型确定适宜的放牧周期，以维持草地生产力（赵萌莉等，1999）。

二、放牧利用导致草原退化

我国最早出现草地退化的地区是人口相对集中的农牧交错区，特别是居民点附近，退化始于20世纪60年代以后。到20世纪90年代中期，全国退化草原面积占草原面积的50%以上，到了21世纪初已增加到90%（国家环境保护总局发布的《中国生态保护》2006）。我国北方重点牧区在20世纪80年代中期退化草地面积占可利用草地面积的39.7%，到90年代中期达到50.2%，其中，轻度退化草地面积占草原总面积的57.0%、中度退化草地占30.5%、重度退化草地占12.2%。以省为单位，宁夏、陕西退化草原面积达到90%以上，甘肃草原退化面积占总面积的80%以上，新疆、内蒙古、青海退化面积占40%～60%。西藏地区的草原退化比例较低，占23.4%（李博 1997a）。

内蒙古有天然草地面积8 666.7万 hm^2，占我国草地总面积的1/4，目前已是我国草原退化最严重的省区之一。1995年内蒙古大学自然资源研究所利用遥感技术测定草地退化面积，内蒙古草地退化面积已达到3 869.9万 hm^2，占可利用面积的60.1%，平均每年扩大115.7万 hm^2，比1989年增加了16.1%。另外，据1992—1998年连续7年的卫星航片分析，内蒙古锡林郭勒盟的土地正以每年2%的速度退化，目前除沿大兴安岭西麓、草甸草原略有潜力外，其他均严重超载过牧。其中，退化最严重的是鄂尔多斯市（原伊克昭盟），退化草地面积占68.6%。其次是呼和浩特市、通辽市（哲里木盟）、赤峰市、乌兰察布市（乌兰察布盟）、锡林郭勒盟。退化草地占草地面积的比例分别为56.5%、48.5%、45.3%、45.0%、41.4%（李博等，1987）。呼伦贝尔市（呼伦贝尔盟）鄂温克旗是内蒙古最好的草原区，草原退化情况也十分严重。据测定，20世纪70年代（1974年）这一地区的草地退化面积为21.6万 hm^2，1997年退化面积已达51.6万 hm^2，占全旗草原面积的43.7%。

近年来国家加大了对草原的政策与资金扶持，草原生态恶化势头得到一定遏制，然而草原生态全面恢复依然面临挑战。《2013年中国草原监测报告》指出，全国中度和重度退化草原面积仍占1/3以上，已恢复的草原生态仍很脆弱，全面恢复草原生态的任务仍然十分艰巨。目前，依据《中国草地资源的现状分析》（沈海花等，2016），在过去的30年间，我国天然草地净初级生物量呈现逐年增加趋势。天然草地年实际载畜量在过去近10年里没有发生显著变化，而理论载畜量呈现显著增加趋势，超载率从2005年的40%逐渐降低至2013年的17%，10年间平均超载率为29.8%，仍超过20%，过度放牧现象依然很严重，天然草地退化仍在持续。

草原退化是指由于人为活动或不利的自然因素所引起的草地（包括植物及土壤）质量衰退，草地生产力、经济潜力及服务功能降低，环境变劣以及生物多样性或复杂程度降低，恢复功能减弱或失去恢复功能等状态。实质上，草原退化是指草地生态系统逆行演替的一种过程，在这一过程中该系统的组成、结构与功能发生明显改变，原有的能流规模缩小，物质循环失调，熵值增加，打破了原有的稳定状态和有序性，系统向低能量级转化以及维持生态过程所必须的生态功能下降甚至丧失，或在低能量级水平上形成偏途顶极，建立新的亚稳态。导致草原退化的因素多种多样，自然因素中如干旱、雪灾、风蚀、水蚀、沙尘暴、鼠、虫害等；人为因素中如过度放牧、重刈、滥垦、樵采、开矿等（李博 1997a）。对于造成草地退化的主要原因，出于侧重点的不同，不同学者给出了不同的解释：姜恕（1988）研究了内蒙古草地变化，认为过度放牧是引起草地退化的最主要原因；王亦风等（1991）通过分析黄土高原地区的植物资源，指出开垦土地对草地退化起到主导作用；许鹏等（1993）针对新疆草原，得出草地退化的根源是超载过牧；李博（1997a）认为，草地退化是在过牧、开垦等人为活动及不利自然因素影响下草地生态系统的逆行演替过程，这些学者的研究都认为引起草地退化的主要原因是人为因素。

过度利用资源造成草地退化，在一定程度上，退化草地所处的系统状态尚处于系统自身可调节阈限之内，但是，随着退化程度的加剧，系统的稳定性尤其是对系统内部环境的适应能力下降，强烈的地理营力可能导致系统结构与功能受损，以致系统的崩溃，草地生态系统的退化最终将趋向于崩溃的系统（韩冰 2003）。过度放牧利用往往使优质牧草生物量降低，饲用品质下降或丧失利用价值，而家畜不可食、不喜食的植物比例增加；过度刈割则会导致低矮植物种在群落中逐渐占据优势，这些变化是草地生态系统自我调控功能和机制的受损表现，是利用方式对系统进行扰动的反馈与响应。

从草地植物群落演替趋势来讨论草地退化，可以看出草地利用方式、利用强度的差异以及生境的不同导致草地退化演替的方向、退化群落的性质和特征也各有所不同，即沿着不同的轨迹发生演替，形成不同的群落。例如，地带性典型草原在过度放牧利用的影响下可形成以冷蒿、糙隐子草为优势种的退化群落；长期持续刈割将导致洽草等矮小禾草的相对生物量明显增长；在地下水位较浅的草甸上，过度放牧往往使植被向盐生群落方向发生退化演替。在相似的生境和相同利用方式下，利用频率和每次利用强度的差异也会导致演替趋势的不同，例如，典型草原群落退化后可能分别形成以米氏冰草（*Agropyron michnoi*）、冷蒿、星毛委陵菜、双齿葱（*Allium bidentatum*）、狼毒（*Stellera chamaejasme*）等物种占优势的不同草原群落。总之，草地生态系统退化使其物质与能量流动及收支平衡失调，打破了系统自我调控的相对稳定状态，下降到低一级能量效率的系统状态，这是草地退化的生态学实质。

第二节　大针茅植物对放牧的形态适应性

适应性这一概念最初起源于进化生态学的研究。尽管适应一词的含义在自然科学中仍然存在争论，但一般而言适应是指个体或者系统通过改善遗传或者行为特征从而更好地适应变化，并通过遗传保留下相应的适应性特征。这一定义涵盖了从生物个体到某一特定物种的种群，乃至整个生态系统的尺度。生物适应性在以下 2 个方面发挥着重要作用：一方面，生物个体的适应能力直接影响生物在环境变化背景下的生存、分布和迁移，具备适应能力的生物能对气候的变化产生适应性的调整，避免个体死亡或者缓冲分布范围的变化；另一方面，由于生物（尤其是植物）产生了形态、生理生化过程（例如光合作用和呼吸作用）的适应性，而对整个生物地球化学循环的造成影响（崔胜辉等，2011；周浩然等，2014）。揭示和描述大针茅对于不同放牧利用的适应性现象及其生理机制，可明确该植物在适应性方面的成本或代价，为确定适宜放牧强度提供依据。

一、不同放牧利用下大针茅表型性状

大针茅种群生长期内，随着时间的推移种群地上生物量逐渐增加，8 月中旬大针茅的地上生物量达到最大值，生物量峰期和植株高度的峰期都同时出现。盛夏是植物净初级生长量增加最快的时期，这一期间的降水量和温度也是生长季中最高的阶段，水分和热量的同步出现加速了植物的生长，促进了净初级生长量的快速积累。内蒙古赤峰市克什克腾旗西部达里诺尔国家级自然保护区境内砧子山以东是植物群落类型为大针茅 + 羊草 + 糙隐子草的天然草地，由于一直以来的长期放牧，从居民点或家畜饮水点周围向外沿半径方向构成草原群落的不同放牧梯度，沿草原群落变化的方向设置轻度放牧样地（light grazing，LG）、中度放牧样地（moderate grazing，MG）、重度放牧样地（heavy grazing，HG）以及不放牧的围封区为对照区，即未放牧（no grazing，CK）样地。

通过测量统计，不同放牧强度下大针茅营养枝长度、生殖枝长度、分蘖数目，这些表型性状在放牧压力下发生了不同程度的改变。大针茅营养枝和生殖枝长度随着放牧压力的增加而变短，在未放牧样地营养枝和生殖枝最长，分别为 34.3cm 和 61.5cm，其次是轻度放牧样地（27.3cm 和 50.6cm）、

中度放牧样地（25.0cm 和 45.6cm），重度放牧样地最短为 17.9cm 和 43.2cm。大针茅地上生物量在不同的放牧压力下增加的幅度不同，未放牧样地增加最快，而重度放牧样地增加缓慢。放牧压力过大时，大针茅通常会以减少地上生物量的方式来降低家畜采食，以适应外界环境干扰。

在不同样地，大针茅植株分蘖数在中度放牧样地最多，其次为重度放牧样地，未放牧样地分蘖数第三位，仅略高于轻度放牧样地。大针茅每小穗的结实数目与营养枝和生殖枝长度的变化具有相同的趋势，由大到小的顺序是未放牧样地（17.4 个）>轻度放牧样地（16.7 个）>中度放牧样地（11.8 个）>重度放牧样地（11.3 个）；未放牧样地的大针茅种子千粒重最高为 5.611g，随后由高到低依次为中度放牧样地（5.566g）、轻度放牧样地（3.621g）、重度放牧样地（3.362g）。结实数目降低说明放牧已经干扰了大针茅种群的生殖过程。

随着放牧强度的增加，大针茅营养枝和生殖枝长度减少，生产性能和繁殖性能均有减弱的趋势，植株的分蘖能力相对增加。在营养枝长度变化上，未放牧样地与重度放牧样地差异显著（$P<0.05$），其他样地间均无显著性差异。未放牧样地与中度和重度放牧样地的生殖枝长度相比，差异显著（$P<0.05$），中度和重度放牧样地生殖枝长度没有显著变化。不同放牧压力测定的分蘖数目、大针茅每小穗结实数和种子千粒重均无显著差异。随着放牧压力增加，大针茅营养生长和繁殖受阻，放牧压力越大，营养生长和繁殖越差。过强的放牧干扰使大针茅的营养枝长度和生殖枝长度均出现差异显著性变化，但放牧对分蘖和有性繁殖产生的差异不明显。

二、长期放牧利用下大针茅种子变化

对一个种群而言，种子长度、芒柱长度、芒针长度是比较稳定的性状。以位于中国科学院草原生态系统定位研究站 1979 年围封的天然草地作为未放牧样地，围栏外自由放牧草地为放牧样地分析大针茅形态特征。

放牧与未放牧样地大针茅种子长、第一芒柱、第二芒柱、芒针的平均长度和标准误差分别为（15.5 ±0.1）mm、（73.8 ±1.3）mm、（24.0 ±0.5）mm、（15.3 ±0.3）cm 和（15.8 ±0.2）mm、（78.7 ±1.3）mm、（25.5 ±0.3）mm、（15.1 ±0.2）cm，在放牧样地上，种子长、第一芒柱长和第二芒柱长的平均值明显低于未放牧样地，而芒针长则略高于未放牧样地。根据方差分析（表 4－1），大针茅种子长、第一芒柱长、第二芒柱长的显著性概率均小于 0.05，这三种性状在放牧样地和未放牧样地之间有显著差异。放牧样地大针茅种群种子平均长度与未放牧样地相差0.4mm，种群间种子长度变异较大。芒柱长度、芒针长度的变异主要发生在种群之间，并且放牧样地相对于未放牧样地种子长度、芒柱长度均较低，两个样地的繁殖器官存在显著差异，放牧使大针茅有性繁殖器官出现小型化。

表4－1　大针茅种子长、芒柱长、芒针长的单变量方差分析

变量	平方和（SS）	自由度（DF）	均方（MS）	*F* 值	显著性概率（*P*＞F）
种子长（mm）	9.81	1	9.181	14.028	0.000
第一芒柱长（mm）	595.36	1	595.36	7.655	0.000
第二芒柱长（mm）	63.362	1	63.362	7.865	0.000
芒针长（cm）	1.346	1	1.346	0.396	0.531

三、长期放牧利用下大针茅株丛结构变化

大针茅种群在秋季进行分蘖，分蘖主要集中在生殖枝发生后。根据监测结果，放牧样地大针茅生殖枝在8月3日左右开始形成，截止到9月11日20个植株生成2个生殖枝；未放牧样地的生殖枝在8月28日左右发生，到9月11日20个植株共有8个生殖枝出现。

分析营养枝分蘖动态变化，放牧样地大针茅枝条总数与未放牧样地之间无明显差异。由于生长季后期部分枝条死亡，放牧样地大针茅的初始枝条数略高，6—7月间放牧和未放牧样地营养枝条数都趋于平稳；8月初，放牧样地的大针茅开始形成新枝条，未放牧样地的大针茅种群在8月中下旬新枝条才开始出现；到了9月，未放牧样地的新枝条数还在增加，而放牧样地部分枝条已经枯死。未放牧样地地表常年覆盖薄层凋落物，凋落物具有一定的保温保湿作用，因此，未放牧样地大针茅种群新枝条形成期也相对较长。放牧可导致大针茅母株破碎而产生小株丛（白永飞等，1999），因而放牧样地大针茅营养枝数目和生殖枝数目都有所减少，形成新枝条的时间也较短，尽管这片草场已经围封禁牧，但由于时间较短（1999—2000年），长期放牧影响仍然存在。

四、长期放牧利用下大针茅冠丛幅变化

放牧样地大针茅种群冠丛幅明显小于未放牧样地，并且放牧样地大、中、小丛幅植株均显著变小，有分丛破碎现象。在放牧条件下，由于连续的

放牧践踏土壤渗透速率降低（Proffitt *et al.* 1993），影响植物根系生长，加之植物地上部分被反复的啃食和践踏使植物生活力减弱，生长发育受阻，导致冠丛幅减小，地上生物量降低（表 4 –2）。

表 4 –2　放牧样地与未放牧样地大针茅丛幅大小丛幅（cm^2）

样本编号	放牧样地			未放牧样地		
	大丛	中丛	小丛	大丛	中丛	小丛
1	12×10	9×5	6×6	24×16	13×10	9×7
2	10×12	10×9	5×4	24×20	13×10	7×6
3	12×10	10×8	5×3	24×10	14×12	7×7
4	12×8	8×5	4×5	20×14	13×10	9×5
5	14×11	7×6	5×4	20×14	13×11	9×7
平均	12.0×10.2	8.8×6.6	5.0×4.4	22.4×14.8	13.2×10.6	8.2×6.4

放牧样地大针茅不仅出现植株变矮，大、中、小丛幅都显著减小，营养枝和生殖枝数量降低，种子长、芒柱长变短等“小型化现象”，并且有性繁殖降低。长期的过度放牧是形成植物个体小型化的主要原因（王炜等，2000b）。“小型化现象”在过度放牧等扰动作用下表现为具有一致性特点的集体行为，而且小型化个体未因停止扰动而立即恢复成正常个体，这就表现为一种保守的生态习性。这种保守性在大针茅的正常化过程中表现得最明显（大针茅正常化过程需要 7 年时间），虽然放牧后的草地已经围封，但在较短的时间内（两年），长期放牧对放牧样地内大针茅植株的小型化影响依然存在（王炜等，2000a）。

第三节　大针茅植物在放牧条件下的遗传分化

一、放牧与围封样地大针茅种群的遗传分化

对采自于中国科学院草原生态系统定位研究站 1979 年围封的天然草地和围栏外草地的大针茅样本进行分析，揭示放牧与围封样地大针茅的遗传分化。样地位于锡林河南岸、益和乌拉分场葛根萨拉以南和依和都贵北面的低丘宽谷地带，这一区域在第二纪玄武岩石地基础上形成平缓的丘陵宽谷。海

拔 1 200～1 250m，≥10℃以上的积温为 2 200℃，年均降水量 350mm，土壤为典型栗钙土。将 1979 年围封的天然草地作为未放牧样地，未放牧样地有植物 86 种，其中，常见 45 种左右，羊草在草群中占优势地位，其次是大针茅、洽草、冰草和羽茅等，这些禾草构成了群落的主体，重量比率达到 60% 以上。禾草以外的杂类草约有 75 种，如麻花头、扁蓿豆、柴胡、冷蒿、风毛菊（*Saussurea japonica*）等，由于自围封起，30 年来从未利用，这块样地属于草原生态系统的顶级群落。围栏外草地作为放牧样地，与未放牧样地相比，由于长期放牧，样地内植物密度、高度都明显下降，植物种类相对减少，羽茅、冰草等禾草数量下降，苔草、葱属植物增多，属中度放牧草地。

中国科学院 1979 年开始围封的天然草地可以作为草原生态系统的本底，是一切人为活动变化的起点和对比的基准。而由于放牧影响，放牧样地草地生态系统结构、功能均发生了显著变化，通过对比这两个样地，不仅能够积累有关草原生态系统结构与功能原始和动态资料，更重要的是可以探索人为活动下草地的变化规律。

RAPD 分析表明两个种群平均多态位点比率为 63.6%。在长期的进化过程中，放牧和未放牧样地大针茅种群均形成并保存了较高的遗传变异水平。

遗传多样性指数反映了种群内和种群间遗传分化的程度和分化的状况。由 *Nei'* 多样性指数估算的大针茅放牧样地和未放牧样地种群的基因多样性指数分别为 0.211 和 0.207。种群内遗传多样性的平均值是 0.210，种群间的遗传多样性仅为 0.043。*Shannon-Wiener* 信息指数计算的大针茅种群间多样性比率和 *Nei'* 指数所得的遗传分化系数（*Gst*）都很小，分别为 18.3%，17.5%，证明放牧样地与未放牧样地之间大针茅种群的遗传差异很小，遗传多样性主要存在于种群内。

放牧压力使大针茅种群的少数位点缺失、突变，同时又有新位点出现，尽管某些特异位点的等位基因频率小于 0.1，但部分特异性位点的等位基因频率还是很高的。放牧样地大针茅种群和未放牧样地种群之间的基因流（*Nm*）为 2.530，遗传一致度为 0.904，两个种群地理位置彼此相邻，一定程度上增加了基因流，但是，过度放牧导致某位点发生变化是肯定的。对比不同年龄组的辽东栎的遗传多样性，人为干扰也会对辽东栎的遗传结构有一定影响（恽锐 1998）。但是，植株个体生态学变化表现出的是对外界环境的一种扰动响应，位点多态性并不稳定，会随时间的延长而消失。因此，对于放牧退化草地，只要采取合理的草地利用措施，减轻放牧压力，给大针茅种群休养生息的机会，草地就有恢复生机的潜能（张红梅 2005）。

二、不同放牧压力下大针茅种群的遗传分化

试验样地选择在大针茅的典型分布区，内蒙古赤峰市克什克腾旗西部达里诺尔国家级自然保护区境内砧子山以东的天然草地（E：43°25′~43°27′，N：116°38′~116°41′），地貌主要由玄武岩台地、风沙地貌、湖泊地貌和河流四种类型所组成。气候属于中温型大陆性气候，具有高原寒暑剧变特点，昼夜温差大，年平均气温为1~2℃，≥10℃积温1 300~1 700℃，年降水量350~400mm，气候干燥，日照时间长，太阳辐射强，年日照时数2 700~2 900小时。该地区风沙大，热能及风能资源丰富，无霜期为60~80天，植物生长期4~9月，土壤类型为暗栗钙土。降水是水资源的主要补给来源。

2002年调查，样地植物群落类型为大针茅+羊草+糙隐子草，植物种类丰富，建群种为大针茅，优势种为羊草、糙隐子草，主要伴生种为冷蒿、星毛委陵菜等。植物种类包括禾本科、豆科、菊科、莎草科（Cyperaceae）、蔷薇科、毛茛科、唇形科、十字花科、百合科及石竹科（Caryophyllaceae）等22科，49属。生活型组成中，多年生草本植物占有绝对优势，共发现57种，占所有植物的76%；其次为一、二年生草本植物，为15种，占20%；小半灌木分别为冷蒿、百里香和木地肤，仅占植物种数的4%，未出现乔木、灌木及半灌木。有伴生于典型草原和荒漠草原群落中的旱生杂类草，如知母，麻花头，唐松草（*Thalictrum squarrosum*）等。

表4-3　不同放牧压力样地植物群落特征

调查项目	未放牧（CK）	轻牧（LG）	中牧（MG）	重牧（HG）
群落建群种、优势种	羊草、大针茅	羊草	糙隐子草、冷蒿	星毛委陵菜、冷蒿
多年生牧草种数	42	41	29	21
一二年生植物种数	8	11	12	13
植被盖度（%）	77	60	38	32
高度（cm）	38	29	21	16
8月份产草量/干量（g/m^2）	264.7	173.5	145.6	127.3

草原群落随放牧压力的变化，明显表现在居民点或家畜饮水点周围放牧压力较大，远离居民点或家畜饮水点的一端放牧压力较轻，沿半径方向构成草原群落的不同放牧压梯度。按照李博（1997b）退化草地分级方法，将草

地划分为轻度放牧样地（light grazing，LG）、中度放牧样地（moderate grazing，MG）、重度放牧样地（heavy grazing，HG）以及不放牧的围封区为对照区，即不放牧（no grazing，CK）样地（表4－3）。

（一）种群间基因流与遗传多样性

许多因子（如种群大小、性比、世代长短、世代重叠、繁殖系统和基因流等）影响着自然植物种群的遗传变异程度，其中，关键因子之一是基因流，即种群间和种群内基因的流动。植物种群内和种群间的基因流是借助于种子、花粉、孢子、植株个体以及其他携有种群遗传物质的物体为媒介进行的，其中，花粉扩散是自然植物种群最主要的基因流，种群内基因流强度因物种而异，同时与种群密度、开花物候的时间变异及繁殖系统有关。基因流 *Nm* 作为居群每代迁移数可以通过 *Gst* 或 *Gcs* 测定（$Nm = 0.5 (1 - Gst) / Gst$）。当 $Nm > 1$ 时，基因流就可以防止遗传漂变引起的居群间的遗传分化，如果 $Nm < 1$ 则由于遗传漂变可导致种群间明显的遗传分化（Wright 1951），因此，当 *Nm* 值升高时，*Gst* 值就降低。放牧压力下4个大针茅种群的基因流的存在说明种群间有基因的交流，并且遗传分化不是由遗传漂变产生的。通过对大针茅种群生长环境的分析研究，不同放牧压力下大针茅种群相似的基因频率主要是由于相同的生境选择压力所引起的。

通过 ISSR 分子标记分析也表明不同放牧压力下，大针茅种群的 *Shannon-Wiener* 指数和 *Nei'* 指数的估算都显示出大量的分子变异存在于大针茅种群内部，少量（32.2%和19.8%）存在于种群间，不同放牧压力下的4个大针茅种群具有很相似的基因频率，但是，并非所有等位基因在不同的放牧样地均有分布，未放牧样地和重度放牧样地的大针茅种群都分别拥有特异的位点或等位基因，对于基因频率降低或消失的位点与放牧敏感型基因表达是否有关，以及基因频率增加的和新出现的位点是否是耐牧基因表达还是需要继续探讨的问题（珊丹等，2006）。

植物种群遗传变异水平和遗传结构是其进化史、分布范围、繁育方式、生活型等各种不同因素综合作用的结果，与其适应性和进化潜力密切相关。理论上，如果遗传变异丰富，当种群在受到景观破碎化、生境破坏和在环境压力下时，遗传多样性可通过物种对环境变化的反应能力来帮助种群生长。遗传多样性的丧失降低了物种对付生物、非生物环境变化的能力，也降低了对付短时间内环境变化的能力，如病虫害、食草动物的采食等。ISSR 分子标记的结果分析显示，由 *Shannon-Wiener* 信息指数估计的4个大针茅种群内的遗传多样性的大小排列顺序为：轻度放牧样地 > 未放牧样地 > 中度放牧样地 > 重度放牧样地，这与 *Nei'* 遗传多样性指数检测的遗传多样性顺序一致，说明随着放牧压力的增大，大针茅种群内的遗传多样性有逐渐减弱的趋势。随着放牧压力加大，大针茅的营养枝长度变短，小穗结实数减少使有性生殖能力降低，个体之间、种群之间基因交流减弱，因此，大针茅种群的遗传多样性降低，出现衰退，甚至从草群中消失。轻度放牧样地大针茅种群的 *Shannon-Wiener* 信息指数和 *Nei'* 遗传多样性指数均比无放牧时高，表明适度的放牧可以使大针茅种群有较高的遗传多样性，适度的放牧对草原植被的生长是有益的。

（二）不同放牧强度种群遗传距离

遗传距离是评价种群内和种群间遗传变异水平的重要指标，遗传距离越大，说明亲缘关系越远；遗传距离越小，亲缘关系越近。按照 *Nei'* 遗传多样性指数的方法计算出 4 个不同放牧强度大针茅种群的遗传距离和遗传相似度中（表 4－4），中度放牧样地与重度放牧样地间的遗传距离最近（0.075），放牧对这两个样地的影响遗传差异最小；未放牧样地与重度放牧样地间遗传距离最远为 0.163，这两个种群间的差异较大，表明放牧对大针茅种群的遗传多样性有一定的影响，但是在较小的时间和空间尺度范围这种影响还很有限。

表 4－4　*Nei'* 指数估测的各种群的遗传距离与遗传相似度

大针茅种群	大针茅种群			
	未放牧 CK	轻度放牧 LG	中度放牧 MG	重度放牧 HG
未放牧 CK	—	0.922	0.894	0.850
轻度放牧 LG	0.082	—	0.925	0.863
中度放牧 MG	0.112	0.078	—	0.928
重度放牧 HG	0.163	0.148	0.075	—

注：下三角数据为遗传距离，上三角数据为遗传相似度

根据遗传距离所构建的 UPGMA 聚类图中，大针茅 4 个种群随着牧压的增加，逐步聚在一起，首先重度放牧样地和中度放牧样地聚为一类，其次未放牧样地和轻度放牧样地聚在一起，最后聚为一大类（图 4－1）。

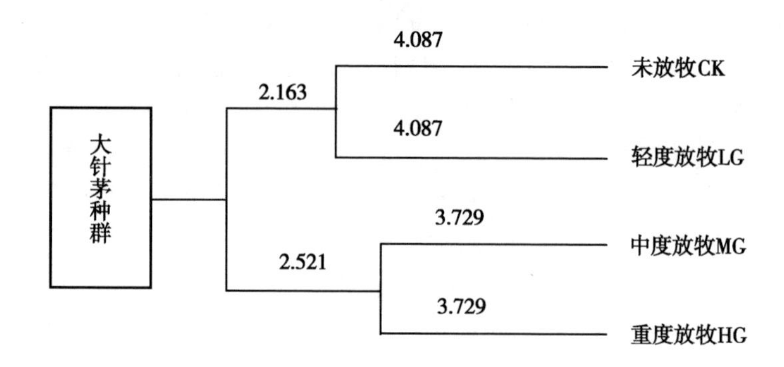

图 4-1　不同放牧压力大针茅种群 UPGMA 聚类图

第四节　大针茅植物在羊啃食后的转录组学分析

一、转录组学简介及 RNA-seq 的研究进展

（一）转录组学简介

随着后基因组时代的到来，转录组、蛋白质组等组学技术更多的用于代谢过程的研究中，与以往不同的是，当前的科学研究并不局限于单个基因的差异表达，而是利用组学技术，以高通量基因表达作为基础，系统揭示细胞表型及其代谢规律。转录组学是在各组学技术中率先发展起来，并且广泛应用的技术（Lockhart D. J. *et al.* 2002）。转录组（Transcriptome）是指某特定发育阶段或生理条件下，细胞内全部转录基因的集合，包括信使 RNAs（mRNAs）、非编码 RNAs（non-coding RNAs，ncRNAs），和小 RNA（small RNAs，sRNA）。mRNA 指蛋白质编码的信使 RNA 序列，是连接基因组信息和功能蛋白质的纽带，负责遗传信息的传递。ncRNA 和 sRNA 是无编码蛋白功能 RNA 的总称，参与转录调控、mRNA 剪接与修饰、蛋白质定位、甲基化及端粒合成等生物过程（蔡元锋，贾仲君 2013，Wang Z 2009）。

转录组学（Tanscriptomic）是基因组学范畴的重要组成部分，是一门从整体水平上研究特定对象基因转录及调节特性、解读基因组功能元件、揭示细胞和组织分子组成以及了解发育和疾病的学科。其核心研究内容是：①对全部转录产物进行分类，确定它们的结构、可变剪接方式及转录后修饰；

②分析特定转录本在不同发育阶段、组织及胁迫条件下的基因表达模式。

目前，多种技术可用于转录组学研究，总体可分为以杂交为基础和以测序为基础的两类方法（Wang Z *et al.* 2009）。基于杂交的方法源于20世纪80年代半导体芯片技术和计算机的应用，1995年芯片技术应用的论文在《Science》杂志上首次报道，标志着基因芯片时代的开始（Schena M *et al.* 1995）。该方法是对荧光标记的cDNA探针与寡核苷酸芯片（Oligo Microarray）（Lipshutz R. J. *et al* 1999）或定制cDNA芯片（cDNA Microarray）（Schena M. *et al* 1996）进行杂交，通过检测杂交信号的强度来判断样品中目标DNA分子的数量或性质，是进行不同样本基因表达比较分析、确定基因型、基因多态性等的有效工具。其最大优点是通量高且价格相对较低。在玻片、硅片、尼龙膜等支持物上原位合成寡核苷酸序列制备成寡核苷酸芯片，具有重复性好、密度高等特点，主要被用于DNA测序和SNP分析等研究中。但费用高、灵活性差；将预先制备的DNA PCR产物点制到片基载体上是定制cDNA芯片的要点，改技术特异性好、简单、灵活性高，主要被用于转录组水平的基因表达分析研究中，但重复性稍差。随着芯片设计密度的不断增加，又发展出了全基因组Tiling Microarray（或称Tiling Array）技术（Bertone P. *et al* 2004），这种方法探针序列像瓦片一样覆盖基因组，因而能进行全基因组水平的检测，由于该法比传统基因芯片技术通量更高、密度更大，芯片制备及遴选探针能够不依赖基因组注释信息，虽然价格高昂，也依然被广泛用于基因组和转录组学研究中，可用于检测：基因组转录特性、破译基因组信息、可变剪接分析、未知编码基因或非编码基因、识别RNA结合蛋白甲基化分析、染色质免疫沉淀芯片（ChIP-chip）研究、基因组多态性、基因组重测序及比较基因组杂交研究（Comparative Genomic Hybridization，CGH）等。虽以杂交为基础的转录组学研究方法实现了高通量水平的检测，但仍存在几个明显技术缺陷，即①依赖于已知基因组信息；②交叉杂交引入的高背景噪音；③由于背景和信号的饱和度导致有限的动态范围检测；④不同Microarrays的结果间进行基因表达量的比较难度较大，需要复杂的均一化方法（Wang Z *et al.* 2009）。

基于测序的方法可直接获得cDNA序列信息。该方法是利用Sanger技术对表达序列标签（Expressed Sequence Tag，EST）文库进行测序。EST技术于1991年由Adams等提出，主要通过构建cDNA文库、测序及序列分析实现对特定样本一定数目的表达基因进行分析（Adams M. D. *et al.* 1991）。目前，NCBI中收录的EST序列已超过3 000万条，且数据量呈指数增长。EST

技术用于转录组学研究的巨大潜力突出的表现在物种覆盖度大、应用范围广及可将不同来源的 EST 数据整合进行跨物种转录组比较分析。但因该方法仅对转录组中经均一化（Normalization）的一小部分 cDNA 进行测序，所以其通量有限，且不能进行基因表达的定量研究。随着测序技术的不断发展，以 Tag 为基础的基因表达系列分析（Serial Analysis of Gene Expression，SAGE）技术和大规模平行测序（Massively Parallel Signature Sequenceing，MPSS）技术相继出现，实现了高通量的数字基因表达分析。测序技术的高通量和较为精确的数字基因表达量计算使转录组学研究取得了重大突破，但所存在的技术瓶颈仍难以满足现在研究的需要。

近来，迅速发展的二代测序（Next Generation Sequencing，NGS）技术革命性的推动了转录组学研究。基于 NGS 的转录组学研究被称为 RNA-sequencing 或 RNA-seq，该方法通过对某物种片段化的总 RNA 或 mRNA 的反转录 cDNA 文库进行高通量测序，然后将测序读长（Read）比对到参考基因组、基因序列或从头（*de novo*）组装的序列上，实现从整个转录组水平研究基因的转录情况和表达模式。虽然 RNA-Seq 技术仍在不断发展和完善中，但从酿酒酵母（Saccharomyces cerevisiae）（NagalakshmiU. *et al.* 2008）、裂殖酵母（Fission yeast）（WilhelmB. T. *et al.* 2008）、拟南芥（Lister *et al.* 2008）、小鼠（Mortazavi A. *et al.* 2008）、人（Wang ET *et al.* 2008；Morin R. D. *et al.* 2008）等的研究中已表现出较现存其他转录组学研究方法的巨大优势。集中体现在：①分辨力高。该技术能精确判断转录本的边界区域，可检测转录区域的单碱基突变（SNP）位点；②背景噪音低。由于测序 Reads 能够唯一的匹配（Map）到参考序列的特定位置，使该方法背景噪音极低；③信号不饱和性。即没有数量上限，可以检测多达 5 个数量级动态范围的基因表达变化；④重复性高。生物重复率可达 93%～95%，技术重复率可达 99%（Mardis E. R. 2008）；⑤测序读长可显示两个外显子的连接情况，长读长或双末端测序读长（Paired-end Reads）甚至可以显示多个外显子的拼接状态，可有效揭示基因的可变剪接和基因融合（Wang Z 2009）。可以说，RNA-Seq 技术是目前最佳的转录组学研究工具，几乎克服了其他方法的所有弊端。与普通基因芯片技术相比，RNA-Seq 技术不依赖于基因组背景，使转录组学研究能扩展到大多数没有进行基因组测序的非模式物种上；无信号饱和上限、背景噪音低、重复性好，所以不同批次样品间的基因表达数据易于进行比较分析；与高密度全基因组 Tiling array 相比，RNA-Seq 技术可在较少 RNA 样本量的条件下精度、专一性的检测新转录本及基因的可变剪接模式；

与 SAGE 技术和 MPSS 技术相比，RNA-Seq 具有极强的可变剪接分析、新基因发现及低丰度表达转录本的检测能力。

（二）转录组测序

转录组学研究是以测序技术为基础，通过对转录本进行测序，获得每个转录本的碱基序列信息，从而为下一步的功能和结构分析奠定基础。目前的测序技术主要有桑格尔法测序、基因芯片及第二代测序技术，简述如下。

1. 桑格尔法测序

桑格尔法测序是 20 世纪 70 年代诞生了最早建立起来的 DNA 测序技术，并得到广泛的应用。但测序的数据量不能满足科研人员对转录组日益深入且快速的研究需求，并且传统的桑格尔测序法成本高，序列短，并不能完整的反应转录组的情况。

2. 基因芯片

基因芯片技术，又名 DNA 探针微阵列，是由 Fodor 等（1991）提出的一种测序方法，可以同时快速的处理多个样品，并对样品中包含的多种生物信息进行揭示的一种微型器件，它的加工过程运用了一些微电子加工以及微机电加工的方法，只是由于研究对象是生物样品，所以叫生物芯片（滕晓坤 2008）。20 世纪 90 年代，Schena 等（1995）人首次在科学杂志上发表了应用基因芯片进行基因表达分析的文章，应用基因芯片检测了拟南芥 45 个基因的表达水平。基因芯片对于探针的特异性要求极高，以保证目的基因能与其结构相近的非目的基因区别开来。在研究不同处理条件下或是不同样本的基因表达变化时，样品浓度与检测信号强度要有精确的对应关系（Pozhitkov AE *et al.* 2007）。基因芯片技术是一种建立在杂交测序基本理论上的全新技术，相对于桑格尔法测序，它的最大的优势就是在于其测序通量较高，但因为需要待测物种的基因组信息做为参考，极大地制约了其在无参考基因组物种转录组研究中的应用，同时基因芯片技术也有特异性及灵敏度低，不利于低丰度基因的检测，价格昂贵等其他的不足（Gabig M *et al.* 2001，Alba R *et al.* 2004）。

3. 第二代测序技术的研究进展

当前用于高通量测序的技术主要有罗氏公司的 454 测序、Illumina 公司的 Solexa 测序以及 ABI 公司的 SOLiD 测序（Metzker ML 2009）。在上述 3 种测序方法中，应用 Illumina 测序技术对转录组学分析的研究较多，与传统的桑格尔法测序和基因芯片相比，其优势在于可扩展的高通量；样品用量少，最低量仅需 100ng；测序化学技术先进，运用边合成边测序的原理，可以在 DNA 链延伸的过程中检测是否有单个碱基掺入；文库构建过程简单，可减少样品分离和制备的时间；性价比高，Illumina 的售价低于 454 和 SOLiD 系统。此外，运行成本与其他测序仪相比较，单次运行费用较低，并且简单、快速、自动化。近些年来，Illumina 测序平台不断升级，更是具有明显的优势。

（三）二代测序技术在转录组学研究中的应用

1. 转录组测序及数据库构建

利用高通量测序技术进行转录组学研究可分为有参考序列和无参考序列两种情况。

对有参考序列的物种，可将测序结果直接与基因组或已有的转录组参考序列进行比对分析，包括①将测序读长比对到外显子边界识别基因的可变剪接；②将测序读长比对到基因非编码区或功能未知区进行基因结构分析和新基因识别；③通过比较比对到给定基因上读长的数目对其在不同样本间的表达量和表达丰度进行定量分析。在这种情况下，测序深度越深，越有利于后续数据处理，得到更多分析结果的可能性越大（Brautigain A.，Gowik U. 2010）。Illumina 和 SOLiD 测序技术可在每个反应产生几千万个测序读长，被广泛应用于此类研究。例如，利用 Illumina GA 对拟南芥及其突变体进行转录组测序，从基因组水平比较了野生型、DNA 甲基转移酶及脱甲基酶缺失突变体间的 DNA 甲基化作用、小 RNA 功能及其对基因转录调控影响的研究；对水稻根尖、茎尖、叶等不同部位进行转录组测序，得到了 28G 的测序数据，与基因组序列比较共鉴定出 28 563个基因的 5′和 3′非编码区（UTR）、23 800个可变剪接、1 356个融合基因，发现了 7 232个具有组织表达特异性的低丰度新基因（Zhang G *et al.* 2010）；对葡萄不同发育阶段果实测序共得到 2.2G 的测序数据，鉴定出 6 695个差异表达基因、285 个可变剪切、53 个基因家族新成员及 28 个新 MYB 转录因子（Wu J *et al.* 2010）。

对于没有参考序列的物种来说，需要通过 *de novo* 组装，利用测序读长之间的重叠关系将它们拼接为较长的基因序列，然后进行基因结构、功能及表达量等分析。读长越长组装效率越高，454 测序平台可产生 150 ~ 400bp 的读长，是开展非模式物种转录组测序的首选。目前，利用该技术已完成了红树（*Rhizophora mangle*）、美栗（*Castanea dentata*）、华菱草（*Eschscholzia californica*）、黄花蒿（*Artemisia annua*）、油橄榄（*Olea europaea*）、豌豆

(*Pisum sativum*)、巨桉（*Eucalyptus grandis*）、紫花苜蓿（*Medicago sativa*）、丹参（*Salvia miltiorrhiza*）、羊草（*Leymus chinensis*）、毛花雀稗（*Paspalum dilatatum*）、珊状臂形草（*Brachiaria brizantha*）、沙冬青（*Ammopiptanthus mongolicus*）、鹰嘴豆（*Cicer arietinum*）、终极腐霉（*Pythium ultimum*）、胡蜂(*Polistes metricus*)、大口黑鲈（*Micropterus salmoides*）、庆网峡蝶（*Melitaea cinxia*）、烟草天蛾（*Manduca sexta*）等大量物种的转录组测序，为后续研究奠定了基础。如在丹参转录组研究中，测序共得到46 772个平均长度414bp的读长，与数据库EST数据相比，组装得到的18 235条序列中，13980条为新发现基因，基因注释发现27条丹参酮合成相关基因，29条丹酚酸合成基因，70条细胞色素P450基因及577条转录因子编码基因（Li Y *et al.* 2010）。近几年，Illumina测序平台不断升级，相继出现了GA、GAⅡ及HiSeq 2000等测序仪，使读长由最初的20～30bp增加到100bp以上。同时，双端测序技术日渐成熟，使测序读长增加至单端测序的2倍，测序通量也随之增加。技术上的更新使Illumina测序平台极大满足了转录组 *de novo* 测序的要求，已被高频率用于转录组测序研究中（王曦等，2010）。

2. 基因表达特性分析

二代测序技术不仅可大规模检测特定转录组中哪些基因表达，而且还能利用数字基因表达（Digital Gene Expression）技术对它们的表达量进行绝对或相对水平的定量分析。目前，两种方法常用于以深度测序为基础的数字基因表达特性分析。一种是对NlaⅢ或DpnⅡ等限制酶的酶切cDNA进行测序，由于相同基因的酶切产物相同，利于后续基因表达量的比较分析，被称为DeepSAGE；另一种是对某物种全部或部分表达基因直接检测，通过比较测序读长比对到给定基因序列上的数目来分析其在不同样本间的表达差异，被称为RNA-Seq。

利用数字基因表达技术对不同样本转录组间差异表达基因识别和比较的研究表明，该技术表现出背景噪音低、无交叉杂交、分辨率高、可对新基因进行表达量注释等优点。Kristiansson等（2009）发现，由454读长比对到给定基因上的数目计算而得的基因表达量与基因芯片检测结果高度一致，充分证实了利用数字方法对基因表达定量的高置信度。在大黄鱼（Pseudosciaena crocea）受嗜水气单胞菌（Aeromonas hydrophila）感染前后转录组比较中，共鉴定出1996条差异表达基因，推测它们可能与炎症反应相关（Mu Y *et al.* 2010）；在杂交区两个亚种小嘴乌鸦（Corvus corone）与其纯种的比较研究中发现它们之间的基因表达水平差异极大，暗示了基因表达水平的变异可能是早期物种形成的一个重要因素（Wolf J. *et al*. 2010）。

二代测序技术突破了少数模式物种研究的限制，数字基因表达技术也随之成为研究更多物种适应性进化的有效工具。例如，利用该技术可检测植物适应特定环境过程中哪些基因的表达发生了变化，推测导致这些变异的调控机制，以回答分子生态学研究中的重要问题（Ekblom R.，Galindo J. 2010）。

3. 分子标记开发

分子标记指个体间遗传物质内核苷酸序列的变异，直接反应了 DNA 水平的多态性。简单重复序列（Simple Sequence Repeat，SSR）是具有 1～6 个核苷酸单元的串联重复序列，广泛分布在基因组中；单核苷酸多态性（Single Nucleotide Polymorphism，SNP）指在基因组中单一位点核苷酸变异造成的 DNA 多态性，被称为第三代分子标记。二代测序技术的一大贡献是实现了分子标记的大规模开发。研究人员可在一次高通量测序反应产生的数据中发现上百个 SSR 位点和上千个 SNP 位点，极大地促进了数量性状座位（QTL）定位、亲缘关系鉴定、基因渐渗及杂交等方面的研究，使分子生态学和种群遗传学研究范围从少数模式物种扩大到非模式物种，从栽培种扩大到野生物种（Ekblom R.，Galindo J. 2010）。

4. 小 RNAs 研究

小 RNA（sRNA）是一类内源小分子 RNAs，在转录调控、生长发育调节等众多生物和代谢途径中发挥重要作用。由于其长度较小，是利用二代测序技术进行研究的理想对象。目前，对小 RNAs 的研究已取得重大突破，发现了两类在植物中占主导地位的小 RNA，即 21 nt sRNA 和 24 nt sRNA。前者主要通过分解特定 mRNA 在后转录调控中发挥作用（Jones-Rhoades M *et al*. 2006），而后者则通过甲基化 DNA 从转录水平调节基因的表达（VaucheretH. 2006）；此外，发现植物中的 sRNA 非高度保守，不同类别小 RNAs 的长度在不同植物中存在差异，并推测这种差异可能由维持不同物种差别巨大的基因组的组成所导致（Morin R. D. *et al*. 2008）。

利用二代测序技术进行 sRNA 测序的基本流程是：首先从总 RNA 中分离、纯化低分子量 RNA，再通过聚丙烯酰胺凝胶电泳选择 20～30nt 的片段，然后连接 5′和 3′接头进行反转录反应，必要时可进行少循环数的线性 PCR 扩增以达到测序仪检测范围，最后进行测序。第一个大规模检测 sRNA 的研究由 454 平台完成，但后来发现 Illumina 和 SOLiD 测序技术更适合sRNA测序，因为它们产生的读长足以覆盖整个 sRNA 序列，且一个反应产生的数据量庞大，使测序深度更深，易于检测低拷贝 sRNAs。目前，Illumina 系统已被广泛应用于 sRNA 测序研究中，已完成的 sRNA 测序项目有小麦、水稻、紫菜（*Porphyra yezoensis*）、花生（*Arachis hypogaea*）、地黄（*Rehmannia glutinosa*）、柑橘等。例如，以检测 sRNA 是否参与水稻响应 H_2O_2 的调控过程为目的，对清水和 H_2O_2 处理水稻进行 sRNA 测序，结果发现水稻中大量 sRNA 未被分类、首次发现水稻外显子区的 sRNA、鉴定出 32 个新 sRNA、发现了大量受 H_2O_2 刺激差异表达的 sRNA 及其靶基因（Li T *et al.* 2011）。

二、羊啃食后大针茅转录组测序

（一）、大针茅羊啃食处理

于 2011 年采自内蒙古锡林郭勒盟白音锡勒牧场整株挖取株丛直径 5cm 以上的大针茅，带回到内蒙古农业大学试验地种植，将一个大株丛分成 10 株单株，2012 年生长季节继续分株成 30 株，构成遗传背景一致的无性系。2013 年 8 月，控制绵羊只啃食大针茅而不进行践踏。分别采集羊啃食后 2 小时的 DS（实验组）和未啃食处理的 DD（对照组）大针茅，放于干冰盒中送至博奥生物公司进行转录组测序；采集羊啃食后 2h、4h、8h、16h、24h 的大针茅叶片和空白对照组分别用无菌无酶的剪刀剪下并用无菌无酶水反复快速冲洗，分别放置于 5ml 无菌无酶离心管中，每个样品采集 5 个平行，迅速储存于液氮罐中带回实验室，保存在 -80℃ 冰箱中备用。

（二）、大针茅总 RNA 的提取及 cDNA 的合成

1. 大针茅总 RNA 的提取

（1）将超低温冷冻的大针茅叶片称重 1g，快速转移至液氮冷却过的 5ml 无菌无酶离心管中，并向管中放 2 颗经过 1‰的 DEPC 处理的钢珠，插入到组织研磨机的冷冻模块中一起再次在液氮中浸泡 1min。

（2）将冷冻过的模块安装在组织研磨机上，调整程序为 30 次/s，研磨 3min。

（3）向研磨成粉末状的实验样品中加入 2ml RNAiso Plus，室温静置 15min，将上清液移液至 5ml 无菌无酶离心管中。

（4）加入上清液 1/5 体积的氯仿，震荡 30s，室温静置 5min。

（5）12 000 × g，4℃ 离心 15min，将上清液移液至新的 5ml 离心管中（离心后分为管内液体分为三层，用 200μl 的移液器小心吸取最上层清液）；

加入与上清液等体积，经4℃预冷的异丙醇；室温静置10min。

（6）12 000 × g ，4℃离心10min，缓缓倒出上清液，向沉淀物加入1ml75%乙醇，用移液器反复冲洗，12 000g ，4℃离心5min，弃掉上清液，保留沉淀。

（7）在室温条件下与超净台中自然晾干，加入30μl无菌无酶水。

用核酸定量仪检测RNA的OD值以及RNA浓度，A260/280的OD值均在1.6～2.0，说明所提取的RNA质量很好；用1%的琼脂糖凝胶电泳检测所提取的RNA完整性。如图4－2所示，通过琼脂糖凝胶电泳检测可以看出，所提取的RNA条带明亮，无降解；泳道1、2、3、4的$A_{260/280}$分别为2.11、2.13、2.09和2.12，样品总量分别为63.2μg、52.0μg、59.6μg和57.3μg，达到了转录组测序的标准。

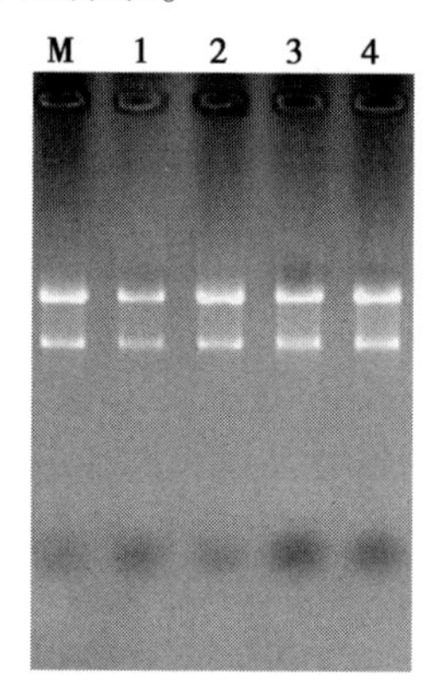

泳道M为植物TotalRNA，泳道1、2、3、4分别为DS-1、DS-2、DD-1和DD-2，每个样品孔用量0.5ug

图4－2　琼脂糖凝胶电泳检测RNA

2. 大针茅cDNA的合成

本实验采用通用型RT-PCR（TAKARA）试剂盒，反转录PCR体系共20μl，其中包括：RNA原液10.0μl，PrimeScript RT Enzyme Mix I 1.0μl，RT Primer Mix ×4 1.0μl，5 × PrimeScript Buffer 2（for Real Time）4.0μl，RNase Free dH_2O 4.0μl。反转录程序如下：37℃，15min；85℃，5 sec；4℃ 24h。将合成的cDNA保存于－20℃待用。

（三）转录组测序技术路线图

大针茅转录组测序在博奥生物公司去进行转录组测序，测序方法采用Illumina测序平台，技术路线如图4－3所示：

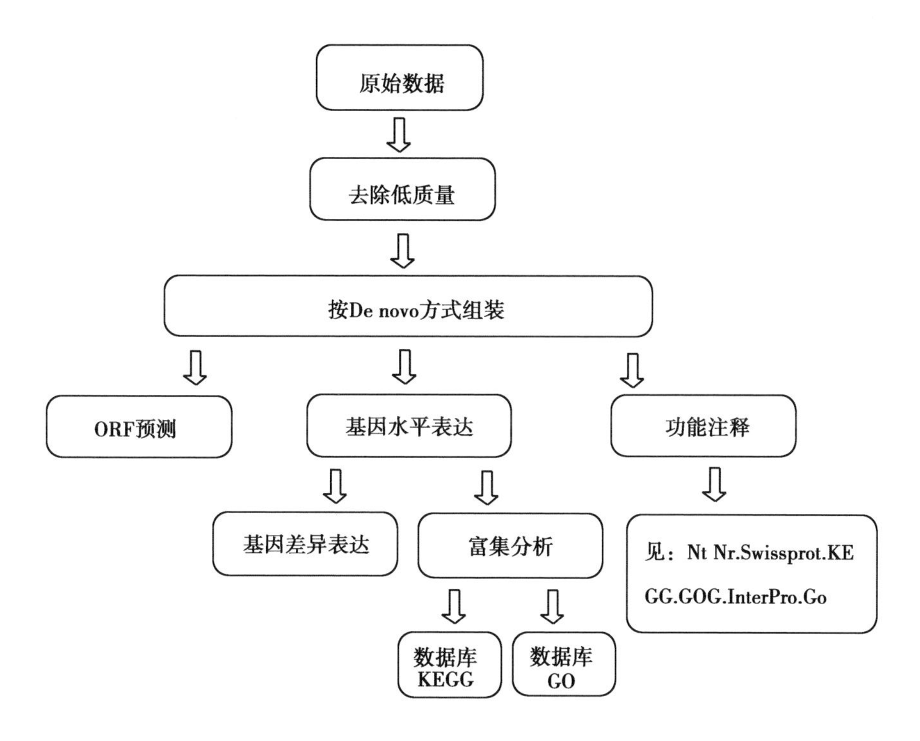

图4－3 转录组测序技术路线

（四）大针茅转录组数据分析

1. De novo 组装结果统计

分别运用 Velvet 和 Trinity 软件进行组装，选取标准为转录本的平均长度，所以选取表中黄色的组装结果进行后续分析，共得到 147 561个 reads，组装成 64 738条 Unigenes，Unigenes 平均长度为 1 367. 21bp，N50 是 2 017 bp。如表4－5 所示：

表 4-5　De novo 组装结果统计

软件	转录本数量	转录本总长度（bp）	转录本平均长度（bp）	最长转录本长度（bp）	最短转录本长度（bp）	N50（bp）
Velvet	160 866	218 106 952	1 355.83	15 279	100	2 048
	147 561	201 747 091	1 367.21	14 007	100	2 017
	139 244	186 282 435	1 337.81	13 457	100	1 962
	127 799	161 976 505	1 267.43	13 387	100	1 867
	120 380	143 672 266	1 193.49	12 728	100	1 759
	110 144	117 893 899	1 070.36	13 347	100	1 592
	102 603	101 932 547	993.47	13 346	100	1 476
Trinity	169 988	164 662 040	968.67	13 429	201	1 668

注：N50 是 Reads 拼接后会得到一些长度不同的 contig（序列），把 contig 从大到小排序，对其长度进行累加，当累加长度达到总长度的一半时，最后一个加长的（序列）长度即为 N50，这个数值越大说明组装质量越好

2. 转录本组装长度统计

通过 De novo 方式组装，转录本长度和数量分布如图 4-4 所示，转录本主要集中在 0～1 000bp，其中，200bp 的转录本数量最多，达到了 14 583 个，随着其长度的增加，转录本数量也随之减少，但是，在 4 000bp 呈现了数量陡然增加。

3. 差异基因表达分析统计

从图 4-5 和表 4-6 中可以看出，DS（实验组）与 DD（对照组）共有 64 199个基因表达，其中，DS（实验组）与 DD（对照组）相比，有 49 844 个基因共同表达，占所有基因的 77.62%；只在 DS（实验组）中的表达基因有 3 273个，占所有基因的 5.1%；只在 DD（对照组）中的表达基因有 11 093个，占所有基因的 17.28%。从数据可以看出，DS（实验组）比 DD（对照组）的表达基因数目少，可能是因为大针茅被啃食后，大多基因表达下调，甚至不再表达，导致无法检测到，也有可能是牧草被啃食后，叶片组织遭到破坏，导致叶片组织特异性表达的基因丢失。由于高通量测序有一定的随机性，我们也可以看到，DS（实验组）在也测到了 3 273个特异表达的基因，即在 DD（对照组）中未测到这些基因；所以，在 DS（实验组）中测到53 106个基因，而在 DD（对照组）中测到 60 926个基因。在所有检测到的64 199个表达基因中，满足 $p \leqslant 0.01$ && （$ratio \geqslant 2$ or $ratio \leqslant 0.5$）的差

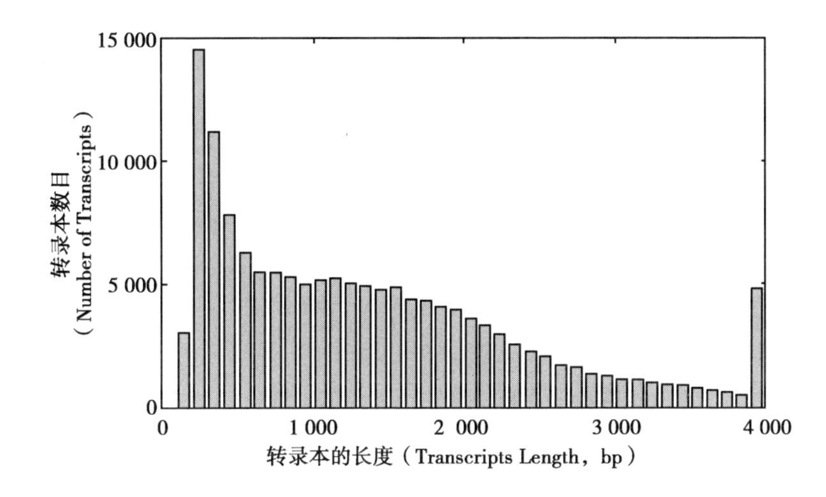

横坐标为转录本长度，纵坐标为转录本数量

图 4－4　转录本组装长度统计

异表达的基因共有 17 513个，其中，上调的基因有 3 019个，下调的有 14 494个。

图 4－5　羊啃食后大针茅差异基因统计表达分析

表 4－6　差异基因表达统计

分类（Class）	数目（Number）	百分率（%）
总的基因数（Total Genes）	64 738	100
已表达基因（Expressed Genes）	64 199	99. 17
表达于 DS－1（Expressed in DS-1）	53 106	82. 72
表达于 DD－1（Expressed in DD-1）	60 926	94. 9
表达于二者（Expressed Both）	49 833	77. 62
只表达于 DS－1（Expressed Only In DS-1）	3 273	5. 1
只表达于 DD－1（Expressed Only In DD-1）	11 093	17. 28
不同表达基因（Different Expressed Genes），（$p<0.01$ && ratio≥2 or ratio≤0. 5）	总数（Total#）	17 513
	上位（Up#）	3 019
	下位（Down#）	14 494

4. 预测开放阅读框统计

开放阅读框（Open Reading Frame-ORF）是基因中无终止序列打断的、编码相应蛋白质的一段序列。经过统计，在所有 147 561个转录本中，有 ORF 的转录本为 134 462个，占所有转录本中的 91. 12%；没有 ORF 的转录本为 13 099个，占所有转录本中的 8. 88%；所有转录本中，最长 ORF 的平均长度为 1 006. 83bp，其分布如图 4－6 所示。

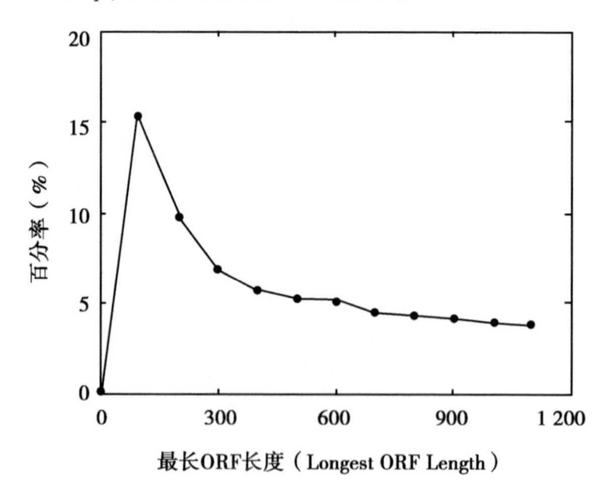

图 4－6　ORF 长度分布

5. 转录本注释统计

在总共147 561个转录本中，通过与多个数据库比较，结果如表4－7所示：与Nt、Nr、Swissprot、COG、Kegg、Interpro和GO数据库比对结果分别有111 720个、119 286个、75 399个、53 322个、112 911个、68 011个和58 949个有功能注释的比对结果，分别占所有转录本的75.71%、80.84%、51.10%、36.14%、76.52%、46.09%和19.95%。

表4－7　转录本注释统计

数据率名称 (Database)	总表（Total）		E cutoff	数据库版本 (Database vetsion)
	注释比对数 (# of Annotated)	(%)		
总转录本数 (Total Transcriptss)	147 561			
Nt	111 720	75.71	1.00E-05	201301
Nr	119 286	80.84	1.00E-05	201301
Swissprot	75 399	51.10	1.00E-10	201301
COG	53 322	36.14	1.00E-10	No version
KEGG	112 911	76.52	1.00E-10	Release58
Interpro	68 011	46.09	Interproscan 4.8	
GO	58949	39.95		v36

6. 数据库GO功能注释结果

如图4－7所示：共有58 949条Unigenes被注释到36个GO条目中。所处细胞位置（Cellular Component）、在分子功能（Molecular Function）、参与生物学过程（Biological Process）三个GO本体（Ontology）中，“细胞部分（Cell part）”、“结合（Binding）”、“催化活性（catalytic activity）”、“细胞过程（cellular process）”和“代谢工程（metabolic process）”条目的基因数目最多，分别为5 068条单基因（Unigenes）、10 667条Unigenes、9 398条Unigenes、8 505条Unigenes和9 725条Unigenes。

7. 数据库COG功能注释结果

共有53 322条Unigenes被注释到24个COG功能分类中。其中，“普通功能预测（General Function Prediction Only）”是含转录本（transcript）数目最多的聚簇，共有3 129条Unigenes被注释到该基因聚簇，占总数23.21%，其次是“翻译后修饰，蛋白质转换，分子伴侣（Posttranslational modifica-

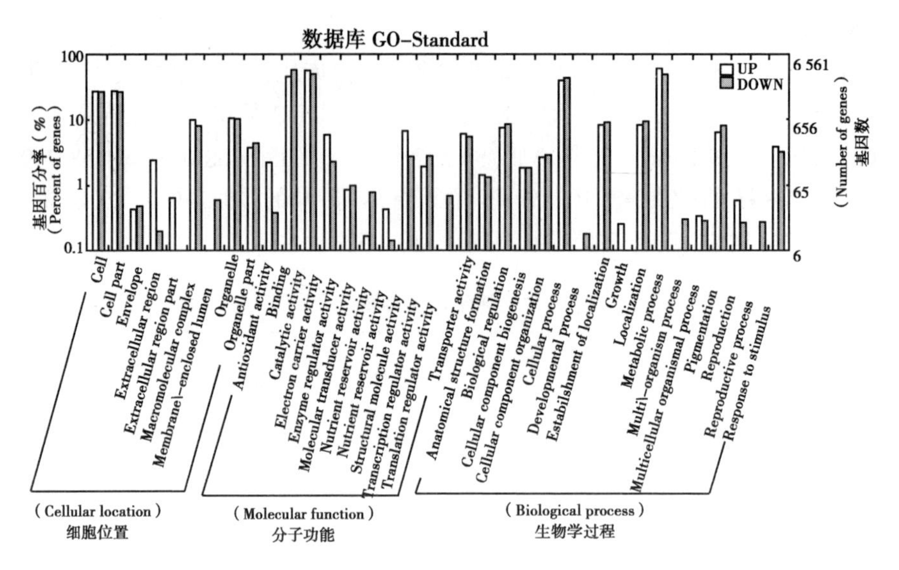

图中白色柱代表上调基因，有色柱代表下调基因

图 4－7　GO 功能注释结果

tion，protein turnover，chaperones）”、“翻译，核糖体结构和生物转化（Translation，ribosomal structure and biogenesis）”，分别含有 Unigenes 1 378 条，1 217条分别占注释到 COG 中的 Unigenes 的比例为 10.22%，9.03%。而“细胞运动（Cell motility）”和“核结构（Nuclear structure）”聚簇的 transcript 数目最少，分别为 15 条和 4 条，占比例 0.11% 和 0.03%。功能注释结果如图 4－8 所示。

8. KEGG 代谢通路分析

在大针茅响应羊啃食的转录组测序中，共有 112 911条 Unigenes 比对到 305 个 KEGG 代谢通路中，分别分布在“新陈代谢（Metabolism）”、“遗传信息处理（Genetic Information Processing）”、“环境信息处理（Environmental Information Processing）”、“细胞过程（Cellular Processes）”、“人类疾病（Human Diseases）”和“有机系统（Organismal Systems）”六个板块中，其中“新陈代谢（Metabolism）”板块中的代谢通路最多，有多达 132 个代谢通路；最少的是“细胞过程（Cellular Processes）”板块，只有 18 个。差异基因表达最多的是在“遗传信息处理（Genetic Information Processing）”板块中的“复制和修复；染色体（Replication and Repair；Chromosome）”，共有 218 条差异基因表达，上调的基因为 13 个，下调的基因为 205 个，代谢

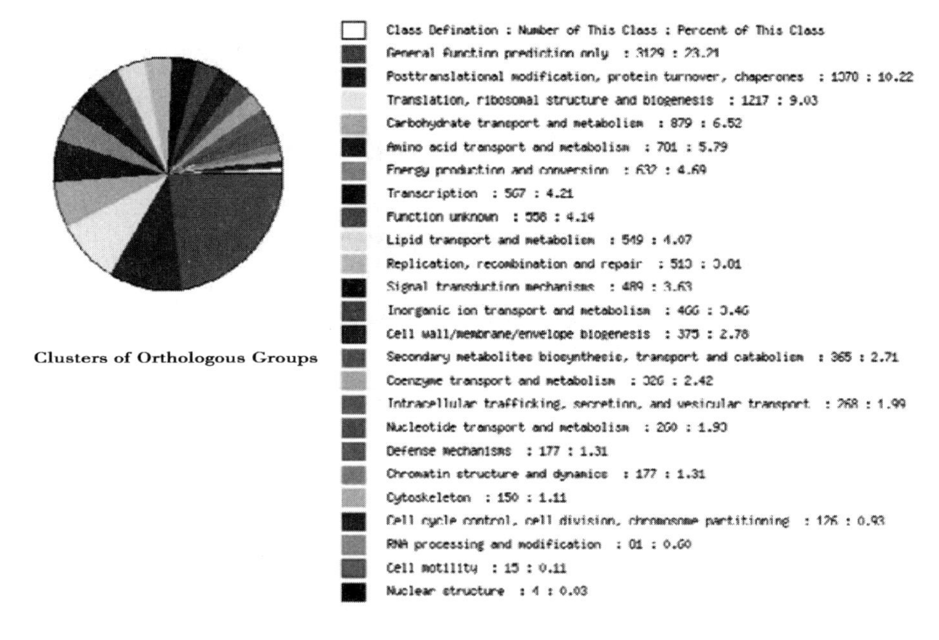

图 4－8　羊啃食后大针茅转录组 COG 功能注释结果

通路图为：BR：ko03036。

147 561条 Unigenes，通过 BLASTX 程序将所得到的 Unigenes 与 Nr 数据库进行比对，共有119 286条 Unigenes 得到了功能注释（E Value < 10^{-5}），占所有 Unigenes 的80.84%。19.16%的 Uingenes 没有得到很好的 Nr 注释结果，分析其原因主要包括：首先，大针茅存在着具有未知编码序列的基因，其编码的蛋白质与已知蛋白序列差异较大，因此在 Nr 注释过程中比对率较低，这些基因或许是大针茅的专属基因，在大针茅的生长机制中发挥巨大的作用，有关未知基因的结构及功能还有待于进一步的研究；其次，由于大针茅乃至所有针茅属植物暂时缺少全基因组信息做参考，所以在短序列的组装过程中也就无法验证其组装的准确性，从而导致组装后的序列无法得到注释；最后，短序列进行序列组装后，仍有一部分 Unigenes 的片段较短，在与蛋白数据库中的序列进行比对时，无法得到注释。相对于传统的桑格尔法测序，Illumina 测序技术在测序长度方面仍然存在着些许不足，但测序的高通量、低成本等方面却具有相当明显的优势。

在 GO 功能分类中，共有58 959条 Unigenes 被注释到42 种功能类别中，包括生物学过程、分子功能和细胞组成三大类。其中，划分到生物学过程的基因较多，如细胞生理过程和代谢过程，说明在大针茅羊啃食后涉及大量参与调控细胞代谢、生理过程等的基因变化。在细胞组成功能中，注释最多的基因是细胞组分，这些基因可能主要是来自于植物种子形成和补偿性生长中的相关蛋白。而在分子功能中，注释最多的基因是结合功能和催化活性，说明大针茅的生长发育与配体与受体的互作及酶学催化反应密切相关，包括激素、信号分子与受体互作，以及蛋白的酶解反应等。

在 COG 功能分类中，有 53 322条 Unigenes 被划分到 24 个功能分类中。其中, 3 129条 Unigenes 划分到预测功能分类中，这些基因的功能和结构还有待于接下来的研究。除此之外，划分到蛋白质翻译、核糖体结构和生物合成相关的基因较多，基因表达的关键环节是蛋白质合成，可能大针茅在生长发育过程中需要有大量的细胞因子参与调控。

（五）转录组数据库的验证

1. 转录组数据库验证引物

根据 2014 年焦志军对 *Act2*、*TUB-α*、*TUB-β*、18*SrRNA*、*GAPDH*、*EF-1α*、*RNA POLⅡ*、*APRT* 和 *TLF* 等 9 个候选的大针茅内参基因的筛选结果，选择 18*S rRNA* 为内参基因进行后续的实时荧光定量 PCR 实验。

通过大针茅的转录组测序，从已经得到的基因中随机挑选 5 个基因对转录组测序进行验证，其中有 3 个表达量上调的基因、1 个表达量下调的基因和 1 个表达量基本保持不变的基因，通过实时荧光定量检测其表达量，验证转录组测序结果。通过上下调倍数笔者随机挑选的转录组数据库中基因编号为 DZM Locus_ 56、DZM Locus_ 45144、DZM Locus_ 16487、DZM Locus_ 24790 和 DZM Locus_ 1041。其中，表达量上调的基因是 DZM Locus_ 45144、DZM Locus_ 16487 和 DZM Locus_ 24790，表达量下调的基因是 DZM Locus_ 56，表达量基本维持不变的基因是 DZM Locus_ 1041；并且在转录组数据库中查找上述基因的比对结果。在 Denovo 组装中查找 5 个基因的基因序列，用 Primer Priemier 5.0 设计引物（表 4 – 8），引物片段退火温度在 60℃左右，扩增序列长度为 80bp ~ 158bp，GC 含量为 50% ~ 60%。

表 4－8　qRT-PCR 的引物序列及扩增特征

基因编号 (Genetic code)	NCBI 比对结果 (The comparison results of NCBI Nr)	引物序列 (Primer pair，5′－3′)	目的片段 (Product size，bp)
DZM Locus_ 56	Alpha-terpineol synthase	F：TTCTGCTCGTCTCGTTCACCT R：GTCGCTTCCCTTCGCTTCT	96
DZM Locus_ 1041	Tyrosine-protein kinase	F：ATAATTTGGGTCAGCAGGTCAA R：GGACACAGACTTCCCTTTCGT	82
DZM Locus_ 16487	Chlorophyll a-b binding protein 3C	F：AAACACCAACGGTCCCATCT R：CGACCCCGTCAACAACAAC	129
DZM Locus_ 24790	germin-like protein 8－14-like	F：ATCTGCAGGCCGGGATT R：TTCATCACCTCCTCGTCCAA	158
DZM Locus_ 45144	chlorophyll a-b binding protein 2	F：TTGTAAAACACACAGGGCACCA R：GTGAACGCTGGGGAAGAAAG	80

2. 验证基因 PCR 扩增结果

以测序的大针茅样品 cDNA 为模板，利用表 4－8 中设计好的引物，通过 PCR 扩增目的基因 DZM Locus_ 24790、DZM Locus_ 16487、DZM Locus_ 1041 基因、DZM Locus_ 56 基因和 DZM Locus_ 45144，其比对结果如表 4－8 所示，分别是萌发素类蛋白、叶绿素 a-b 结合蛋白 3 c、酪氨酸激酶、α 松油醇合成酶和叶绿素 a-b 结合蛋白 2。PCR 扩增结果如图 4－9 所示，本实

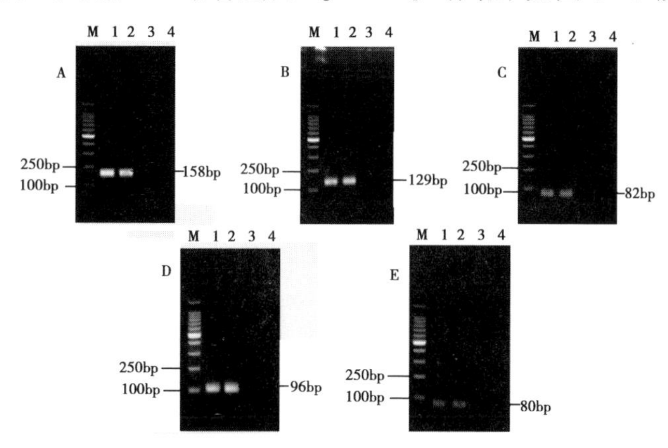

图中 M 为 DL1500 Marker，泳道 1、泳道 2 为上样量为 5μL 的目的基因，泳道 3、泳道 4 为无模板对照，琼脂糖浓度为 2.0%。图 A 是 DZM Locus_ 24790；图 B 是 DZM Locus16487；图 C 是 DZM Locus_ 1041；图 D 是 DZM Locus_ 56；图 E 是 DZM Locus_ 45144

图 4－9　转录组验证基因的琼脂糖凝胶电泳

验选择的5个基因中，经过PCR扩增后，用琼脂糖凝胶电泳检测，无非特异性条带，条带大小与预期相吻合，可以进行后续实时荧光定量PCR。

3. 验证基因的实时荧光定量PCR结果

qRT-PCR反应体系为5μl SYBR Premix EX Taq、0.5μl 10 μmol・L^{-1} forward primer、0.5μl 10μmol・L^{-1} reverse primer和1μl模板cDNA，加无菌水补至总体积10μl。反应条件为：95℃预变性4min；95℃性5s，60℃退火30s，60℃延伸30s，35个循环；20℃10s。

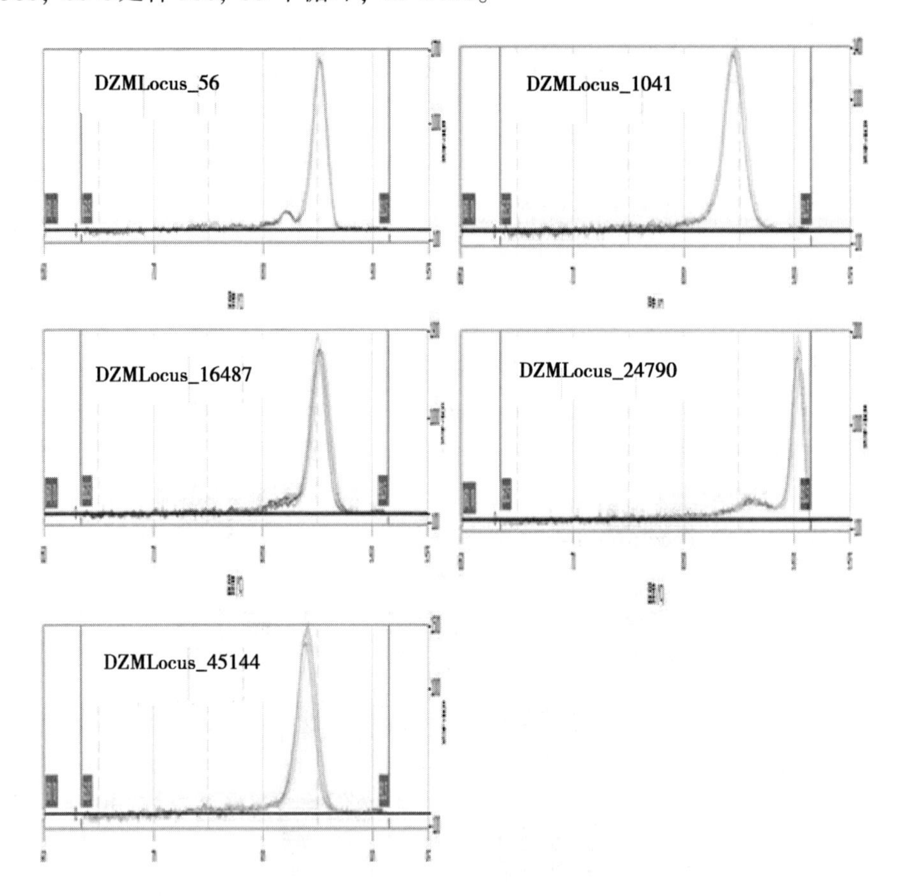

图4-10　转录组验证基因的熔解曲线

以羊啃食后的大针茅叶片为研究材料，qRT-PCR分析结果显示，扩增曲线平稳（图4-10），引物熔解曲线单峰，重复性好，Tm值偏差较小，可以进行后续分析。通过扩增曲线得到的Cq值，计算出上述基因的相对表达

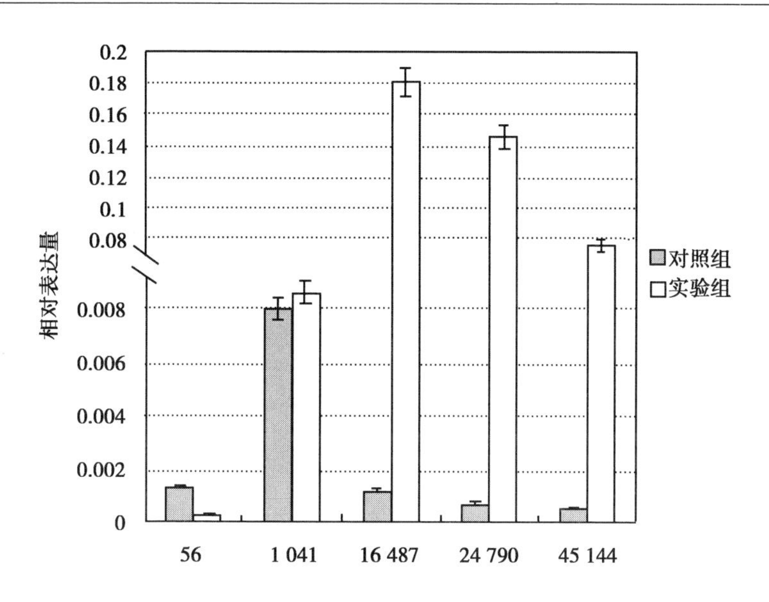

图 4－11　转录组验证基因的 qRT-PCR 相对表达量

量（图4－11），DZM Locus_ 24790 基因上调；DZM Locus_ 16487 基因上调；DZM Locus_ 1041 基因表达差异不显著；DZM Locus_ 56 基因下调；DZM Locus_ 45144 基因上调。与转录组测序结果中的上下调趋势一致，验证了转录组测序的可靠性，达到了进行后续实验的标准。

三、重要代谢通路分析

（一）类黄酮代谢通路

1. 类黄酮代谢通路中基因片段引物设计

在类黄酮代谢通路中查找差异表达的基因编号，分别是 DZM Locus_ 1259、DZM Locus_ 2056、DZM Locus_ 6782、DZM Locus_ 26088 和 DZM Locus_ 60507，在 Denovo 组装中查找序列，运用 Primer Priemier 5.0 设计引物（表4－9），引物片段退火温度在 60℃ 左右，扩增序列长度为 100～171bp，GC 含量为 50%～60%，实时荧光定量的反应程序及体系如上述（参见附图 2）。

表 4－9　类黄酮代谢通路中相关基因的引物序列及扩增特征

基因编号（Genetic code）	NCBI 比对结果（The comparison results of NCBI Nr）	引物序列（Primer pair，5′－3′）	目的片段（Product size，bp）
DZM Locus_ 1259	Cinnamate 4-hydroxylase 肉桂酸-4-羟化酶，*C4H*	F：GGTTAGATTGCGGTGGTTCA R：CCTCTTCGCTGCCATTACTC	142
DZM Locus_ 2056	Chalcone isomerase 查尔酮异构酶，*CHI*	F：TAACGGAAGCAGAGGTCGAG R：GAGGGTGAGTGGGTGAAGAG	100
DZM Locus_ 6782	Flavonoid 3′，5′-hydroxylase 类黄酮 3′，5′-羟化酶，*F3′5′H*	F：GAAGAAGACTCGGCTACGG R：CTCGGTGATGATTGACGATG	171
DZM Locus_ 26088	4-coumarate COA4-香豆酸辅酶 A 连接酶，4*CL*	F：GAGCAGAAGGCAGGGTAATG R：CAAAGTGGCAGGCAGGAA	107
DZM Locus_ 60507	Trans-cinnamate 4-hydroxylase 反式肉桂酸-4-羟化酶，*TC4H*	F：GCGACGTTGATGTTCTCGAC R：GAAGGAAGGTGATGGACACG	133

2. 类黄酮代谢通路中差异表达基因的 RT-qPCR

对有差异表达的基因 DZM Locus_ 1259、DZM Locus_ 2056、DZM Locus_ 6782、DZM Locus_ 26088 和 DZM Locus_ 60507 进行 RT-qPCR 来检测其在羊啃食后 2h、4h、8h、16h、24h 和不经羊啃食 2h、4h、8h、16h、24h 5 个不同时段的表达量变化，RT-qPCR 的反应程序及体系如上所述。

在类黄酮代谢通路中（附图 2）的 5 个基因 DZM Locus_ 1259、DZM Locus_ 2056、DZM Locus_ 6782、DZM Locus_ 26088 和 DZM Locus_ 60507 的注释结果（表 4－9）分别是肉桂酸-4-羟化酶（cinnamate-4-hydroxylase，*C4H*）、查尔酮异构酶（chalconei somerase，*CHI*）、类黄酮 3′，5′-羟化酶（Flavonoid 3′，5′-hydroxylase，*F3′5′H*）、4-香豆酸辅酶 A 连接酶（4-Coumarate：CoA ligase，4*CL*）和反式肉桂酸-4-羟化酶（Trans-cinnamate 4-hydroxylase，*TC4H*）。利用表 4－9 中设计的引物对上述基因做实时荧光定量 PCR，扩增曲线平缓，熔解曲线单峰（图 4－12），无非特异性扩增，分别计算上述 5 个基因的相对表达量。

（1）*C4H* 的 qRT-PCR 结果分析。*C4H* 是类黄酮代谢通路中合成肉桂酸的主要的限速酶，而肉桂酸是合成木质素和花青素的原料和前体物质，经

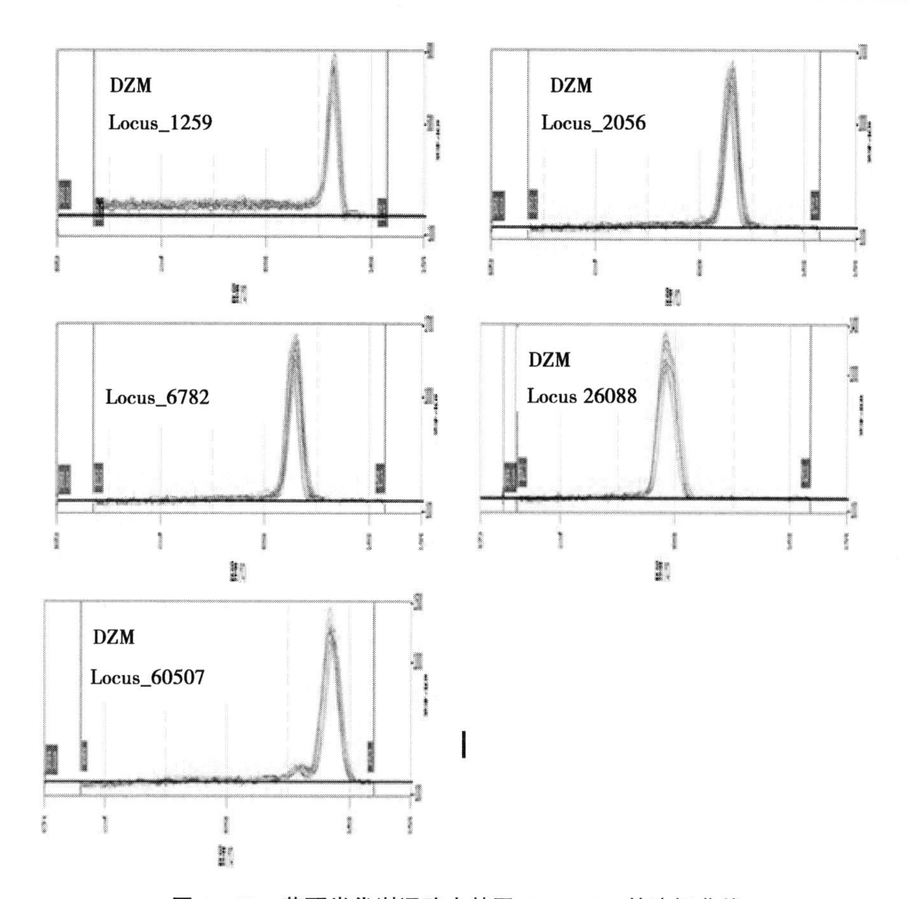

图 4－12　黄酮类代谢通路中基因 qRT-PCR 的溶解曲线

qRT-PCR 检测，其在大针茅受到羊啃食处理后 4h 的表达量与空白对照相比呈现上调趋势，其余 4 个时间点均是对照处理较实验处理该基因表达下调（图 4－13）。

（2）*CHI* 的 qRT-PCR 结果分析。*CHI* 催化查尔酮合成柚皮素（Naringenin），这是类黄酮生物合成途径中一个重要的中间代谢产物，可经不同的催化反应产生不同类型的类黄酮化合物，经 qRT-PCR 检测，其在大针茅受到羊啃食处理后 4h 的表达量与空白对照相比呈现上调趋势，在 2h、8h、16h 和 24h 等 4 个时间点的表达量均比对照组低，结果如图 4－14 所示。

（3）*F3′5′H* 的 qRT-PCR 结果分析。*F3′5′H* 可以催化不同的羟化反应而形成圣草素或五羟基黄烷酮。经 qRT-PCR 检测，其在大针茅受到羊啃食处理后在 2h、4h、8h、16h 和 24h 等 5 个时间点的表达量均比对照组低

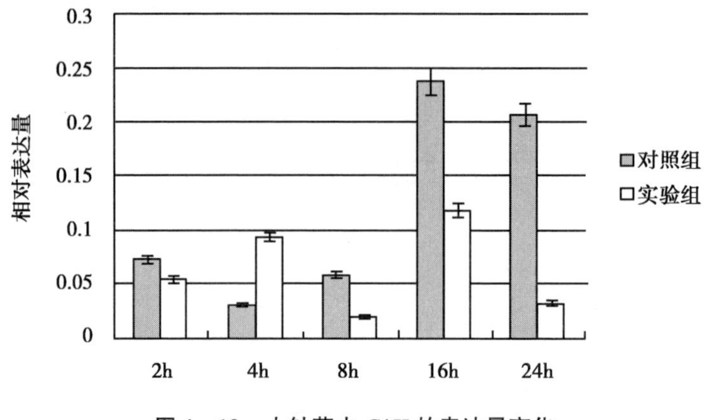

图 4－13　大针茅中 *C4H* 的表达量变化

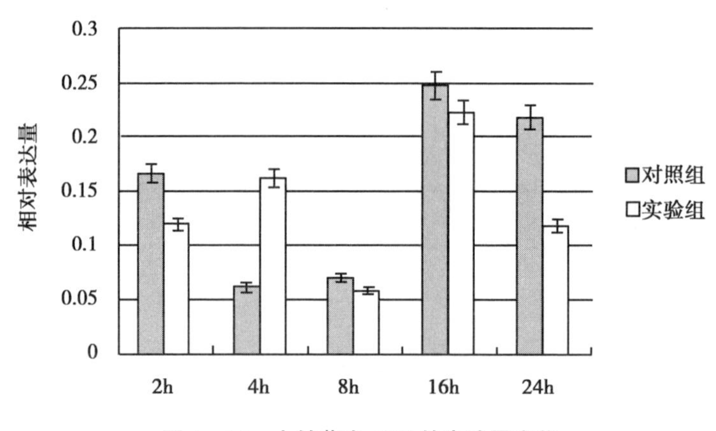

图 4－14　大针茅中 *CHI* 的表达量变化

（图 4－15）。

（4）4*CL* 的 qRT-PCR 结果分析。4*CL* 是木质素合成中的一个关键酶，其位于苯丙烷类衍生物生物合成的关键点上，以肉桂酸及其羟基或甲氧基衍生物，如 4-香豆酸、咖啡酸、5-羟基阿魏酸等为底物，生成相应的辅酶 A 酯，这些中间产物随后进入苯丙烷类衍生物支路合成途径。其在大针茅受到羊啃食处理后 2h 和 4h 的表达量与对照相比呈现上调趋势，在 8h、16h 和 24h 等 3 个时间点的表达量均比对照组低（图 4－16）。

（5）*TC4H* 的 qRT-PCR 结果分析。*TC4H* 与 *C4H* 的功能相似，是类黄酮代谢通路中合成反式肉桂酸的主要限速酶，肉桂酸与反式肉桂酸是同分异

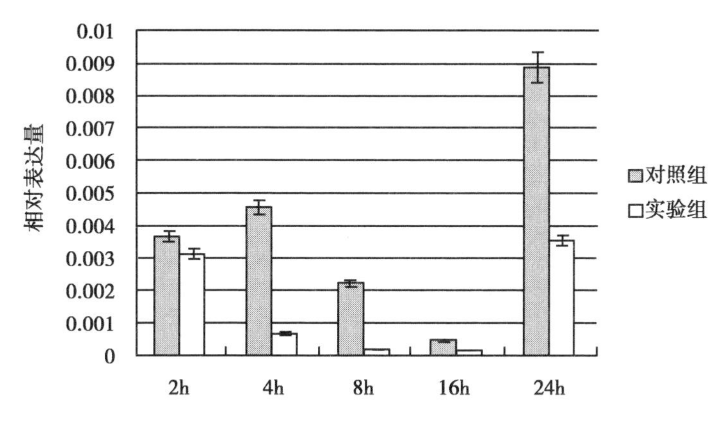

图 4－15　大针茅中 *F3′5′H* 的表达量变化

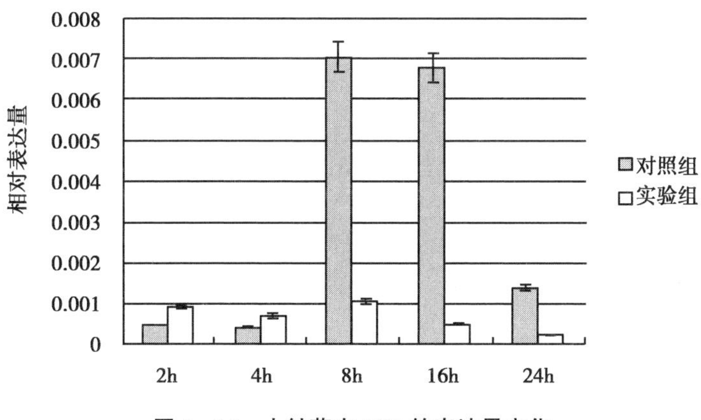

图 4－16　大针茅中 4*CL* 的表达量变化

构，同样是合成木质素和花青素的原料和前体物质。这个基因在大针茅受到羊啃食处理后 2h 和 4h 的表达量与空白对照相比呈现上调趋势，在 8h、16h 和 24h 等 3 个时间点的表达量均比对照组低（图 4－17）。

3. 羊啃食大针茅类黄酮含量变化

（1）大针茅类黄酮含量测定。取干燥处理后大针茅叶片，粉碎。称取约 5g，加 80ml 95% 乙醇，浸泡 20min，超声波提取 30min，抽滤。滤渣再加 80ml 95% 乙醇，浸泡 20min，再次超声波提取 30min，抽滤，合并两次滤液，减压回收（水浴加热）乙醇至滤液仅剩 5～7ml 为止，放置 100ml 容量瓶中，用 60% 乙醇稀释至刻度，得样品液。

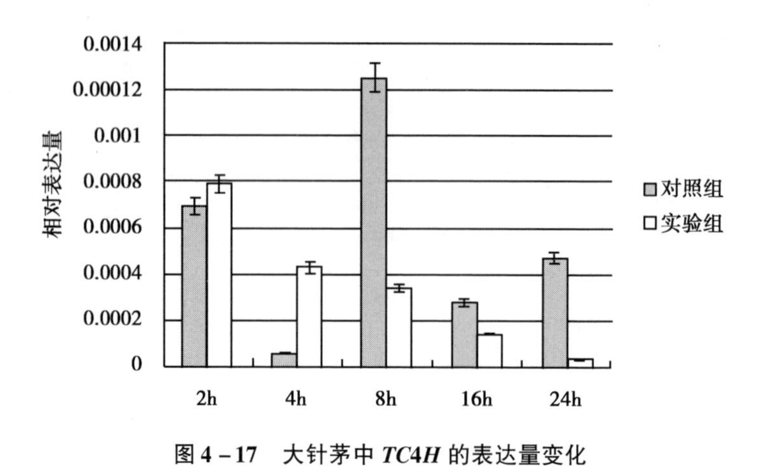

图 4－17 大针茅中 *TC4H* 的表达量变化

①波长的选择：取样品液适量，在 0.30ml 5% 亚硝酸钠溶液存在的碱性条件下，经硝酸铝显色后，以试剂为空白参比液在 420～700nm 波长范围测定络合物的吸光度，络合物于 510nm 波长处有最大吸收，故测定时选用此波长。

②芦丁标准品的标准曲线和回归方程：分别精密吸取芦丁对照液（2mg/ml）0.00，0.50，1.00，2.00，3.00，4.00，5.00ml 于 10ml 容量瓶中，分别加入 5% 亚硝酸钠溶液 0.40ml，摇匀，静置 6min；再加 10% 硝酸铝溶液 0.40ml，摇匀，静置 6min；再加 4% 氢氧化钠溶液 4.00ml，用 60% 乙醇稀释至刻度，摇匀，静置 15min，以试剂作空白参比液，于 510nm 处测定吸光度。

芦丁是一种黄酮类化合物，以吸光度 A 为纵坐标，芦丁浓度为横坐标，绘制标准曲线，可用来测定大针茅的类黄酮含量，标准曲线如图 4－18 所示，用最小二乘法进行线性回归后得到回归方程。回归方程为：$y = 7.650x + 0.071$，$R^2 = 0.999$。

③提取物含量的测定：精密吸取样品液 1ml，置 10ml 容量瓶，按标准曲线的制备方法，测定其吸光度 A，用标准曲线法计算样品中总黄酮的含量（mg/ml）。

（2）大针茅中类黄酮的含量变化与基因相关性分析。经紫外分光光度计测定，大针茅进行羊啃食处理后，检测类黄酮在 2h、4h、8h、16h 和 24h 的含量，实验组均比对照组下降，这与基因水平的下调的情况基本一致。通过 SPSS19.0 软件分析类黄酮代谢通路中的 5 个相关基因与大针茅羊啃食后

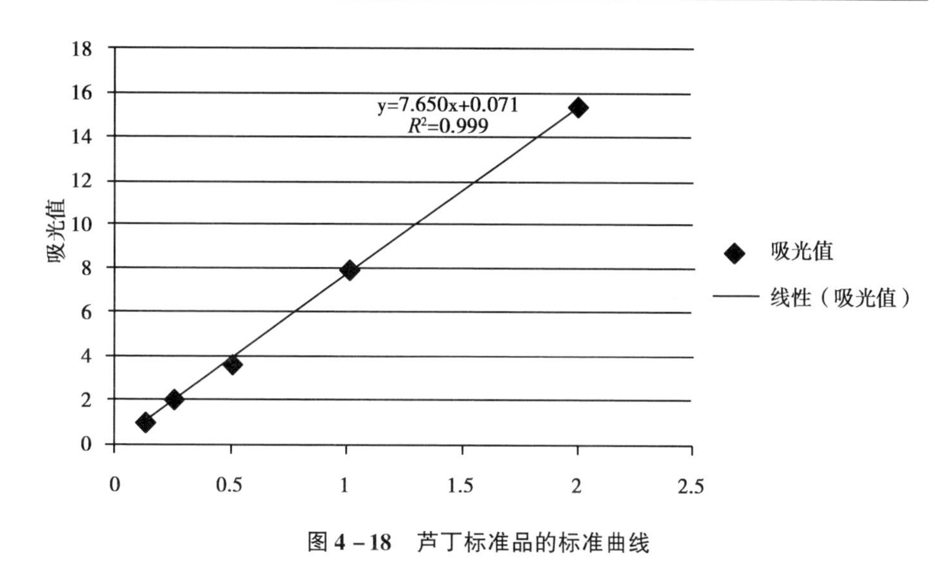

图4－18　芦丁标准品的标准曲线

的类黄酮含量变化的相关性，其中，*F3′5′H*、4*CL* 和 *TC*4*H* 基因表达量变化与类黄酮为正相关，4*CL* 为极显著正相关（$P=0.822^{**}$），*F3′5′H* 为显著正相关（$P=0.562^{*}$），*CHI*、*C*4*H* 和 *TC*4*H* 相关性不显著。这说明 *F3′5′H* 和 4*CL* 为黄酮类化合物代谢通路中的关键调节酶，试验中 *F3′5′H* 和 4*CL* 下调与黄酮含量的降低相一致（图4－19）。

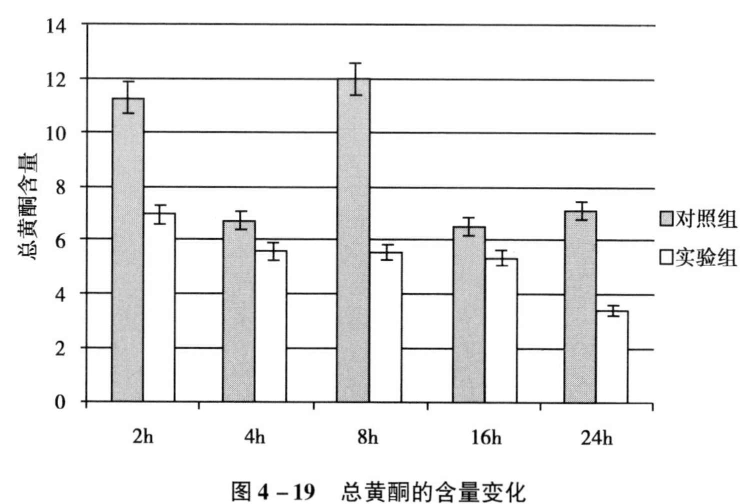

图4－19　总黄酮的含量变化

羊啃食后大针茅中的类黄酮含量相比对照组都有所下降，而且随着时间的增加，类黄酮含量也逐渐降低，在24h达到了最低值。研究表明，黄酮类化合物是植物的次级代谢产物，是清除氧自由基，植物体抵御外界环境胁迫的重要代谢产物。Schultz and Baldwin（1982）发现，如果夏栎在前一年叶片受到舞毒蛾（*Lymantria dispar* L.）的侵食，其第二年的叶片中可水解的单宁含量、单宁系数、酚类物质总量及叶片的厚度韧度均明显高于前一年未受危害的树木，单宁与类黄酮都是多酚类化合物，这些变化会影响昆虫幼虫的生长发育。Appel and Schultz（1994）认为，栎树叶片内的单宁能降低舞毒蛾体内重要化学成分的合成，从而有效地抑制舞毒蛾的危害。Rossiter 等（1988）在研究舞毒蛾习性时发现，舞毒蛾的产卵量与夏栎叶子的季节性酚类变化以及由危害引起叶片组织内酚类或非酚类物质的变化密切相关，由于叶片受到的危害而引起的叶片内酚类物质凝集的差异可以影响到舞毒蛾的生育能力和产卵总量。单宁化合物可强烈抑制食叶昆虫的生长发育。水解单宁的毒性更高，引起食叶昆虫的拒食效应比缩合单宁强 5～10 倍，其作用机制包括沉淀蛋白质，与消化酶结合成复合体降低对食物中蛋白质等营养物的消化作用而抑制生长，还可抑制取食（Bernays EA 1981），已证实它们对夜蛾类食叶昆虫有毒或有抑制幼虫生长的作用（Faeth SH 1985）。本实验中大针茅响应羊啃食后，总黄酮含量却有所下降，表明羊啃食对大针茅不是一种生物胁迫，而是一种积极刺激，这可能会促使植物的生长以及生殖，且植物与植食性动物之间是协同进化关系，而非防御关系。袁飞（2013）在对锡林郭勒草原中 4 种牧草经过不同处理的次级代谢产物的研究中，发现轻度放牧会使克氏针茅、羊草等禾本科牧草中的多酚类化合物含量有所降低，而中度放牧和重度放牧则会使牧草中的多酚类化合物有显著升高。由于本研究的处理方法只是模拟了轻度啃食处理，远远达不到中度放牧和重度放牧的水平，所以类黄酮含量有所下降与袁飞的研究结论相似，也说明大针茅对羊啃食的响应机制与其研究结果相符。

（二）淀粉和蔗糖的代谢通路分析

如图 4－20 所示，大针茅在羊啃食后，DS（实验组）相对于 DD（对照组），在淀粉的合成过程中，反应 1 中的 DZM Lucas-4138（ADP-葡萄糖焦磷酸化酶小亚基）下调了 2.70 倍，抑制了 ADP-葡萄糖的合成；反应 2 中的 DZM Locus_ 5141（淀粉合成酶）上调了 2.78 倍，促进了支链淀粉的合成；反应 3 中的 DZM Locus_ 52634（1，4-α-葡聚糖分支酶）上调了 3.17 倍，促进了淀粉的合成；在淀粉的降解过程中，反应 4 中的 DZM Locus_ 6019（淀粉磷酸化酶）下调了 2.56 倍，抑制了淀粉降解为葡萄糖-1-磷酸；反应 5 中的 DZM Locus_ 50294（β 淀粉酶）与反应 6 中的 DZM Locus_ 22723（1，3-β-葡糖苷酶前体）、DZM Locus_ 14873（α 淀粉酶）和 DZMLocus_ 51305（低聚糖葡糖苷酶）几乎没有变化。总的来说淀粉的合成趋势大于降解，在大针茅中是能量储存过程。

在蔗糖的合成过程中，反应 7 中的 DZMLocus_ 54897（UTP-葡萄糖-1 磷酸尿苷基转移酶）上调了 12.31 倍，DZM Locus_ 20232（蔗糖合酶）下调了 11.49 倍，DZM Locus_ 8715（蔗糖磷酸合成酶）上调了 11.24 倍，DZM Locus_ 2107（葡萄糖-6 磷酸异构酶）上调了 2.7 倍，DZM Locus_ 1503（葡萄糖磷酸变位酶）上调了 2.53 倍，其中只有 DZM Locus_ 20232（蔗糖合酶）下调，其余 4 个参与果糖-6-磷酸和 UDP-葡萄糖合成蔗糖-6-磷酸的酶均上调，促进了蔗糖-6-磷酸的合成；反应 8 中的 DZM Locus_ 7515（α-甘露糖苷酶）上调了 2.51 倍，促进了蔗糖的合成；而在蔗糖的降解过程中，反应 9 中的 DZM Locus_ 37203（糖基水解酶家族 9）下调了 38.33 倍，DZM Locus_ 28896（α-葡糖苷酶）下调了 7.4 倍，DZM Locus_ 8914（β-呋喃果糖苷酶）下调了 83.33 倍，抑制了蔗糖降解为果糖；反应 10 中的 DZM Locus_ 18227（果糖激酶）下调了 39.41 倍，DZM Locus_ 6428（己糖激酶）下调了 408.14 倍，抑制了果糖降解为果糖-6-磷酸；反应 11 中的（转移酶）下调了 76.92 倍，抑制了蔗糖降解为葡萄糖；反应 12 中的 DZM Locus_ 2063（果糖-2，6-二磷酸酶）下调了 34.29 倍，抑制了葡萄糖降解为葡萄糖-6-磷酸。这也可以说明大针茅在蔗糖的代谢中，蔗糖的合成大于降解，也是一个储能的过程。

在植物体中，淀粉和蔗糖是重要的光合产物，也是重要的储能物质，大针茅经羊啃食后，在淀粉合成中相关基因表达量，ADP-葡萄糖焦磷酸化酶的表达量有微弱的下降，淀粉合成酶以及 1，4-α-葡聚糖分支酶的表达量都有所上升；而在淀粉降解过程中，淀粉磷酸化酶下调，而其余降解成麦芽糖和葡萄糖的相关调控的基因 β 淀粉酶、1，3-β-葡糖苷酶前体、α 淀粉酶和低聚糖葡糖苷酶则几乎没有变化，这说明了淀粉的合成速度大于降解速度，是一个储能过程。而在蔗糖的合成中除了蔗糖合成酶，其余的调控基因如：UTP-葡萄糖-1 磷酸尿苷基转移酶、蔗糖磷酸合成酶、葡萄糖-6 磷酸异构酶、葡萄糖磷酸变位酶和 α-甘露糖苷酶都出现了表达量上升的情况；在蔗糖降解成葡萄糖和果糖的过程中，所有基因都出现了极大差异的下调，这说明蔗糖的降解近乎停滞，而是在加速的合成，这也是一个储能的过程。由于采样期为 8 月，大针茅正处于结实时期，而淀粉则是合成子房壁和胚乳的主要物

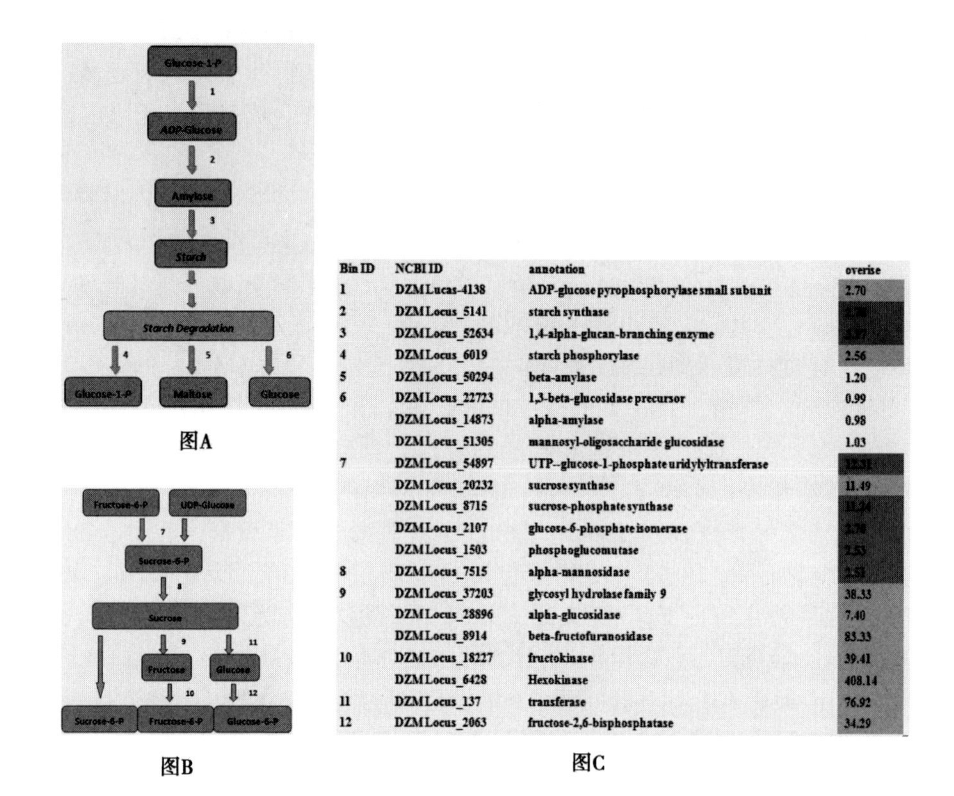

Bin ID	NCBI ID	annotation	overise
1	DZMLucas-4138	ADP-glucose pyrophosphorylase small subunit	2.70
2	DZMLocus_5141	starch synthase	[illegible]
3	DZMLocus_52634	1,4-alpha-glucan-branching enzyme	[illegible]
4	DZMLocus_6019	starch phosphorylase	2.56
5	DZMLocus_50294	beta-amylase	1.20
6	DZMLocus_22723	1,3-beta-glucosidase precursor	0.99
	DZMLocus_14873	alpha-amylase	0.98
	DZMLocus_51305	mannosyl-oligosaccharide glucosidase	1.03
7	DZMLocus_54897	UTP--glucose-1-phosphate uridylyltransferase	12.31
	DZMLocus_20232	sucrose synthase	11.49
	DZMLocus_8715	sucrose-phosphate synthase	11.24
	DZMLocus_2107	glucose-6-phosphate isomerase	2.78
	DZMLocus_1503	phosphoglucomutase	2.53
8	DZMLocus_7515	alpha-mannosidase	2.51
9	DZMLocus_37203	glycosyl hydrolase family 9	38.33
	DZMLocus_28896	alpha-glucosidase	7.40
	DZMLocus_8914	beta-fructofuranosidase	83.33
10	DZMLocus_18227	fructokinase	39.41
	DZMLocus_6428	Hexokinase	408.14
11	DZMLocus_137	transferase	76.92
12	DZMLocus_2063	fructose-2,6-bisphosphatase	34.29

图C

图 A 为淀粉的简易代谢通路，由葡萄糖 1 磷酸到直链淀粉到淀粉以及淀粉降解的过程；图 B 为蔗糖的简易代谢通路，是有果糖 6 磷酸和 UDP 葡萄糖生成蔗糖 6 磷酸进而合成蔗糖以及蔗糖降解为蔗糖 6 磷酸、果糖和葡萄糖；图 C 中的 Bin ID 与图 A 和图 B 中的反应过程相对应，Maize ID 为转录组当中基因的序号，Anotation 是基因在 NCBI 中的比对结果，Overise 中红色标注为上调的基因，绿色标注的为下调的基因，空白标注的为表达差异不显著的基因，数字代表 DS（实验组）与 DD（对照组）相比表达的差异倍数

图 4-20　淀粉和蔗糖的代谢路径及调控基因的表达水平

质，蔗糖则是重要的能量来源，种子的形成需要大量的能量物质，通过与淀粉合成相关基因的上调共同作用，加速结实。表明大针茅在羊啃食后通过增加物质的储藏、储备，并利于产生后代，进行自我保护。

（三）大针茅响应羊啃食中细胞周期相关基因的变化

CYC 蛋白即周期蛋白是指含有周期蛋白框或其同源序列的一类蛋白质，其依赖于周期蛋白激酶的调节亚单位，对细胞周期均起着正调控的作用。可以归类为有丝分裂周期蛋白即 CYCA、CYCB 和 G1 期特定的周期蛋白 CY-CD。CYCA1 在 S 期表达，A2 型和 A3 型在 G2 期表达，CYCB1 和 B2 则在 M 期表达；CYCD 的表达主要在细胞周期的 G1 期与 G1/S 的转折点。而 CDKI 是一种负向调节蛋白，抑 CDK/CYCs 复合体的活性；动点外层组成蛋白 Nuf2 则是可以促进纺锤体形成的蛋白质，其表达量也是下调；Rad17 是细胞应答 DNA 损伤和复制叉阻滞信号转导过程中一个关键的检控蛋白，在 DNA 损伤和 DNA 复制检控中具有非常重要的正调控作用；DNA 发生双链断裂损伤后，能够以同源染色体 DNA 为模板，通过同源重组的方式修复，这一过程对 DNA 复制、DNA 损伤修复及减数分裂和同源染色体分离重组等都有着重要的作用，而且是一种 DNA 无错修复机制。由于需要同源姐妹 DNA 作为模板，因此，同源重组修复多出现于 S 后期或以后的细胞中。参与这一过程的基因主要包括 RAD51、RAD52、RAD51ap1、RAD52B 等多个基因，其中 RAD51 起着最为关键的作用。

在大针茅响应羊啃食的转录组数据库中，除周期蛋白激酶 CDKI、与细胞周期蛋白 D（CYCD）和 DNA 修复蛋白 RAD51 是上调的基因以外，细胞周期蛋白 A（CYCA）均为下调基因、细胞周期蛋白 B（CYCB）、细胞周期检测点 RAD17、动点外层组成蛋白 Nuf2 和眼肿瘤蛋白 RBR3 均出现下调。在植物的发育过程中，G1 期到 S 期和 G2 到 M 期是两个关键的转折点，从图 4－21 中我们可以看出，下调的基因无论是从数量上，亦或是表达差异倍数上，都远远大于上调的基因，这说明细胞周期可能会出现缩短，甚至是停滞状态；另外 DNA 损伤修复蛋白为上调，很有可能是因为在羊啃食大针茅后，植物叶片被羊的物理性损伤如撕咬、践踏，或是唾液对植物分子层面的影响，导致了大针茅 DNA 出现了一定的损伤。而其他关键的调节酶，如 MAD2、RAD17 均是下调，说明大针茅在细胞分裂中，都可能出现了放缓的趋势。

小结

未放牧样地和放牧样地两个种群。在长期的进化过程中，放牧和未放牧样地大针茅植物种群均形成并保存了较高的遗传变异水平，平均多态位点比率为 63.6%；遗传多样性大部分存在于种群内为 81.7%，种群间的比率仅占 18.3%。

对放牧利用梯度种群研究显示，4 个大针茅植物种群内的遗传多样性，

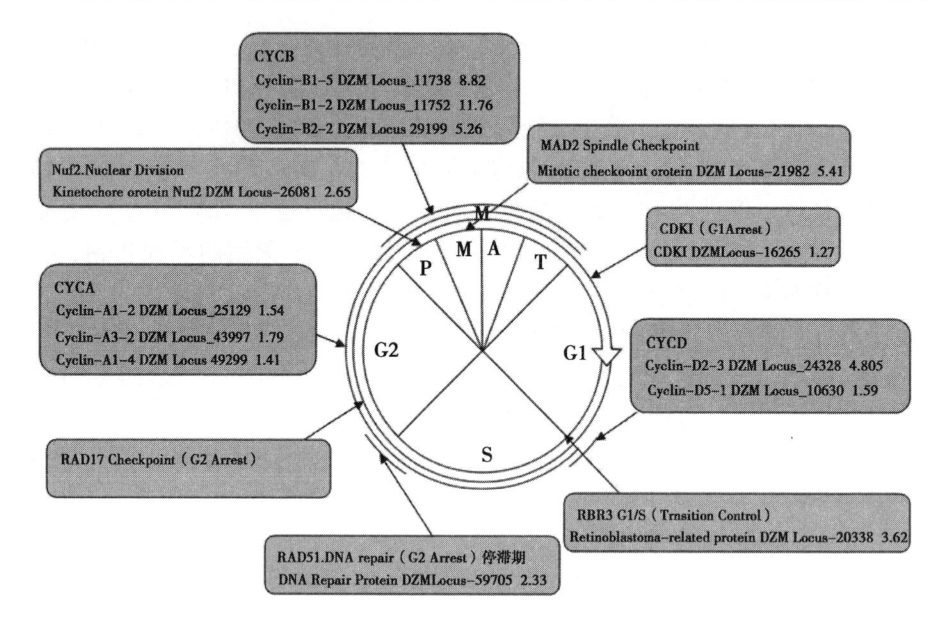

红色标注的框为细胞周期性蛋白，蓝色标注的框为其他影响细胞周期的蛋白质；红色字体代表基因表达量上调，绿色字体代表基因表达量下调，数字代表差异基因表达的差异倍数

图 4－21　羊啃食后大针茅细胞周期相关基因的变化

其大小排列顺序为：轻度放牧种群 > 未放牧种群 > 中度放牧种群 > 重度放牧种群，说明随着放牧压力的增大，大针茅植物种群内的遗传多样性有逐渐减弱的趋势。

以羊啃食后的大针茅植物为材料，提取总 RNA，进行 Illumina 平台的转录组测序，共得到 147 561个 reads（读数），组装成 64 738条 Unigenes Oni 基因，并构建转录组数据库。DS（啃食处理）与 DD（对照组）共有 64 199个基因表达，其中 DS 与 DD 有 49 844个基因共同表达，占所有基因的 77.62%；只在 DS 中表达的基因有 3 273个，占所有基因的 5.1%；只在 DD 中表达的基因有 11 093个，占所有基因的 17.28%。转录组数据库中能满足 $p \leqslant 0.01$ && ($ratio \geqslant 2$ or $ratio \leqslant 0.5$) 的差异表达的基因共有 17 513个，其中上调的基因有 3 019个，下调的有 14 494个。

羊啃食后大针茅植物中类黄酮的含量与对照组相比有所下降，表明大针茅响应羊啃食次生代谢物质含量下降，与昆虫啃食植物后的应激反应不同。类黄酮代谢通路中的 5 个基因 *C4H*、*CHI*、*F3′*，*5′H*、*C4L* 和 *TC4H*，在 24 小时之内均表现为羊啃食处理后基因表达量下调；与类黄酮含量相关性分析表明，*F3′5′H* 和 4*CL* 为黄酮类化合物代谢通路中的关键调节酶。

参考文献

安渊，李博，杨持，等. 2002. 不同放牧率对大针茅种群结构的影响［J］. 植物生态学报，26（2）：163－169.

巴图朝鲁，许志信，昭和斯图，等. 1994. 草甸草原主要牧草贮藏养分积累与消耗规律的研究［J］. 内蒙古农牧学院学报，15（1）：32－38.

白可喻，赵萌莉，卫智军，等. 1995. 贮藏碳水化合物在植物不同部位分布的研究［J］. 内蒙古草业，3：53－55.

白永飞，李德新，许志信，等. 1999. 牧压梯度对克氏针茅生长和繁殖的影响［J］. 生态学报，19（4）：479－484.

宝音陶格涛，刘美玲，李晓兰. 2003. 退化羊草草原在浅耕翻处理后植物群落演替动态研究［J］. 植物生态学报，27（2）：270－277.

蔡晓布，钱成，张永清. 2007. 退化高寒草原土壤生物学性质的变化［J］. 应用生态学报，18（8）：1 733－1 738.

蔡元锋，贾仲君. 2013，基于新一代高通量测序的环境微生物转录组学研究进展［J］. 生物多样性，21（4）：401－410.

崔胜辉，李旋旗，李扬，等. 2011. 全球变化背景下的适应性研究综述，地理科学进展［M］，30（9）：1 088－1 098.

耿元波，罗光强，袁国富，等. 2008. 农垦及放牧对温带半干旱草原土壤碳素的影响［J］. 农业环境科学学报，27（6）：2 518－2 523.

韩冰，王俊，赵萌莉，等. 2003. 退化梯度对克氏针茅种群遗传分化的影响［J］. 草地学报，11（2）：146－153.

韩国栋，李博，卫智军，等. 1999. 短花针茅草原放牧系统植物补偿性生长的研究 I－植物净生长量［J］. 草地学报，7（1）：1－6.

郝敦元，刘钟龄，王炜，等. 1997. 内蒙古草原退化群落恢复演替的研究——群落演替的数学模型［J］. 植物生态学报，21（6）：503－511.

姜恕. 1988. 草地退化及其防治策略［M］. 自然资源，（3）：54－61.

焦树英，韩国栋，刘俊清. 2009. 荒漠草原地区冷蒿构件及其动态规律对载畜率的响应［J］. 中国草地学报，（4）：80－84.

李博. 1997a. 中国北方草地退化及其防治对策［J］. 中国农业科学，30（6）：1－9.

李博. 1997b. 我国草地资源现况、问题及对策［J］. 中国科学院院刊，（1）：49－50.

李博，等. 1987. 内蒙古草场资源遥感分析——内蒙古自治区 1：100 万草场类型图说明. 内蒙古草场资源应用研究（第三卷）［M］. 呼和浩特：内蒙古大学出版社.

李永宏，汪诗平. 1997. 草原植物对家畜放牧的营养繁殖对策初探. 见：草原生态系统研究（第五集）［M］. 北京：科学出版社，23－31.

李镇清，李金花，任继周. 2002. 放牧对草原植物的影响［J］. 草业学报，11（1）：4－11.

李镇清. 2000. 中国东北样带（NECT）植物群落复杂性与多样性研究［J］. 植物学报（英文版），42

(9)：971 – 978.
廖仰南，赵吉，刘宝音，等. 1994. 草原羊草（*Leymus chinensis*）和大针茅（*Stipa grandis*）不同物候期植株残体及凋落物分解酶活性的研究［J］. 内蒙古农牧学院学报，25（1）：81 – 87.
刘颖，王德利，王旭，等. 2001. 不同放牧强度下羊草草地三种禾草叶片再生动态研究［J］. 草业学报，10（4）：40 – 60.
柳丽萍，廖仰南. 1997. 羊草草原和大针茅草原不同牧压下的土壤微生物生物特性及其多样性［M］. 见：草原生态系统研究（第五集）. 北京：科学出版社，70 – 79.
裴浩，敖艳红. 1993. 草原群落的镶嵌结构与群落演替阶段的相关分析［J］. 中国草地，（4）：35 – 37.
任继周，朱兴运. 1995. 中国河西走廊草地农业的基本格局和它的系统相悖——草原退化的机理初探［J］. 草业学报，4（1）：69 – 80.
任涛，郝敦元，石霞，等. 2001. 内蒙古典型草原原生群落植物种群动态趋势分析［M］. 干旱区资源与环境，15（3）：48 – 51.
珊丹，赵萌莉，韩冰，等. 2006. 不同放牧压力下大针茅种群的遗传多样性分析［J］. 生态学报，26（10）：3 175 – 3 183.
沈海花，朱言坤，赵霞，等. 2016. 中国草地资源的现状分析［J］. 科学通报，61（2）：139 – 154.
孙海群，周禾，王培. 1999. 草地退化演替研究进展［J］. 中国草地，（1）：51 – 56.
滕晓坤，肖华胜. 2008. 基因芯片与高通量 DNA 测序技术前景分析［J］. 中国科学，38（10）：891 – 899.
田青，曹致中，王国宏. 2008. 内蒙古多伦典型草原 14 种植物比叶面积对水分梯度变化的响应［J］. 草原与草坪，（5）：23 – 26.
王德利，程志茹. 2002. 放牧家畜的采食行为理论研究［J］. 见：现代草业科学进展（中国国际草业发展大会暨中国草原第六届代表大会论文集）. 中国草原学会，114 – 121.
王德利，吕新龙，罗卫东. 1996. 不同放牧密度对草原植被特征的影响分析［J］. 草业学报，5（3）：28 – 33.
王宏，李晓兵，李霞，等. 2008. 中国北方草原对气候干旱的响应［J］. 生态学报，28（1）：172 – 182.
王明玖. 1993. 放牧强度对短花针茅生活力及繁殖能力的影响［J］. 内蒙古农业大学学报（自然科学版），14（3）：24 – 29.
王庆锁，李梦先，李春和. 2004. 我国草地退化及治理对策［J］. 中国农业气象，25（3）：41 – 44，48.
王炜，梁存柱，刘钟龄，等. 2000a. 草原群落退化与恢复演替中的植物个体行为［J］. 植物生态学报，24（3）：268 – 274.
王炜，梁存柱，刘钟龄，等. 2000b. 羊草 + 大针茅草原群落退化演替机理的研究［J］. 植物生态学报，24（4）：468 – 472.
王曦，汪小我，王立坤，等. 2010. 新一代高通量 RNA 测序数据的处理与分析［J］. 生物化学与生物物理进展，37（8）：834 – 846.
王亦风. 1991. 黄土高原地区植被资源及其合理利用［M］. 北京：科学技版社，94 – 95.
许鹏. 1993. 新疆草地资源及其利用［M］. 乌鲁木齐：新疆科技卫生出版社，256 – 259.

许志信，赵萌莉. 2001. 过度放牧对草原土壤侵蚀的影响［J］. 中国草地，23（6）：59－63.

杨浩，白永飞，李永宏，等. 2009. 内蒙古典型草原物种组成和群落结构对长期放牧的响应［J］. 植物生态学报，33（3）：499－507.

杨利民，韩梅，李建东. 1996. 松嫩平原主要草地群落放牧退化演替阶段的划分［J］. 草地学报，4（4）：281－287.

佚名. 中国生态保护［S］. 2006. 国家环境保护总局.

袁飞，杨生妹. 2013. 不同处理对内蒙古草原优势牧草次生代谢产物含量的影响［D］. 扬州：扬州大学. 5.

恽锐，钟敏，王洪新，等. 1998. 北京东灵山辽东栎群体 DNA 多样性的研究［J］. 植物学报，40（2）：169－175.

张红梅，赵萌莉，李青丰，等. 2005. 放牧压力下大针茅群体遗传多样性的 RAPD 分析［J］. 干旱区资源与环境，19（5）：185－189.

赵凌平，程积民，万惠娥. 2008. 黄土高原典型草原区草地土壤种子库的动态分析［J］. 水土保持通报，28（5）：60－65.

赵萌莉，许志信，马春梅，等. 1999. 年内多次刈割对牧草贮藏养分的影响［J］. 内蒙古农牧学院学报，1：13－16.

周浩然，徐明，于秀波，等. 2014. 生物适应性和表型可塑性理论研究进展［J］. 西北农林科技大学学报（自然科学版），42（2）：215－220，228.

朱桂林，山仑，卫智军，等. 2004. 放牧制度对短花针茅群落植物生长的影响研究［J］. 中国农业生态学报，12（4）：181－183.

朱志梅，杨持，曹明明，等. 2007. 草原沙漠化过程中土壤因素分析及其植物的生理响应［J］. 生态学报. 27（1）：48－57.

Adams M D，Kelley J M，Gocayne J D，*et al*. 1991. Complementary DNA sequencing：expressed sequence tags and human genome project［J］. Science. 252（5013）：1 651－1 656.

Akin D E. 1989. Histological and physical factors affecting digestibility of forages［J］. Agronomy Journal，81：17－25.

Alba R，Fei Z，Payton P，Liu Y，*et al*. 2004. ESTs，cDNA microarrays，and geneexpression profiling：tools for dissecting plant physiology and development［J］. Plant J，39（5）：697－714.

Appel H M，Schultz J C. 1994. Oak tannins reduce eff ectiveness of Thuricide（Bacillus thuringiensis）in the Gypsy Moth（Lepidoptera：Lymantriidae）［J］. Econom Entomol，87（6）：1 736－1 742.

Archer S R，Tieszen L L. 1986. Plant response to defoliation：hierarchical considerations. Gudmundsson O. Grazing research at Northern Latitudes［M］. New York：Plenum Press，45－59.

Baker J P. 1989. Nature Management by Grazing and Cutting［M］. Dordrecht：Kluwer Acdemic Publisher.

Bernays E A. 1981. Plant tannins and insect herbivory：an appraisal［J］. Ecol Entomo，6：353－360. .

Bertone P，Stole V，Royce I E，*et al*. 2004. Global identification of human transcribed sequences with genome tiling arrays［M］. Science. 306（5705）：2 242－2 246.

Brautigain A，Gowik U. 2010. What can next generation sequencing do for you? Next generation sequencing as a valuable tool in plant research［J］. Plant Biology，12（6）：831－841.

Collins S L，Barber S C. 1985. Effects of disturbance on diversity in mixed-grass prairie［J］. Vegetation，

64: 87 -94.

Crawley M J, Brown S L, Heard M S, *et al*. 1999. Invasion-resistance in experimental grassland communities: species richness or species identity? [J]. Ecology Letters, 2: 40 - 148.

Davies A. 1988. The regrowth of grass swards. In: Jones M B, Lazenby A, Eds. The Grass Crop: The Physiological Basis for Production [M]. London: Chapman and Hall, 85 - 117.

Deregibus V A, Sanchez R A, Casal J J. 1983. Effects of light quality on tiller production in *Lolium Spp.* [J]. Plant Physiology, 72: 900 -902.

Dyer M I, Turner C L, Seasted T R. 1993. Herbivory and its consequences [J]. Ecological Application, 3: 10 - 16.

Dysterhuis E J. 1949. Condition and management of rangeland based on quantitative ecology [J]. Journal of Range Management, (2): 104 - 115.

Ekblom R, Galindo J. 2010. Applications of next generation sequencing in molecular ecology of non-model organisms [J]. Heredity, 107 (1): 1 - 15.

Faeth S H. 1985. Quantitative defence theory and patterns of feeding by oak insects [J]. Oecologia, 68: 34 -40.

Fodor S P, Read J L, Pirrung M C, *et al*. 1991. Light-directed, spatially addressable parallel chemical synthesis [J]. Science, 251 (4995): 767 -773.

Gabig M, Wegrzyn G. 2001. An introduction to DNA chips: principles, technology, applications and analysis [J]. Acta Biochim Pol, 48 (3): 615 -622.

Gibson C W D, Brown V K. 1992. Grazing and vegetation change: deflected or modified Succession? [J]. Journal of Applied Ecology, 29: 120 - 131.

Green D R. 1989. Rangeland restoration projects in western New south wales [J]. Australian Rangeland Journal, 11: 110 - 116.

Grimes J P. 1973. Control of species diversity in herbaceous vegetation [J]. Journal of Environmental Management, 1: 151 - 167.

Hector A, Schmid B, Beierkuhnlein C, *et al*. 1999. Plant diversity and productivity experiments in European grasslands [J]. Science, 286: 1 123 - 1 127.

Jones-Rhoades M, Bartel D P, Bartel B. 2006. MicroRNAs and their regulatory roles in plants [J]. Annual Review Plant Biology, 57: 19 -53.

Kristiansson E, Asker N, Forlin L, *et al*. 2009. Characterization of the Zoarces viviparus liver transcriptome using massively parallel pyrosequencing [J]. BMC genomics, 10 (1): 345.

Lacey J R, Olson-rutz K M, Haferkamp M R , *et al*. 1994. Effects of defoliation and competition on total monstructural carbohydrates of sopped knapweed [J]. Journal of Range Mangement, 47: 481 -484.

Laycock W A. 1991. Stable states and thresholds of range condition on North American rangeland-aview-point [J]. J. Rg. Mgt, 44: 427 -433.

Li T, Li H, Zhang Y X, *et al*. 2011. Identification and analysis of seven H202-responsive miRNAs and 32 new miRNAs in the seedlings of rice (*Oryza sativa* L. ssp. *indica*) [J]. Nucleic Acids Research, 39 (7): 2 821 -2 833.

Li Y, Sun C, Luo H M, *et al*. 2010. Transcriptome characterization for Salvia miltiorrhiza using 454 GS FLX

[J]. Acta pharmaceutica Sinica, 45 (4): 524 -529.

Lipshutz R J, Fodor S P. 1999. High density synthetic oligonucleotide arrays [J]. Nature Genetics, 21 (1): 20 -24.

Lister R. , O'Malley R C, Tonti-Filippini J, *et al*. 2008. Highly Integrated Single-Base Resolution Maps of the Epigenome in Arabidopsis [J]. Cell, 133 (3): 523 -536.

Lockhart D J, Winzeler E A, 2000. Genomics, gene expression and DNA arrays [J]. Nature, 405 (6788): 827 -836.

Mardis E R. The impact of next ~ generation sequencing technology on genetics [J]. 2008. Trends in Genetics, 24 (3): 133.

Mclendon T, Teclente E F. 1991. Nirrogen and phosphorus effeets on secondary succession dynamics on a serm-arid sagebrush site [J]. Ecology, 72: 2 016 -2 024.

Mcnaughton S J. 1979a. Grazing as an optimation process: grass-ungulate relationships in the Serengeti [J]. The American Naturalist, 113: 691 -703.

Mcnaughton S J. 1979b. Grassland-herbivory dynamics. *In*: Sinclair A R E and Norton M Griffiths, Eds. Serengeti: Dynamics of an ecosystem [M]. Chicago Illinois: Univeristy of Chicago Press, 46 -81.

McPherson K, Williams K. 1998. The role of carbohydrate reserves in the growth, resilience, and persistence of cabbage paml seedings (Sabal palmetto) [J]. Oecolgia, 117: 460 -468.

Metzker M L. 2009. Sequencing technologies ~ the next generation [J]. Nat Rev Genet, 11: 31 -46.

Milewski A V, Young T P, Madden D. 1991. Thorns as induced defense: experimental evidence [J]. Oecologia, 86: 70 -75.

Mittelbach G G, Steiner C F, Scheiner S M, *et al*. 2001. What is the observed relationship between species richness and productivity? [J]. Ecology, 82: 2 381 -2 396.

Morin R D, Aksay G, Dolgosheina E, *et al*. 2008. Comparative analysis of the small RNA transcriptomes of Pinus contorta and *Oryza sativa* [J]. Genome Research, 18 (4): 571 -584.

Morin R D, Bainbridge M, Fejes A, *et al*. 2008. Profiling the HeLa S3 transcriptome using randomly primed cDNA and massively parallel short ~ read sequencing [J]. Biotechniques, 45 (1): 81 -94.

Mortazavi A, Williams B A, McCue K, *et al*. 2008. Mapping and quantifying mammalian transcriptomes by RNA-Seq [J]. Nature Methods, 5 (7): 621 -628.

Mu Y, Ding F, Cui P, *et al*. 2010. Transcriptome and expression profiling analysis revealed changes of multiple signaling pathways involved in immunity in the large yellow croaker during Aeromonas hydrophila infection [J]. BMC Genomics, 11 (1): 506.

Nagalakshmi U, Wang Z, Waem K, *et al*. 2008. The transcriptional landscape of the yeast genome defined by RNA sequencing [J]. Science, 320 (5881): 1 344 -1 349.

Paulsen G M, Smith D. 1968. Influence of several management practices on growth characteristics and available carbohydrate contents of smoth bromegrass. Agronomy [J]. Journal, 60: 375 -378.

Pozhitkov A E, Tautz D, Noble P A. 2007. Oligonucleotide microarrays: widely applied-pooly understood [J]. Brief Funct Genomic Proteomic, 6 (2): 141 -148.

Proffitt A P B, Bendotti S, Howell M R, *et al*. 1993. The effect of sheep tramping and grazing on soil physical properties and pasture growth for a red-brown [J]. Earth. Aust. J. Agric. Res, 44: 317 -331.

Risser P G. 1993. Making ecological information practical for resource managers [J]. Ecollogical Application, 3: 37 -38.

Rossiter M, Schultz J C, Baldwin I T. 1988. Relationships among defoliation, red oak phenolics, and gypsy moth growth and reproduction [J]. Ecology, 69 (1): 267 -277.

Schena M, Shalon D, Davis R W, *et al.* 1995. Quantitative monitoring of gene expression patterns with a complementary DNA microarray [J]. Science, 270 (5235): 467 -470.

Schena M, Shalon D, Heller R. 1996. Parallel human genome analysis: microarray-based expression monitoring of 1000 genes. Proceedings of the National Academy of Sciences of the United States of America [R]. 93 (20): 1061 -1069.

Tansely A G. 1935. The use and abuse of vegetative concepts and terms [J]. Ecology, 16: 284 -307.

Tilman D. 1996. Biodiversity: population versus ecosystem stability [J]. Ecology, 77: 350 -363.

Vaucheret H. 2006. Post-transcriptional small RNA pathways in plants; mechanisms and regulations [J]. Genes & Development, 20 (7): 759 -771.

Volenec J J, Nelson C J. 1984. Carbohydrate metabolism in leaf meristem of tall fescue: II. Relationship to leaf elongation rates modified by nitrogen fertilization [J]. Plant physiology, 74: 596 -600.

Volenec J J. 1986. Nonstructural carbohydrates in stem base components of tall fesuce during regrowth [J]. Crop Science, 26: 122 -127.

Wang E T, Sandberg R., Luo S, *et al.* 2008. Alternative isoform regulation in human tissue transcriptomes [J]. Nature, 456 (7221): 470 -476.

Wang Z, Gerstein M, Snyder M. 2009. RNA-Seq: a revolutionary tool for transcriptomics [J]. Nature Reviews Genetics, 10 (1): 57 -63.

Wardle D A, Bonner K I, Barker G M. 2000. Stability of ecosystem properties in response to above-ground functional group richness and composition [J]. Oikos, 89: 11 -23.

Wardle D A, Zackrisson O, Hornberg G, *et al.* 1997. The influence of island area on ecosystem properties [J]. Science, 277: 1 296 -1 299.

Wilhelm B T, Marguerat S, Watt S, *et al.* 2008. Dynamic repertoire of a eukaryotic transcriptome surveyed at single-nucleotide resolution [J]. Nature, 453 (7199): 1 239 -1 243.

Wolf J B, Bayer T, Haubold B, *et al.* 2010. Nucleotide divergence vs. gene expression differentiation: comparative transcriptome sequencing in natural isolates from the carrion crow and its hybrid zone with the hooded crow [J]. Molecular Ecology, 19 (1): 162 -175.

Wright S. 1951. The genetical structure of population [J]. Ann Eugen, 15: 323 -354.

Wu J, Zhang Y, Zhang H, *et al.* 2010. Whole genome wide expression profiles of Vitis amurensis grape responding to downy mildew by using Solexa sequencing technology [J]. BMC Plant Biology, 10 (1): 234.

Zhang G, Guo G, Hu X, *et al.* 2010. Deep RNA sequencing at single base-pair resolution reveals high complexity of the rice transcriptome [J]. Genome Research, 20 (5): 646 -654.

第五章　克氏针茅植物与放牧适应性

克氏针茅属于典型的草原旱生性植物，在内蒙古高原地区，形成大面积分布，集中在典型草原地带以内，一般不进入森林草原带，在荒漠草原带内虽有少量渗入，但并不能成为草原的优势成分。克氏针茅与大针茅共同分布于典型草原带内。在典型草原带东部和中部，放牧利用较轻、受到良好保护的草原群落中，大针茅的作用大于克氏针茅，但随着放牧利用强度和人为活动的加剧，克氏针茅往往有所增加。到典型草原的西部（比较接近荒漠草原亚带的区域）则克氏针茅的数量和作用大大超过大针茅，在景观上占据优势地位。克氏针茅草原由于草原生态地理条件和人为干扰的影响，形成了许多不同的群落类型，基本划分出十一个群丛（图 1－1）。克氏针茅草原和其他各群系具有密切联系，因此，克氏针茅不仅是该草原的建群种，同时又以优势种或伴生种的形式出现于大针茅群系、戈壁针茅群系、石生针茅群系、短花针茅群系以及山地的羊茅群系，以及低湿地上的羊草群系之中，并进入冰草群系、锦鸡儿灌丛和冷蒿群系中。克氏针茅具有强的耐牧性和广泛的适应性。

第一节　克氏针茅植物的放牧表型适应性

一、样地概况

克氏针茅放牧系列样地位于锡林郭勒盟正蓝旗浑善达克沙地腹地，地处东经 115°～116°42′、北纬 41°07′～43°12′，属中温带大陆性季风气候。冬季漫长寒冷，夏季短促温热，春秋季风大、沙多。该地区年平均气温 1.5℃；≥0℃积温 2 442.6℃；≥5℃积温 2 300℃；≥10℃积温 1 883℃；无霜期 107 天；年均降水量 366.8mm，其中，66% 集中在 7—9 月份。年大风日数（≥8 级）60 天左右。根据草地放牧分级标准，样地从居民点到打草场的围栏内沿放牧程度分为 4 个等级（表 5－1），即重度放牧、中度放牧、轻度放牧、无放牧群落（李博 1997）。各样地群落情况如下。

重度放牧样地群落情况：植被高度为 2～8cm，盖度为 5%～20%，建群种植物为克氏针茅、星毛委陵菜、二裂委陵菜。优势种为苔草、二裂委陵菜。主要伴生种有扁蓿豆、尖头叶藜（*Chenopodium acuminatum*）、猪毛菜、糙隐子草、鹅绒委陵菜、苦荬菜（*Ixeris denticulata*）、冰草等。

中度放牧样地群落情况：植被高度为 10～30cm，盖度为 20%～40%，建群种植物为克氏针茅、冷蒿、星毛委陵菜。优势种为冷蒿。主要伴生种有羊草、星毛委陵菜、二裂委陵菜、冰草、扁蓿豆、蒲公英、阿尔泰狗娃花、糙隐子草等。

轻度放牧样地群落情况：高度为 20～40cm，盖度为 40%～60%，建群种植物为克氏针茅、大针茅、冷蒿。优势种为多根葱、茵陈蒿、冰草、糙隐子草。主要伴生种有猪毛菜、扁蓿豆、委陵菜、阿尔泰狗娃花、木地肤、羊草、红豆草（*Onobrychis viciifolia*）等。

无放牧样地群落情况：高度为 30～60cm，盖度为 60%～90%，建群种植物为克氏针茅、大针茅、冰草，主要伴生种有二裂委陵菜、阿尔泰狗娃花、扁蓿豆、细叶葱、木地肤、糙隐子草、披碱草（*Elymus dahuricus*）、无芒雀麦、麻花头、防风（*Saposhnikovia divaricata*）、益母草（*Leonurus japonicus*）等。

表 5－1　放牧系列群落高度、盖度比较

种名	未放牧		轻度放牧		中度放牧		重度放牧	
	叶层高度（cm）	相对盖度（%）	叶层高度（cm）	相对盖度（%）	叶层高度（cm）	相对盖度（%）	叶层高度（cm）	相对盖度（%）
克氏针茅（*Stipa Krylovii*）	35	46	30	15	9	4	5	1
羊草（*leymus chinensis*）	13	15	4	1	11	1		
冰草（*Agropyron cristatum*）	12	2	12	1	4	1	3	1
大针茅（*Stipa grandis*）	40	2	23	1				
冷蒿（*Artemisia frigida*）			5	4	9	4		
二裂委陵菜（*Potentilla bifurca*）	7	6	6	2	3	1	2	3
猪毛菜（*Salsola collina*）	9	3	4	1	4	1	2	1

（续表）

种名	未放牧		轻度放牧		中度放牧		重度放牧	
	叶层高度（cm）	相对盖度（%）	叶层高度（cm）	相对盖度（%）	叶层高度（cm）	相对盖度（%）	叶层高度（cm）	相对盖度（%）
扁蓿豆（*Melilotoides ruthenica*）	6	2	3	1	3	1	1	1
茵陈蒿（*Artemisia capillaries*）	16	1	4	1	3	2		
风毛菊（*Saussurea japonica*）	5	1						
狗娃花（*Heteropappus hispidus*）	12	1	4	1	10	1	2	1
细叶葱（*Allium tenuissimum*）	15	4	21	6	7	1		
木地肤（*Kochia prostrata*）	10	1	4	1				
益母草（*Leonurus japonicus*）	13	1						
瓣蕊唐松草（*Thalictrum petaloideum*）	3	1	5	1				
红豆草（*Onobrychis viciifolia*）	7	1	8	1				
糙隐子草（*Cleistogenes squarrosa*）	10	1	7	1	6	1		
披碱草（*Elymus dahuricus*）	11	1						
防风（*Saposhnikovia divaricata*）	18	1						
麻花头（*Serratula centauroides*）	30							
鸢尾（*Iris tenuifolia*）	15	1						
灰绿藜（*Chenopodium glaucum*）			4					
蒲公英（*Taraxacum mongolicum*）			3	1				
尖头叶藜（*Chenopodium acuminatum*）							2	5
星毛委陵菜（*Potentilla Potentilla*）			5	2	2	9		
鹅绒委陵菜（*Potentilla anserina*）			3	1			1.5	1

（续表）

种名	未放牧		轻度放牧		中度放牧		重度放牧	
	叶层高度（cm）	相对盖度（%）	叶层高度（cm）	相对盖度（%）	叶层高度（cm）	相对盖度（%）	叶层高度（cm）	相对盖度（%）
苔草（*Carex duriuscula*）							5	3
苦荬菜（*Ixeris denticulata*）							3	1
相对盖度总计	91		42		27		18	

二、株丛结构

根据不同株龄的克氏针茅株丛结构（表5-2），分析不同放牧系列（即重度放牧、中度放牧、轻度放牧、无放牧）克氏针茅种群的形态变异，克氏针茅大株丛、中株丛、小株丛的营养枝长度、生殖枝长度、营养枝数目、生殖枝数目的各自平均值均随着草地放牧程度的加大而发生变化。

表5-2　放牧系列样地克氏针茅株丛结构

种群	株丛	营养枝长（cm）	营养枝数（个）	生殖枝长（cm）	生殖枝数（个）
无放牧	大株丛	25.0	48.1	24.2	15.0
	中株丛	22.4	21.2	42.2	9.8
	小株丛	20.2	16.8	36.2	4.5
轻度放牧	大株丛	19.2	38.8	23.3	1.4
	中株丛	16.3	22.2	21.6	0.8
	小株丛	15.3	11.2	23.2	0.9
中度放牧	大株丛	19.0	59.3	24.2	1.7
	中株丛	16.9	33.3	20.1	0.9
	小株丛	18.7	10.3	24.0	0.7
重度放牧	大株丛	8.6	70.2	15.2	8.0
	中株丛	7.6	42.2	13.1	6.0
	小株丛	7.9	23.0	15.8	2.7

经显著性检验（表5-3），重度放牧、中度放牧和轻度放牧的克氏针茅种群在营养枝长度、营养枝数目、生殖枝长度、生殖枝数目上与无放牧种群

相比，均存在显著性差异（$P<0.05$）。重度放牧、中度放牧和轻度放牧种群上，克氏针茅营养枝长度均表现出显著缩短的趋势；除中度放牧种群和重度放牧种群的大株丛以外，生殖枝长度在不同株丛的植株上都明显缩短。重度放牧和轻度放牧种群的大株丛和中等株丛，营养枝条数目都有显著增加的趋势，而轻度放牧种群则分别出现营养枝数量减少或增加，但未达到显著差异；重度放牧种群小株丛的营养枝条数比无放牧种群有增加，达到显著差异，而中度放牧种群和轻度放牧种群的枝条数目都出现显著减少。3 个放牧种群与无放牧种群相比，生殖枝的数目都有显著减少。

随着放牧压力增大，克氏针茅种群的幼苗不易建植，大株丛容易破碎，但营养枝的生长得到促进，在重度放牧草地上，克氏针茅营养枝的发生数量较无放牧样地明显增加。另外，不同放牧利用强度对草地牧草生殖分配及种子重量均有影响。研究表明随着草地放牧程度的加重，克氏针茅生殖分配份额减少，尤其在重度利用草地上，生殖枝形成的数量显著减少。可见，随草地放牧强度加重，克氏针茅有营养枝、生殖枝是长度变短、植株小型化的变化趋势。

表 5－3　克氏针茅放牧种群与无放牧种群株丛差异显著性

种群		重度放牧	中度放牧	轻度放牧
大株丛	营养枝长差异	－16.5*	－6.0*	－5.9*
	营养枝数差异	22.1*	20.5*	－7.0
	生殖枝长差异	－9.0*	－3.6	－0.8
	生殖枝数差异	－7.0*	－13.3*	－13.6*
中株丛	营养枝长差异	－14.8*	－5.5*	－6.2*
	营养枝数差异	21.0*	12.1*	－0.9
	生殖枝长差异	－29.1*	－22.1*	－20.6*
	生殖枝数差异	－3.8*	－8.9*	－9.0*
小株丛	营养枝长差异	－12.3*	－1.5*	－4.9*
	营养枝数差异	6.2*	－6.5*	－5.6*
	生殖枝长差异	－20.4*	－12.2*	－12.9*
	生殖枝数差异	－1.8*	－3.9*	－3.6*

注：* 显著性水平 $P<0.05$。

第二节　放牧条件下克氏针茅植物的遗传分化

一、等位酶分析

等位酶是指同一基因位点的不同等位基因所编码的一种酶的不同形式（Prakash *et al.* 1969）。同源染色体上不同的等位基因实际上是一段不同核苷酸序列，经过转录和翻译过程，最后编码产生具有不同构象和大小的蛋白质亚基。在电场中，不同的蛋白质亚基由于带电量和半径不同其迁移率也不同，在酶谱上，表现为不同迁移距离的谱带，从而分辨出不同类型的亚基。反过来，根据酶谱上分离出来的各个亚基的不同表现（迁移距离相等或者不等），就可以确定该个体在该位点上是纯合体还是杂合体。

进行等位酶分析，首先要把各种有功能的可溶性酶蛋白质从植物细胞中提取出来，并保证这些酶提取后活性基本不变，然后进行电泳分离（王中仁 1996），在电泳过程中要防止酶失去活性。电泳结束后应立即进行染色，许多研究都提供了各种不同酶系统染色的详细配方（周世良等，1998，Wendel *et al.* 1989，Soltis *et al.* 1980）。含有各种酶蛋白的组织匀浆样品经过凝胶电泳以后，由于不同酶蛋白的净电荷以及分子大小和形状不同而迁移速率不同，各种酶蛋白分散在电泳跑道上，但此时这些酶是看不见的，需要通过专性组织化学染色使其呈现可见的酶谱。在等位酶分析中，相对较为困难的是酶谱的判读。对酶谱上呈现的带谱进行解释需要深入理解每一种等位基因变异的遗传学基础（Wendel *et al.* 1989）。酶谱正确判译后，就可以得到各种群、各位点的等位基因频率和基因型频率，这就是遗传多样性、交配系统等分析的最基本数据。现在有很多软件可用来分析等位酶数据，如 BIOSYS 系列软件、POPGENE、TFPGA、MLT 等。

（一）等位基因数及等位基因频率

采用液染方法使等位酶显色后，通过酶谱的模式图从 6 个酶系统中筛选出酶谱清晰、能够稳定表达的 4 个酶系统，确定等位基因位点（表 5－4）。通过对酶谱带的判读，从 4 个能够稳定表达的酶系统中确定了 8 个等位基因位点，等位基因数 21 个（表 5－5）。

表 5－4　4 种等位酶系统的名称、标准编号、亚基数目及提取方法一览

缩写	等位酶名称	标准编号	亚基数目	提取方法
EST	酯酶	EC3. 11. 1	1，2	Tris-HCl
PER	过氧化物酶	EC1. 11. 1. 7	1，2	Tris-HCl
MDH	苹果酸脱氢酶	EC1. 1. 1. 37	2	Tris-HCl
IDH	异柠檬酸脱氢酶	EC1. 1. 1. 42	2	Tris-HCl

表 5－5　克氏针茅等位酶每位点上可能的等位基因数

等位酶	位点	等位基因数
酯酶（*EST*）	*Est*-1	2
	Est-2	3
过氧化物酶（*PER*）	*Per*-1	3
	Per-2	2
	Per-3	3
	Per-4	3
苹果酸脱氢酶（*MDH*）	*Mdh*-1	2
异柠檬酸脱氢酶（*IDH*）	*Idh*-1	3

对不同放牧程度的克氏针茅种群的 4 种酶系统 8 个位点上等位基因的种类和频率进行计算分析，所涉及的 8 个位点均是多态的。*MDH* 和 *IDH* 均检测到 1 个等位基因位点，*PER* 检测到 4 个位点，*EST* 检测到 2 个位点。*Mdh-a*、*Mdh-b* 两个等位基因频率只是在中度放牧种群中略有变化，在其他种群中频率均为 0.5；*Per*-1*c* 在中度放牧种群中出现的比例最高，在无放牧种群中未检测到；*Per*-2*b* 在轻度放牧种群中出现的频率最高；*Per*-3*c* 在轻度放牧种群、重度放牧种群中未检测到；*Per*-4 位点上的各等位基因的频率在各种群中变化不大；*Est*-1 位点在轻度放牧、中度放牧种群中未检测到；*Est*-2*a* 的频率在各种群中变化较大，从 0.035 到 0.517；*Est*-2*c* 在重度放牧种群未检测到；*Idh-a* 基因在中度放牧种群和重度放牧种群中未检测到，*Idh-b* 基因频率在无放牧种群中最高（0.682），*Idh-c* 在重度放牧种群中频率最高（0.750）。

从整体来看，没有哪个种群拥有特定的等位基因，但并非所有等位基因在不同种群均有分布，有的位点在不同的种群上有丢失现象，如 *Per*-2 位点在无放牧种群上丢失，*Est*-1 在轻度放牧种群和中度放牧种群中丢失。虽然无放牧、轻度放牧、中度放牧和重度放牧克氏针茅种群的地理位置相同，但由于所处环境压力不同，主要是放牧强度的强弱，等位基因在不同种群中的分布出现差异，由于不同放牧种群之间并未产生隔离，种群之间仍存在基因交流，因而没有哪个种群拥有特有的位点或等位基因（表 5 – 6）。

表 5 – 6　4 个针茅种群 8 个可能位点等位基因频率

位点	无放牧	轻度放牧	中度放牧	重度放牧
Mdh-a	0.500	0.500	0.536	0.500
Mdh-b	0.500	0.500	0.464	0.500
Per-1a	0.500	0.455	0.333	0.469
Per-1b	0.500	0.455	0.333	0.469
Per-1c	—	0.091	0.333	0.063
Per-2a	—	0.063	0.482	0.577
Per-2b	—	0.938	0.519	0.423
Per-3a	0.217	0.790	0.301	0.517
Per-3b	0.304	0.202	0.276	0.483
Per-3c	0.478	0.000	0.418	0.000
Per-4a	0.316	0.371	0.314	0.400
Per-4b	0.316	0.200	0.257	0.171
Per-4c	0.368	0.483	0.429	0.429
Est-1a	0.533	—	—	0.778
Est-1b	0.467	—	—	0.222
Est-2a	0.035	0.097	0.484	0.517
Est-2b	0.517	0.484	0.484	0.483
Est-2c	0.448	0.419	0.032	—
Idh-a	0.227	0.032	—	—
Idh-b	0.682	0.484	0.423	0.250
Idh-c	0.091	0.484	0.577	0.750

（二）遗传多样性

在等位酶分子水平上，对所获得的每个酶位点等位基因组成情况和出现频率的结果进行数理统计分析，就可以衡量种群的遗传多样性或遗传变异性（genetic variability）。常用的表示种群内变异水平或等位基因丰富程度的主要指标有：多态位点的百分数（P）、平均每个位点的等位基因数（A）、平均每个位点的有效等位基因数（*Ae*）、遗传多样度指数（*He*）。4个克氏针茅放牧种群多态位点的百分率均在100%，平均每个位点等位基因数是2.250；4个种群平均每个位点的等位基因的有效数目*Ae*不同，中度放牧种群是2.407，其次是重度放牧种群2.288，最小是轻度放牧种群2.040。由此可见，虽然平均每个位点等位基因数都是2.250，但是，在4个种群中起作用的等位基因的有效数目不同，各位点等位基因在种群遗传结构中的重要性有一定的差异。各种群的平均杂合度也不相同，中度放牧种群的杂合度最高，为0.499；其次是重度放牧种群，为0.487，最小是轻度放牧种群0.410。根据以上种群遗传多样性的一些指标，在不同放牧程度下，克氏针茅种群内的遗传多样性存在一定差异，与其他种群相比，轻度放牧种群在平均有效等位基因数目及基因杂合度方面均较低，中度放牧种群则表现出最高，有效等位基因数目及基因杂合度与种群放牧并无直接的相关关系（表5－7）。

表5－7　放牧系列种群遗传多样性指标

	重度放牧	中度放牧	轻度放牧	无放牧	平均
多态位点 *P*（%）	100	100	100	100	100
位点等位基因数 *A*	2.250	2.250	2.250	2.250	2.250
有效等位基因数 *Ae*	2.288	2.407	2.040	2.246	2.245
遗传多样度指数 *He*	0.487	0.499	0.410	0.413	0.452

物种是以种群形式存在的，进化也是以种群为单位的，构成种的各个种群的遗传组成在空间上和时间上并不是绝对均匀、随机分布的。克氏针茅种群等位酶分析所涉及的8个等位基因位点中（表5－5），每个位点的种群内基因多样度（H_s）、种群间基因多样度（*Dst*）、总基因多样度（H_t）和基因分化系数（*Gst*）（表5－8），不同位点提供的各种群内基因多样度和总基因多样度数值不等。H_s的值在0.211～0.645，H_t的值在0.500～0.863，即通过各位点反映的种群内基因多样度及总基因多样度不等，变异幅度大，其中，*Est*-1和*Per*-2位点上的H_s值是0.211和0.276小于平均值0.467，表明这两个位点上的等位基因在种群内一致度较高。而*Per*-4位点H_s最高，为0.645，说明这个位点上等位基因变化最大，其他位点上等位基因变化居于中等水平。*Est*位点的H_t值最大0.863，*Per*位点的H_t值位于第二位（0.701），表明这两个位点估测的种内总基因多样度最丰富。对8个位点所

测得的等位基因数据进一步计算，克氏针茅种群间遗传多样性是 0.202，种群间的基因分化系数 *Gst* 为 0.236。由此可以看出，克氏针茅的遗传差异大部分（76.4%）来自种群内部，而只有 23.6% 的遗传差异来自于种群之间，种群间具有明显的分化。

表 5－8　放牧系列种群的遗传结构

位点	各种群内基因多样度 H_s	总基因多样度 H_t	种群间基因多样度 *Dst*	基因分化系数 *Gst*
MPH	0.499	0.500	0.000	0.001
PER-1	0.575	0.599	0.240	0.040
PER-2	0.276	0.701	0.425	0.606
PER-3	0.530	0.639	0.109	0.170
PER-4	0.645	0.651	0.005	0.008
EST-1	0.211	0.863	0.652	0.756
EST-2	0.535	0.627	0.092	0.147
IDH	0.467	0.559	0.091	0.164
平均	0.467	0.642	0.202	0.236

等位酶方法检测的有效基因数和预期杂合度 2 个遗传多样性指标在克氏针茅放牧系列中的排列顺序均是：中度放牧种群 > 重度放牧种群 > 无放牧种群 > 轻度放牧种群。通过等位酶检测的遗传多样性，轻度放牧种群减少而中度放牧种群迅速升高，重度放牧种群又有下降，但中度放牧种群和重度放牧种群的遗传多样性均高于无放牧种群和轻度放牧种群，这与由 RAPD 分析方法揭示的遗传多样性格局不一致（韩冰，2003），出现这种遗传多样性的变化式样，可能是等位酶检测基因组编码区的变异，由于编码区常常受到环境压力的选择，而非编码区受到环境因素作用小，所以编码区和非编码区的变异水平存在较大的差异，导致与 RAPD 方法检测的结果不一致。等位酶检测在中度放牧种群遗传多样性增高，到重度放牧又有下降，从酶的生理作用角度看，种群对放牧压力的反应最初是生理生化水平上的反应，因而最先使酶基因的表达发生变异，而涉及基因组位点的变化在外界压力持续一定时间后才出现，即放牧压力选择了酶的表达，又选择了突变。

（三）遗传距离

根据 Nei（1973）的方法，计算克氏针茅不同放牧系列种群间的遗传距离和遗传一致度（表5－9），无放牧种群与重度放牧种群的遗传一致度最高，为0.679，与轻度放牧种群次之，为0.650，中度放牧种群最小，为0.605。由此可以看出，克氏针茅无放牧种群与其他3个放牧种群的遗传相似度无规律性差异。不同种群之间，中度与重度放牧种群的遗传相似度最大，为0.797，中度与无放牧种群之间最小，为0.605。根据标准遗传距离，利用UPGMA方法对4个种群进行聚类分析（图5－1），重度、中度放牧种群遗传距离最小（0.099），首先聚为一类，然后再与轻度放牧种群聚类，最后与无放牧种群聚在一起。这表明克氏针茅在过度放牧利用之后，在遗传结构上发生了变化。

表5－9　4个克氏针茅种群间的遗传一致度及遗传距离

种群	无放牧	轻度放牧	中度放牧	重度放牧
无放牧	—	0.650	0.605	0.679
轻度放牧	0.187	—	0.743	0.454
中度放牧	0.218	0.129	—	0.797
重度放牧	0.168	0.122	0.099	—

注：右上角为遗传一致度，左下角为遗传距离

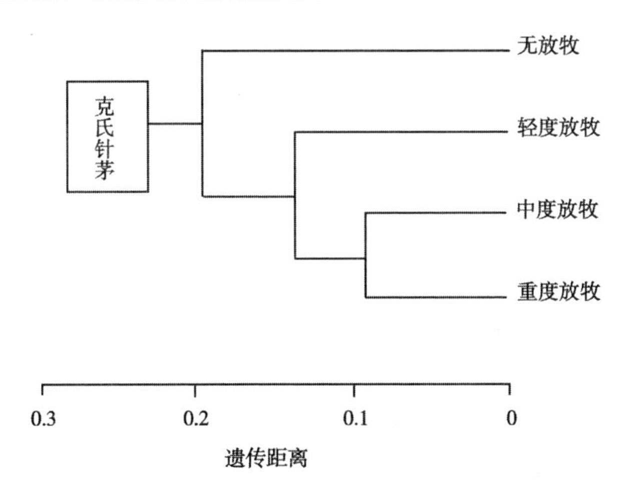

图5－1　克氏针茅放牧系列种群UPGMA聚类图

二、RAPD 分析

（一）位点多态性

采用10个引物（表5－10）对不同放牧系列克氏针茅种群遗传多样性进行RAPD分子标记分析，不同放牧系列群落组成同表5－1。扩增产物片段大小在150～2 000bp，引物S447和S10的扩增图谱见图5－2（a～d）。98个多态位点的基因频率统计中，无放牧、轻度放牧、中度放牧和重度放牧4个克氏针茅种群中，有14个位点（14.3%）基因频率显著性达到0.01，如位点S443-1190、S443-650、S443-210、S447-860、S44-560等；38个位点（38.8%）显著性达到0.001，如S10-1580、S10-1320、S10-1180、S10-1010、S41-1600、S41-920等。共有52个位点（53.1%）达到显著（$P<0.01$）和极显著水平（$P<0.001$）（表5－11），占总多态位点的一半以上，说明4个种群在基因频率上发生了非常明显的变异，草地放牧利用使克氏针茅一半以上的基因频率发生了显著性改变。

表5－10　引物编号与序列

引物编号	5′-3′序列	引物编号	5′-3′序列	引物编号	5′-3′序列
S10	CTGCTGGGAC	S53	GGGGTGACGA	S447	CAGCACTGAC
S41	ACCGCGAAGG	S55	CATCCGTGCT	S455	TGGCGTCCTT
S44	TCTGGTGAGG	S443	GGCACGTAAG	S459	GGTGCACGTT
S45	TGAGCGGACA				

4个克氏针茅放牧种群中检测到的多态位点数及百分率见表5－11，在无放牧种群中共检测到82个位点，其中，多态位点77个，多态位点占总位点的93.9%；在轻度放牧种群中共检测到78个位点，72个是多态位点，占92.3%；中度放牧种群中检测到66个位点，其中，多态位点53个，占80.3%；重度放牧种群中检测到72个位点，多态位点65个，占90.3%。克氏针茅种内共检测到100个位点，多态位点98个，多态位点总比率为98.0%。随草地放牧程度加重，轻度放牧、中度放牧种群多态位点百分数有减少的趋势，但重度放牧种群的多态位点又比中度放牧种群高。多态位点在种群内的分布规律是无放牧种群 > 轻度放牧种群 > 重度放牧种群 > 中度放牧种群。

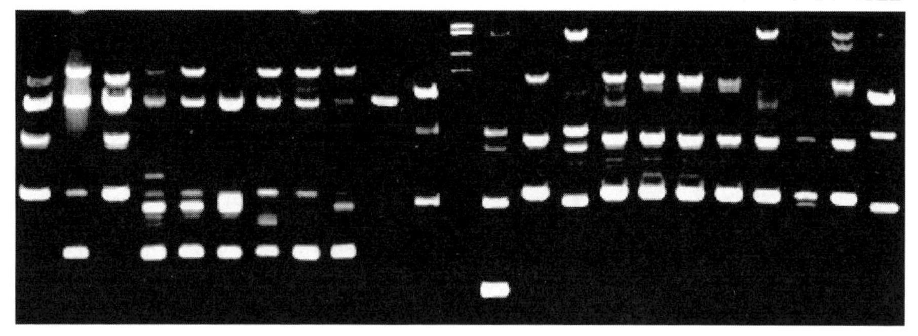

图 5－2a　引物 S447 在无放牧种群和轻度放牧种群扩增谱带

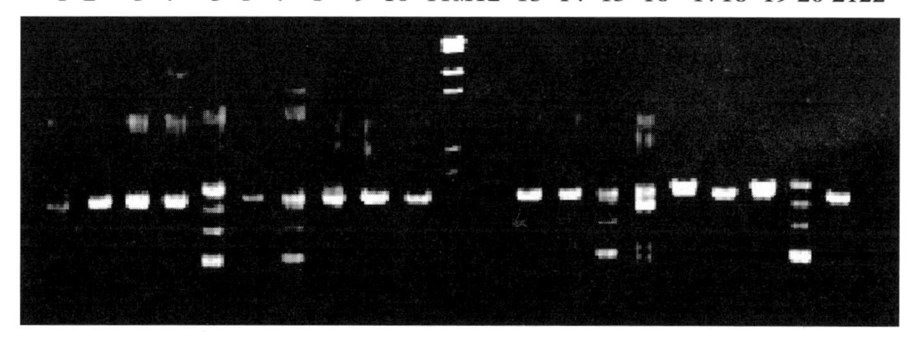

图 5－2b　引物 S447 在中度放牧和重度放牧种群扩增谱带

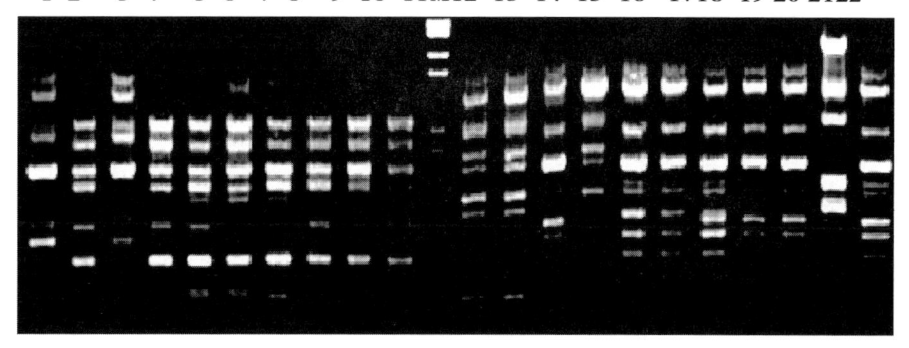

图 5－2c　引物 S10 在无放牧种群和轻度放牧种群扩增谱带

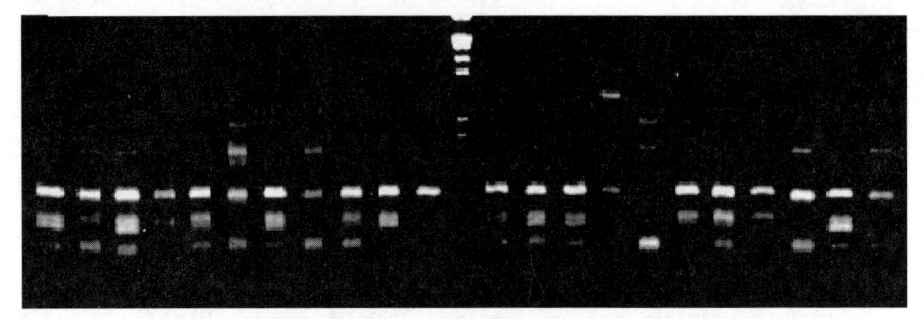

图 5-2d　引物 S10 在中度放牧种群和重度放牧种群扩增谱带

图 5-2　引物 S10 在 4 个种群的扩增谱带

表 5-11　放牧系列克氏针茅种群 98 个多态位点的基因频率

引物及位点	无放牧	轻度放牧	中度放牧	重度放牧	G^2
S10-1580	0.512	0.787	1.000	0.676	18.27**
S10-1320	0.244	0.574	1.000	0.603	32.50**
S10-1180	0.512	0.000	1.000	0.541	59.74**
S10-1010	0.049	0.699	0.000	0.027	44.09**
S10-970	0.276	0.202	0.000	0.142	9.44
S10-940	0.049	0.000	0.074	0.000	3.72
S10-900	0.691	0.787	1.000	1.000	16.82**
S10-860	0.024	0.000	0.000	0.054	2.52
S10-820	0.512	0.000	0.000	0.173	28.85**
S10-560	0.024	0.436	0.213	0.000	20.46**
S10-340	0.074	0.000	0.049	0.000	3.72
S41-1600	0.345	0.121	0.000	0.676	30.24**
S41-920	0.345	0.326	1.000	0.000	58.43**
S41-850	0.127	0.121	0.000	0.000	7.36
S41-830	0.691	0.787	1.000	0.027	54.79**
S41-780	0.000	0.000	0.000	0.082	4.72
S41-740	0.000	0.070	0.383	0.000	20.25**
S41-710	0.564	0.787	1.000	0.142	41.72**
S41-540	0.000	0.000	0.000	0.393	24.75**

（续表）

引物及位点	无放牧	轻度放牧	中度放牧	重度放牧	G^2
S41-460	0. 024	0. 023	0. 155	0. 112	4. 03
S41-400	0. 512	0. 523	0. 691	0. 771	4. 03
S41-320	0. 074	0. 023	0. 000	0. 054	2. 50
S443-1280	0. 000	0. 000	0. 345	0. 541	32. 31 **
S443-1190	0. 310	0. 202	0. 000	0. 054	12. 39 *
S443-860	0. 100	0. 070	0. 100	0. 112	0. 24
S443-820	0. 127	0. 436	0. 000	0. 000	23. 37 **
S443-780	0. 000	0. 699	0. 000	0. 000	52. 60 **
S443-700	0. 127	0. 699	0. 564	0. 393	17. 06 **
S443-650	0. 244	0. 047	0. 512	0. 312	13. 34 *
S443-610	0. 310	0. 121	0. 000	0. 000	15. 46 *
S443-590	0. 691	0. 436	0. 622	1. 000	20. 52 **
S443-210	0. 345	0. 023	0. 000	0. 173	15. 71 *
S447-1820	0. 466	0. 326	0. 024	0. 205	13. 80 *
S447-1050	0. 345	0. 000	0. 127	0. 393	16. 68 **
S447-930	0. 100	0. 047	0. 074	0. 000	2. 99
S447-890	0. 622	0. 326	0. 622	0. 771	9. 13
S447-860	0. 466	0. 360	0. 024	0. 173	14. 91 *
S447-840	0. 691	0. 397	1. 000	1. 000	35. 57 **
S447-560	0. 049	0. 047	0. 000	0. 312	12. 46 *
S447-540	0. 622	0. 293	0. 691	0. 393	9. 19
S447-520	0. 000	0. 000	0. 000	0. 082	4. 72
S447-410	0. 564	0. 478	0. 466	0. 676	2. 30
S44-1660	0. 345	0. 147	0. 000	0. 000	17. 54 **
S44-1420	0. 000	0. 023	0. 000	0. 142	6. 77
S44-1100	0. 276	0. 326	0. 345	0. 173	1. 84
S44-940	0. 184	0. 147	0. 000	0. 000	10. 05
S44-910	0. 100	0. 121	0. 000	0. 082	4. 04
S44-880	0. 024	0. 360	0. 244	0. 000	17. 04 **
S44-850	0. 423	0. 023	0. 000	0. 082	20. 50 **

（续表）

引物及位点	无放牧	轻度放牧	中度放牧	重度放牧	G^2
S44-830	0.024	0.631	0.184	0.000	33.64**
S44-780	0.000	0.202	0.100	0.112	6.47
S44-560	0.000	0.231	0.000	0.000	14.47*
S44-530	1.000	0.787	1.000	0.771	13.92*
S44-330	0.622	0.631	0.310	0.438	6.19
S44-300	0.000	0.699	0.345	0.142	32.59**
S455-1220	0.155	0.096	0.000	0.000	7.73
S455-1160	0.074	0.326	0.000	0.000	16.94**
S455-940	0.000	0.047	0.000	0.000	2.75
S455-910	0.000	0.000	0.423	0.239	23.93**
S455-820	1.000	1.000	0.466	0.438	40.74**
S455-800	0.000	0.000	0.024	0.000	1.40
S455-750	0.049	0.326	0.000	0.142	13.03*
S455-720	0.564	1.000	0.782	1.000	23.71**
S455-640	0.000	0.000	0.184	0.000	11.17*
S455-610	0.000	0.096	0.074	0.000	5.03
S455-340	0.155	0.397	0.423	0.000	17.32**
S459-970	0.564	1.000	0.691	0.771	16.48**
S459-900	0.310	0.436	0.345	0.478	1.69
S459-860	0.024	0.000	0.000	0.000	1.40
S459-560	0.512	0.478	0.622	0.676	2.16
S459-340	0.074	0.121	0.184	0.173	1.42
S45-1720	0.184	0.326	1.000	0.541	41.03**
S45-940	0.000	0.000	0.691	0.239	42.60**
S45-900	0.000	0.000	0.000	0.027	1.50
S45-860	0.127	0.000	0.024	0.000	6.19
S45-750	0.000	0.047	0.074	0.054	2.32
S45-480	0.049	0.202	0.000	0.027	7.97
S45-460	0.184	0.047	0.000	0.627	6.89
S45-400	0.100	0.174	0.074	0.027	2.85

（续表）

引物及位点	无放牧	轻度放牧	中度放牧	重度放牧	G^2
S45-360	0.383	0.699	0.782	0.771	9.44
S45-320	0.244	0.366	0.345	0.312	0.81
S45-260	0.423	1.000	1.000	1.000	40.42**
S53-1430	0.423	0.000	0.000	0.000	27.84**
S53-1400	0.155	0.699	0.691	0.603	18.08**
S53-1210	0.127	0.000	0.000	0.000	7.61
S53-1180	0.184	0.523	0.310	0.275	6.04
S53-850	0.100	0.000	0.000	0.000	5.95
S55-1750	0.024	0.121	0.155	0.112	2.61
S55-1660	0.100	0.121	0.049	0.112	0.85
S55-1530	0.100	0.202	0.782	0.351	25.70**
S55-1500	0.155	0.436	0.564	0.027	20.20**
S55-1320	0.244	0.326	0.155	0.239	1.75
S55-1270	0.100	0.326	0.184	0.205	3.48
S55-1110	0.155	0.000	0.000	0.312	16.03*
S55-1060	0.000	0.000	0.024	0.000	1.40
S55-550	0.074	0.326	0.244	0.603	14.33*
S55-430	0.423	0.202	0.049	0.054	12.62*
S55-280	0.466	0.397	0.155	0.438	5.98

注：G^2 检测，对 RAPD 多态位点基因频率的显著性检测。* $P\leq0.01$；** $P\leq0.001$

重度放牧种群有4个稀有位点，占种群位点数的5.6%；中度放牧种群有3个，占种群位点数的4.6%；轻度放牧种群3个，占3.9%；无放牧种群4个，占4.9%。由此看出牧压选择下，克氏针茅种群内的一些基因位点丢失，而一些新的基因位点增加了，虽然种群中有一些稀有基因，但出现频率不大，稀有位点基因频率最小是无放牧种群的S455-800、S459-860和中度放牧种群的S55-1060，基因频率为0.024；最大的是轻度放牧种群的S443-780位点，基因频率为0.699。稀有位点基因频率均未达到1.000，所以，并未检测到种群特有的基因，即未发现与放牧程度相关的基因位点（表5－12）。

表 5－12　4 个放牧系列种群的多态位点比较

种群	样本数	位点数	多态位点数	多态位点比率（%）	稀有位点数（%）
无放牧	21	82	77	93.9	4（4.9）
轻度放牧	22	78	72	92.3	3（3.9）
中度放牧	21	66	53	80.3	3（4.6）
重度放牧	19	72	65	90.3	4（5.6）
种内	83	100	98	98.0	14（14.0）

（二）Shannon-Wiener 指数

利用 *Shannon-Wiener* 多样性信息指数，根据每个引物在不同种群扩增的 RAPD 表型结果的差异和出现的频率不同，计算克氏针茅种群内遗传多样性（表 5－13，表 5－14），同一引物在不同种群中估计的遗传多样性指数不同；不同引物在同一种群内所估算的数值也不相同。其中，S10 在无放牧种群中估测的数值最高为 0.534，在中度放牧种群中估测的数值最低为 0.089。

表 5－13　*Shannon-Wiener* 指数估计的 4 个放牧系列种群的遗传多样性

引物	无放牧	轻度放牧	中度放牧	重度放牧
S10	0.534	0.320	0.089	0.290
S41	0.368	0.324	0.156	0.292
S44	0.278	0.477	0.251	0.263
S45	0.342	0.295	0.221	0.260
S53	0.383	0.261	0.206	0.210
S55	0.377	0.454	0.367	0.429
S443	0.414	0.402	0.301	0.300
S447	0.518	0.426	0.284	0.438
S455	0.167	0.229	0.286	0.137
S459	0.475	0.349	0.481	0.470
平均	0.386	0.354	0.264	0.309

根据表 5－14，引物 S459 估算的种群内遗传多样性最高（0.444），引物 S455 估算的种群内遗传多样性最小（0.205），10 个引物估算的种群内遗

传多样性平均是0.327；对种内总的遗传多样性的估算，引物S447估算数值最高（0.489），引物S455估算数值最低（0.289），平均是0.425。10个引物获得的信息表明，对所研究的不同放牧系列克氏针茅种群，遗传多样性由高到低依次为：无放牧种群 > 轻度放牧种群 > 重度放牧种群 > 中度放牧种群；种群间的遗传分化为23.0%。

表5－14 *Shannon-Wiener* 多样性指数估计的克氏针茅的种群内、种群间遗传多样性及分化

引物	种群内遗传多样性（*Hpop*）	种内总遗传多样性（*Hsp*）	种群内遗传多样性（%）（*Hpop/Hsp*）	种群间遗传多样性（%）[（*Hsp-Hpop*）/*Hsp*]
S10	0.308	0.476	64.7	35.3
S41	0.285	0.424	67.2	32.8
S44	0.317	0.413	76.8	23.2
S45	0.285	0.374	74.7	25.3
S53	0.265	0.320	82.7	17.3
S55	0.407	0.464	87.6	12.4
S443	0.354	0.479	74.1	25.9
S447	0.417	0.489	85.2	14.8
S455	0.205	0.289	70.9	29.1
S459	0.444	0.469	94.7	5.3
平均	0.329	0.420	77.9	22.1

（三）Nei′多样性指数

根据估测等位基因频率计算的*Nei′*遗传分化（表5－15，表5－16），不同引物在各种群中的估测数值不同，其中，引物S10在克氏针茅放牧系列种群中的基因多样性差异最大，在无放牧种群为0.359，在轻度放牧种群为0.051；各引物检测的基因多样性中无放牧种群最高，为0.255；轻度放牧种群次之，为0.233；重度放牧种群第三，为0.205；中度放牧种群为0.175，按基因多样性的大小排列各种群顺序为：无放牧种群 > 轻度放牧种群 > 重度放牧种群 > 中度放牧种群，该顺序与 *Shannon-Wiener* 多样性指数检测的遗传多样性结果一致。

表 5－15　*Nei'* 指数估计的克氏针茅种群内的基因多样性

引物	无放牧	轻度放牧	中度放牧	重度放牧
S10	0. 359	0. 218	0. 051	0. 191
S41	0. 248	0. 205	0. 106	0. 183
S44	0. 183	0. 313	0. 168	0. 163
S45	0. 220	0. 192	0. 140	0. 178
S53	0. 242	0. 153	0. 142	0. 146
S55	0. 237	0. 305	0. 229	0. 285
S443	0. 273	0. 263	0. 209	0. 199
S447	0. 358	0. 291	0. 185	0. 294
S455	0. 104	0. 149	0. 192	0. 092
S459	0. 321	0. 241	0. 330	0. 316
平均	0. 255	0. 233	0. 175	0. 205

根据 *Nei'* 指数计算的克氏针茅各种群间的遗传分化平均为 20. 0%，也就是说，有 20. 0% 的遗传变异存在于种群之间，大部分的遗传变异存在于种群之内（80. 0%）（表 5－16），但不同引物所占的比例不同，如引物 S10 估测的种群的基因分化为 34. 2%，而 S459 则仅为 4. 6%。

表 5－16　*Nei'* 指数估计的克氏针茅的种群内、种群间遗传多样性及分化

引物	种群内遗多样性（Hpop）	种内总遗传多样性（Hsp）	种群内遗传多样性所占比率（%）（Hpop/Hsp）	种群间遗传多样性所占比率（%）[（Hsp-Hpop）/Hsp]
S10	0. 205	0. 311	65. 8	34. 2
S41	0. 186	0. 275	67. 6	32. 4
S44	0. 207	0. 251	82. 4	17. 6
S45	0. 183	0. 235	77. 7	22. 3
S53	0. 171	0. 207	82. 8	17. 2
S55	0. 263	0. 303	87. 0	13. 0
S443	0. 236	0. 306	77. 0	23. 0
S447	0. 282	0. 326	86. 5	13. 5
S455	0. 134	0. 172	78. 2	21. 8
S459	0. 302	0. 316	95. 4	4. 6
平均	0. 217	0. 270	80. 0	20. 0

依据 RAPD 研究结果，重度放牧种群的遗传多样性高于中度放牧种群的遗传多样性。许多研究表明随着放牧压力的增加，种群衰退而生产量降低，而克氏针茅随着种群放牧，种群遗传多样性随之降低，但是到了重度放牧后遗传多样性（0.309）又略有升高，大于中度放牧种群的遗传多样性（0.264）（韩冰 2003）。出现这种结果可能有以下原因造成，重度放牧利用这一环境选择压力，对植物可能起到的作用是类似于荒漠草原环境下的水分因子作用。克氏针茅种群为了适应过度放牧造成的草地放牧这种恶劣的环境，一部分个体被淘汰，种群数量减少，但生存下来的个体保存有更丰富的遗传变异，并且亲缘关系远，种群的遗传多样性有所提高。在调查中也发现随着草地放牧加重，种群依靠种子更新的能力减弱，中、小株丛不容易建植，导致中、小株丛所占比例减少。在重度放牧情况下，种子更新的能力几乎丧失，种群大株丛占绝对多数，即种群中由同一母株上产生的后代比例减少，所以个体之间的遗传相似度降低。由此可初步认为，克氏针茅种群的遗传多样性随着放牧利用的加大有降低的趋势，但降低幅度不大。当放牧压力达到一定阈值时，种群的遗传多样性有一个跃变点，遗传多样性又有增加的趋势。可见，克氏针茅重度放牧种群，生产力虽然衰退但遗传多样性并未降低，反而形成了一个相对稳定的遗传结构应对环境压力。

（四）遗传距离

根据 Nei（1973）的方法计算出放牧系列下克氏针茅的遗传一致度（I）和遗传距离（D）（表 5 - 17）。

表 5 - 17　遗传一致度及遗传距离

种群	无放牧	轻度放牧	中度放牧	重度放牧
无放牧	—	0.919	0.887	0.925
轻度放牧	0.085	—	0.911	0.910
中度放牧	0.120	0.093	—	0.925
重度放牧	0.079	0.094	0.078	—

注：右上角为遗传一致度，左下角为遗传距离

根据遗传距离做聚类图（图 5 - 3），各种群间的遗传距离从 0.079 到 0.120 不等，平均 0.091。其中，中度放牧种群与重度放牧种群之间的遗传距离最小，为 0.079；中度放牧种群与正常种群之间的遗传距离最大，为 0.120。中度放牧种群与重度放牧种群聚为一类；正常种群和轻度放牧种群

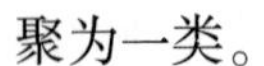
聚为一类。

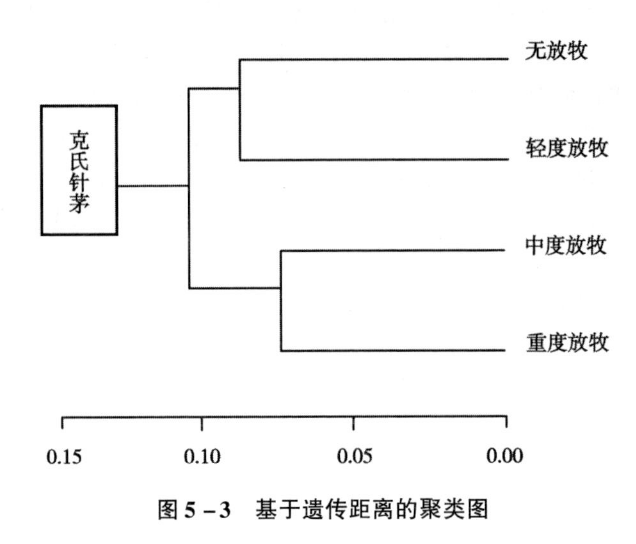

图 5 -3　基于遗传距离的聚类图

三、放牧系列克氏针茅遗传多样性

采用 RAPD 分子标记或等位酶分析技术对种群遗传多样性进行分析都是比较常见的方法。比较羊草不同地理种群遗传多样性，RAPD 分子标记与等位酶方法相比，能检测到更高的多态位点百分率，而遗传一致率和遗传距离两种指标几乎一致，但是，在种群分化系数方面，RAPD 分子标记是等位酶估测数值的 2 倍（崔继哲等，2001，2002）。造成种群分化系数不同的原因可能是由于等位酶揭示的是编码蛋白质序列的变化，受到选择的约束。等位酶标记并不是基因组的随机代表样本，由此可能会导致种群分析的偏差（偏低）（Clegg 1989）。与羊草的分析结果不同，放牧系列克氏针茅种群间采用 RAPD 分子标记估测的分化系数是 0.221，采用等位酶方法估计的种群间分化系数为 0.236，二者几乎一致（韩冰，2003，韩冰等，2004），说明放牧这一选择压力，影响蛋白质的表达，使得涉及植物生理生化反应的酶在表达水平上出现了差异，表现出了与 RAPD 几乎一致的种群分化系数，克氏针茅种群在不同的放牧压力下，通过种群遗传结构发生改变，以利于种群对放牧的适应。

对于放牧植物种群的变化，王炜等（2000）试图用化学信号的刺激触发植物小型化阈值来解释，当放牧强度达到某一阈值时，植物可能释放出某种化学物质，做为化学信息调整植物的生长方式而实现个体小型化，这是植物抵御超强放牧压力的优化适应和有效防卫对策。如果这种化学信息的释放在停止放牧后仍能持续若干年，则在这段时间内植物仍将以小型化方式生长；对这种信息非常敏感的植物将出现突发正常化过程，不敏感的植物出现渐变式的正常化过程。现在，大量的研究工作已证实了生物化学物质的存在及其种类、生态生理功能的多样性（Bryant *et al*. 1991，Harborne 1982）。

通过对不同放牧系列克氏针茅种群的等位酶及 RAPD 分析表明，假设放牧因子引发植株小型化响应的化学信号和小型化阈值存在的话，克氏针茅种群在不同的放牧压力下，种群遗传结构发生改变，同时在生物体内起催化作用的酶发生变化，触发了小型化阈值，使得控制小型化的化学信号表达或合成，这种信号是对该刺激有关的长期记忆性蛋白质，使得这种化学信息的刺激在植株中保留很长时间，当刺激消失，有关刺激产生的蛋白质在体内含量下降到一定水平，植株才恢复到刺激前的生活状态。由于涉及到遗传上的变化，放牧种群在恢复演替时，需要相当长的时间通过花粉流动和种子散播的基因流动来恢复种群的遗传结构，从而打破集体的小型化。这也许是为什么放牧草原群落中植物个体小型化具有保守性，正常化历时较长（7～8 年）的原因。

根据 RAPD 和等位酶计算的遗传距离进行聚类分析，两个聚类图差异很大（图 5－1，图 5－3）。等位酶的聚类是重度放牧种群和中度放牧种群聚为一类，然后依次与轻度放牧种群、无放牧种群聚合。说明重度放牧种群和中度放牧种群遗传相似性最大，这一个一级类群与无放牧种群和轻度放牧种群遗传距离是渐变的，轻度放牧种群在等位酶位点上与无放牧种群发生了明显的变化。而采用 RAPD 分子标记方法进行的聚类中，中度放牧种群和重度放牧种群聚为一类，无放牧种群和轻度放牧种群聚为一类，4 个种群聚为两个独立类群，可以认为放牧这一选择压力并未使轻度放牧种群发生遗传结构的明显改变，与无放牧种群的遗传结构相似。二者聚类顺序不同可以进一步说明，放牧压力使种群在等位酶的基因位点与全基因组序列的变异模式不同，即放牧种群在形态、等位酶和基因组水平均发生了变化。

小　结

4 个放牧梯度的克氏针茅植物种群显示，放牧压力使种群在等位酶的表达与全基因组序列的变异模式不同，即放牧种群在形态、等位酶和基因组水平均发生了变化。

参考文献

崔继哲，祖元刚，关晓锋. 2001. 羊草种群遗传分化的 RAPD 分析 I：扩增片段频率的变化［J］. 植物研究，21（2）：272－277.

崔继哲，祖元刚，聂江城. 2002. 羊草种群遗传分化的 RAPD 分析 Ⅱ. RAPD 数据的统计分析［J］. 生态学报，22（7）：982－990.

韩冰，赵萌莉，珊丹. 2004. 不同退化梯度克氏针茅种群形态及等位酶的分析［J］. 草业科学，21（12）：78－83.

韩冰. 2003. 克氏针茅种群分化及不同退化系列生态变异的研究［D］. 博士学位论文. 内蒙古农业大学.

李博. 1997. 我国草地资源现况、问题及对策［J］. 北京：中国科学院院刊，（1）：49－50.

王炜，梁存柱，刘钟龄，等. 2000. 草原群落退化与恢复演替中的植物个体行为［J］. 植物生态学报，24（3）：268－274.

王中仁. 1996. 植物等位酶分析［M］. 北京：科学出版社，145－163.

周世良，张方，王中仁. 1998. 等位酶淀粉凝胶电泳技术中的几个应引起重视的问题［J］. 植物学通报，15（5）：68－72.

Bryant J P，Heitkonig I，Kuropat P，*et al*. 1991. Effects of severe defoliation on the long term resistance to insect attack and on leaf chemistry in six woody species of the Southern African savanna［J］. The American Naturalist，137：50－63.

Clegg M T. 1989. Molecular diversity in plant population. *In*：Brown A H D，Clegg M T，Kahler A L *et al*.，eds. Plant Population Genetics，Breeding，and Genetic Resources［M］. Sunderland：Sinauer Associates Inc，98－115.

Harborne J B. 1982. Introduction to ecological biochemistry［M］. London：Academic press.

Nei，M. 1973. Analysis of gene diversity in subdivided populations［J］. Proc. Natl. Acad. Sci. USA，70：3 321－3 323.

Prakash S，Lewonlin R C，Hubby L. 1969. A molcculer approach to the study of genetic heterozyosity in natual population. IV. Pattern of genie variation in cetrol，marginal and isolated population of Drosophila pseudoobscura［J］. Genetics，61：841－858.

Soltis D E，Haufler C H，Gastony G J. 1980. Detecting enzyme variation in the fern genus Bommeria：an analysis ofmethodology［J］. Syst BoL，5：30－38.

Wendel I F，Weeden N F. 1989. Visualization and interpretation of plant isozymes. *In*：Soltis D E and Soltis PS（eds）. Isozymes in plant biology［M］. Portland，Ore：Dioscorides Press，9－63.

第六章　典型草原区大针茅植物根系内生真菌

目前，关于内生真菌的概念和范畴还存有争议。从 1866 年 De Bary 最初提出内生菌的概念到 1991 年 Petrini 进一步扩展内生菌概念，其间对致病菌和菌根菌是否属于内生真菌的问题有很大的分歧。现在 Petrini 提出的内生真菌概念被大家广泛接受，他认为植物内生真菌（Endophytic fungi）是一类在植物体内度过全部或大部分生命周期，但对寄主植物组织并不引起明显病害症状的真菌（Petrini *et al.* 1991）。从这个定义来讲，内生真菌包括专性寄生真菌和营表面生腐生真菌，以及对宿主植物无病害的潜伏性病原真菌和菌根真菌。

植物内生真菌是普遍存在于植物中的多样性十分丰富的生物类群，其多数属于双核菌门子囊菌亚门中的核菌纲（Pyrenomyetes）、盘菌纲（Discomycetes）、腔菌纲（Loculoascomycetes）和半知菌纲无性态的多种真菌，主要分布于植物的根、茎、叶、花、种子和果实等器官组织的细胞间，多数情况下，在叶鞘和种子中分布量最多，而在叶片和根中含量极微（Siegel *et al.* 1987，Carroll *et al.* 1988）。内生真菌主要通过两种形式传播：一是不产生孢子，而是在植物开花期间，通过菌丝生长进入植物的胚株，经宿主种子传播，内生真菌通过这种无性方式由植物的母代传到子代，并不发生植物间的交叉感染；二是产生孢子，通过风、降水等途径传播（韩春梅等，2005）。

第一节　内生真菌的含义及其生物学特征

一、内生真菌的生态学分类

内生真菌普遍存在于藻类植物、苔藓植物和蕨类植物以及被子植物、裸子植物的多种器官和组织的细胞及细胞间隙中，不同植物体内分离得到的内生真菌的种类和数量均有差异，多则近百种，少则十几种（易晓华 2009）。根据来源、分类及生态学作用，内生真菌可分为两大生态类群：麦角类系统内生真菌（主要是从禾草分离出来的内生真菌）和非麦角类系统内生真菌（主要从灌丛和木本植物分离得到的内生真菌。也包括和禾草分离出的非麦角类系统内生真菌）。前者与宿主有明显的互惠关系，具有种类少、在植物组织内分布广、垂直传播和宿主常被一种真菌侵染的特点；后者具有种类很多、在植物不同组织内的分布具有限制性、宿主范围窄、水平传播和宿主可同时被多种真菌侵染的特点，与宿主没有明显的互惠关系（郭良栋 2001）。

二、内生真菌的分布及多样性

植物内生真菌的种类和多少与地理区域、气候条件、生长环境、取样部位和分离方法等影响因子有关。研究发现，同一种植物在同一地区上的内生真菌类群是基本相同的，但是，某些内生真菌在同一植物的组织部位和不同年限植株上的丰度和分布明显不同（Espinosa-Garcia *et al.* 1990），并且在不同的地理区域，具有不同的内生真菌类群，蒲葵（*Livistona chinensis*）叶子上的内生真菌类群在百慕大和香港两地明显不同（Guo *et al.* 2000）。此外，不同气候条件对内生真菌类群的影响也很大，例如，一些腐生菌在温带地区常见，却很少在热带植物中分离得到。另外，树冠的高度和郁闭度、采集地的环境因素也影响了内生真菌的类群（何美仙等，2005）。

内生真菌具有分布广、种类多的特点，人们已经从多种植物中发现内生真菌的存在，其中包括多种牧草植物、药用植物、栽培作物、苔藓和蕨类植物等，从一些重要的经济林木的树皮、枝叶和根系中也发现有内生真菌存在（兰琪等，2002）。人们已从 55 科 108 属 153 种植物中分离到内生真菌，包括子囊菌、担子菌、卵菌、接合菌等真菌类群（易晓华 2009）。对于研究最早的禾草植物而言，已在 80 个属 290 多种禾草植物中发现与其形成密切关系的内生真菌（Clay K. 1987）。热带雨林植物内生真菌的多样性尤为突出，Anorld 等人（Anorld *et al.* 2000）分析了巴拿马中部热带雨林中两种植物叶片中的内生真菌，结果发现分离自 83 个健康叶片的内生真菌可多达 418 个形态学种。分子生物学研究表明，同一种内生真菌往往具有多样化的遗传型（Mccutcheon *et al.* 1993）。

三、内生真菌生物学及生态学作用

内生真菌与寄主植物的关系主要体现在内生真菌从寄主植物中吸取自身所需要的营养通过寄主植物进行传播，而内生真菌不仅影响寄主植物的生长发育，而且可以提高植物对非生物胁迫和生物胁迫的抗性。对非生物胁迫的抗性主要是指对干旱、高温、矿物质失调和高盐的耐受性（Waller *et al.* 2005，Redman *et al.* 2002）等，内生真菌感染增加了植株对有限资源的竞争力，使其生长得更好。对生物胁迫的抗性主要是指可以阻抑昆虫和食草动物采食、抵抗病虫害等。禾草、内生真菌、家畜三者之间的相互关系见图 6－1。

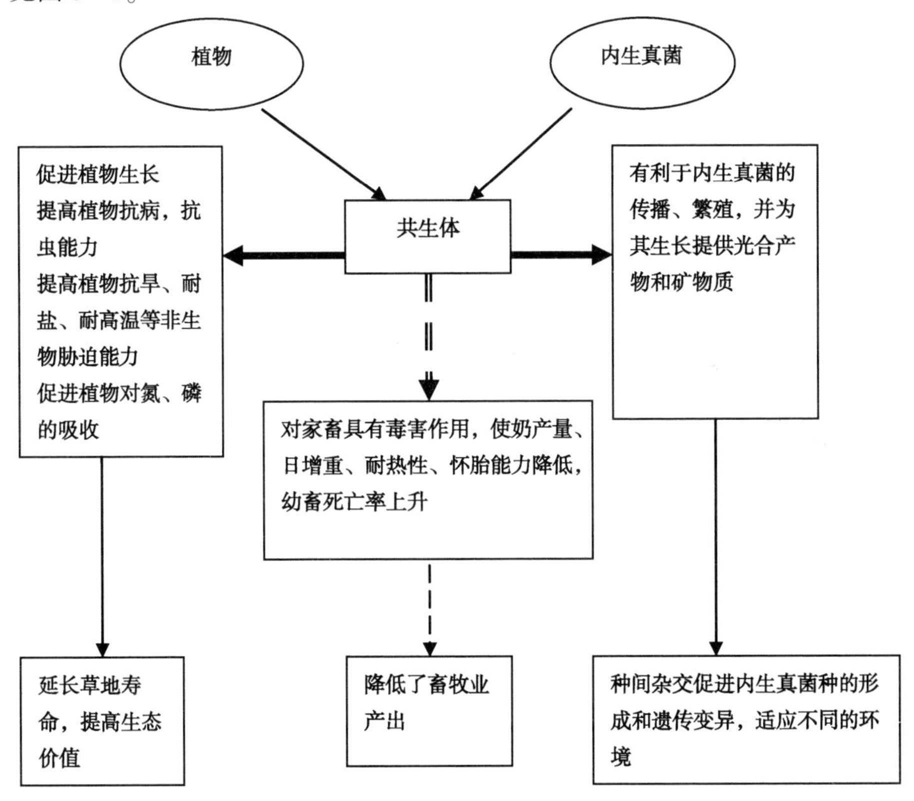

图 6－1 草地生态系统中禾草、内生真菌、家畜三者之间的相互作用（南志标等，2004）

（一）内生真菌促进植物生长发育

有人认为感染内生真菌的植物要比无内生真菌的植物更具生长优势，这是内生真菌给禾草带来的另一个重要的有益特性。这些生长优势主要体现在种子萌发率、分蘖数、叶面积、枝条数、生物量等方面。内生真菌对植物生长的促进作用主要是通过影响植物体内代谢途径和酶活性，提高植物体内维生素、氨基酸含量以及产生生长素等激素类物质来实现的，同时内生真菌还可促进植物对 N、K、Ca、Zn、Mg、F、B、Cu 等元素的吸收，通过对这些矿物质营养的吸收利用，不仅增加植物干重和生物量（Monzon *et al.* 1996），还在植物生长中起生物修复的作用。Clay 在 1987 年（Clay *et al.* 1987）研究发现，在良好的萌发条件下，内生真菌感染的苇状羊茅和黑麦草种子的发芽率均比未感染组提高 10% 左右，并且，内生真菌感染的高羊茅植株经过 10 周和 14 周生长后，分蘖数和生物量明显高于未感染植株；Latch 等（Latch *et al.* 1985）在 1985 年就首次发现在多年生黑麦草生长最适条件下，带有内生真菌 *N. lolii* 的无性系比不带菌者的干物质产量增加 38%，叶面积、枝条数及根量亦均显著大于不带菌者。另外，感染内生真菌的植株可以增加叶片和叶鞘中可溶性氨基酸的含量和氨浓度，提高谷氨酰胺合成酶（GS）活性，增加植物对土壤氮素的利用效率。内生真菌可以将蔗糖转化为植物不能代谢的糖醇，进而对光合作用的反馈抑制产生阻碍作用，促进植物的光和作用（张苗苗，2009）。

（二）内生真菌与植物抗旱性

一般认为，内生菌诱导植物的抗旱性主要包括干旱耐受（生理生化适应）、干旱回避（形态适应）和干旱恢复等反应。通过干旱耐受提高植物抗旱性的机制主要包括：积累和转运吸收，渗透调节和维持细胞壁的弹性。在干旱条件下，内生真菌侵染的比未侵染的植株葡萄糖和果糖含量要高，这些渗透调节物质在干旱胁迫条件下含量的增加是植物对干旱胁迫的一种适应性反应。此外，感染内生真菌的植物中会出现一些在未感染植株中含量极低的可溶性物质，例如阿拉伯糖醇、甘露醇、赤藓糖醇、脯氨酸、Loline 碱等，它们对植物的渗透调节也起到了一定的作用，（Malinowski *et al.* 2000，陈世苹等，2001）。另外，White 等（White *et al.* 1992）研究表明，水分胁迫下内生菌侵染高羊茅能降低细胞壁硬度、增加细胞壁弹性，使细胞壁受损伤较轻，目前还不清楚哪些代谢物直接参与这一过程。综上所述，在植物—内生真菌的相互作用中，真菌可能以分泌植物激素类物质或抗蒸腾物质，来调控植物细胞膨压及提高渗透性的能力来增加植物抗旱性。

植物提高抗旱性主要通过以下 3 个途径：①通过促进根系生长提高植物对水分的吸收能力，降低呼吸损耗，在植物组织中储存水分。有研究表明，感染内生真菌的植物根生物量要比未感染的多，在高羊茅中，内生菌侵染的植株根毛加长，根直径减小、根系生物量增大且分布更深，这些变化能增加根吸收水分和矿物的表面积。②在降低呼吸损耗和植物组织中贮存水分方面，White 等（White *et al.* 1992）在内生真菌——高羊茅共生体抗旱性试验中发现，与未感染的植株相比，感染植株叶片更厚更窄，叶卷曲现象更普遍。从形态学来说，较厚的叶片和叶片的快速卷曲能够使感染植株保存更多的水分并减少蒸腾损失，从而提高其抗旱能力（Hoveland *et al.* 1993，Bacon *et al.* 1993）。③另一减少蒸腾损失的因素是内生真菌在水分胁迫下会促进气孔关闭（Elbersen W W *et al.* 1996，Elbersen H W *et al.* 1997，Malinowski *et al.* 1997），这是因为带菌植物又比不带菌植物产生更多的脱落酸，而脱落酸可刺激气孔关闭，所以，可以降低呼吸损耗的水分。

（三）内生真菌与植物耐盐性

与干旱胁迫相类似，盐胁迫也会导致植物生理性干旱，有关禾草内生真菌共生体与盐胁迫的相互作用的研究相当少。任安芝等（2006）报道了内生真菌感染对黑麦草抗盐性的影响，其结果表明，内生真菌感染对宿主黑麦草的营养生长没有增益效应，相反在高盐浓度下，感染种群的分蘖能力和地上部分生物量均低于非感染种群；但内生真菌能够改变宿主种群生物量的分配格局，将更大比例的生物量分配于根系。在高盐浓度下，内生真菌感染可导致黑麦草叶内的脯氨酸含量显著增加、可溶性糖含量显著降低，但对 PS Ⅱ光化学效率 Fv PFm 值的变化没有影响。总体来看，内生真菌感染并未改善宿主黑麦草的抗盐性。缑小媛等（2007）在内生真菌对醉马草耐盐性研究中得出，内生真菌可以促进盐胁迫条件下醉马草的生长，提高醉马草的耐盐性，并在一定程度上促进醉马草受盐胁迫后的恢复生长能力。

（四）内生真菌与植物病虫害防治

内生真菌感染可以增强宿主植物对食草动物和食草昆虫的取食、线虫和病原菌的危害等，内生真菌对植物生物胁迫的影响主要分为两方面，即抗病性与抗虫性。内生真菌的侵染可以提高禾草的抗病能力，主要表现为抵抗病原菌的侵入、抑制病原菌的生长、抑制孢子的萌发、抑制病斑的扩展和阻止传毒介体昆虫等方面。内生真菌在植物的叶片、叶鞘等部位的存在，形成菌丝防护网，占据了一定的空间和生态位而抵抗病原菌的侵入和定殖（Moy *et al.* 2000）。内生真菌的侵染给植物带来的最大益处是增加寄主的抗虫性。带菌禾草增加抗虫性的原因主要是真菌在寄主体内产生生物碱，现在已知的由禾草类内生真菌产生的生物碱可分为 4 大类：双吡咯烷类生物碱（如黑麦草碱）、并吡咯吡嗪（如过胺）、麦角碱、吲哚二萜（如 lolitrems）。其中黑麦草碱和过胺是昆虫阻食剂，而 lolitrem B 和麦角缬氨酸可使哺乳动物中毒。某些生物碱可改变昆虫肠道上皮细胞膜的渗透性，引致消化系统功能停止，最终导致昆虫死亡（南志标等，2004，黄东益等，2008）。

虽然内生真菌给植物带来了显著的有益特性，但也给畜牧业带来了较大危险。例如，用内生真菌感染的牧草喂牛，其生长、牛奶产量、怀胎能力和耐热性都明显下降；喂马则幼驹死亡率明显升高；喂羊则产生蹒跚综合征（stagger syndrome），表现为奔跑时脚步不稳和日增重的下降等。正是由于内生真菌对植物的生物抗性影响问题与农牧业生产有着密切的关系，因而引起人们的关注。

四、丛枝菌根真菌与宿主植物识别共生的分子机制

菌根是自然界中一种普遍的植物共生现象，它是土壤中的菌根真菌菌丝与高等植物根系形成的一种联合整体。根据形态和解剖学的特征，可以将菌根分为外生菌根（ectomycorrhizae）和内生菌根（endomycorrhizae）两大类。

丛枝菌根（arbuscular mycorrhiza，AM）属于内生菌根，在内生菌根中，真菌的菌丝体主要存在于根的皮层薄壁细胞之间，并且进入细胞内部，不形成菌套。共生真菌从宿主植物体内获取必要的碳水化合物及其他营养物质，来完成自身的生活史。同时植物也从真菌那里得到所需的水分、营养及矿质元素等，促进了宿主植物自身的生长发育，提高了植物的耐盐、耐旱、耐重金属和抗病的能力（Raffaella *et al.* 2006，Bais *et al.* 2006，Beilby *et al.* 1980）。不同的菌根真菌对同种或异种植物的同时侵染和对不同植物个体之间养分、水分等资源的再分配，对植物的种内和种间竞争产生影响，使得菌根营养植物的种群与群落水平表现出不同于非菌根营养植物的效应（Bonfante *et al.* 1994，Gaspar *et al.* 1994）。因此，共生真菌和宿主植物达到一种互利互助、互通有无的高度统一（袁志林等，2007）。

随着细胞、分子生物学等研究方法的发展，丛枝菌根形成过程中植物与

真菌双方形态、生理以及功能等一系列变化方面的研究引起了广泛关注。AM 真菌—植物共生体信号相互作用的问题是一个非常复杂而重要的研究领域，因为除了豆科植物之外，AM 真菌能与苔藓植物、蕨类、裸子植物及被子植物等共生（袁志林等，2007）。20 世纪 80 年代初期，菌根学家已经了解植物和其共生菌根真菌之间的关系，而后续学者调查，又发现了愈来愈多先前所未知的领域，如对 AM 真菌诱导植物所产生的信号物质及其传导途径、生理效应和作用机制等需要进行比较系统的探讨。所以，对 AM 真菌与植物相互识别作用等一系列相关过程进行综述，将对进一步探索 AM 真菌与植物相互作用、共生体演化等研究有所帮助。

（一）AM 真菌与宿主植物的非共生阶段

1. 非共生阶段的生理代谢过程及信号释放

在非共生阶段，AM 真菌在土壤中以孢子的形式存在，无论宿主植物是否存在，只要土壤条件如水分、温度等适宜，孢子就能够萌发和形成少许菌丝体，所以（Podila *et al.* 2008，Stommel *et al.* 2001）认为，孢子萌发并不需要由植物分泌的信号物质的刺激（图 6－2）。

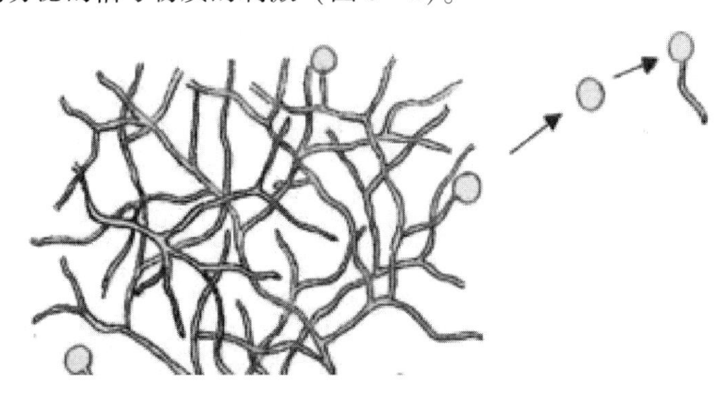

图 6－2　菌根真菌以孢子的形式存在于土壤中的模式图（Raffaella *et al.* 2006）

当萌发的孢子识别其宿主植物根系的分泌物如无机离子、气体、质子、黏液以及有机化合物等信号物质后，菌丝就会趋向性的向宿主植物根系延伸、分枝并与宿主植物根部发生物理性接触。细胞学研究发现，与植物发生物理性接触之前，萌发的孢子能够在土壤中存活 2～3 周长的时间（Bais *et al.* 2006）。在这个阶段，它不能从其宿主植物获得生命活动所需要的碳营养，也无法进行脂肪酸的合成，只能动员孢子中存储的甘油三脂、糖原以及碳水复合物以供菌丝体的生长需要（Beilby *et al*. 1980，Bonfante *et al*. 1994，Lammers *et al*. 2001）。当土壤中营养物质匮乏时，摩西球囊霉（*Glomus mosseae*）菌丝体的生命活动停止，细胞循环周期停滞，Beilby and Kidby 推测，可能与 *GmTOR*2 基因的激活有关（Beilby *et al*. 1980）。另外，在宿主植物分泌信号物质的刺激下，菌丝体的细胞核不断分裂菌丝体不断生长（Bianciotto *et al*. 1995，Requena *et al*. 2000）。但是，由于根系分泌物结构成分复杂，还不能确定具体哪些化合物具有刺激菌丝体伸长的功能。许多研究都集中于植物分泌的类黄酮等主要次生代谢产物，包括黄酮、异黄酮、黄烷酮和苯基乙烯酮等（Bais *et al*. 2006）。由于类黄酮混合物在低浓度下就可以刺激菌丝体生长，推测它们在刺激或阻遏真菌生长过程中具有信号分子的作用（Buee *et al*. 2000）。Akiyama 直接从日本百脉根（*Lotus japonicus*）中得到了一种由宿主植物分泌的促分枝因子—5-deoxy-strigol，属于植物激素类（strigolactones）的物质称为独脚金素内酯。它能够诱发 AM 真菌菌丝进行大量分枝，推测 strigolactone 在 AM 真菌与宿主植物共生关系建立的过程中具有信号传递的功能，诱导真菌菌丝的靠近并分泌相应的共生信号分子如 Myc 因子，进而启动和激活宿主植物下游一系列共生事件的发生，实现共生体的构建。Strigolactone 是一种倍半萜烯，是植物激素的一种，类胡萝卜素裂解双加氧酶 CCD7 和 CCD8 是其生物合成途径的 2 个关键酶。菌根的不断伸长与发展会使真菌与宿主植物双方发生生理生态学上的变化，以利于它们之间信号的相互交流（Harrison *et al*. 2005）。例如，Tamasloukht *et al*. 用胡萝卜根提取物处理 *Gigaspora rosea* 和 *Glomus intraradices*，发现这两种菌根真菌的线粒体基因表达量、耗氧量和还原活性都迅速增加，说明胡萝卜根提取物促使真菌进入了菌丝分枝所需要的活性状态（Tamasloukht *et al*. 2003 kohlen 2011，2012）。

2. 非共生阶段相关基因的表达及识别机制

在 AM 真菌与宿主植物非共生过程中，AM 真菌在宿主植物信号物质的刺激下，能释放可扩散信号物质，促使一些相关植物基因的表达（Tamasloukht *et al*. 2003，Kosuta *et al*. 2003）。在一个用玻璃膜将蒺藜苜蓿（*Medicago truncatula*）的根和 AM 真菌菌丝进行物理隔离的实验中，发现编码结瘤因子的 *MtENOD*11 基因在根部进行诱导表达。表明 AM 真菌产生了一种能够诱导 *MtENOD*11 基因表达的信号物质—菌根因子（Myc factor），并且只在邻近菌根的根组织中表达。目前，只知道这种菌根因子是几丁质寡聚物，不同于病原真菌产生的几丁质片段（Kosuta *et al*. 2003）。如果用其他三种病原真菌将 AM 真菌代替，发现在植物根部检测不到 *MtENOD*11 基因的表达（Kosuta *et al.* 2003）。这一现象表明植物根系在接收到 AM 真菌信号后，便打开了形成共生体的预期程序（Kosuta *et al.* 2003）；另外，发现在根瘤共生的建立中这种现象也同样存在，推测 AM 真菌释放的可扩散信号分子就是此前被一些研究者所提出的类似于根瘤菌产生的结瘤因子（Kanamori *et al.* 2006，Saito *et al.* 2007）。研究发现，摩西球囊霉（*Glomus mosseae*）中的 *GmGIN*1 基因在非共生阶段进行高效表达，而在共生阶段则完全沉默（Requena *et al.* 2002）。推测 *GmGIN*1 基因可能只参与 AM 菌根共生体形成前孢子萌发阶段的相关信号转导。

（二）AM 真菌与宿主植物共生初期阶段

1. 共生初期阶段生理结构变化

AM 真菌识别其宿主植物后便朝植物根系方向进行伸长与分枝，与宿主植物根系表皮接触后，在宿主植物根系表皮细胞产生的信号分子的刺激下会形成附着胞（Appressoria）结构。不同植物在形成附着胞过程中，尽管可以发生三聚体 G 蛋白的激活、蛋白质磷酸化与去磷酸化、水杨酸的积累和 Ga^{2+} 积累内流以及菌根中苯丙氨酸氨解酶及病理相关蛋白基因表达活性增强等反应，但是与病原菌不同的是这种防御反应强度较弱，酶或代谢物的累积只是暂时的或定位在局部根系细胞。当附着胞黏着在根表面后便会刺激一种前侵入器官（prepenetration apparatus，PPA）的形成（Genre *et al.* 2008）。

研究发现，为了促进或御防 AM 真菌的侵染（Genre *et al.* 2005a），植物根部表皮细胞内会进行短暂的细胞质骨架和内质网重组，这种重组结构被命名为“前侵入器官（prepenetration apparatus，PPA）”。PPA 结构包括大量连接 AM 真菌附着的根系外皮层位点和细胞核的细胞质桥，并且可以限定细胞内未来 AM 真菌的侵染途径。另外，在 AM 菌丝吸附位点，细胞核也会发生复位变化，来促进 PPA 结构的发生。当跨细胞的细胞质桥结构形成后，附着胞上的 AM 真菌侵染丝便可通过 PPA 结构进入根系皮层细胞（Genre *et al.* 2005b）。AM 真菌菌丝侵入到根系皮层细胞后便完成了侵入的第一个程序。

另外，植物表皮细胞内的 *ENOD*11 不论是 PPA 形成前还是形成过程中，都可以被启动表达（Kosuta *et al.* 2003），推测 *ENOD*11 基因的表达可能与 PPA 的形成有关。

2. 共生初期阶段的相关基因表达

研究发现 AM 菌丝体与宿主植物接触后，*Glomus mosseae* 的附着会诱导

H^+-ATP 酶基因的表达增强（Requena *et al.* 2003），这和（Lei *et al.* 1991）发现的 H^+-ATP 酶活性增强以及（Ayling *et al.* 2000）发现细胞膜的去极化的结果相一致。值得注意的是（*DMI*1，*DMI*2，*DMI*3）3 个基因，它们都是首先在 *Medicago truncatula* 上发现的控制共生的 *DMI* 基因（Catoira *et al.* 2000），在根瘤结成和菌根形成的早期都会参与有关信号的转导，是菌根形成早期信号转导途径中不可缺少的信号元件（Stracke *et al.* 2002，Endre *et al.* 2002，Ane *et al.* 2004，ImaizumI-Anraku *et al.* 2004，Levy *et al.* 2004，Mitra *et al.* 2004）。*DMI*2 是一种共生受体样蛋白激酶，直接或间接识别 AM 真菌释放的菌根形成（Myc）因子后，通过胞内蛋白激酶域向下传递信号。*DMI*1 是一种接受由共生受体样蛋白激酶磷酸化修饰的蛋白质激活离子通道，从而引起胞质钙离子浓度的变化以及钙峰的形成。*DMI*3 是钙依赖性蛋白激酶，属于作用的下游区（Endre *et al.* 2002）*DMI*3 处于钙峰形成的下游，响应钙离子浓度的变化和钙的摆动，激活下游的调控基因（Mitra *et al.* 2004，Kalo *et al.* 2005，Smit *et al.* 2005）。最近，（Chen *et al.* 2007）利用 *MtDMI*3 同源的水稻 *OsDMI*3 突变体，证明在非豆科植物中，钙依赖性蛋白激酶是菌根形成的关键基因。（Navazio *et al.* 2007）利用改良的大豆细胞发光蛋白系作为实验系统，不论用含有 *Glomus intraradices* 萌发孢子的培养基还是用含有根外菌丝的培养基处理大豆细胞时，都可检测到细胞质 Ca^{2+} 水平显著快速升高。这表明植物对接种 AM 真菌最早的响应之一就是快速而短暂的提升细胞质 Ca^{2+} 水平，进而可能产生一系列级联反应。另外，在日本百脉根中发现了两个核孔类蛋白 LjNUP133 和 LjNUP85（Kanamori *et al.* 2006，Saito *et al.* 2007），定位实验表明，它们位于核的边缘，与核孔复合物装配在一起，都参与了根瘤及菌根共生的信号传递，引起钙离子浓度的变化以及钙峰的形成（表 6－1）。

表 6－1　AM 真菌与宿主植物非共生和共生阶段的相关基因

植物/真菌	基因	作用	文献出处
摩西球囊霉（*Glomus mosseae*）	*GmTOR2*	营养匮乏时，阻碍菌丝体细胞的循环	〈J Lipid Res〉（Beilby and Kidby. 1980）
Gigaspora rosea 和 *Glomus intraradices*	菌丝体线粒体基因活性增强	为真菌进入菌丝分枝状态做准备	〈Plant Physiol〉（Tamasloukht *et al.* 2003）
日本百脉根（*Lotus japonicus*）	*Strigolactone*（5-deoxy-strigol）	没有物理接触前，诱导 AM 真菌菌丝的生长和分枝	〈Nature〉（Akiyama *et al.* 2005）

（续表）

植物/真菌	基因	作用	文献出处
根瘤菌	类似于结瘤因子的菌根因子（Myc factor）	诱导 MtENOD11 基因的表达	
摩西球囊霉（*Glomus mosseae*）	*GmGIN*1	可能只参与 AM 菌根共生体形成前孢子萌发阶段的相关信号转导	〈Plant Soil〉（Requena *et al.* 2002）
截形苜蓿（*Medicago truncatula*）	*MtENOD*11	与 PPA 的形成有关	〈Plant Physiol〉（Kosuta *et al.* 2003）
豌豆（*Pisum sativum*），截形苜蓿（*M. truncatula*），紫花苜蓿（*M. sativa*）	*PsSYM*19，*DMI*2，*NORK*（*SYMRK*）	识别 AM 真菌和固氮细菌产生的特异分子并与之结合的受体	〈Nature〉（Akiyama K *et al.* 2005）
截形苜蓿（*M. truncatula*）	*DMI*1	编码一个 SYMRK 下游预测的离子通	〈New Phytol〉（Lei J *et al.* 1991）
截形苜蓿（*M. truncatula*）	*DMI*3	编码形成钙及钙调素依赖型蛋白质激酶（CCaMK），能转导 $Ca2^{+}$ - spiking 信号，介导植物与 AM 真菌间共生关系建立。	〈New Phytol〉（Ayling *et al.* 2000）〈Plant Cell〉（Catoira R *et al.* 2000）
日本百脉根	*LjNUP*133 和 *LjNUP*85	引起钙离子浓度变化以及钙峰的形成	〈Proc Nati Acad Sci〉（Kanamori *et al.* 2006）；〈Plant Cell〉（Saito *et al.* 2007）

（三）AM 真菌与宿主植物的共生阶段

附着胞分化形成丛枝结构是真菌菌丝侵染宿主植物的关键程序。附着胞伸长的菌丝体会穿过根系皮层细胞的胞壁开始分枝，并于特定的时期在细胞内分化，形成重复的二叉分枝，形成丛枝（arbuscular）结构见图 6－3。

丛枝结构是 AM 菌根共生体的主要特征，负责植物与 AM 真菌间的营养交换。丛枝结构的寿命非常短，共生体形成后最多可能存活 4～10d，丛枝便开始衰退，并最终萎陷瓦解（Smith *et al.* 1997），这种瓦解有时与活性氧的产生有关，因为 H_2O_2 积累在 AM 菌丝分枝少的丛枝中，在泡囊、菌丝顶端和附着胞中则没有积累（包玉英等，2005）。这种分布特征是与 AM 真菌各器官的形态建成有关，还是与各自的生理功能有关还需要进一步研究（Salzer *et al.* 1999）。真菌的组织完全降解后，AM 菌根共生体通过形成大量

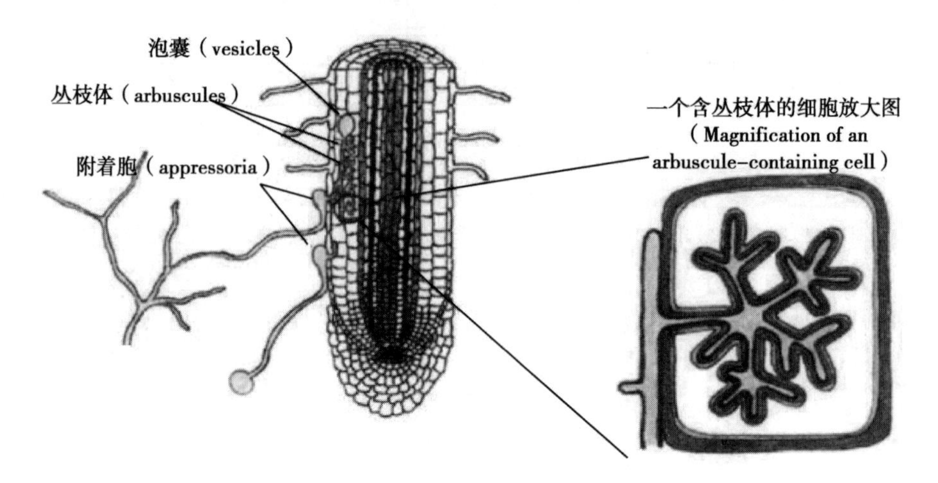

图 6－3　丛枝菌根真菌侵染宿主植物根系形成的丛枝结构模式图（Raffaella *et al.* 2006）

孢子，进入另一个入侵过程，完成生活周期（Paszkowski *et al.* 2006）。

（四）AM 真菌与根际其他微生物的作用

非共生阶段的菌丝体不仅能感受宿主植物体的信号，而且可以感受除宿主植物根系之外生物体发出的信号物质。例如（Requena *et al.* 1999），监测到 *Glomus mosseae* 遇到可以促进菌丝体生长的根际微生物枯草芽孢杆菌时，其基因表达发生了改变（Paszkowski *et al.* 2006）。尤其是高度保守的 *GmFOX2* 基因，可以通过编码多功能蛋白-β-过氧化物酶体来调整其菌丝体与细菌细胞壁的接触。推测在非共生阶段，菌丝体与植物根系其他微生物也存在相互作用。

自从菌根被发现以来，随着基因组学、蛋白质组学和真菌分子生物学技术的日益成熟，植物—菌根共生体分子机制的研究取得了显著成绩。但是，具体由哪些物质诱导 AM 真菌与宿主植物之间相互识别以及接受 Myc 因子的受体，还需要进一步的确定。其次，尚需利用分子、电镜、生物化学等技术对 AM 真菌和宿主植物生理、结构、基因方面进行深入的研究，以进一步明确其共生体形成过程中的信号物质、传递途径以及共生体形成后丛枝、泡囊等结构的发展与演化。随着研究方法和手段的不断发展与完善，将会不断揭示 AM 菌根共生分子机理与信号途径，为进一步推进植物生产、调节植物种群和群落结构发挥重要作用。

五、植物内生真菌的分离、鉴定方法

（一）植物内生真菌的分离培养

植物内生真菌分离培养方法的选择主要包括两方面的内容，即植株表面消毒方法的选择、培养基、抗生素和培养条件的选择。对植物材料进行表面消毒通常是由一种强氧化剂或一般的消毒剂进行短期处理，然后用无菌水冲洗掉表面残留的消毒剂。主要的消毒剂有硝酸银、氯化汞（升汞）、次氯酸钠、福尔马林、H_2O_2、乙醇或丙烯氧化物等，其中升汞的毒性对自然环境的破坏较大，已经很少使用（Jeffrey *et al.* 2004）。在内生真菌的研究中，通常以次氯酸钠作为消毒剂，结合乙醇为除湿剂进行表面消毒的效果会更好，尤其是对于疏水或表面长满短毛的叶子更是如此（Schulz *et al.* 1993）。

内生真菌分离鉴定常用的培养基有 Martin 琼脂培养基、马铃薯葡萄糖（PDA）培养基、察氏琼脂培养基、麦芽汁培养基、曲汁培养基和牛肉浸汁培养基等（张纪忠，1990）。根据样品的不同选择适当的培养基，一般分离土壤样品选 Martin 琼脂培养基或 PDA 等；分离食品可用麦芽汁琼脂等；分离昆虫多用牛肉浸汁培养基等；分离生霉材料样品则多用 PDA 培养基等。在植物内生真菌的研究中，多用 PDA 培养基进行分离培养。在营养丰富的培养基中加入抗生素，可以延缓或抑制一些杂菌菌的生长，但是生长在选择性培养基中的真菌应尽快转移到物抑制剂的培养基中，提高正常孢子形成机会以便更好的鉴定。由于每种内生真菌的生长特性不同，所以，对内生真菌培养条件的选择也是非常重要的，对于生长较慢的真菌来说，为了防止培养基脱水，要用薄膜密封阻止水分的快速蒸发，培养温度范围一般在 19 ~ 25℃（王利娟等，2006）。

（二）植物内生真菌的鉴定

对于可分离培养的植物内生真菌的鉴定通常根据主要群体的形态特征进行归类与鉴定，包括菌落大小、颜色、表面特征和生长速度，尤其是菌丝、孢子和产孢结构等特征（王利娟等，2006）。对于不能产生孢子或可鉴别结构的真菌以及不能获得纯培养的真菌，常采用分子生物学方法进行检测和鉴定，例如 DNA 分子杂交技术、真菌线粒体 DNA 限制性片段长度多态性（RFLP）分析、随机扩增多态性 DNA（RAPD）分析，真菌 rDNA 序列分析等，其中，rDNA 序列的分析比较能阐明系统发育情况（蒋盛岩等，2002）。

（三）AM 真菌的 SSU 序列及嵌套 PCR 技术

AM 菌根真菌一般不能实现纯培养。随着现代生物技术的迅猛发展，AM 真菌分类鉴定已从传统方法走向现代的生物技术方法，特别是以分子为基础的现代分子生物学方法，在 AM 真菌的分类研究中得到了极大地应用。分子生物学方法通常是提取 AM 真菌的 DNA，然后进行 PCR 扩增，经凝胶电泳检测其扩增产物后，建立信息文库（Library），利用文库中不同菌种的 DNA 信息，达到鉴定的目的。前期研究认为，小亚基 rRNA（SSU）基因的可变区可以提供丰富的系统发育信息，可以针对靶位点设计分类特异引物，并且其高度保守区域的基因可以利用通用引物直接从 DNA 或 rRNA 中扩增得到，（Simon L *et al.* 1992，Simon L *et al.* 1993）比较了 AM 真菌中某些菌株的中高度保守区域的核苷酸序列，证实其可用于检测、鉴定和定量分析 AM 真菌。利用 NS21 和 SS38 通用引物扩增 SSU 的序列，再利用 AM 真菌特异性引物 VANS1、VAGLO、VAACAU 和 VAGTGA，分别用于扩增 AM 真菌 *Glomus*、*Acaulospora*、*Enterophospora*、*Gigaspora* 和 *Scutellospora*。

嵌套式 PCR（Nested polymerase chain reaction）原理就是先利用一对引物，扩增包括靶 DNA 在内的长片段 DNA，然后取少量的扩增产物，利用只针对靶 DNA 的引物再进行第二次扩增。这种技术降低了扩增多个非特异靶位点的可能性，因为同两套引物都互补的靶序列很少，提高了准确度，并且嵌套 PCR 经过两次扩增，扩增产物的量增加，结果更容易判断。嵌套 PCR 不需要经过抽提 DNA 的复杂过程，简单破碎孢子或根段的粗提 DNA 样品就可以直接用于 PCR 反应，而且由于第二轮的特异性检测是在首轮 PCR 产物高倍稀释的基础上进行的，因此很好地克服了植物根组织引起的许多 PCR 反应障碍。

总体上来讲，分子生物学技术在区分某些形态特征相近的 AM 真菌种类上更具有科学性和优越性。不仅为形态学特征区分 AM 真菌提供了补充和辅助手段，而且为进一步研究 AM 真菌系统发育与亲缘关系提供了依据。

第二节　放牧对大针茅植物不同 AM 菌根结构及侵染率的影响

一、研究地点概况

实验样地位于内蒙古锡林郭勒盟白音锡勒牧场，地理位置北纬 43°26′～44°08′，东经 116°04′～117°05′。实验样地气候属半干旱草原气候，春季干旱低温，夏季温和湿润，秋季多雨，并伴有霜冻，冬季寒冷干燥。年均气温 -1.1～0.2℃；年平均降水量为 350mm，并自动向西递减，年蒸发量 1 665.2 mm。5—8 月太阳辐射约占全年 45%左右，是全年光照时间最长，太阳辐射最强的时期。植物以典型草原植物类群为主，其中，又以针茅、羊草等为建群种，土壤为沙质栗钙土。具体试验地点选择从居民点附近到围栏禁牧草场，设置不同放牧梯度，包括轻度放牧区（LG）、中度放牧区（MG）、重度放牧区（HG）和对照区（CK），对照区是近 30 年来的围栏草场。

二、实验材料采集和处理

1. 实验材料采集

2010 年 8 月在样地采集大针茅植物根系。在不同放牧强度样地分别采集大针茅根系 50 株（株距间隔 10m 以上随机采集），首先去除上面的 5cm 土层，然后挖取根系，将清洗干净后的细根剪成长约 1cm 的小段放入 FAA 固定液中，以备菌根侵染分析。同时在未放牧样地采集 20 株根系（株距间隔 10m 以上随机采集），清洗后放入液氮罐内带回实验室，用于 AM 菌根真菌的分子鉴定（蔡柏岩等，2008）。将每个样地采集的 20 个根系等量混合后用 CTAB 法提取大针茅根系总 DNA。

2. 大针茅根系 AM 菌根的染色

将 FAA 固定液中的根段取出，用水冲洗干净，放入烧杯中，加入 10% 氢氧化钾溶液，封紧瓶口放在烘箱中，在 60℃恒温条件下过夜。将氢氧化钾溶液倒去，用清水漂洗根样数次，清洗时，切勿用力搅拌根样，以免根外菌丝脱落。清洗后的根样放入 2% HCl 溶液中，室温下放置 5min。倒去盐酸溶液，加入 0.01% 品红溶液，在 90℃烘箱中保温 10min。将染色的根段取出，用醋酸水冲洗 20min。将脱色好的根段放入乳酸甘油中保存备用（王利娟等，2006，蒋盛岩等，2002，Lin *et al.* 2007，Bousquet *et al.* 1990，Simon *et al.* 1992）。

三、大针茅根系 AM 真菌形成的形态结构

经过处理的根系，镜检发现 AM 真菌与大针茅植物根系产生多种结构。主要有菌丝结构，呈直线状单条或数条线状结构（图 6-4）。泡囊结构形状多样，通常为圆球形、椭圆形、棒形（图 6-5）。丛枝结构，真菌侵入细胞内，菌丝以二叉式生长，形成的树枝状或花椰菜状结构（图 6-6）。另外，还观察到根表面附着根外菌丝，并形成很多侵入点（图 6-7），在笔者观察的所有根系中都存在着 2~3 种结构在根系内形成菌根。

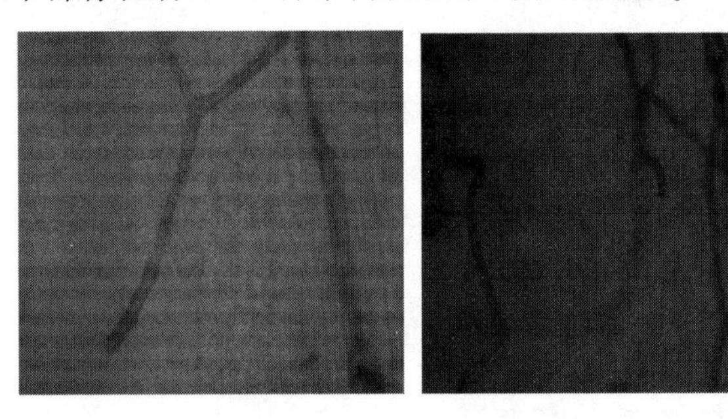

图 6-4　AM 真菌菌丝形态

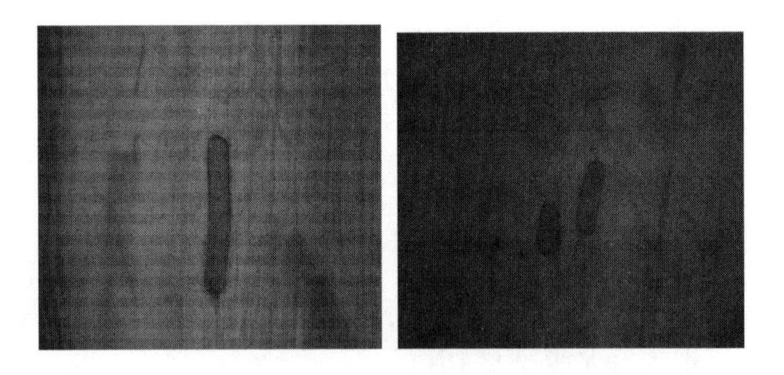

图 6-5　AM 真菌的细胞间泡囊结构

将处理好的根系利用十字交叉法进行菌根侵染率的测定。玻片放在显微镜下镜检，在 ×10 镜下观察到菌根，然后旋转至 ×40 镜下，校正十字的水平线与根段平行，中心位于根段中部，从根段一端开始走镜计数，直到将所有根段检完。计量方法按下图 6-8 所示，每一视野内十字垂直线所搭上菌丝，泡囊，丛枝及其不同组合都要记为 1 个交叉点（王同智，2008 Giovannetti *et al.* 1980）。

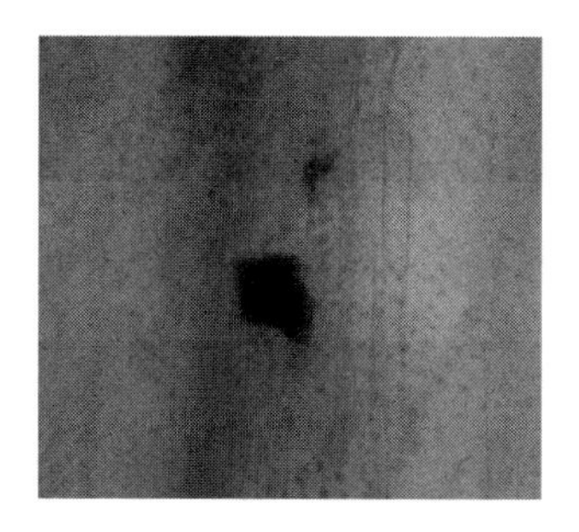

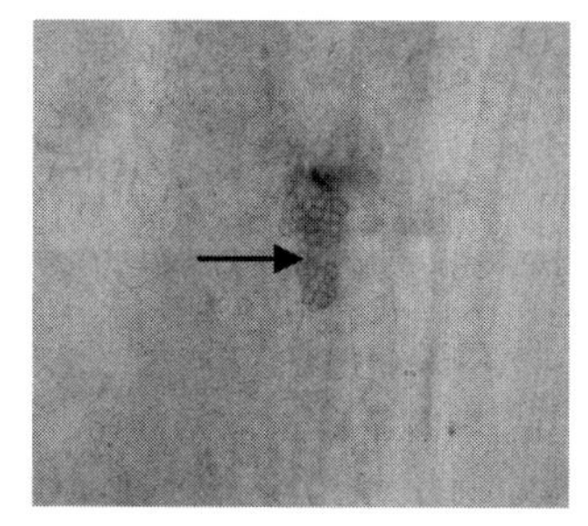

图 6－6　丛枝结构

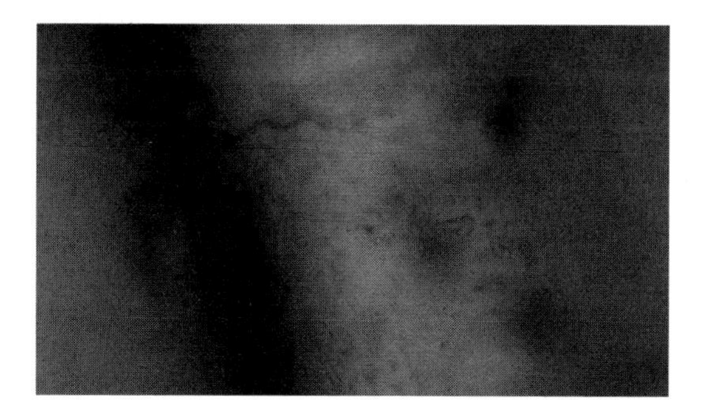

图 6－7　菌丝入侵点

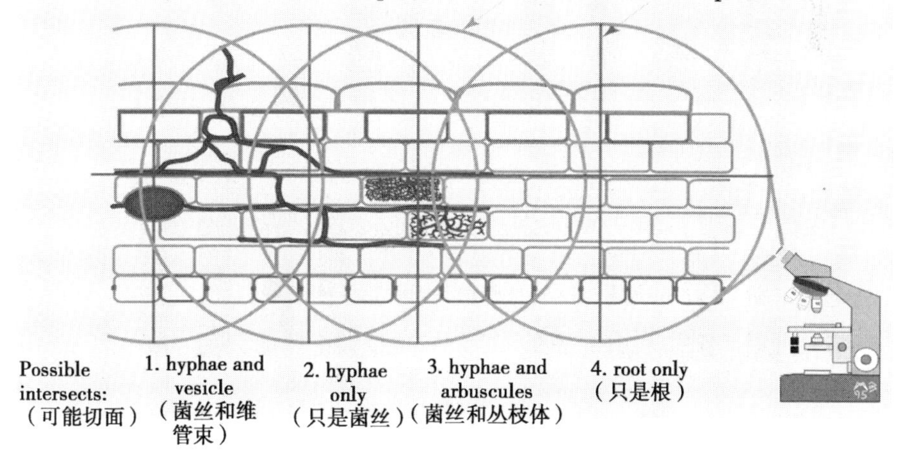

图 6－8　载玻片上 AM 真菌侵染次数的估算（王同智，2008）

侵染率公式为：侵染率（%）=侵染交叉点数/总观测点数×100

数据分析使用SAS9.0中单因素方差分析功能检测不同放牧强度对大针茅菌根侵染率平均值间的差异。

侵染率是反映内生真菌在宿主植物根系中的定殖情况及其与宿主植物亲和性的一个重要指标，本研究中内生真菌的侵染率主要是针对AM真菌对大针茅根系的侵染。利用上述菌根侵染率计算方法分别计算不同放牧梯度下各种菌根结构的侵染率。

不同放牧利用情况，大针茅根系总侵染率也不同。其中，轻度放牧样地最高，重度放牧样地最低，总侵染率从高至低依次为LG > CK > MG > HG；菌丝侵染率轻度放牧样地最高，对照样地最低，菌丝侵染率从高到低依次为LG > HG > MG > CK；泡囊侵染率轻度放牧样地最高，重度样地最低，泡囊侵染率从高到低依次为LG > MG > CK > HG；丛枝侵染率是对照放牧样地最高，轻度样地最低，丛枝侵染率从高到低依次为CK > HG > MG > LG。由此可见，不同的放牧强度对不同的菌根结构的侵染率影响也各不相同。除了丛枝结构以外，其他结构和总侵染的百分率都是在轻度放牧区出现最高值，并且放牧强度的强弱对菌丝侵染率的影响不大，菌丝侵染百分率数值有差异，但不显著（图6－9）。

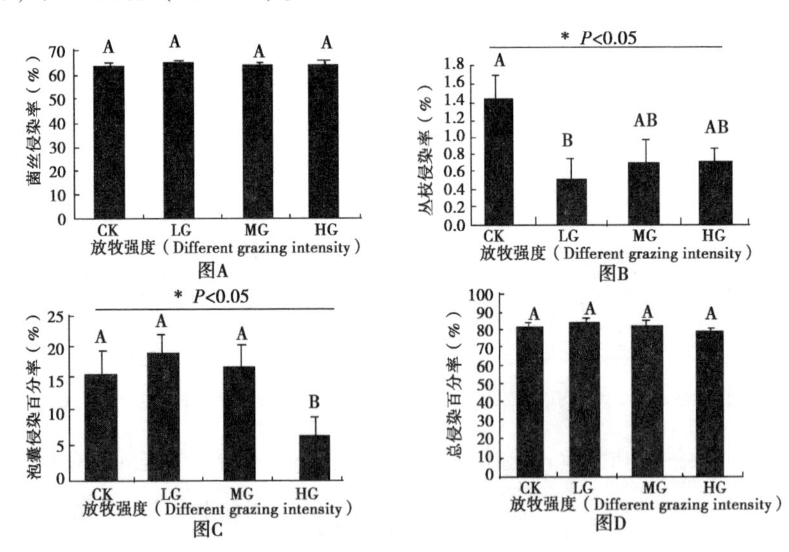

柱形图上的A与B表示在P<0.05的水平上有显著性差异

图6－9　不同放牧强度下AM侵染百分率

四、根系侵染交叉点数的统计分析

从表6－2可以看出，不同放牧强度对各种菌根结构的侵染率都具有显著影响。虽然菌丝结构在不同放牧强度下未呈现显著差异，但是，其侵染率也表现出一定的波动，根据平均值来看，重度放牧区和中度放牧区根系无侵染情况的交叉点数平均值要高于未放牧区，而轻度放牧区的交叉点数平均值却低于未放牧区。根系在无侵染情况下，重度放牧区与轻度放牧区存在显著差异（$P<0.05$）。泡囊结构侵染率在重度放牧区分别与其他3个放牧区之间存在显著差异（$P<0.05$），丛枝结构侵染率是在未放牧区和轻度放牧区之间存在显著差异（$P<0.05$）。

表6－2　不同放牧梯度对各种菌根结构交叉点数影响

	CK	LG	MG	HG
无侵染	2.47AB	2.10B	2.49AB	3.05A
菌丝	8.12A	8.88A	8.25A	8.59A
泡囊	1.92A	2.36A	1.97A	0.91B
丛枝	0.18A	0.07B	0.09AB	0.09AB

注：不同字母表示差异显著（$P<0.05$）

五、大针茅根系AM真菌的分子鉴定

（一）根系DNA的提取及检测

利用改良的CTAB法提取大针茅新鲜根系总DNA。将提取的DNA取1μl原液样品用0.8%琼脂糖凝胶进行检测，确定DNA分子量。7个重复中只有重复1和6提取出DNA，分别命名为GX-1、GX-6，但是DNA质量良好，分子量都大于2 000bp，条带清晰（图6－10）。

（二）嵌套式PCR（nested polymerase chain reaction，nested PCR）扩增

AM真菌由于其不可纯培养，所以利用嵌套PCR技术扩增根系内部的真菌DNA，对其根系内部的真菌18SrDNA序列进行nested PCR扩增。参照Simon等人（1992，1993）的方法，第一次PCR扩增，模板为大针茅根系总DNA，引物为SS38和NS21；第二次PCR扩增，模板为稀释500倍的第一次

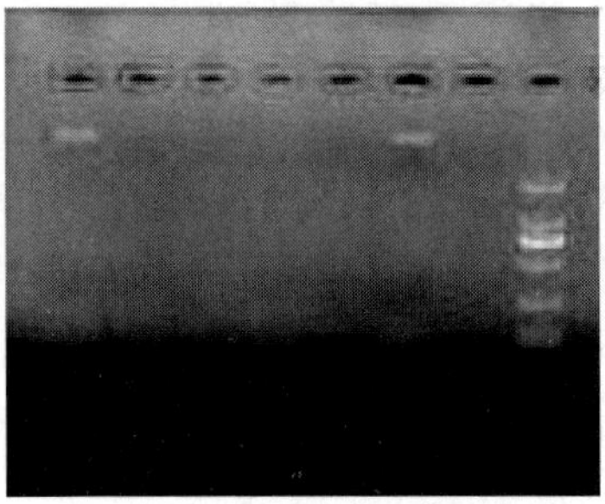

1 泳道是 GX-1，6 泳道是 GX-6

图 6－10　根系总 DNA 的提取电泳图

PCR 产物，利用 AM 真菌通用引物 VANS1 分别和球囊霉属（*Glomus*）、无梗囊霉属（*Acaulospora*）、内养囊霉属（*Enterophospora*）3 个菌属的特异引物 VAGLO、VAACAU、VAGIGA 进行扩增，具体序列见表 6－3。

表 6－3　引物序列及其特异性

引物名称 Primer name	引物序列 Primer sequence	特异性 Specificity	片段[a]（bp） Fragment size
SS38[b]	5′-GTCGACTCCTGCCAGTAGTCATAT-GCTT-3′	AM 真菌通用	
NS21[b]	5′-AATATACGCTATTGGAGCTGG-3′	AM 真菌通用	
VANS1[c]	5′-GTCTAGTATAATCGTTATACAGG-3′	球囊霉目（*Glomales*）	
VAGLO[c]	5′-CAAGGGAATCGGTTGCCCGAT-3′	球囊霉科（*Glomaceae*）	188
VAACAU[d]	5′-TGATTCACCAATGGGAAACCCC-3′	无梗囊霉科（*Acaulosporace*）	198
VAGIGA[d]	5′-TCACCAAGGGAAACCCGAAGG-3′	巨孢囊霉科（*Gigasporaceae*）	189

注：a 与引物 VANS1 的扩增目的片段长度；b 参见 Bousquet *et al*，1990；c 参见 Simon *et al*，1992；d 参见 Simon *et al*，1993

第一轮 PCR 扩增体系：其中，MIX 10μl，SS38 1μl，NS21 1μl，DNA 模板 1μl d_3H_2O 补齐至总体积 20μl。PCR 反应程序为：94℃ 预变性 3min，94℃变性 34s、53℃退火 50s、72℃延伸 50s，共 30 个循环，最后 72℃补平 5min。

第二轮 PCR 扩增体系：MIX 10μl，VANS1 1μl，特异引物（VAGLO、VAACAU、VAGIGA）1μl 第一轮 PCR 模板 1μl，d_3H_2O 补齐至 20μl。PCR

反应程序为：94℃预变性 90s，94℃变性 30s、50℃退火 55s、74℃延伸 1min，共 30 个循环，最后 72℃补平 10min。取 2μl PCR 产物，用 1.0% 的琼脂糖凝胶进行电泳检测。

第一轮 PCR 以上述得到的根系总 DNA 为模板，用引物 SS38 和 NS21 为引物，只有 GX-6 DNA 扩增出两条条带，大小约为 600bp 左右，条带亮度较弱（图 6－11）。第二轮 PCR 以第一轮稀释产物为模板，用三对特异引物扩增得出的结果，只有引物对 VANA1 和 VAGLO 得到目的片段，大小约为 190bp，条带单一（图 6－12）。

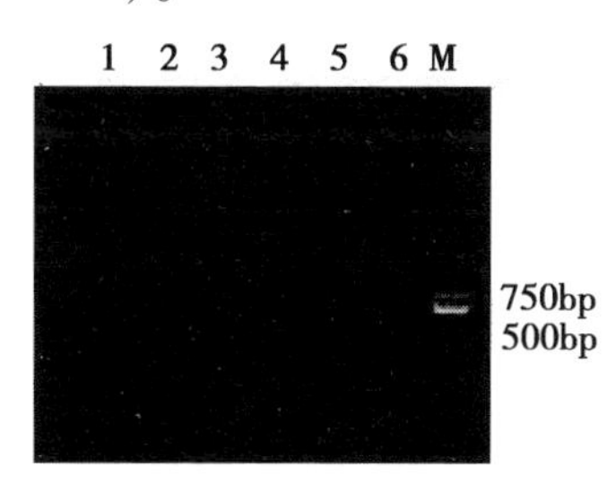

5、6 泳道是 DNA 编号为 GX-6 得出的扩增结果

图 6－11　根系总 DNA 第一轮扩增结果

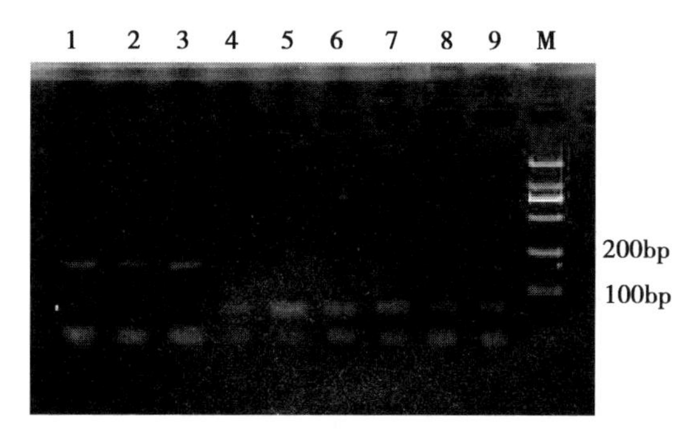

1～3 泳道是引物 VANAS1 与 VAGLO 的扩增结果

4～6 泳道是引物 VANAS1 与 VAACAU 的扩增结果

7～9 泳道是引物 VANAS1 与 VAGTGA 的扩增结果

图 6－12　根系总 DNA 第二轮扩增结果

（三）PCR 产物回收及测序分析

回收上述 PCR 产物，以 pMD19-T 载体转化 *E. coli* DH5α 感受态细胞。挑选计数白色菌落，放入含 Amp 的液体 LB 培养基过夜摇菌培养，进行菌液

PCR。菌液 PCR 产物和 Marker 各取 2μl，经 1.0% 琼脂糖凝胶电泳检测（图 6－13），检测条带大小比较接近 200bp，条带单一。选择鉴定为阳性克隆的菌液，制备成最终浓度为 15% 甘油菌，一份于 －80℃ 保存备用，一份送到北京三博远志生物技术有限公司进行测序工作。

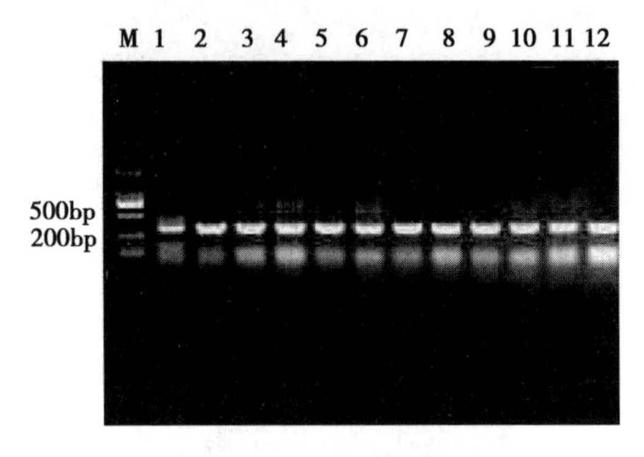

1～3 泳道为同一转化菌液，4～6 泳道为同一转化菌液，7～9 泳道为同一转化菌液，10～12 泳道为同一转化菌液

图 6－13　菌落 PCR 电泳结果

将测序得到的核酸序列去除载体，利用 NCBI 网站的 Blast 分析工具（http：//blast. ncbi. nlm. nih. gov/Blast. cgi）分别对 GenBank 的核苷酸数据库（Blastn）进行比对以及同源性分析。

（四）AM 真菌的序列分析

通过嵌套 PCR 技术从大针茅根系总 DNA 中扩增 AM 真菌 18SrRNA 的核酸序列，通过 Blastn 的分析比对，得出的两种序列都与 AM 真菌中的球囊霉目有很高的同源性，AMF-1 序列与 Genebank 中根内球囊霉（*G. intraradices*）的 18SrRNA 序列相似性达到 100%。AMF-2 序列与球囊霉属（*Glomus*）菌种 NBR4. 1 的 18S 的小亚基核糖体 RNA 序列相似性达到 98%。所以，可以确定大针茅根系中的 AM 真菌是属于球囊霉属（图 6－14、图 6－15、图 6－16）。

上述 PCR 产物经测序和 Blastn 比对分析，得到 SGAM1 和 SGAM2 两种不同序列，且其都与球囊霉属 AM 真菌的 18*S rDNA* 同源性较高。将两种序列与球囊霉属 AM 真菌的 18SrDNA 序列进行比较，构建系统发育树如图 6－17 所示。

从图 6－17 系统发育树显示，SGAM1 与根内球囊霉（*G. intraradices*）

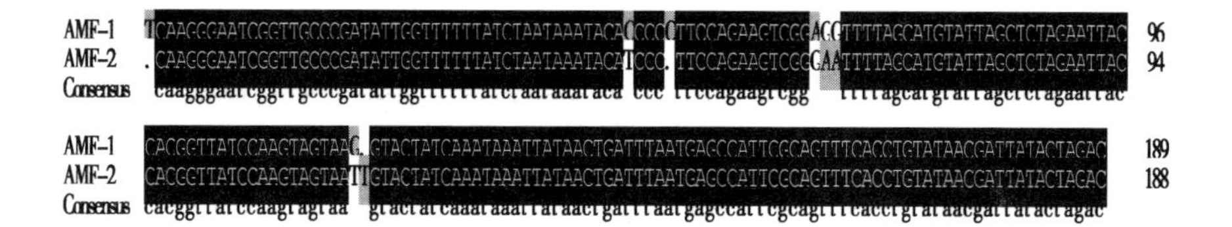

图6－14　AMF-1 和 AMF-1 序列比较结果

Accession	Description	Max score	Total score	Query coverage	E value	Max ident
X58725.1	G.intraradices 18S rRNA gene	350	350	99%	2e-93	100%
L20824.1	Glomus vesiculiferum DNA sequence	344	344	97%	1e-91	100%
FN600538.1	Glomus sp. MUCL 43194 partial 18S rRNA gene, clone ITA52	335	335	99%	6e-89	98%
FN600535.1	Glomus sp. MUCL 43194 partial 18S rRNA gene, clone ESP62 3.4	335	335	99%	6e-89	98%
FN600534.1	Glomus sp. MUCL 43194 partial 18S rRNA gene, clone CAN57	335	335	99%	6e-89	98%
GU140042.1	Glomus intraradices strain GA5 18S ribosomal RNA gene, partial sequ	335	335	99%	6e-89	98%
EU232660.1	Glomus intraradices isolate C2 18S small subunit ribosomal RNA gene	335	335	99%	6e-89	98%
EU232659.1	Glomus intraradices isolate D1 18S small subunit ribosomal RNA gene	335	335	99%	6e-89	98%
EU232658.1	Glomus intraradices isolate B1 18S small subunit ribosomal RNA gene	335	335	99%	6e-89	98%
EU232656.1	Glomus intraradices isolate C5 18S small subunit ribosomal RNA gene	335	335	99%	6e-89	98%

图6－15　AMF-1 blastn 同源比较结果

Accession	Description	Max score	Total score	Query coverage	E value	Max ident
HM004618.1	Uncultured fungus isolate DGGE gel band F3 18S ribosomal RNA gene	335	335	100%	6e-89	98%
EF136899.1	Glomus sp. NBR4.1 clone NBR4-1-21 18S small subunit ribosomal RNA	335	335	100%	6e-89	98%
EF136892.1	Glomus sp. BUR11a clone BUR11A17 18S small subunit ribosomal RNA	335	335	100%	6e-89	98%
EF136891.1	Glomus sp. BUR11a clone BUR11A16 18S small subunit ribosomal RNA	335	335	100%	6e-89	98%
EF136890.1	Glomus sp. BUR11a clone BUR11A14 18S small subunit ribosomal RNA	335	335	100%	6e-89	98%
EF136889.1	Glomus sp. BUR11a clone BUR11A13 18S small subunit ribosomal RNA	335	335	100%	6e-89	98%
EF033125.1	Glomus sp. NBR4.1 18S small subunit ribosomal RNA gene, complete :	335	335	100%	6e-89	98%
EF033123.1	Glomus sp. BUR11a 18S small subunit ribosomal RNA gene, complete	335	335	100%	6e-89	98%
NG_017178.1	Glomus mosseae strain INVAM UT101 18S ribosomal RNA, partial seq	335	335	100%	6e-89	98%

图6－16　AMF-2 blastn 同源比较结果

所处同一分支，且二者同源相似性达到 99.5%，判断其为根内球囊霉（*G. intraradices*），而 SGAM2 与摩西球囊霉（*G. mosseae*）、副冠球囊霉（*G. coronatum*）、苏格兰球囊霉菌（*G. caledonium*）和 *G. fragilistratum* 4 种 AM 真菌同源相似性均达到 93.7%，可以确定大针茅根系中的 AM 真菌为球囊霉属的两种菌根真菌。

（五）大针茅 AM 共生菌的优势种的确定

本研究使用球囊霉科、无梗囊霉科和巨孢囊霉科的特异性引物扩增仅得到两种序列不同的片段，经比对后确定两个片段均为球囊霉属，一种是根内球囊霉（*G. intraradices*），另一片段与摩西球囊霉（*G. mosseae*）、副冠球囊霉（*G. coronatum*）、苏格兰球囊霉（*G. caledonium*）和 *G. fragilistratum* 4 种

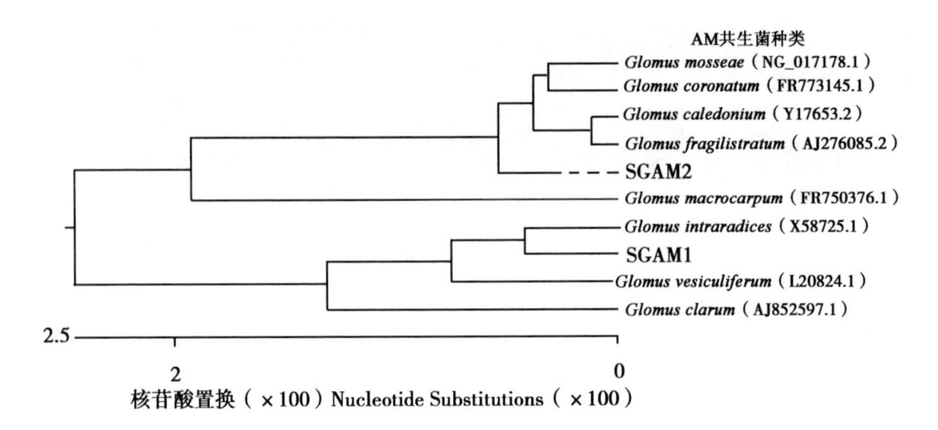

图 6－17　系统发育树

AM 真菌同源相似性均达到93.7%，结合包玉英等（2007）研究大针茅的根围土中 AM 真菌孢子的情况，初步判断可能是摩西球囊霉（*G. mosseae*），由于 GenBank 数据的不完善，也许是其他种，需要做进一步的鉴定。至此可以初步确定大针茅 AM 共生菌的菌种包含有球囊霉属的两个种，这两个种均是天然草原的特有种（秦琴，2008），其中，根内球囊霉（*G. intraradices*）为中国西北干旱区各植被类型的常见种并且是草原和绿洲农田中的优势种。

六、放牧对大针茅根系 AM 真菌侵染的影响

内生真菌长期生活在植物体内，与寄主协同进化，在演化过程中二者形成了互惠共生的关系。内生真菌—禾草共生体能够改变土壤的营养元素水平，降低植物群落的生物多样性，改变食草动物的取食行为，进而影响食物链的能量流动和食物网结构，进而对生态系统产生不可低估的作用。同时，内生真菌可以通过增强植物矿物营养吸收，提高植物抗逆性等促进植物的生长发育，而植物通过光合作用产生的光合产物是根系内生真菌获得碳源的唯一途径，继而对内生真菌维持生命活动有重要意义。

本试验选择内蒙古典型草原生态系统中多年生优势植物大针茅作为试验材料，设定了 4 个放牧梯度，研究不同放牧强度对其根系 AM 真菌侵染率的影响。由试验结果可知，在此生境中，轻度放牧最有利于 AM 真菌的侵染和定殖。研究结果与王昶在放牧对长芒草菌根侵染率的影响的实验结果相似，长芒草总侵染率在放牧强度为 5.3 只羊/hm^2 和 8.0 只羊/hm^2 的处理中与对照相比仍有增加（王仁忠，1996）。（Ecom *et al.* 2001）研究发现在高草草原

上，植物根系的 AMF 侵染在适度和重度放牧下与无牧相比较高。分析原因可能是适度的放牧减少了草地群落的冗余程度，使土壤透水性和通气性更加良好所致。由于 AM、宿主植物、草食动物三者之间有着复杂的相互作用，所以放牧对植物根系 AM 真菌的侵染水平可能产生不同的影响，Bethlenfalvay *et al.*（1984，1985）研究发现，放牧降低了植物的 AMF 侵染水平，而另一些学者却发现放牧可增加植物的 AM 真菌侵染水平（Gange *et al.* 1993，Gehring *et al.* 1994），此外，也有学者提出放牧对植物 AM 真菌侵染无影响（Monica *et al.* 2003）。

放牧对菌根的影响主要是通过草食动物对植物的采食、践踏等方式而产生的，草食动物采食植物的地上组织削弱了植物的光合能力，导致植物体内光合产物的重新分配，分配给地下 AM 真菌的光合产物减少，进而使菌根侵染率降低。食草动物的采食所导致的植物光合组织的减少可诱导植物增加总的同化产物向茎（再生长）的分配比例，但是，如果当地下植物根系提供营养物质的能力（包括 AMF 与植物根系形成的共生体提供营养物质的能力）受到影响时，那么总的同化产物将会改变方向向植物根系转移。如果地上和地下胁迫同时发生，则在其相互需求间存在一种“权衡”，通常植物通过补偿地下 AM 真菌资源来实现这种“权衡”。因此，植物菌根侵染增加，植物地下 AM 真菌菌丝网增强（王昶，2008）。

丛枝菌根（arbuscular mycorrhiza，AM）是草地生态系统中广泛存在的一类由丛枝菌根真菌与植物根系形成的一种共生结构，该类菌不能纯培养。AM 真菌能够与大针茅根系形成菌根结构（石伟琦 2010），通过对内蒙古额尔古纳草甸草原、嘎顺山草甸草原、辉腾锡勒高山草甸草原、锡林郭勒典型草原、苏尼特荒漠草原、达拉特草原沙地不同植物群落，采集建群和优势种植物 100 多种，经过对土壤孢子的分离鉴定，发现大针茅根围土壤中的 AM 真菌孢子种类分别属于球囊霉属的 7 个种和盾巨孢囊霉属的 1 个种，为确定与大针茅共生的优势菌种，本研究采用 Nested PCR 的方法，在大针茅根段中检测 AM 真菌的 18*S rDNA* 特异序列，进行分子鉴定。鉴于 AM 真菌在植物地上、地下资源分配和植物种内、种间资源传递中的作用，AM 真菌对植物从个体到群落水平下的放牧行为必然产生显著响应。因此揭示大针茅菌根对放牧胁迫的响应规律，了解草原植物与微生物的作用关系，并从根系方面探讨大针茅在过度放牧下种群衰退的生物因子，以期为有效的管理草原和食草家畜，维持植物和家畜的可持续发展、降低放牧行为对草原植物的有害影响、提高放牧作用下植物的适合度、维持草原生态系统的稳定性提供研究依据。

第三节　大针茅植物根系内生真菌

微生物与植物有着极为密切的相互关系，其中根瘤菌与豆科植物、菌根与木本植物的共生关系已为人们所熟知。但有关植物内生真菌的研究可以追溯到19世纪末期，直至从毒性高羊茅中分离出内生真菌，其后内生真菌与植物之间关系的研究才正式开展起来。至今已在许多高等植物中发现了内生真菌的存在，但以禾本科植物中尤为常见。由于内生真菌长期生活在植物体内，与寄主协同进化，在演化过程中二者形成了互惠共生的关系。主要表现为：内生真菌可从寄主中吸取营养供自己生长所需，内生真菌在寄主的生长发育和系统演化过程中起着重要作用。内生真菌在寄主体内只需少量的营养物质，因此带有内生真菌的草与不带菌的植物在外观上没有任何不同，但它们产生的一些生物碱增强了寄主的抗虫性、抗病性以及抗非生物逆境特性等，对禾本科植物的生物防治具有重要的意义（Elbersen *et al.* 1997）。

研究以典型草原建群种大针茅为研究对象，调查不同放牧强度下大针茅菌根侵染率有何变化，利用PDA培养基分离纯化大针茅根系中存在的内生真菌，并利用分子生物学方法进行分子鉴定，筛选出除致病菌以外的内生真菌，继而对无菌大针茅幼苗进行侵染，研究各种内生真菌对大针茅生长发育的影响，筛选出对大针茅生长有益的内生真菌，从而为制定草地适应性管理措施及保护这一重要种质资源提供科学依据，并为草地可持续发展战略提供基本数据。

一、研究地点概况及材料处理

实验样地位于内蒙古锡林郭勒盟白音锡勒牧场，地理位置北纬43°32′17.8″~43°34′04.2″，东经116°33′~116°36′。具体试验地点选择从居民点附近到围栏禁牧草场，设置不同放牧梯度，包括轻度放牧区（LG）、中度放牧区（MG）、重度放牧区（HG）和对照区（CK），对照区是近30年来的围栏草场。

用于大针茅根系内生真菌分离纯化的根系于2010年6月采集，仅采集上述围栏草场。将采集到的健康大针茅的根系，用自来水冲洗干净，将组织表面的水分用滤纸吸干，继续下步实验或置于无菌干燥的牛皮纸袋中4℃冰箱中保存备用。

二、真菌分离主要培养基及主要试剂

参考文献报道，确定用于真菌分离的主要培养基及制备方法：①马铃薯培养基（PDA）：马铃薯200g，葡萄糖20g，蒸馏水1 000ml，1×10^5Pa高压灭菌20min。制备方法：取马铃薯200g，切成小块煮30min，用纱布过滤取清液，补充蒸馏水至1 000ml，加入20g葡萄糖，高压灭菌20min。②LB培养基：胰蛋白胨10g，酵母提取物5 g，NaCl 10g，蒸馏水1 000ml，调节pH值至7.0左右，高压灭菌条件同上。以上培养基均可加入2%琼脂配制成固体培养基。

用于分子鉴定的试剂盒pMD19-T Vector Kit、琼脂糖凝胶DNA回收试剂盒购于北京中科瑞泰公司，Biospin真菌基因组提取试剂盒购于杭州博日科技有限公司。

三、大针茅根系内生真菌分离

（一）根系内生真菌的分离、纯化

取上述处理的大针茅根系，浸泡于1%次氯酸钠溶液中50s，无菌水冲洗3次，再浸泡于75%乙醇溶液1min，用无菌水冲洗3次，进行表面消毒灭菌。滤纸吸干后，再剪成0.5cm×0.5cm的根段。用灭过菌的镊子将表面消毒的根段放入固体平板培养基中翻滚3圈后取出，作为对照组以检测组织的灭菌效果，取出后的根段置于含终浓度50μg/ml链霉素的PDA固体培养基上28℃倒置培养（毛永民等，1999）。（以上操作均在无菌条件下进行）。同时采用根段印迹法进行表面消毒灭菌效果的检验，发现平板上没有任何菌落长出，说明培养基上生长的菌落是大针茅根系的内生真菌，而不是根系表面或空气中的真菌。

待根系组织块切口周边菌丝长出后，根据菌落菌丝的颜色、形态及长出时间，采用菌丝顶端纯化法，挑取边缘生长良好的菌丝尖端移至新的PDA培养基平板中，于28℃温箱培养，并记录菌落的形态、颜色等特征，经2～3次纯化后于4℃冰箱保存菌种，图6－18为一内生真菌分离图片（王同智，2008）。

根据形态特征上的差异，从大针茅根系中分离纯化到17株内生真菌，

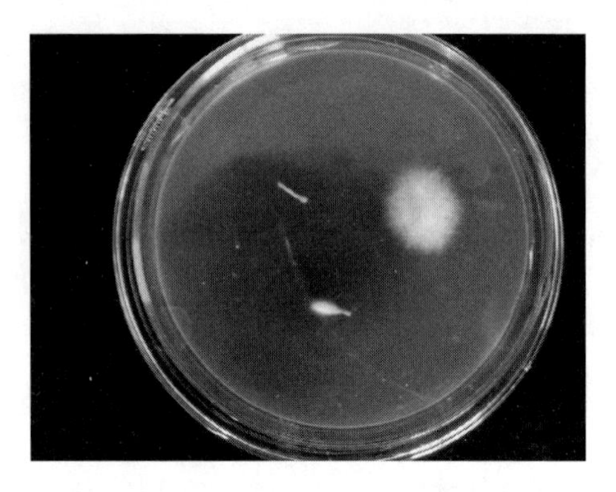

图 6－18　根系内生真菌分离

并对其培养性状进行了记录（表 6－4）。

表 6－4　17 株内生真菌的培养性状

菌株编号	培养性状
H-1	菌落中央突起，中央淡紫色，周围菌丝白色，背面中央黑，周围为紫色
H-2	菌落灰绿色，菌丝较短，背面黑色
H-3	白色菌落，菌丝发达，背面白色，周围有绿色小点
H-4	白色菌落，菌落较小，菌丝致密，背面淡黄色
H-5	灰色菌落，菌丝长，时间长后菌丝有消融现象，菌落中央突起，周围形成裂纹，背面由中央向边缘颜色由黑变绿
H-6	菌落中央突起，边缘较平，颜色不均匀，菌丝微绒毛状，背面中央紫红色，边缘黑色
H-7	菌落中央淡紫色，白色菌丝发达，密布菌落之上，背面白色，有较多绿点，长时间后背面中央黑色，边缘变为绿色，中间有一圈乳白色
H-8	菌落中央突起，土黄色菌丝，菌落厚重，整体紫黄色，背部血红色
H-9	菌落中央突起，菌落灰褐色，背面均匀紫黑色
H-10	白色菌落，菌丝稀疏卷曲，贴近培养基的菌丝嵌入培养基中，背部淡黄色，边缘浅绿色
H-11	菌落中央紫色，白色菌丝发达，背部周围有绿点，长时间后背面逐渐变为黑色
H-12	菌落中央灰绿色，菌丝致密，背部黄色均匀
H-13	白色菌落，菌丝致密，菌落上分布许多水珠，背部黑色
H-14	白色菌落，中央紫色，菌丝发达，一段时间后液化，背面中心乳白色，周围分布绿色线状

（续表）

菌株编号	培养性状
H-15	白色菌落，菌丝致密，分布有水滴，背部淡橙黄色
H-16	白色菌落，菌丝发达，背部淡橙黄色
H-17	菌落中央灰绿色，周围有水滴、裂纹，背部黄色

（二）根系内生真菌的保存

将纯化后的菌株进行编号，然后接种到相应的试管斜面培养基上，在28℃下培养，待菌落长满试管后，4℃冰箱保存。

四、根系内生真菌的分子鉴定

（一）分子鉴定所用引物

以纯培养内生真菌提取的DNA为模板，利用真核生物rDNA的ITS序列的通用引物ITS1和ITS4进行扩增。扩增引物见表6－5。

表6－5　通用引物及特异引物序列

引物名称（primer）	引物序列（primer sequence）	碱基长度（bp）
ITS1[65]	5′-TCCGTAGGTGAACCTGCGG-3′	19
ITS4[65]	5′-TCCTCCGCTTATTGATATGC-3′	19

（二）根系内生真菌DNA的提取及检测

以大针茅根系中分离纯化得到的内生真菌为材料，用杭州博日科技有限公司的Biospin真菌基因组提取试剂盒进行提取纯化的内生真菌DNA，提取步骤如下。

样本处理：对于子实体类真菌组织，在液氮或冰浴中将真菌组织研磨粉碎，取不多于50mg磨碎的真菌组织，放于1.5ml或2.0ml微量离心管中。

加400μl LE buffer，并混合均匀。注意：混合充分将有助于裂解。于65℃环境中温浴15～30min（温浴过程中可间或震荡离心管2～3次），然后移出。对难于裂解的样本适当延长温浴时间。

加入 130μl DA Buffer ，混合均匀后于冰浴中放置 5min。于 14 000 × g 离心 3min。

将上清液转移到一个新的 1.5ml 离心管。加 750μl 或滤液体积 1.5 倍的 E Binding Buffer，并混合匀。

将混合液转移至 Spin column 于 6 000 × g 离心 1min，并弃去接液管中液体。由于混合液体体积大于 750μl，分 2 次离心过柱。

向 Spin column 中加入 500μl 的 G Binding Buffer，于 10 000 × g 离心 30s，并弃去接液管中液体。

Spin column 中加入 600μl 的 Wash Buffer. 于 10 000 × g 离心 30 秒，并弃去接液管中液体。重复⑥步骤一次。

再次将 Spin column 于 10 000 × g 离心 1min，并将 Spin column 转移至一个新的 1.5ml 离心管。向 Spin column 中加入 100μl 至 200μl Elution Buffer，并于室温温育 1min。

于 12 000 × g 离心 1min 并弃去 Spin column1.5ml 离心管中液体含有 DNA。提取的 DNA 用三蒸水回溶后，放于 -20℃保存。

取 DNA 1μl 进行 0.8% 琼脂糖凝胶电泳检测，图 6-19 可以看出，DNA 提取效果较好，分子量大于 2 000bp，可以用于下步实验。

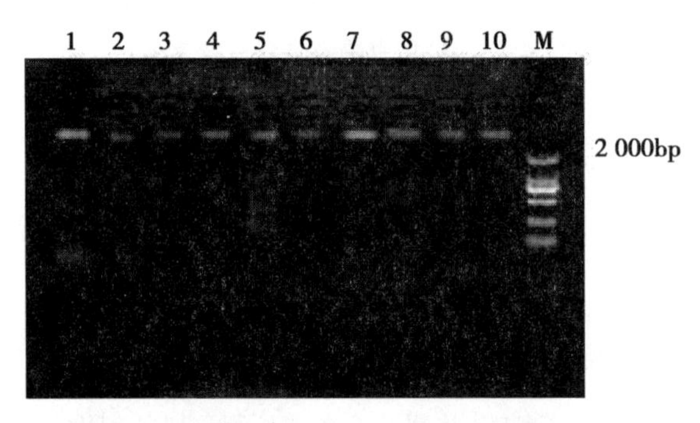

M：Marker D2000（从上到下依次为 2kb，1kb，750bp，500bp，250bp，100bp，以下同）

1 ~ 10 泳道是内生真菌编号 H-1 到 H-10 的 DNA

图 6-19　内生真菌 DNA 提取电泳图

（三）ITS 序列的扩增、克隆测序

1. ITS1 和 ITS4 PCR 扩增检测

以纯培养内生真菌提取的 DNA 为模板，利用真核生物 rDNA 的 ITS 序列

的通用引物 ITS1 和 ITS4 进行扩增。扩增总体系为 MIX 10μl，ITS1 为 1μl，ITS4 1μl，DNA 模板 1μl ，d3H_2O 补齐至 20μl。PCR 反应条件为：94℃ 预变性 4min，94℃ 变性 1min、55℃ 退火 1min、72℃ 延伸 3min，共 35 个循环，最后 72℃ 补平 10min。

图 6－20 是以所得内生真菌编号为 H-1 到 H-10 的 DNA 为模板，使用 ITS1 和 ITS4 引物得出的扩增结果，分子量大约在 500bp 左右，条带清晰。

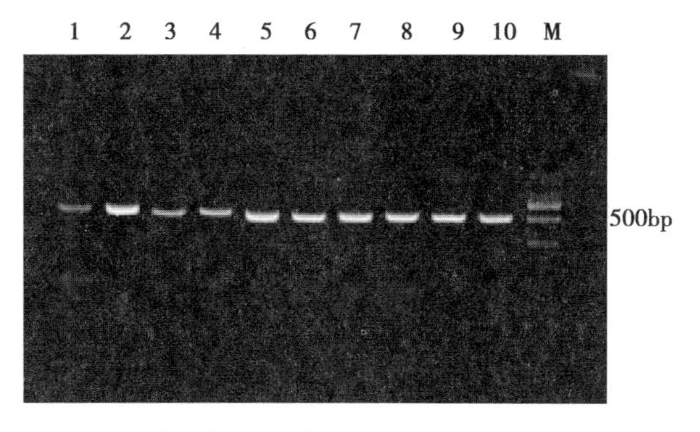

1～10 泳道是内生真菌编号 H-1 到 H-10 的扩增结果

图 6－20　内生真菌 DNA 扩增检测结果

2. 目的片段的琼脂糖回收

取条带单一的 PCR 产物进行琼脂糖凝胶片段回收。回收到的产物取 5μL，经 1.0% 琼脂糖凝胶电泳检测（图 6－21）。图 6－21 显示条带大小在 750bp 和 500bp 之间，亮度较高。将回收产物连接到 pMD19-T 载体并利用大肠杆菌 DH5α 进行转化。

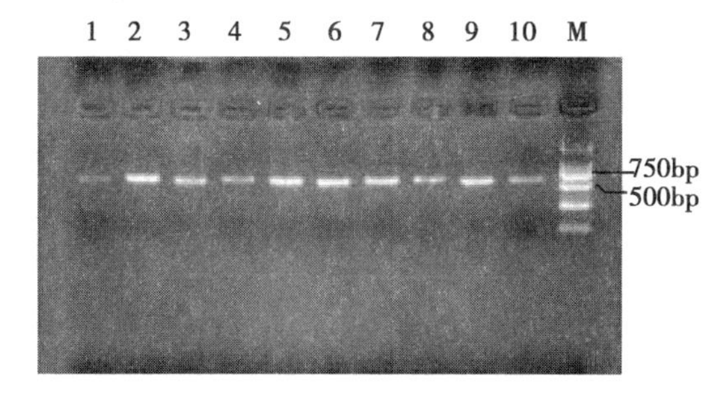

图 6－21　目的片段琼脂糖凝胶回收结果

3. 菌落 PCR 检测及测序

在培养基上随机选取 3 个白色菌斑，进行选择性摇菌（含 Amp 终浓度 50mg/ml 的 LB 液体培养基），210r/min 过夜培养。将摇好的菌液作为模板，做好标记后进行 PCR 扩增，引物选用测序引物。菌液 PCR 产物和 Marker 各取 2μl，经 1.0% 琼脂糖凝胶电泳检测，检测条带大小分别在 750bp 至 500bp 左右，条带单一，说明目的片段已经转化进大肠杆菌 DH5α 中(图 6－22)。对菌液进行测序（上海生物工程公司），获得目的片段序列。

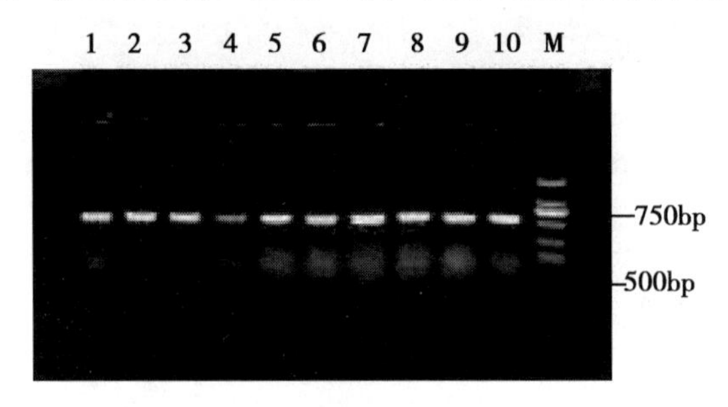

1～10 泳道分别是内生真菌 H-1 到 H-10 的转化菌液

图 6－22　菌落 PCR 电泳结果

（四）目的片段生物信息学分析

1. 内生真菌 Blastn 比对结果和分析

对获得的目的片段进行核苷酸序列比较即 Blastn 的比对，并利用 DNA-MAN 软件分析测序所得结果可知（图 6－23a，b），H-2、H-3 号菌株测得的 ITS 序列完全相同；H-6 菌株的 5′端碱基序列比 H-9 号菌株的碱基序列多测出 100bp 外，其他部分序列完全相同；H-12、H-17 菌株的序列完全相同；H-1、H-10、H-14、H-16 四个菌株之间，H-16 菌株与其他三个菌株有 6 个碱基的不同，而 H-14 菌株只有 1 个碱基的不同，H-1 和 H-10 菌株序列完全相同；H-13、H-15 号菌株的核酸序列完全相同，H-11、H-7 号菌株的 ITS 序列完全一致；H-4、H-5、H-8 三种菌株之间碱基序列各不相同，由此可知某些菌株虽然在形态上存在差异，但是根据测序结果来看，它们可能属于同一属或同一种。

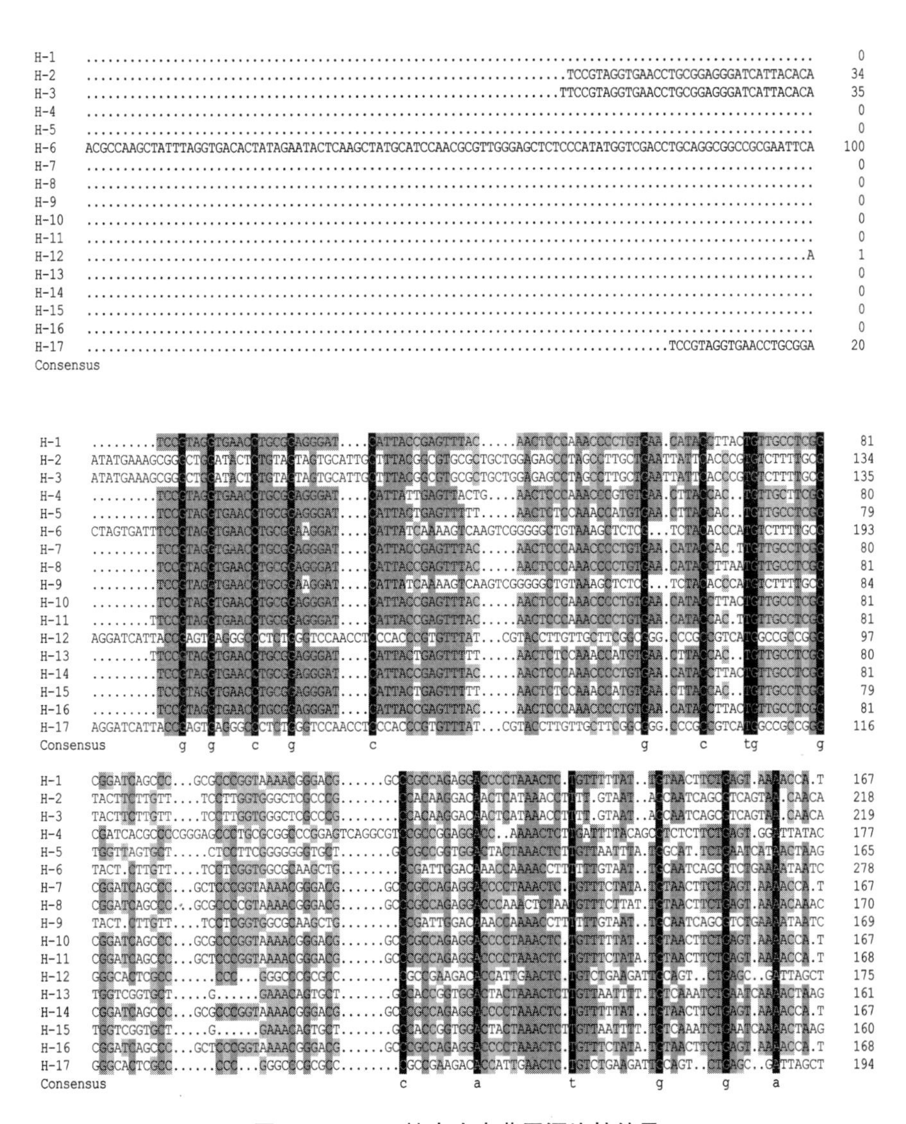

图 6－23a　17 株内生真菌同源比较结果

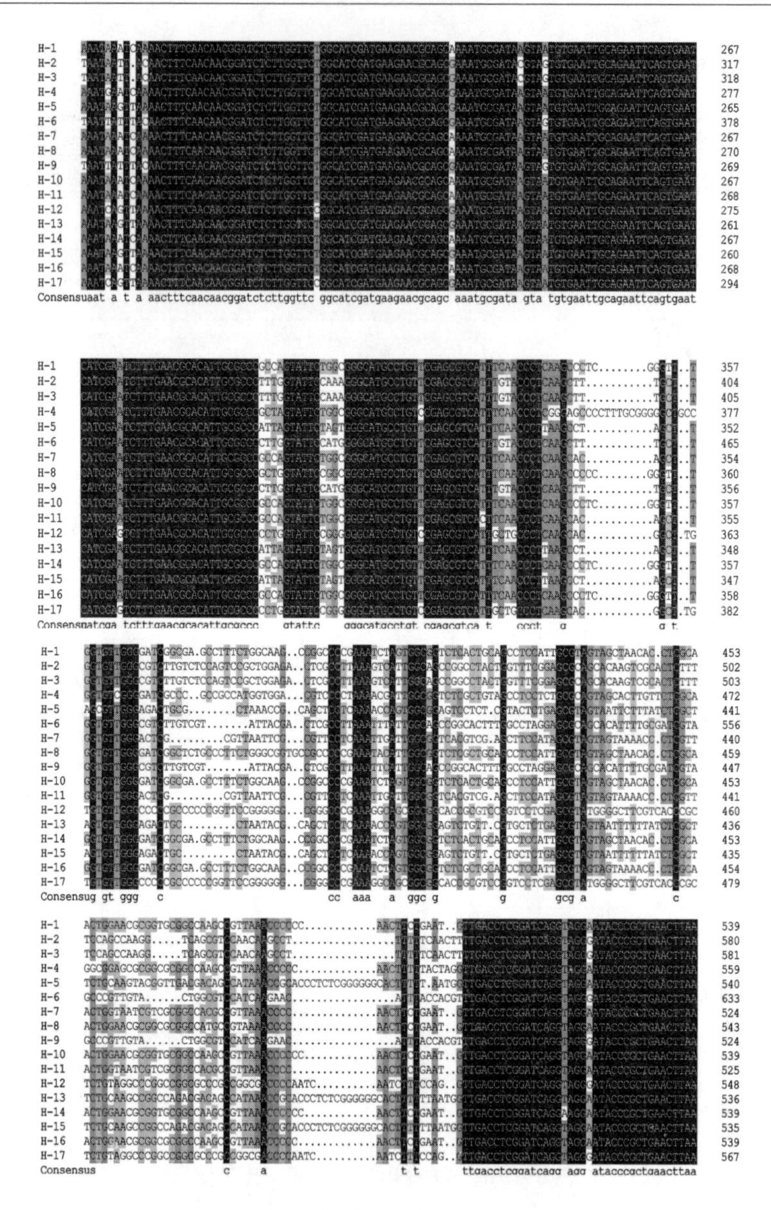

图 6－23b　17 株内生真菌同源比较结果

2. 根系内生真菌系统发育树的构建

为了进一步研究分离得到的 17 株大针茅根系内生真菌的种属进化关系，本试验构建了基于 ITS 序列的系统发育树（图 6－24）。

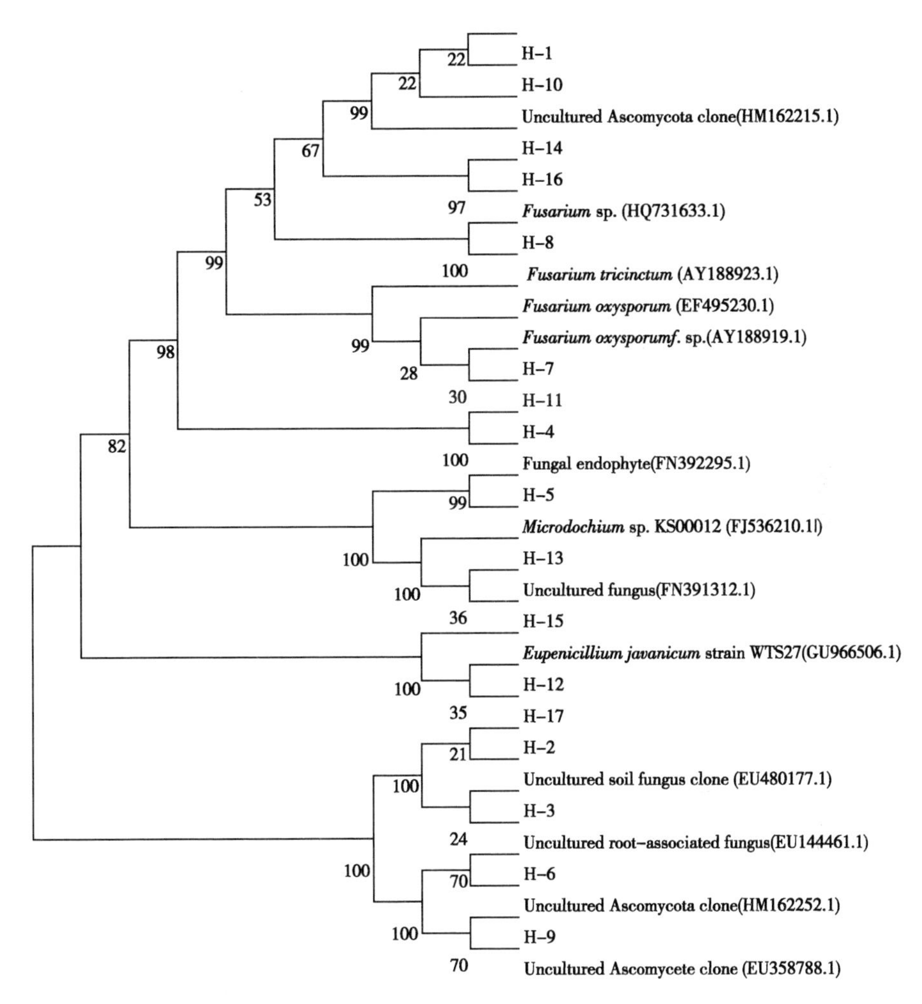

图 6－24　基于 ITS 序列的 17 株内生真菌的系统发育树

从进化树（图 6－24）分析可知，H-1、H-10 和 H-14 与未培养子囊菌纲（Ascomycetes）克隆（HM162215. 1）的序列同源性分为 99%、99% 和 98%；H-16 菌株与镰刀菌属（HQ731633. 1）的序列有 100% 同源性；H-8 菌株与三线镰刀菌 18SrRNA 基因的部分序列（AY188923. 1）有 100% 同源性；H-7 和 H-11 都与尖孢镰刀菌属（AY188919. 1 和 EF495230. 1）序列分别有 100% 和 99% 同源性；H-4 菌株与内生真菌（FN392295. 1）的同源性为 99%；H-5 菌株与微结节菌属中 KS00012 菌株（FJ536210. 1）的序列有 98% 同源性；H-15 和 H-13 与未培养真菌（FN391312. 1）的序列有 100% 同

源性，与引起植物炭疽病的 *microdochium bolleyi* 病原菌（GU566298.1）的序列有 99% 的同源性；H-12 和 H-17 与爪哇正青霉菌株 WTS27（GU966506.1）序列的同源性为 100%。H-2 与未培养土壤真菌（EU480177.1）的同源性为 100%，H-3 与根系相关真菌（EU144461.1）的同源性为 100%，与内生真菌 *Embellisia sp.*（AY345356.1）的序列同源性为 99%；H-9 和 H-6 与未培养子囊菌纲克隆（HM162252.1 和 EU358788.1）具有 100% 的同源性，但是他们与 H-1、H-10、H-14 的亲缘关系较远。

五、内生真菌的分离方法的局限性

试验中采用的组织分离法是目前分离内生真菌的主要方法，而且这种方法所需仪器、试剂是微生物研究的常用物品，实践起来简单易行，但是这种方法不能将植物体内的所有内生真菌分离得到，尤其是专性寄生内生真菌，有很大的局限性。关于内生真菌的鉴定方面，因为有些内生真菌在人工培养基上是不产孢子的，所以不能用传统的形态学方法来鉴定，故采用分子生物学方法来进行鉴定。

目前国内外对内生真菌的研究主要集中在多样性、产抗菌抗肿瘤等活性物质菌株的筛选等方面，对于某种特定的内生菌与宿主的相互作用以及作用机制的研究还较少。草地植物内生真菌的研究中，主要集中在高羊茅、苇状羊茅和黑麦草等几种禾草上，由于内生真菌分布的广泛性，许多未知的内生真菌可能还存在于别的草地植物种类上，在这个方面还有很大的研究空间。

菌根是高等植物根系与土壤真菌形成的互惠共生体，绝大多数植物都具有菌根。根据菌根真菌在植物体内的着生部位和形态特征，可以将其分为外生菌根 Ectomycorrhizae）、内生菌根（Endomycorrhiza）和内外生菌根（Ect-endomycorrhizae）。内生菌根又分为泡囊 - 丛枝菌根（Vesicular-Arbuscular mycorrhiza，VAM）、杜鹃花科植物菌根（Ericoid mycorrhizae）、兰科植物菌根（Orichidmycorrhizae）（鞠洪波等，2005）。AM 菌根是分布最广泛的一类菌根，由孢子、泡囊、丛枝、菌丝四部分组成（Salami *et al.* 2002）。近年来的研究发现，不是所有的 VA 菌根真菌侵染植物根系后均能在根组织中形成泡囊，但丛枝却是这类内生菌根较为稳定的一个特征，因而国内外有些菌根学家已不再用 VAM 这一术语，而将其称为丛枝菌根（arbuscular mycorrhiza，AM）（王保民等，2004）。

近年来，菌根真菌稳定生态系统的重要作用倍受关注，以至于在众多生态学、菌物学和植物学问题的研究中不得不考虑菌根的作用和影响

（Requena *et al.* 2007，Drew *et al.* 2006）。由于 AM 真菌至今仍然不能被纯培养，给菌种鉴定、遗传学以及群落生态学研究等带来不少难题（郑世学等，2004）。本课题将形态学观察和分子生物学技术结合在一起，较全面的对大针茅 AM 真菌进行鉴定和分析，对保护大针茅资源及合理利用等方面的基础研究提供了重要的科学价值，同时，为今后大针茅菌根功能群的研究奠定基础。

第四节　根系内生真菌对大针茅植物的促生作用

一、根系内生真菌对无菌大针茅的侵染

（一）接菌

用分离出的内生真菌 H-1、H-2、H-3、H-6、H-9、H-10 以及根际土与根系的混合物作为 AM 真菌的接种剂分别对无菌大针茅幼苗进行侵染。将原土 121℃灭菌 2h，装填于营养钵中，装填体积约为 3/4。将分离得到的内生真菌菌株用 PDA 培养基扩大培养后，将菌落切碎加入无菌水中作为接种剂。AM 真菌不能获得纯培养，用根际土和根系两者的混合物作为接种剂。种子浸泡 12h 后，放入用 10% 的 H_2O_2 表面消毒 30min，无菌水冲洗数次，然后用无菌镊子将种皮剥掉，后转入铺有灭菌滤纸的培养皿中，置于 25℃培养箱中催芽，每天早晚用无菌水冲洗一次，待种子发芽后进行接种。每个营养钵加入 3/5 无菌土后，倒入接种剂后再加入 1/5 的无菌土，将发芽的无菌种子接入后再覆上 1cm 的无菌土。每种菌体设置 6 个重复。将没有加入菌体的处理作为对照组。所有的处理放于温室中培养。

（二）大针茅生长状况测定

1. 生物量的测定

分别在接种 30 天，60 天后，取各个处理的大针茅植株 6 株。称量植株鲜重，并记录。将称好鲜重植株放于 105℃杀青 15min，而后 65℃烘干 48h。称取其干重，并记录。

2. 株高、叶片数测量

分别在接种 30 天、60 天测量株高和叶片数，每个处理的所有植株都进

行测定。

3. 数据处理

数据分析使用 SAS9.0 中单因素方差分析功能检测不同内生真菌对大针茅生长影响的差异。

二、根系内生真菌对大针茅生长发育的影响

（一）根系内生真菌对株高、叶片数的影响

将分离得到的内生真菌进行大针茅的侵染分别在接种 30 天、60 天测量株高和叶片数，每个处理的所有植株都进行测定。从表 6－6 可以看出，经过 30 天生长后，内生真菌 H-1、H-2、H-3、H-10 处理的大针茅植株高度都极显著高于对照组 CK1（$P<0.01$），植株高度变化顺序为 H-10 > H-1 > H-2 > H-3 > CK1；对于叶片数来说，H-10 菌株处理的大针茅叶片数要极显著高于其他处理（$P<0.01$），高低排列顺序为 H-10 > H-3 > H-1 > CK1 > H-2。内生真菌 H-6、H-9 菌株和 AM 真菌处理的大针茅株高也极显著高于对照组 CK2（$P<0.01$），植株高度变化顺序为 AM > H-6 > H-9 > CK2；只有 H-6 菌株处理的叶片数要显著高于对照组 CK2，叶片数平均值排列顺序为 H-6 > H-9 > AM > CK2。

表 6－6　根系内生真菌对大针茅幼苗株高、叶片数的影响（30 天）

菌株	H-1	H-2	H-3	H-10	CK1
株高（cm）	10.29B	10.18B	9.89B	12.22A	8.84C
叶片数（个）	3.22B	3.03B	3.28B	3.88A	3.09B
菌株	H-6	H-9	AM	CK2	
株高（cm）	6.37AB	6.13B	6.67A	5.38C	
叶片数（个）	2.00A	1.97AB	1.90AB	1.87B	

从表 6－7 可以看出，接种 60 天后，内生真菌 H-1、H-2、H-3、H-10 菌株处理的大针茅植株高度极显著高于对照组 CK1（$P<0.01$），株高平均值排列顺序为 H-10 > H-2 > H-3 > H-1 > CK1；而 H-10 菌株处理的叶片数与其他处理相比存在极显著差异，叶片数平均值大小排列顺序为 H-10 > H-3 > H-1 > CK1 > H-2。H-6、H-9、AM 真菌接种 60 天后，处理组大针茅植株高度与对照组 CK2 存在极显著差异（$P<0.01$），株高大小排列为 AM > H-9 >

H-6 > CK2。对于叶片数而言，H-6 处理的大针茅叶片数要极显著高于其他处理和对照组（$P<0.01$），叶片数大小排列顺序为 H-6 > AM > H-9 > CK2。由此可知，AM 处理显著提高植物的株高，而 H-6 菌株可显著提高植物的叶片数（图 6－25）。

表 6－7　根系内生真菌对大针茅幼苗株高、叶片数的影响（60 天）

菌株	H-1	H-2	H-3	H-10	CK1
株高（cm）	10.40B	11.30B	10.76B	13.26A	9.44C
叶片数（个）	6.19B	5.87B	6.65B	8.19A	6.00B
菌株	H-6	H-9	AM	CK2	
株高（cm）	10.12A	10.98A	11.09A	7.32B	
叶片数（个）	7.85A	4.94C	6.24B	4.55C	

从左到右依次为接种 H-6、H-9、AMF 以及对照

图 6－25　侵染组与对照组大针茅生长比较

（二）根系内生真菌对大针茅干、鲜重的影响

从表 6－8 可以看出，接种 30 天时，菌株 H-1、H-2、H-3、H-10 的处理组和对照组 CK1 相比，H-1 和 H-10 菌株处理的大针茅干重显著高于对照组（$P<0.05$），而鲜重在各个处理间以及与对照之间都无显著差异，从平均值来看，干、鲜重在各个处理还是存在一定的差异，都是 H-10 > H-1 > H-3 > H-2 > CK1。菌株 H-6、H-10 和 AM 真菌的处理组与 CK2 相比，干重在各

种处理和对照组之间无显著差异，但是平均值的大小顺序为 H-6 > AM > H-9 > CK2，菌株 H-6、H-10 和 AM 真菌处理的大针茅鲜重与对照组存在极显著差异（$P<0.01$），鲜重大小排列顺序为 AM > H-6 > H-9 > CK2。

表 6-8 根系内生真菌对大针茅幼苗干、鲜重影响显著性（30 天）

菌株	H-1	H-2	H-3	H-10	CK1
干重（g）	0.015A	0.009AB	0.011AB	0.016A	0.007B
鲜重（g）	0.043A	0.027A	0.035A	0.046A	0.024A
菌株	H-6	H-9	AM	CK2	
干重（g）	0.018A	0.006A	0.009A	0.004A	
鲜重（g）	0.028AB	0.023B	0.031A	0.013C	

从表 6-9 来看，内生真菌 H-1、H-2、H-3 和 H-10 接种 60 天后，H-10 菌株处理的大针茅干、鲜重极显著高于其他菌株处理和对照组（$P<0.01$），并且其平均值排序为 H-10 > H-3 > H-1 > H-2 > CK1。菌株 H-6、H-9 和 AM 真菌接种 60 天后，大针茅干、鲜重显著变化关系完全一致，H-6 和 AM 真菌处理的干、鲜重极显著高于 H-6 和对照组（$P<0.01$），并且其平均值大小顺序为 H-6 > AM > H-9 > CK2。

表 6-9 根系内生真菌对大针茅幼苗生物量影响显著性（60 天）

菌株	H-1	H-2	H-3	H-10	CK1
干重（g）	0.018B	0.016B	0.02B	0.027A	0.013B
鲜重（g）	0.045B	0.044B	0.052B	0.07A	0.036B
菌株	H-6	H-9	AM	CK2	
干重（g）	0.024A	0.012B	0.02A	0.008B	
鲜重（g）	0.097A	0.058B	0.086A	0.031B	

小 结

利用嵌套 PCR 技术从根系总 DNA 中扩增真菌的 SSU 序列，并利用 AM 真菌的特异引物 VANS1、VAGLO、VAACAU 和 VAGTGA，鉴定出浸染大针茅植物根系中侵染的 AM 真菌属于球囊霉属。放牧对大针茅植物根系中 AM

真菌的侵染有一定的影响，除了丛枝结构外，结果表明总侵染率和形成的其他菌根结构，都是在轻度放牧条件下最高，且不同的菌根结构其在不同的放牧强度下，都存在显著差异。轻度放牧最有利于该植物根系的内生真菌生长和定殖。

用PDA培养基从大针茅植物根系中分离纯化内生真菌的研究表明，从菌落形态特征可以分出17株内生真菌，经分子鉴定分别属于子囊菌纲真菌、镰刀菌属、爪哇正青霉属、微结节菌属真菌以及2种与引起植物炭疽病的 *Microdochium bolleyi* 病原真菌（GU566298.1）有99%的同源序列、2种与内生真菌 *Embellisia* sp. （AY345356.1）同源性高达99%的序列的未分类真菌。还有1种未定真菌种属。

用分离出的内生真菌H-1、H-2、H-3、H-6、H-9、H-10及“根际土与根系的混合物”作为真菌的接种剂，分别对无菌大针茅植物种苗进行侵染。结果显示：除了H-2菌株处理的叶片数低于对照组，其余处理则对大针茅植物幼苗的株高、叶数、干重、鲜重都有所增加，其中H-6菌株对大针茅植物叶数、干重、鲜重的提高有极显著作用（$P<0.01$），而AM真菌（根除土与根系的混合物）则是对大针茅植物的株高有极显著提高（$P<0.01$）。

参考文献

包玉英，闫伟，张美庆. 2007. 内蒙古草原常见植物根围AM真菌［J］. 菌物学报，26（1）：51－58.

包玉英，闫伟. 2005. 内蒙古草原几种葱属植物AM菌根侵染特性的初步研究［J］. 中国草地，27（2）：43－49.

蔡柏岩，接伟光，葛菁萍，等. 2008. 黄檗根围丛枝菌根（AM）真菌的分离与分子鉴定［J］. 菌物学报，27（6）：884－893.

陈世苹，高玉葆，梁宇，等. 2001. 水分胁迫下内生真菌感染对黑麦草叶内游离脯氨酸和脱落酸含量的影响［J］. 生态学报，21（12）：1 964－1 972.

缑小媛. 2007. 内生真菌对醉马草耐盐性的影响研究［D］. 兰州大学硕士学位论文.

郭良栋. 2001. 内生真菌研究进展. 菌物系统，20（1）：148－152.

韩春梅，张新全，彭燕，等. 2005. 内生真菌与高羊茅之间的共生关系［J］. 草原与草坪，（2）：8－11.

何美仙，梅忠. 2005. 植物内生真菌研究概况及其在农业上的应用前景［J］. 生物学通报，40（12）：10－12.

黄东益，黄小龙. 2008. 禾本科牧草内生真菌的研究与应用［J］. 草业学报，17（3）：128－136.

蒋盛岩，张志光. 2002. 真菌的分子生物学鉴定方法研究进展［J］. 生物学通报，37（10）：4－6.

鞠洪波，李春英. 2005. 菌根及樟子松菌根研究进展［J］. 东北林业大学学报，33（2）：79－82.

兰琪，姜广华，吴文君. 2002. 农用植物内生真菌研究进展［J］. 世界农药，24（3）：10－11，32.
毛永民，范培格，贾立涛，等. 1999. 枣树 VA 菌根侵染率的田间调查［J］. 河北农业大学学报，22（4）：55－57.
南志标，李春杰. 2004. 禾草—内生真菌共生体在草地农业系统中的作用［J］. 生态学报，24（3）：605－613.
秦琴. 2008. 内蒙古中部草原 AM 真菌资源及生态特征研究［D］. 西南大学硕士学位论文.
任安芝，高玉葆，章瑾，等. 2006. 内生真菌感染对黑麦草抗盐性的影响［J］. 生态学报，2（6）：1 750－1 757.
石伟琦. 2010. 丛枝菌根真菌对内蒙古草原大针茅群落的影响［J］. 生态环境学报，19（2）：344－349.
王保民，任萌圃. 2004. 丛枝菌根应用研究进展［J］. 湖北农业科学，3：56－59.
王昶. 2008. 黄土高原干旱区草地生态系统丛枝菌根对放牧强度的响应及其季节性变化［D］. 兰州大学硕士学位论文.
王利娟，贺新生. 2006. 植物内生真菌分离培养的研究方法［J］. 微生物学杂志，26（4）：55－60.
王仁忠. 1996. 放牧干扰对松嫩平原羊草草地的影响［J］. 东北师大学报自然科学版，（4）：77－82.
王同智. 2008. 四合木群落 AM 真菌多样性及其生理功能研究［D］. 内蒙古大学硕士学位论文.
易晓华. 2009. 植物内生真菌多样性研究进展［J］. 安徽农业科学，37（28）：13 468－13 469.
袁志林，陈连庆. 2007. 菌根共生体形成过程中的信号识别与转导机制［J］. 微生物学通报，34（1）：161－164.
张纪忠. 1990. 微生物分类学［M］. 上海：复旦大学出版社，341－365.
张苗苗. 2009. 高寒草地植物内生真菌多样性及其抑菌活性初步研究［D］. 甘肃农业大学硕士学位论文.
郑世学，董秀丽，喻子牛，等. 2004. 四种 AM 真菌接种剂的田间效应及其分子检测研究［J］. 土壤学报，41（5）：742－749.
Akiyama K，Matsuzaki K，Hayashi H. 2005. Plant sesquiterpenes induce hyphal branching in arbuscular mycorrhizal fungi［J］. Nature，435：824－827.
Anorld A E，Maynard Z，Gilbert G S，*et al*. 2000. Are tropical fungal endophytes hyperdiverse［J］. Ecology Letters，3（4）：267－274.
Ané J M, Kiss G B, Riely B K, *et al*. 2004. *Medicago truncatula DMI*1 required for bacterial and fungal symbises in legumes[J]. Science, 303: 1 364－1 367.
Ayling S M，Smith S E，Smith FA. 2000. Transmembrane electric potential difference of germ tubes of arbuscular mycorrhizal fungi responds to external stimuli［J］. New Phytol，147：631－639.
Bacon C W. 1993. Abiotic stress tolerances（moisture，nutrients）and phytosynthesis in endophyte-infected tall fescue［J］. Agriculture，Ecosystems and Environment，44：123－141.
Bais H P，Weir T L，Perry L G，*et al*. 2006. The role of root exudates in rhizosphere interactions with plants and other organisms［J］. Annual Review of Plant Biology，57：233－266.
Beilby J P，Kidby D K. 1980. Biochemistry of ungerminated and germinated spores of the vesicular-arbuscular mycorrhizal fungus，Glomus caledonius：changes in neutral and polar lipids［J］. J Lipid Res，21（6）：

739 - 750.

Bethlenfalvay G J, Dakessian S. 1984. Grazing effects on mycorrhizal colonization and floristic composition of the vegetation on a semiarid range in Northem Nevada [J]. Journal of Range Management, 37: 312 - 316.

Bethlenfalvay G J, Evans R A, Lesperanee A L. 1985. Mycorrhizal colonization of crested wheatgrass as influenced by grazing [J]. Agronomy Journal, 77: 233 - 236.

Bianciotto V, Barbiero G, Bonfante P. 1995. Analysis of the cell-cycle in an arbuscular mycorrhizal fungus by flow-cytometry and bromodeoxyuridine labeling [J]. Protoplasma, 188: 161 - 169.

Bonfante P, Balestrini R, Mendgen K. 1994. Storage and secretion processes in the spore of *Gigaspora margarita* Becker and Hall as revealed by high-pressure freezing and freeze substitution [J]. New Phytol, 128: 93 - 101.

Bousquet J, Simon L, Lalonde M. 1990. DNA amplification from vegetative and sexual tissues of trees using polymerase chain reaction [J]. Can J For. Res, 20: 254 - 257.

Buee M, Rossignol M, Jauneau A, *et al*. 2000. The pre-symbiotic growth of arbuscular mycorrhizal fungi is induced by a branching factor partially purified from plant root exudates [J]. Mol. Plant-Microbe. Interact, 13: 693 - 698.

Carroll G C. 1988. Fungal endophytes in stems and leaves: from latent pathogen to mutualistic symbiont [J]. Ecology, 69 (1): 2 - 9.

Catoira R, Galera C, Billy F, *et al*. 2000. Four genes of *Medicago truncatula* controlling components of a Nod factor transduction pathway. Plant Cell, 12: 1 647 - 1 666.

Chen C Y, Gao M Q, Liu J Y, *et al*. 2007. Fungal symbiosis in rice requires an ortholog of a legume common symbiosis gene encoding a Ca^{2+}/calmodulin-dependent protein kinase. Plant Physiology, 145: 1 619 - 1 628.

Clay K. 1987. Effects of fungal endophytes on the seed and seedling biology of *Lolium perenne* and *Festuca arundinacea*. Oecologia, 73: 358 - 362.

Drew E A, Murray R S, Smith S E. 2006. Functional diversity of external hyphae of AM fungi: ability to colonise new hosts is influenced by fungal species, distance and soil conditions. Applied Soil Ecology, 32: 350 - 365.

Ecom A H, Wilson G T, Haretnett D C. 2001. Effects of ungulate grazers on arbuscular mycorrhizal symbiosis and fungal conununity structure in tallgrass prairie. Mycologia, 93: 233 - 242.

Elbersen H W, West C P. 1997. Endophyte effect on growth and water relations of Tall Fescue. In: Bacon, Hill. *Neoty phodium/* Grass Interactions [M]. NewYork: Plenum Press, 161 - 163.

Elbersen W W, West C P. 1996. Growth and water relations of field-grown tall fescue as influenced by drought and endophytes [J]. Grass and Forge Science, (51): 333 - 342.

Endre G, Kereszt A, Kevei Z, *et al*. 2002. A receptor kinase gene regulating symbiotic nodule development [J]. Nature, 417: 962 - 966.

Espinosa-Garcia F J, Langenheim J H. 1990. The leaf fungal endophytic community of a coastal redwood population diversity and spatial patterns [J]. New phytol, 116: 89 - 97.

Gange A C, Brown V K, Sinelair G S. 1993. Vesicular arbuscular mycorrhizal fungi: a determinant of plante ommunity structure in early succession [J]. Funetional Ecology, 7: 616 – 622.

Gaspar L, Pollero R J, Cabello M. 1994. Triacylglycerol consumption during spore germination of vesicular-arcuscular mycorrhizal fungi [J]. J Am Oil Chem Soc, 71: 449 – 452.

Gehring C A, Whitham T G. 1994. Interactions between aboveground herbivores and the Mycorrhizal mutualists of plants [J]. Trends in Eeology&Evolution, 9: 251 – 255.

Genre A, Bonfante P. 2005a. Building a mycorrhizal cell: How to reach compatibility between plants and arbuscular mycorrhizal fungi [J]. Journal of Plant Interactions, 1: 3 – 13.

Genre A, Chabaud M, Faccio A. et. al. 2008. Prepenetration Apparatus Assembly Precedes and Predicts the Colonization Patterns of Arbuscular Mycorrhizal Fungi within the Root Cortex of Both *Medicago truncatula* and *Daucus carota* [J]. The Plant Cell, 20: 1 407 – 1 420.

Genre A, Chabaud M, Timmers T, *et al*. 2005b. Arbuscular mycorrhizal fungi elicit a novel intracellular apparatus in *Medicago truncatula* root epidermal cells before infection [J]. Plant Cell, 17: 3 489 – 3 499.

Giovannetti M, Mosse B. 1980. An evaluation of techniques for measuring vesicular arbuscular mycorrhizal infection in roots [J]. New Phytol, 84: 489 – 500.

Guo L D, Hyde K D, Liew E C Y. 2000. Identification of endophytic fungi from *Livistona chinensis* based on morphology and rDNA sequences [J]. New phytol, 147: 617 – 630.

Harrison M J. 2005. Signaling in the arbuscular mycorrhizal symbiosis [J]. Annu Rev Microbiol, 59: 19 – 42.

Hoveland C S. 1993. Importance and economic significance of the *A-rcemonium* endophytes to performance of animals and grass plant [J]. Agriculture ecosystems and environment, 44 (14): 3 – 12.

ImaizumI-Anraku H, Takeda N, Charpentier M, *et al*. 2004. Plastid proteins crucial for symbiotic fungal and bacterial entry into plant roots [J]. Nature, 433: 527 – 531.

Jeffrey K, Stone J D, Polishook J F. *et al*. 2004. In: Gregory M. Mueller, Gerald F. Bills, Mercedes S. Foster (eds.), Biodiversity of fungi, inventory and mnitoring methode [M]. New York: Elsevier Academic Press, 241 – 270.

Kalo P, Gleason C, Edwards A, *et al*. 2005. Nodulation signaling in legumes requires NSP2, a member of the GRAS family of transcriptional regulators [J]. Science, 308: 1 786 – 1 789.

Kanamori N, Madsen L H, Radutoiu S, *et al*. 2006. A nucleoprin is required for induction of Ca^{2+} spiking in legume nodule development and essential for rhizobial and fungal symbiosis [J]. Proc Nati Acad Sci, 103: 359 – 364.

Kohlen W, Charnikhova T, Lammers M, *et al*. 2012. The tomato CAROTENOID CLEAVAGE DIOXYGENASE8 (SlCCD8) regulates rhizosphere signaling, plant architecture and affects reproductive development through strigolactone biosynthesis [J]. New Phytologist, 196: 535 – 547.

Kohlen W, Charnikhova T, Liu Q, *et al*. 2011. Strigolactones are transported through the xylem and play a key role in shoot architectural response to phosphate deficiency in nonarbuscular mycorrhizal host [J]. Arabidopsis Plant Physiology, 155 (2): 974 – 987.

Kosuta S, Chabaud M, Lougnon G, *et al*. 2003. A diffusible factor from arbuscular mycorrhizal fungi induces symbiosis specific *MtENOD*11 expression in roots of *Medicago truncatula* [J]. Plant Physiol, 131: 952 - 962.

Lammers P J, Jun J, Abubaker J, *et al*. 2001. The glyoxylate cycle in an arbuscular mycorrhizal fungus: gene expression and carbon flow [J]. Plant Physiol, 127: 1 287 - 1 298.

Latch G C M, Hunt W F, Musgrave D R. 1985. Endophytic fungi affect growth of perennial ryegrass [J]. New Zealand Journal of Agriculture Research, 28: 165 - 168.

Lei J, Bécard G, Catford J G, *et al*. 1991. Root factors stimulate ^{32}P uptake and plasmalemma ATPase activity in vesicular-arbuscular mycorrhizal fungus, *Gigaspora margarita* [J]. New Phytol, 118: 289 - 294.

Lin X, Lu C H, Huang Y J, *et al*. 2007. Endophytic fungi from a pharmaceutical plant, Camptotheca acuminata: isolation, identification and bioactivity [J]. World J Microbiol Biotechnol, 23: 1 037 - 1 040.

Lévy J, Bres C, Geurts R, *et al*. 2004. A putative Ca^{2+} and calmodulin-dependent protein kinase required for bacterial and fungal symbioses [J]. Science, 303: 1 361 - 1 364.

Malinowski D P, Belesky D P. 2000. Adaptations of endophyte infected cool-season grasses to environmental stresses: Mechanisms of drought and mineral stress tolerance [J]. Crop Sci, 40: 923 - 940.

Malinowski D P, Leuchtmann A, Schmidt D, *et al*. 1997. Growth and water status in meadow fescue is affected by *Neotyphodium* and *Phialophora* species endophytes [J]. Agronomy Journal, 89: 673 - 678.

Mccutcheon T L, Carroll G C, Schwab S. 1993. Genetic diversity in populations of a fungal endophyte from Douglas fir [J]. Mycologia, 85 (2): 180 - 186.

Mitra R M, Gleason C A, Edwards A, *et al*. 2004. A Ca^{2+}/calmodulin-dependent protein kinase required for symbiotic nodule development: Gene identification by transcript-based cloning[J]. Proc Nati Acad Sci, 101: 4 701 - 4 705.

Monica A, Lugol M E, Gonzalez M, *et al*. 2003. Arbuscular mycorrhizal fungi in a mountain grassland Ⅱ: Seasonal variation of colonization studied, along with its relation to grazing and metabolic host type [J]. Mycologia, 95: 407 - 415.

Monzon A, Azcon R. 1996. Relevance of mycorrhizal fungal origin and host plant genotype to inducing growth and nutrient uptake in *Medicago* species [J]. Agr Ecosyst Enciron, 60 (1): 9 - 15.

Moy M, Belanger F, Duncan R, *et al*. 2000. Identification of epiphyllous mycelial nets on leaves of grasses infected by Clavicipitaceous endophytes [J]. Symbiosis, 20: 291 - 302.

Navazio L, Moscatiello R, Genre A, *et al*. 2007. The arbuscular mycorrhizal fungus *Glomus intraradices* induces intra-cellular calcium changes in soybean cells [J]. Caryologia, 60 (1/2): 137 - 140.

Paszkowski U. 2006. A journey through signaling in arbuscular mycorrhizal symbioses [J]. New Phytologist, 172 (1): 35 - 46.

Petrini O. 1991. Fungal endophytes of tree leaves. In: Andrews J H, Hirano SS eds. Microbial Ecology of Leaves [M]. New York: Spring-Verlag, 179 - 197.

Podila G K, Lanfranco L. 2008. Functional Genomic Approaches for Studies of Mycorrhizal Symbiosis [J]. Plant surface microbiology, 5: 567 - 592.

Raffaella B, Luisa L. 2006. Fungal and plant gene expression in arbuscular mycorrhizal symbiosis [J]. Mycorrhiza, 16: 509 - 524.

Redman R S, Sheehan K B, Stout R G, *et al.* 2002. Thermotolerance generated by plant/fungal symbiosis [J]. Science, 298 (5598): 1 581.

Requena N, Breuninger M, Franken P, *et al.* 2003. Symbiotic status, phosphate, and sucrose regulate the expression of two plasma membrane H^+ – ATPase genes from the mycorrhizal fungus *Glomus mosseae* [J]. Plant Physiol, 132: 1 – 10.

Requena N, Fuller P, Franken P. 1999. Molecular characterization of *Gm-FOX2*, an evolutionarily highly conserved gene from the mycorrhizal fungus *Glomus mosseae*, down-regulated during interaction with rhizobacteria [J]. Mol Plant-Microb Interact, 12: 934 – 942.

Requena N, Mann P, Franken P. 2000. A homologue of the cell cycle check point TOR2 from Saccharomyces cerevisiae exists in the arbuscular mycorrhizal fungus *Glomus mosseae* [J]. Protoplasma, 212: 89 – 98.

Requena N, Mann P, Hampp R, *et al.* 2002. Early developmen-tally regulated genes in the arbuscular mycorrhizal fungus *Glomus mosseae*: identification of *GmGIN*1, a novel gene with homology to the C-terminus of metazoan hedgehog proteins [J]. Plant Soil, 244: 129 – 139.

Requena N, Serrano E, Ocón A, Breuninger M. 2007. Plant signals and fungal perception during arbuscular mycorrhiza establishment [J]. Phytochemistry, 68: 33 – 40.

Saito K, Yoshikawa M, Yan K, *et al.* 2007. NUCLEOPORIN85 is required for calcium spiking, fungal and bacterial symbioses, and seed production in Lotus japonicus [J]. Plant Cell, 19: 610 – 624.

Salami A O, Osonubi O. 2002. Improving the traditional landuse system through agro-biotechnology: a case study of adoption of vesicular arbuscular mycorrhiza (VAM) by resource-poor farmers in Nigeria [J]. Technovation, 22: 725 – 730.

Salzer P, Corbiere H, Boller T. 1999. Hydrogen peroxide accumulation in *Medicago truncatula* roots colonized by the arbuscular mycorrhiza-forming fungus *Glomus intraradices* [J]. Planta, 208 (3): 319 – 325.

Schulz B, Wanke U, Draeger S. 1993. Endophytes fromerbaceous plants and shrubs: effectiveness of surface-sterilization methods [J]. Mycological Research, 97: 1 447 – 1 450.

Siegel M R, Latch G C M, Johnson M C. 1987. Fungal endophytes of grasses [J]. Ann Rev Phytopathol, (25): 193 – 315.

Simon L, Lalonde M, Bruns T D. 1992. Specific amplification of 18S fungal ribosomal genes from vesicular-arbuscular endomycorrhizal fungi colonizing roots [J]. Appl Environ Microbiol, 58: 291 – 295.

Simon L, Levesque R C, Lalonde M. 1993. Identification of endomycorrhizal fungi colonizing roots by fluorescent single strand conformation polymorphism-polymerase chain reaction [J]. Appl Environ Microbiol, 59: 4 211 – 4 215.

Smit P, Raedts J, Portyanko V, *et al.* 2005. NSP1 of the GRAS protein family is essential for rhizobial nod factor-induces transcription [J]. Science, 308: 1 789 – 1 791.

Smith S E, Read D J. 1997. Mycorrhizal symbiosis [M]. San Diego, CA: Academic.

Stommel M, Mann P, Franken P. 2001. EST-library construction using spore RNA of the arbuscular mycorrhizal fungus *Gigaspora rosea* [J]. Mycorrhiza, 10: 281 – 285.

Stracke S, Kistner C, Yoshida S, *et al.* 2002. A plant receptor-like kinase required for both bacterial and fungal symbiosis [J]. Nature, 417: 959 – 962.

Tamasloukht M, Sejalon-Delmas N, Kluever A, *et al*. 2003. Root factors induce mitochondrial-related gene expression and fungal respiration during the developmental switch from asymbiosis to presymbiosis in the arbuscular mycorrhizal fungus *Gigaspora rosea* [J]. Plant Physiol, 131: 1 468 - 1 478.

Waller F, Achatz B, Baltruschat H, *et al*. 2005. The endophytic fungus Piriformospora indica reprograms barley to salt-stress tolerance, disease resistance, and higher yield [J]. PNAS, 102 (38): 13 386 - 13 391.

White R H, Engelke M C, Morton S J, *et al*. 1992. *Acremonium* endophyte effects on tall fescue drought tolerance [J]. Crop Sci, 32: 1 392 - 1 396.

附图1 针茅属植物和其他禾本科物种 AQP基因核苷酸序列变异位点

```
[                1 1111111112 2222222223 3333333334 4444444445 5555555556 ]
[     1234567890 1234567890 1234567890 1234567890 1234567890 1234567890 ]
#BJE ATGGAGGGGA AGGAGGAGGA TGTGCGCCTG GGCGCCAACC GCTACTCGGA GCGGCAGCCG
#KS  .......... .......... .......... .......... .......... ..........
#CMC .......... .......... .......... .......... .......... ..........
#GB  .......... .......... .......... .......... .......... ..........
#DZM .......... .......... .......... .......... .......... ..........
#DH  .......... .......... .......... .....G...A AG.T...... .........C
#XZM .......... .......... .......... .......... .......... ..........
#HV  ---------- ---------- ---------- ---------- ---------- ----------
#OS  .......... .......... ....A.G... ..G..G...A .G...A.... .A........

[                                                1 1111111111 1111111111 ]
[     6666666667 7777777778 8888888889 9999999990 0000000001 1111111112 ]
[     1234567890 1234567890 1234567890 1234567890 1234567890 1234567890 ]
#BJE ATCGGCACGG CGGCGCAGGG CGGCGGCGAG GAGAAGGACT ACAAGGAGCC GCCGCCGGCG
#KS  .......... .......... .......... .......... .......... ..........
#CMC .......... .......... .......... .......... .......... ..........
#GB  .......... .......... ...T...... .......... .......... ..........
#DZM .......... .......... .......... .......... .......... ..........
#DH  G......... .......... GTC.AAT..C ---....... .......A.. ...C.....C
#XZM .......... .......... ...T...... .......... .......... ..........
#HV  ---------- ---------- ---------- ---------- ---------- ----------
#OS  .....G.... .......... G.CG---... .......... ..CG...... ..G.-.....

[     1111111111 1111111111 1111111111 1111111111 1111111111 1111111111 ]
[     2222222223 3333333334 4444444445 5555555556 6666666667 7777777778 ]
[     1234567890 1234567890 1234567890 1234567890 1234567890 1234567890 ]
#BJE CCCCTGTTCG A-GGCCGAGG AGCTCACCTC CTGGTCCTTC TACCGCGCCG GCATCGCCGA
#KS  .......... .-...T.... .......... .......... .......... ..........
#CMC .......... .-........ .......... .......... .......... ..........
#GB  .......... .-........ .......... .......... .......... ..........
#DZM .......... .-........ .......... .......... .......... ..........
#DH  ..G....... .-.C...G.. ......AG.. A......... .......... ..........
#XZM .......... .-........ .......... .......... .......... ..........
#HV  ---------- ---------- ---------- ---------- ---------- ----------
#OS  ..GG...... .C...G.... ....G..G.. G....G.... .....G..G. .G....G...

[     1111111111 1111111112 2222222222 2222222222 2222222222 2222222222 ]
[     8888888889 9999999990 0000000001 1111111112 2222222223 3333333334 ]
```

```
[     1234567890 1234567890 1234567890 1234567890 1234567890 1234567890 ]
#BJE GTTCCTGGCC ACCTTCCTCT TCCTCTACAT CAGCATCCTC ACCGTGATGG GTGTCAGTAA
#KS  .......... .......... .......... .......... .......... .......C..
#CMC .......... .......... .......... .......... .......... .......C..
#GB  .......... .......... .......... .......... .......... .C....AC..
#DZM .......... .......... .......... .......... .......... ..........
#DH  .....C.... .......... .......... .......... .......... .......C..
#XZM .......... .......... .......... .......... .......... .......C..
#HV  ---------- ---------- ---------- ---------- ---------- ----------
#OS  ....G....G ..G.....G. ....G..... .........G ..G....... .G..G.AC..

[     2222222222 2222222222 2222222222 2222222222 2222222222 2222222223 ]
[     4444444445 5555555556 6666666667 7777777778 8888888889 9999999990 ]
[     1234567890 1234567890 1234567890 1234567890 1234567890 1234567890 ]
#BJE CTCCTCCTCC AAGTGCGGCA CCGTCGGCAT CCAGGGCATC GCCTGGTCCT TCGGCGGCAT
#KS  .......... .......... .......... .......... .......... ..........
#CMC .......... .......... .......... .......... .......... ..........
#GB  .......... .......... ....G..G.. .......... .......... ..........
#DZM .......... .......... .......... .......... .......... ..........
#DH  .......... .......... .......... .......... .......... ..........
#XZM .......... .......... .......... .......... .......... ..........
#HV  ---------- ---------- ---------- ---------- ---------- ----------
#OS  G..GG.G... .......C.. ....G..G.. .......... ..G.....G. ..........

[     3333333333 3333333333 3333333333 3333333333 3333333333 3333333333 ]
[     0000000001 1111111112 2222222223 3333333334 4444444445 5555555556 ]
[     1234567890 1234567890 1234567890 1234567890 1234567890 1234567890 ]
#BJE GATTTTCGTG CTCGTCTACT GCACCGCCGG GATCTCAGGC GGCCACATCA ACCCGGCGGT
#KS  .......... .......... .......... .......... .......... ..........
#CMC .......... .......... .......... .......... .......... ..........
#GB  ...C...... .......... .......... ......C... .......... ..........
#DZM .......... .......... .......... .......... .......... ..........
#DH  .......... .......... .......... ...T...... .......... ..........
#XZM .......... .......... .......... .......... .......... ..........
#HV  ---------- ---------- ---------- -------... ..G....... ..........
#OS  ...C....C. .......... .......... C.....C... ..G....... ..........

[     3333333333 3333333333 3333333333 3333333334 4444444444 4444444444 ]
[     6666666667 7777777778 8888888889 9999999990 0000000001 1111111112 ]
[     1234567890 1234567890 1234567890 1234567890 1234567890 1234567890 ]
#BJE GACGTTCGGG CTGTTCCTGG CGAGGAAGCT GTCCCTGACC CGGGCCGTGT TCTACATGGT
#KS  .......... .......... .......... .......... .......... ..........
#CMC .......... .......... .......... .......... .......... ..........
#GB  .......... .......... .......... .........G ..C....... ..........
```

```
#DZM .......... .......... .......... .......... .......... ..........
#DH  .......... .......... .......... .......... .......... ..........
#XZM .......... .......... .......... .......... ....T..... ..........
#HV  ...C...... .......... .......... ...G.....G A...G..... .......CA.
#OS  .......... .......... ..C....... ...G.....G ....G..... .........C

[    4444444444 4444444444 4444444444 4444444444 4444444444 4444444444 ]
[    2222222223 3333333334 4444444445 5555555556 6666666667 7777777778 ]
[    1234567890 1234567890 1234567890 1234567890 1234567890 1234567890 ]
#BJE GATGCAGTGC CTCGGCGCCA TCTGCGGCGC CGGCGTCGTC AAGGGGTTCC AGACCACGCT
#KS  .......... .......... .......... .......... .......... ..........
#CMC .......... .......... .......... .......... .......... ........T.
#GB  .......... ..G....... .......... ......G..G .......... ..........
#DZM .......... .......... .......... .......... .......... ..........
#DH  .......... .......... .......... .......... .......... ..........
#XZM .......... .......... .......... .......... .......... ..........
#HV  C......... ..G....... .......... ......G... .......... ..CAGGGC..
#OS  .......... ..G....... .......... ......G..G .......... ..CGGGG...
[    4444444444 4444444445 5555555555 5555555555 5555555555 5555555555 ]
[    8888888889 9999999990 0000000001 1111111112 2222222223 3333333334 ]
[    1234567890 1234567890 1234567890 1234567890 1234567890 1234567890 ]
#BJE GTACATGGGC AAGGGCGGCG GCGCGAACTC CGTCGCGCCC GGGTACACCA AGGGCGACGG
#KS  .......... .......... .......... .......... .......... ..........
#CMC .......... .......... .......... .......... .......... ..........
#GB  .......... .......... ....C..... .........A .......... .A........
#DZM .......... .......... .......... .......... .......... ..........
#DH  .......... .......... .......... .......... .......... ..........
#XZM .......... .......... .......... .......... .......... ..........
#HV  .......... ..C....... ....C...GT G..G...T.. ..C....... .....TC...
#OS  .......... TCC....... ....C...G. ...GAAC..G .......... ....G.....

[    5555555555 5555555555 5555555555 5555555555 5555555555 5555555556 ]
[    4444444445 5555555556 6666666667 7777777778 8888888889 9999999990 ]
[    1234567890 1234567890 1234567890 1234567890 1234567890 1234567890 ]
#BJE GCTGGGAGCC GAGATCGTCG GCACGTTCGT GCTCGTCTAC ACCGTCTTCT CCGCTACCGA
#KS  .......... .......... .......... .......... .......... ....C.....
#CMC .......... .......... .......... .......... .......... ....C.....
#GB  ...C..C... .......... ....C..... .......... .......... ....C.....
#DZM .......... .......... .......... .......... .......... ....C.....
#DH  .......... .......... .......... .......... .......... ....C.....
#XZM .......... .......... .......... .......... .......... ....C.....
#HV  ...C..C... ......A... ....C..... C......... .......... ....C.....
#OS  ...C..G..G ........G. ....C..... C......... .......... ....C.....
```

```
[     6666666666 6666666666 6666666666 6666666666 6666666666 6666666666 ]
[     0000000001 1111111112 2222222223 3333333334 4444444445 5555555556 ]
[     1234567890 1234567890 1234567890 1234567890 1234567890 1234567890 ]
#BJE CGCCAAGCGC AGCGCCAGAG ACTCCCACGT CCCCGTAAGT AGATCAATTC AAGTA----G
#KS  .......... .......... .......... .......... .......... .....----.
#CMC .......... .......... .......... .......... .......... .....----.
#GB  .........T .......... .......... .......... .CTCATTAA. ---..----.
#DZM .......... .......... .......... .......... .......... .....----.
#DH  .......... .......... .......... .......... .......... .....----.
#XZM .......... .......... .......... .......... .......... .....----.
#HV  .......A.G .A.....G.. .......... T.....G... .CC.ACCAAT .CCATTACT.
#OS  .......... .A.....G.. .......... ....------ ---------- ----------

[     6666666666 6666666666 6666666666 6666666667 7777777777 7777777777 ]
[     6666666667 7777777778 8888888889 9999999990 0000000001 1111111112 ]
[     1234567890 1234567890 1234567890 1234567890 1234567890 1234567890 ]
#BJE CCGCGCTCGC TGCGT----G CCGGTCACCA CCATGCAAAG ATCAAAT--C TTTTGCATCC
#KS  .......... .....----. .......... .......... .......--. ....T.....
#CMC .......... .....----. .......... ..G....... G......--. ....T.....
#GB  ..A...AAAG A--------- ----...ATT TTT.TTTC.T CCATGGA--T GGA.TA.CGA
#DZM .......... .....----. .......... .......... .......--. ..........
#DH  .......... .....GCCG. .......... .......... .......--. ....T.....
#XZM .......... A....----. .......... ...C...... .......--. ....T.....
#HV  ..CTT...TT CTTCCCCTGT TGAA.TT..T TA..TACTGC CGTGCTGTG. ..GGTT..TA
#OS  ---------- ---------- ---------- ---------- ---------- ----------

[     7777777777 7777777777 7777777777 7777777777 7777777777 7777777777 ]
[     2222222223 3333333334 4444444445 5555555556 6666666667 7777777778 ]
[     1234567890 1234567890 1234567890 1234567890 1234567890 1234567890 ]
#BJE ATGGACGAGG GATTAACGAA TTGATGCATG TACGCAGATC TTGGCGCCGC TTCCGATTGG
#KS  .......... .......... .......... .......... .......... ..........
#CMC .......... .......... .......... ..T....... .......... ..........
#GB  .G.ATTATT. ..A.C.T... C...ATTT.C GTT......T C......... .C........
#DZM .......... .......... .......... .......... .......... ..........
#DH  .......... .......... .......... ..T....... .......... ..........
#XZM .......... A......... .G........ ..T....... .......... ..........
#HV  ...C.T.GCT AC...TT.CC CGTGGAACGA CG-....... C.C..C.... .G..C..C..
#OS  ---------- ---------- ---------- -------... C......... .C..C..C--

[     7777777777 7777777778 8888888888 8888888888 8888888888 8888888888 ]
[     8888888889 9999999990 0000000001 1111111112 2222222223 3333333334 ]
[     1234567890 1234567890 1234567890 1234567890 1234567890 1234567890 ]
#BJE GTTCGCGGTG TTCTTGGTGC ACCTGGCGAC GATCCCCATC ACCGGCACCG GCATCAACCC
#KS  .......... .......... .......... .......... .......... ..........
```

```
#CMC .......... .......... .......... .......... .......... ..........
#GB  ......C... .......... .......... .......... .......... ..........
#DZM .......... .......... .......... .......... .......... ..........
#DH  .......... .........T .......... .......... .......... ..........
#XZM .......... .......... .......... ......T... .......... ..........
#HV  ......C... ...C....C. .......C.. C......... .......... ..........
#OS  -.....C..C ...C.C..C. ....C..C.. C......... .......... ..........

[    8888888888 8888888888 8888888888 8888888888 8888888888 8888888889 ]
[    4444444445 5555555556 6666666667 7777777778 8888888889 9999999990 ]
[    1234567890 1234567890 1234567890 1234567890 1234567890 1234567890 ]
#BJE GGCCCGGTCC CTCGGCGCCG CCATCATCTA CAACAAGAGC CAGTCATGGG ACGACCACGT
#KS  .......... .......... .......... .......... ..A....... ..........
#CMC .......... .......... .......... .......... .......... ..........
#GB  ...A...... .......... ....A..... .....G.... .......... ..........
#DZM .......... .......... .......... .......... .......... ..........
#DH  .......... ........A. .......... .......... .......... ..........
#XZM .......... .......... .......... .......... .......... ..........
#HV  ...GA..AG. ........G. .......... .....G.GAG ..CG.C...T CA........
#OS  C.....CAG. .......... .....G.... T...CGCGC. ..CG.....C ..........

[    9999999999 9999999999 9999999999 9999999999 9999999999 9999999999 ]
[    0000000001 1111111112 2222222223 3333333334 4444444445 5555555556 ]
[    1234567890 1234567890 1234567890 1234567890 1234567890 1234567890 ]
#BJE AAG------- ---------- ---------- ---------- ---------- ----------
#KS  ...------- ---------- ---------- ---------- ---------- ----------
#CMC ...------- ---------- ---------- ---------- ---------- ----------
#GB  ...------- ---------- ---------- ---------- ---------- ----------
#DZM ...------- ---------- ---------- ---------- ---------- ----------
#DH  ...------- ---------- ---------- ---------- ---------- ----------
#XZM ...------- ---------- ---------- ---------- ---------- ----------
#HV  G..TGA---- ---------- ---------- ---------- ---------- ----------
#OS  .T.CAACCAA CCATTATTTA ATGCTTTCTC AACTACTTAG CTACTCCATC CCATCCGATA
[                                            1 1111111111 1111111111 ]
[    9999999999 9999999999 9999999999 9999999990 0000000000 0000000000 ]
[    6666666667 7777777778 8888888889 9999999990 0000000001 1111111112 ]
[    1234567890 1234567890 1234567890 1234567890 1234567890 1234567890 ]
#BJE ---------- ---------- ---------- --------AT CATTTACCAA CCACACTTGC
#KS  ---------- ---------- ---------- --------.. .......... ..........
#CMC ---------- ---------- ---------- --------.. .......... ......C...
#GB  ---------- ---------- ---------- ---------- ---------- ----------
#DZM ---------- ---------- ---------- --------.. .......... ..........
#DH  ---------- ---------- ---------- --------.. .......... ......C...
#XZM ---------- ---------- ---------- --------.. ..-....... ..........
```

```
#HV  ---------- ---------- ---------- ---------- -----...C. AACTGAAAC.
#OS  AAAAACCAAC CGAAACGTGA CACATCTTAT TATTATGA.. .TGAATAT.C AT.T...AT.

[    1111111111 1111111111 1111111111 1111111111 1111111111 1111111111 ]
[    0000000000 0000000000 0000000000 0000000000 0000000000 0000000000 ]
[    2222222223 3333333334 4444444445 5555555556 6666666667 7777777778 ]
[    1234567890 1234567890 1234567890 1234567890 1234567890 1234567890 ]
#BJE TACTCTCATC CATCAACTGA AATTGATGAC TAGCTAGT-- ---------- ----------
#KS  .......... .......... .......... ........-- ---------- ----------
#CMC .......... .......... .......... ........-- ---------- ----------
#GB  ---------- ----...CAC CTC.CTCAT. C.T.A.T.-- ---------- ----------
#DZM .......... .......... .......... ........-- ---------- ----------
#DH  .......... .......... .......... ........-- ---------- ----------
#XZM ..T....... .......... ..C....... ........-- ---------- ----------
#HV  ...CAC.C.. .T.T.T..A. .CC...AA.. AC.GC.C.CG ACTTGTGTTT TTTTGCGGTA
#OS  ..AAT..... .T---...A. .T.C.T.TT. ..TGGGA.-- ---------- ----------

[    1111111111 1111111111 1111111111 1111111111 1111111111 1111111111 ]
[    0000000000 0000000001 1111111111 1111111111 1111111111 1111111111 ]
[    8888888889 9999999990 0000000001 1111111112 2222222223 3333333334 ]
[    1234567890 1234567890 1234567890 1234567890 1234567890 1234567890 ]
#BJE ---------- ---------- ---------- ---------- ---------- ----------
#KS  ---------- ---------- ---------- ---------- ---------- ----------
#CMC ---------- ---------- ---------- ---------- ---------- ----------
#GB  ---------- ---------- ---------- ---------- ---------- ----------
#DZM ---------- ---------- ---------- ---------- ---------- ----------
#DH  ---------- ---------- ---------- ---------- ---------- ----------
#XZM ---------- ---------- ---------- ---------- ---------- ----------
#HV  GTAGTAACTG CAGGCATGTG GTAGTGTTCA GAAGTAACTT AAAGCTGATG CAGACGCATA
#OS  ---------- ---------- ---------- ---------- ---------- ----------

[    1111111111 1111111111 1111111111 1111111111 1111111111 1111111111 ]
[    1111111111 1111111111 1111111111 1111111111 1111111111 1111111112 ]
[    4444444445 5555555556 6666666667 7777777778 8888888889 9999999990 ]
[    1234567890 1234567890 1234567890 1234567890 1234567890 1234567890 ]
#BJE ---------- ---------- ---------- ---------- ---------- ----------
#KS  ---------- ---------- ---------- ---------- ---------- ----------
#CMC ---------- ---------- ---------- ---------- ---------- ----------
#GB  ---------- ---------- ---------- ---------- ---------- ----------
#DZM ---------- ---------- ---------- ---------- ---------- ----------
#DH  ---------- ---------- ---------- ---------- ---------- ----------
#XZM ---------- ---------- ---------- ---------- ---------- ----------
#HV  GCTACTCTAG CACACCCAAT TAACCGATGT GAAATTGACA AGTTTATTAA TCTGGTGAAC
#OS  ---------- ---------- ---------- ---------- ---------- ----------
```

```
[     1111111111 1111111111 1111111111 1111111111 1111111111 1111111111 ]
[     2222222222 2222222222 2222222222 2222222222 2222222222 2222222222 ]
[     0000000001 1111111112 2222222223 3333333334 4444444445 5555555556 ]
[     1234567890 1234567890 1234567890 1234567890 1234567890 1234567890 ]
#BJE  ---------- ---------- ---------- ---------- ---------- ----------
#KS   ---------- ---------- ---------- ---------- ---------- ----------
#CMC  ---------- ---------- ---------- ---------- ---------- ----------
#GB   ---------- ---------- ---------- ---------- ---------- ----------
#DZM  ---------- ---------- ---------- ---------- ---------- ----------
#DH   ---------- ---------- ---------- ---------- ---------- ----------
#XZM  ---------- ---------- ---------- ---------- ---------- ----------
#HV   TGATGTGACA GTAGCAGCAA TAATCGAGCA ATTGTAGCTG ATGGTACCAC TATATCGATC
#OS   ---------- ---------- ---------- ---------- ---------- ----------
[     1111111111 1111111111 1111111111 1111111111 1111111111 1111111111 ]
[     2222222222 2222222222 2222222222 2222222223 3333333333 3333333333 ]
[     6666666667 7777777778 8888888889 9999999990 0000000001 1111111112 ]
[     1234567890 1234567890 1234567890 1234567890 1234567890 1234567890 ]
#BJE  ---------- ---------- ---------- ---------- ---------- ----------
#KS   ---------- ---------- ---------- ---------- ---------- ----------
#CMC  ---------- ---------- ---------- ---------- ---------- ----------
#GB   ---------- ---------- ---------- ---------- ---------- ----------
#DZM  ---------- ---------- ---------- ---------- ---------- ----------
#DH   ---------- ---------- ---------- ---------- ---------- ----------
#XZM  ---------- ---------- ---------- ---------- ---------- ----------
#HV   ATCTGCTAGT TATTCAAATA TGGAAAGCCT TGCCCTTGAT CTCGGAAGGG AAATGCAGAG
#OS   ---------- ---------- ---------- ---------- ---------- ----------

[     1111111111 1111111111 1111111111 1111111111 1111111111 1111111111 ]
[     3333333333 3333333333 3333333333 3333333333 3333333333 3333333333 ]
[     2222222223 3333333334 4444444445 5555555556 6666666667 7777777778 ]
[     1234567890 1234567890 1234567890 1234567890 1234567890 1234567890 ]
#BJE  ---------- ---------- ---------- ---------- ---------- ----------
#KS   ---------- ---------- ---------- ---------- ---------- ----------
#CMC  ---------- ---------- ---------- ---------- ---------- ----------
#GB   ---------- ---------- ---------- ---------- ---------- ----------
#DZM  ---------- ---------- ---------- ---------- ---------- ----------
#DH   ---------- ---------- ---------- ---------- ---------- ----------
#XZM  ---------- ---------- ---------- ---------- ---------- ----------
#HV   AGACTTGCCT CGGCGTAGCA CGCAACCACT GCCTTGTGGG AGCGGGACAG TGACTTAAGT
#OS   ---------- ---------- ---------- ---------- ---------- ----------

[     1111111111 1111111111 1111111111 1111111111 1111111111 1111111111 ]
[     3333333333 3333333334 4444444444 4444444444 4444444444 4444444444 ]
```

```
[     8888888889 9999999990 0000000001 1111111112 2222222223 3333333334 ]
[     1234567890 1234567890 1234567890 1234567890 1234567890 1234567890 ]
#BJE  ---------- ---------- ---------- ---------- ---------- ----------
#KS   ---------- ---------- ---------- ---------- ---------- ----------
#CMC  ---------- ---------- ---------- ---------- ---------- ----------
#GB   ---------- ---------- ---------- ---------- ---------- ----------
#DZM  ---------- ---------- ---------- ---------- ---------- ----------
#DH   ---------- ---------- ---------- ---------- ---------- ----------
#XZM  ---------- ---------- ---------- ---------- ---------- ----------
#HV   GTCCATTATA GACTATTGTT GCTAGACCTT CATGATACAC ATTCATCATT ATCTACTCCC
#OS   ---------- ---------- ---------- ---------- ---------- ----------

[     1111111111 1111111111 1111111111 1111111111 1111111111 1111111111 ]
[     4444444444 4444444444 4444444444 4444444444 4444444444 4444444445 ]
[     4444444445 5555555556 6666666667 7777777778 8888888889 9999999990 ]
[     1234567890 1234567890 1234567890 1234567890 1234567890 1234567890 ]
#BJE  ---------- ---------- ---------- ------TTAG AACACCTTAA TTAGTGCTTA
#KS   ---------- ---------- ---------- ------.... .......... ..........
#CMC  ---------- ---------- ---------- ------.... .......... C.........
#GB   ---------- ---------- ---------- ------GAT. .......... ...C.AG.AC
#DZM  ---------- ---------- ---------- ------.... .......... ..........
#DH   ---------- ---------- ---------- ------.... .......... ..........
#XZM  ---------- ---------- ---------- ------.... .......... ..........
#HV   TGTGTTCCTA AATAATTGTA GCTGGCGAGA ATTGGA.... TT.TT..C.. C..CAAT.AT
#OS   ---------- ---------- ---------- ------C.GA GGG.GTAGT- ----....A.

[     1111111111 1111111111 1111111111 1111111111 1111111111 1111111111 ]
[     5555555555 5555555555 5555555555 5555555555 5555555555 5555555555 ]
[     0000000001 1111111112 2222222223 3333333334 4444444445 5555555556 ]
[     1234567890 1234567890 1234567890 1234567890 1234567890 1234567890 ]
#BJE  -----AAATT CAAGCTTAAT TACGAGTGAT AATAATC--- TCTTGTGGTT AATGGCGCGC
#KS   -----..... .......... .......... .......--- .......... ..........
#CMC  -----...-. .......... .......... G......--- .G........ ..........
#GB   TGCTC...G. T......G.. .......... ..G...GATA .......... ....----..
#DZM  -----..... .......... .......... .......--- .......... ..........
#DH   -----...-. .......... .......... ..C....--- .......... ..........
#XZM  -----..... .......... .......... .......--- .......... ..........
#HV   TTAGGT.C.A T..TAAGTGC .GAC.T---- ----...--- CA.AAAAC.  TCGC.TTT..
#OS   --TAATCGCA .GTTAA.TTA GTTC.T.... T.GTGCTAAT .GA--...A. GGATTT.T..
[     1111111111 1111111111 1111111111 1111111111 1111111111 1111111111 ]
[     5555555555 5555555555 5555555555 5555555556 6666666666 6666666666 ]
[     6666666667 7777777778 8888888889 9999999990 0000000001 1111111112 ]
[     1234567890 1234567890 1234567890 1234567890 1234567890 1234567890 ]
#BJE  AGTGGATTTT CTGGGTGGGC CCATTCATCG GAGCTGCGCT GGCCGCCGTC TACCACGTGG
```

```
#KS  .......... .......... .......... .......... .......... ..........
#CMC .......... .......... .......... .......... .......... ........C.
#GB  .......... .........A ..T....... ....C..... .......A.. ..........
#DZM .......... .......... .......... .......... .......... ..........
#DH  .......... .C........ .......... .......... .......... ..........
#XZM .......... .......... .......... .......... .......... ..........
#HV  .......C.. ......C... ..C....... .C..C..... .......A.. ......CA.-
#OS  .......... ......T..T ..G....... ....G..A.. ...G...A.. ..........

[    1111111111 1111111111 1111111111 11111111]
[    6666666666 6666666666 6666666666 66666666]
[    2222222223 3333333334 4444444445 55555555]
[    1234567890 1234567890 1234567890 12345678]
#BJE TGGTGATCAG GGCAATCCCC TTCAAGAGCC GGGA----
#KS  .......... .......... .......... ....----
#CMC .......... .......... .......... ....----
#GB  .T........ .......... .......... ....----
#DZM .......... .......... .......... ....----
#DH  .......... .......... .......... ....----
#XZM .......... .......... .......... ....----
#HV  ---------- ---------- ---------- --------
#OS  .......... A......... .......... ....CTAA
```

附图 2

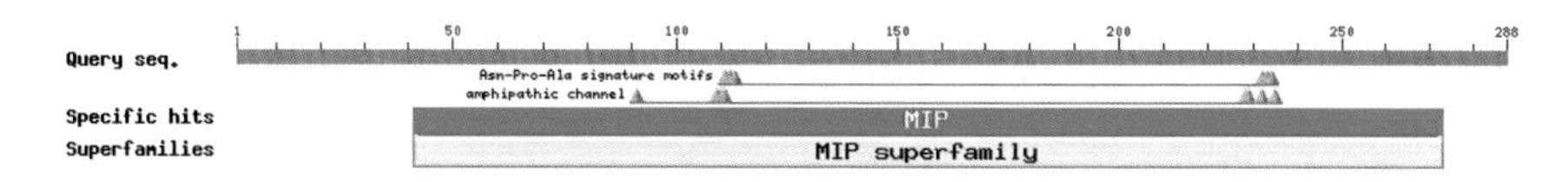

图 3－57　*SgPIP*2－1 蛋白氨基酸序列保守结构域的预测

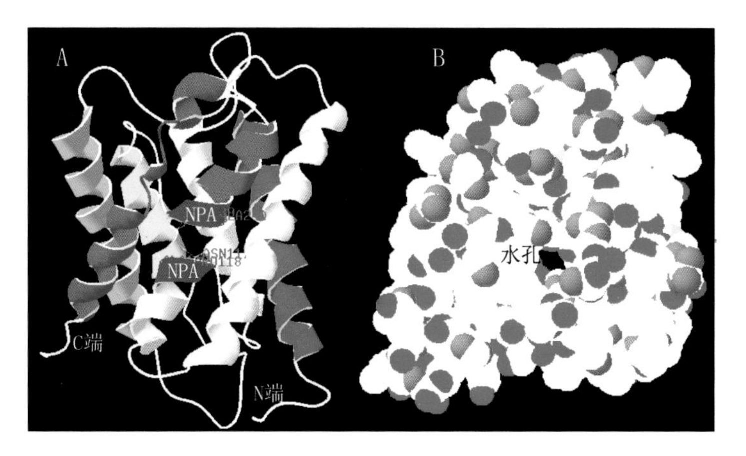

图 3－58　*SgPIP*1－5 三级结构的预测

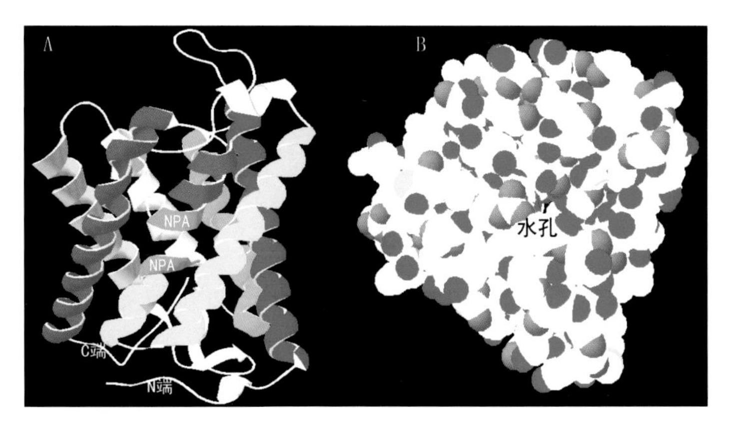

图 3－59　*SgPIP*2－1 三级结构的预测

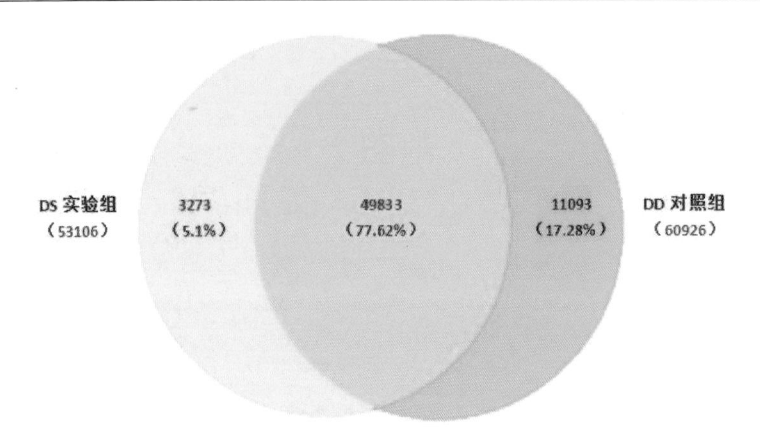

图 4－5　羊啃食后大针茅差异基因表达分析

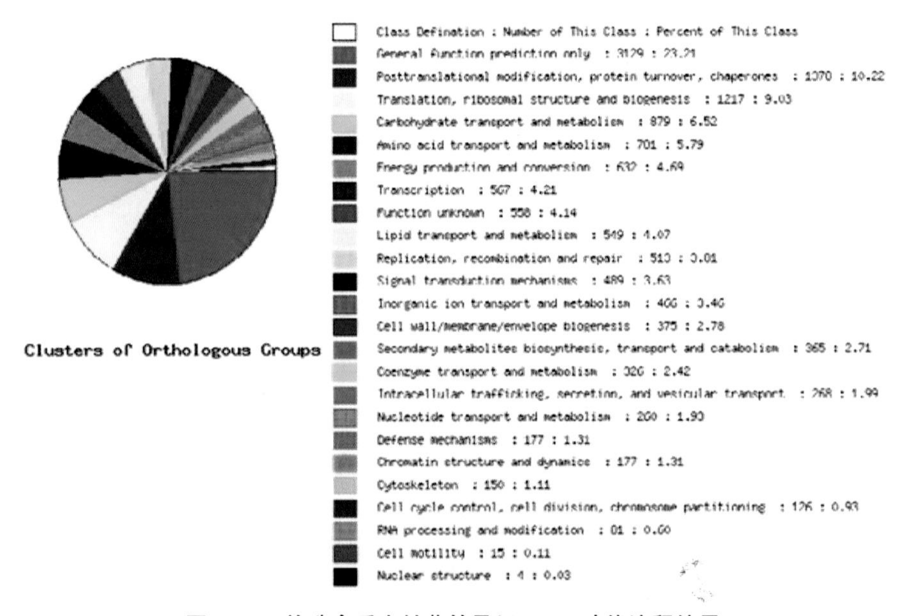

图 4－8　羊啃食后大针茅转录组 COG 功能注释结果

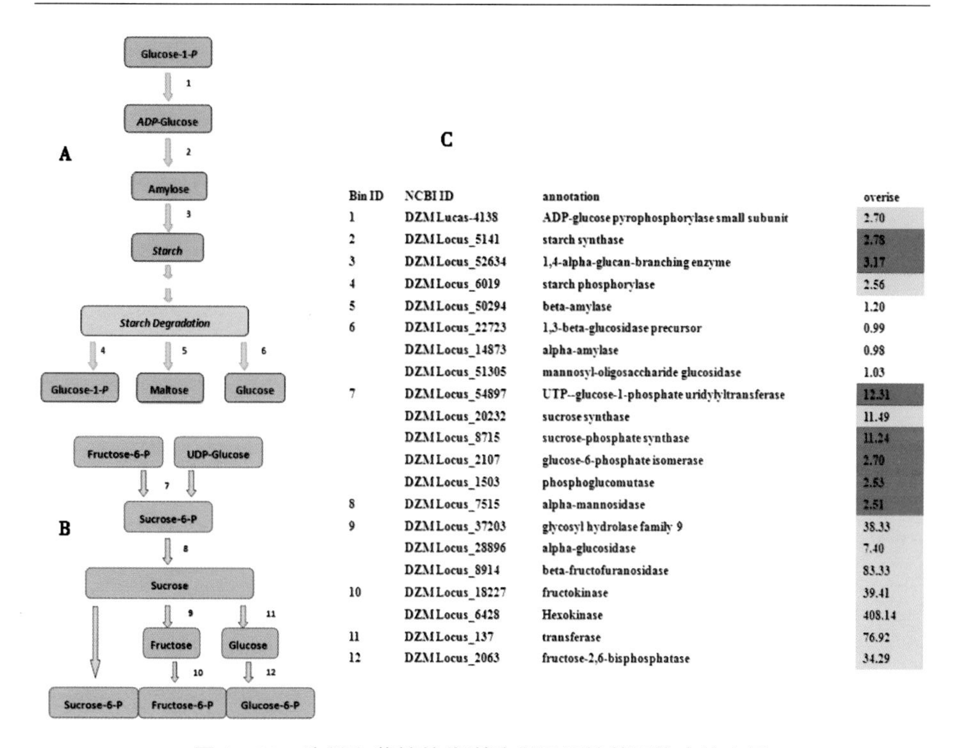

Bin ID	NCBI ID	annotation	overise
1	DZM Lucas-4138	ADP-glucose pyrophosphorylase small subunit	2.70
2	DZM Locus_5141	starch synthase	2.78
3	DZM Locus_52634	1,4-alpha-glucan-branching enzyme	3.17
4	DZM Locus_6019	starch phosphorylase	2.56
5	DZM Locus_50294	beta-amylase	1.20
6	DZM Locus_22723	1,3-beta-glucosidase precursor	0.99
	DZM Locus_14873	alpha-amylase	0.98
	DZM Locus_51305	mannosyl-oligosaccharide glucosidase	1.03
7	DZM Locus_54897	UTP--glucose-1-phosphate uridylyltransferase	12.31
	DZM Locus_20232	sucrose synthase	11.49
	DZM Locus_8715	sucrose-phosphate synthase	11.24
	DZM Locus_2107	glucose-6-phosphate isomerase	2.70
	DZM Locus_1503	phosphoglucomutase	2.53
8	DZM Locus_7515	alpha-mannosidase	2.51
9	DZM Locus_37203	glycosyl hydrolase family 9	38.33
	DZM Locus_28896	alpha-glucosidase	7.40
	DZM Locus_8914	beta-fructofuranosidase	83.33
10	DZM Locus_18227	fructokinase	39.41
	DZM Locus_6428	Hexokinase	408.14
11	DZM Locus_137	transferase	76.92
12	DZM Locus_2063	fructose-2,6-bisphosphatase	34.29

图 4－20　淀粉和蔗糖的代谢路径及调控基因的表达水平

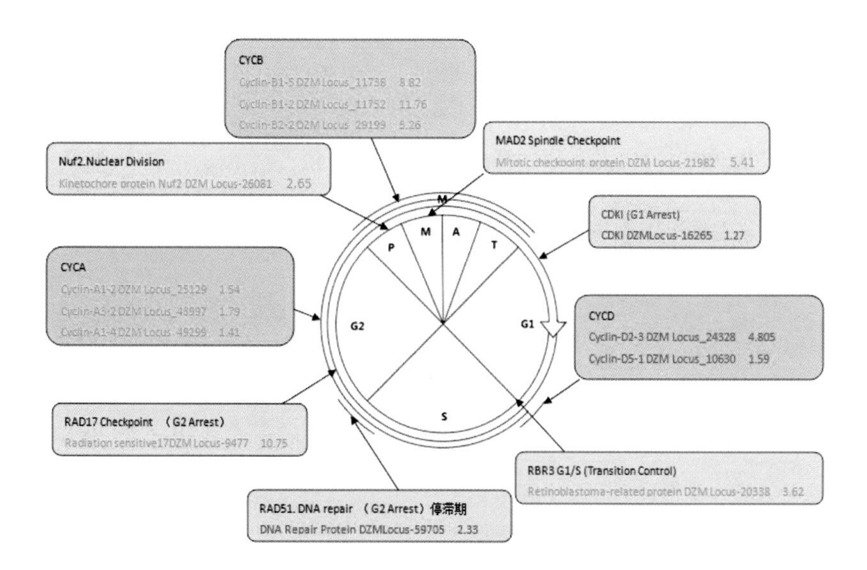

图 4－21　羊啃食后大针茅细胞周期相关基因的变化